Con Revuela puedes acceder a un entorno de aprendizaje para ver tu libro digital, recursos, contenidos y relacionarte con tus docentes y compañeros.

Entrar en **Revuela** es muy fácil

Accede a la siguiente web:
**smaprendizaje.com**

Si ya tienes un usuario puedes seguir utilizándolo. Si no tienes usuario tendrás que registrarte en el entorno.

Accede con tus datos e introduce el código de licencia que aparece en la página izquierda para activar tu libro.

Si tienes alguna duda, puedes contactar con nosotros a través de la sección de Ayuda desde **smaprendizaje.com**.

W0373234

# Revuela

Esto no es solo un libro de Matemáticas, es hallar similitudes en cosas distintas.

# 3 secundaria

# Matemáticas

sm

# Así aprendes con Revuela

Revuela te ofrece **situaciones de aprendizaje** contextualizadas que vinculan el aprendizaje de las Matemáticas con RETOS que tienes que superar. Estos RETOS están conectados con cuestiones que ocurren a nuestro alrededor o en otras partes del planeta, y que nos afectan a todos. Con Revuela:

- Colaborarás con tus compañeros. — **Aprendizaje cooperativo**
- Organizarás tus ideas y cada vez pensarás mejor. — **Estrategias de pensamiento**
- Actuarás para cuidarte a ti y a los demás, y cuidar del planeta. — **Ética del cuidado**
- Adquirirás destrezas para expresarte con seguridad. — **Habilidades comunicativas**
- Te darás cuenta de cuál es la mejor manera de aprender. — **Autonomía y autoconocimiento**

Las **situaciones de aprendizaje** se organizan por bloque de contenidos:

- **BLOQUE 1.** Sentido numérico
- **BLOQUE 2.** Sentido de la medida y espacial
- **BLOQUE 3.** Sentido algebraico
- **BLOQUE 4.** Sentido estocástico

Así son las **situaciones de aprendizaje** de Revuela:

Rúbrica descargable.

**Empezamos**
Los nuevos contenidos se presentan contextualizados en situaciones reales.

**¡Vamos a aprender!**
Descubrirás lo que vas a aprender en cada situación.

**Nuestro reto**
Aquí conocerás tu reto. ¿Lo harás solo o con tu equipo?

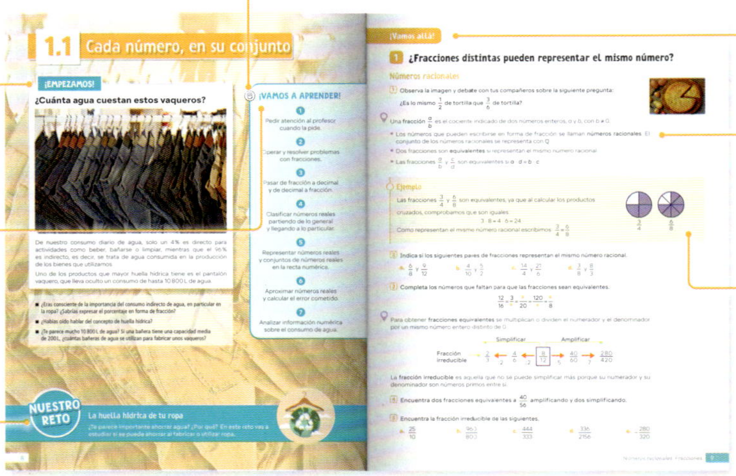


**¡Vamos allá!**
Aprenderás de forma práctica y competencial.

Explicaciones teóricas imprescindibles para que puedas enfrentarte a las actividades.

Ejemplos que te mostrarán de manera inmediata y directa lo expuesto en la teoría.

Encontrarás recursos digitales como vídeos, audios, plantillas e interactivos.

Las primeras actividades te ayudarán a descubrir qué sabes sobre el contenido que vas a trabajar.

Actividades que podrás resolver utilizando aplicaciones de GeoGebra para que practiques y comprendas mejor los conceptos.

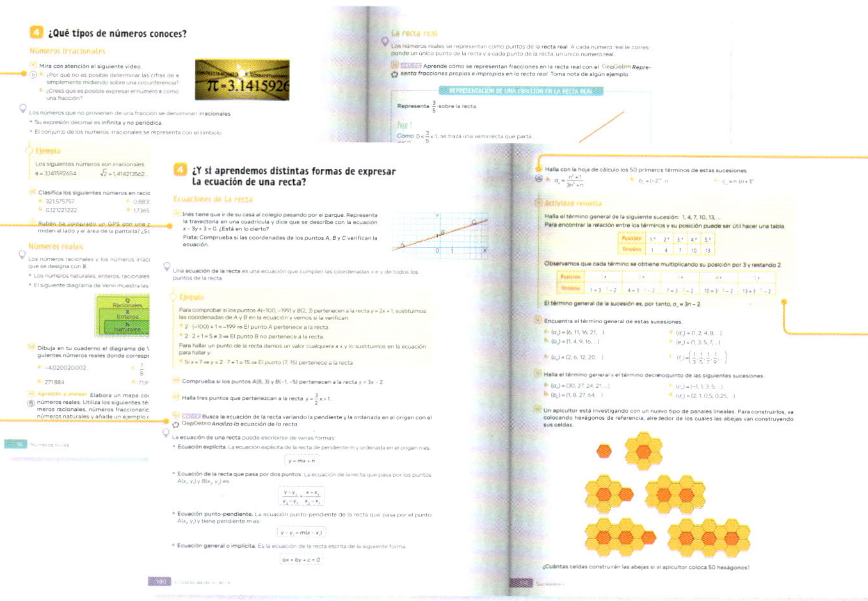

Encontrarás propuestas para resolver o comprobar tus resultados utilizando diversos programas.

Actividades resueltas que complementan la teoría y te permitirán ver aplicaciones de lo tratado.

**Nuestro reto**

Pondrás en práctica lo aprendido y entregarás una evidencia clave de tu aprendizaje que será importante para tu evaluación.

**¿Cómo te ha ido el reto?**

Con esta escala valorarás cómo has hecho el reto.

**Practicamos**

Encontrarás actividades y problemas para aplicar en diferentes contextos los conocimientos adquiridos.

Con plantillas que facilitan el aprendizaje de toda la clase.

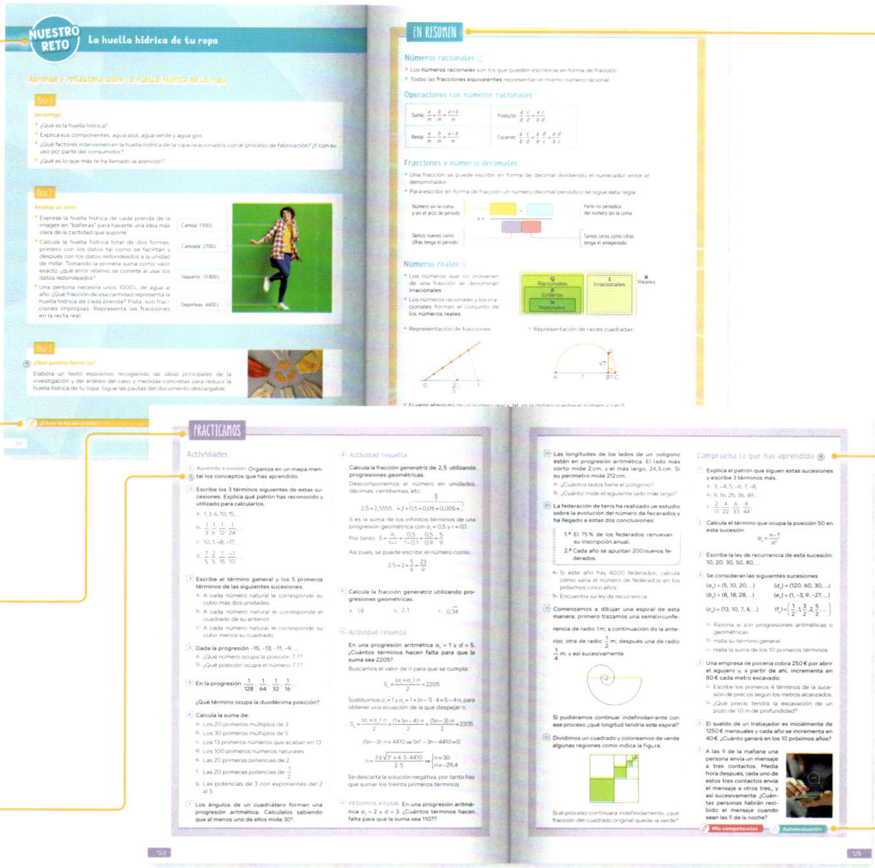

**En resumen**

Podrás consultar los conceptos que has aprendido.

**Comprueba lo que has aprendido**

Estas actividades recopilan todo lo trabajado en la situación y podrás consultar las soluciones para comprobar si las has resuelto correctamente.

En tu entorno digital encontrarás una rúbrica y actividades interactivas para valorar las competencias y conocimientos que has adquirido en la situación.

En las páginas de este libro encontrarás estos iconos. Indican distintos recursos que encontrarás en tu entorno digital.

**Materiales**

Vídeo · Plantilla · Ofimática · GeoGebra

**Avance de tu aprendizaje**

Metacognición · Autoevaluación

# Índice


| | ¡VAMOS ALLÁ! | NUESTRO RETO |
|---|---|---|
| SENTIDO NUMÉRICO | **1.1. Cada número, en su conjunto** 8<br>• Números racionales. Fracciones<br>• Operaciones con fracciones<br>• Expresión decimal y fraccionaria de un número racional<br>• Números reales<br>• Aproximación decimal de un número. Cálculo de errores<br>• Intervalos y semirrectas<br>• Prestar atención al profesor cuando la pide<br>• Clasificación: mapa conceptual descendente | **La huella hídrica de tu ropa**<br>• Analizar información numérica sobre el consumo de agua.<br>• El texto expositivo. |
| | **1.2. La potencia de las matemáticas** 30<br>• Potencias de exponente entero<br>• Propiedades y operaciones con potencias<br>• Notación científica<br>• Raíces<br>• Trabajar de forma individual, aunque estemos en grupo<br>• Pensamiento creativo: lluvia de ideas y TGN | **Potencia tu lado eco**<br>• Tomar conciencia de la necesidad de reducir los residuos plásticos.<br>• La estructura de la presentación. |
| SENTIDO DE LA MEDIDA Y ESPACIAL | **2.1. Semejantes, pero no iguales** 50<br>• Polígonos<br>• Semejanza. Teorema de Tales<br>• Razones de perímetros, áreas y volúmenes<br>• Aplicaciones de la semejanza<br>• Implicarnos en las puestas en común de clase<br>• Comprensión: pasarela de la aplicación | **Ven al punto limpio**<br>• Usar la semejanza para mejorar la gestión de residuos en las ciudades haciéndolas más sostenibles.<br>• El cartel.<br>• El lenguaje no verbal. |
| | **2.2. Movimientos en el plano: creando belleza** 68<br>• Vectores, traslaciones y giros<br>• Simetrías axial y central<br>• Ejes y centro de simetría en figuras planas<br>• Movimientos compuestos e inversos<br>• Frisos y mosaicos<br>• Implicarnos en situaciones de trabajo en equipo<br>• Secuenciación: flujograma | **El arte de la geometría**<br>• Valorar los movimientos y la simetría en el arte como punto común entre personas y culturas..<br>• El ruido en la comunicación: las muletillas físicas y verbales. |
| | **2.3. Dando forma a nuestro entorno** 88<br>• Poliedros<br>• Cuerpos de revolución<br>• Áreas y volúmenes de cuerpos compuestos<br>• El globo terráqueo. Coordenadas geográficas<br>• Compartir el espacio y los materiales<br>• Toma de decisiones: diagrama de Venn | **Aplasta tus envases**<br>• Reflexionar sobre la eficiencia del reciclado con ayuda de la geometría.<br>• La entonación. |

| | ¡VAMOS ALLÁ! | NUESTRO RETO |
|---|---|---|
| SENTIDO ALGEBRAICO | **3.1. Investigando patrones** 110<br>• Patrones numéricos<br>• Sucesiones<br>• Progresiones aritméticas<br>• Progresiones geométricas<br>• Mantener el nivel de ruido.<br>• Solución de problemas: pasos intermedios | **Abejas arquitectas**<br>• Concienciar a los demás sobre la importancia de proteger a las abejas.<br>• El texto expositivo científico. |
| | **3.2. Álgebra: el lenguaje de las matemáticas** 126<br>• Expresiones algebraicas<br>• Monomios y polinomios<br>• Operaciones con monomios y polinomios<br>• Identidades notables<br>• División de polinomios<br>• Factorización de polinomios<br>• Prestar ayuda cuando alguien la necesita<br>• Clasificación: mapa mental | **Empléate en verde**<br>• Reflexionar sobre la importancia de las condiciones justas en el empleo.<br>• La lectura en voz alta. |
| | **3.3. Igualdades que resuelven problemas** 150<br>• Ecuaciones<br>• Ecuaciones de primer grado<br>• Ecuaciones de segundo grado<br>• Ecuaciones de grado superior a dos<br>• Sistemas de ecuaciones<br>• Métodos de resolución de sistemas<br>• Ayudar dando pistas<br>• Clasificación: mapa conceptual descendente | **Pon en órbita números e incógnitas**<br>• Reflexionar sobre la igualdad de oportunidades entre los hombres y las mujeres.<br>• La biografía. |
| | **3.4. Funciones: modelos para estudiar la realidad** 174<br>• Funciones<br>• Propiedades de las funciones<br>• Funciones lineales<br>• Ecuaciones de la recta. Posiciones relativas de las rectas<br>• Funciones cuadráticas<br>• Respetar el turno de palabra<br>• Auto-conocimiento: pasarela del saber | **Tomando el sol**<br>• Tomar conciencia de la importancia de ahorrar energía.<br>• El volumen y la dicción. |
| SENTIDO ESTOCÁSTICO | **4.1. Estadística: organizando información** 204<br>• Términos estadísticos<br>• Tablas de frecuencias<br>• Gráficos estadísticos<br>• Parámetros de posición<br>• Parámetros de dispersión<br>• Coeficiente de variación<br>• Llegar a acuerdos<br>• Análisis: Ishikawa | **Ola de calor**<br>• Sacar conclusiones sobre el problema del calentamiento global utilizando la estadística.<br>• La escucha activa. |
| | **4.2. Un mundo aleatorio** 228<br>• Experimentos aleatorios<br>• Sucesos. Operaciones con sucesos<br>• Probabilidad de un suceso. Regla de Laplace<br>• Probabilidad en experimentos compuestos<br>• Permutaciones<br>• Probabilidad experimental<br>• Cumplir las tareas asignadas<br>• Argumentación: con evidencias futuras | **Matemáticas frente a la COVID**<br>• Analizar situaciones relacionadas con la salud.<br>• El ritmo, la velocidad y su función expresiva. |

# Bloque 1 SENTIDO NUMÉRICO

**1.1.** Cada número, en su conjunto

**1.2.** La potencia de las matemáticas

# 1.1 Cada número, en su conjunto

## ¡EMPEZAMOS!

### ¿Cuánta agua cuestan estos vaqueros?

De nuestro consumo diario de agua, solo un 4% es directo para actividades como beber, bañarse o limpiar, mientras que el 96% es indirecto, es decir, se trata de agua consumida en la producción de los bienes que utilizamos.

Uno de los productos que mayor huella hídrica tiene es el pantalón vaquero, que lleva oculto un consumo de hasta 10 800 L de agua.

- ¿Eras consciente de la importancia del consumo indirecto de agua, en particular en la ropa? ¿Sabrías expresar el porcentaje en forma de fracción?
- ¿Habías oído hablar del concepto de huella hídrica?
- ¿Te parece mucho 10 800 L de agua? Si una bañera tiene una capacidad media de 200 L, ¿cuántas bañeras de agua se utilizan para fabricar unos vaqueros?

## ¡VAMOS A APRENDER!

1. Prestar atención al profesor cuando la pide.
2. Operar y resolver problemas con fracciones.
3. Pasar de fracción a decimal y de decimal a fracción.
4. Clasificar números reales partiendo de lo general y llegando a lo particular.
5. Representar números reales y conjuntos de números reales en la recta numérica.
6. Aproximar números reales y calcular el error cometido.
7. Analizar información numérica sobre el consumo de agua.

## NUESTRO RETO

### La huella hídrica de tu ropa

¿Te parece importante ahorrar agua? ¿Por qué? En este reto vas a estudiar si se puede ahorrar al fabricar o utilizar ropa.

¡Vamos allá!

# 1 ¿Fracciones distintas pueden representar el mismo número?

## Números racionales

**1** Observa la imagen y debate con tus compañeros sobre la siguiente pregunta:

¿Es lo mismo $\frac{1}{2}$ de tortilla que $\frac{3}{6}$ de tortilla?

Una **fracción** $\frac{a}{b}$ es el cociente indicado de dos números enteros, $a$ y $b$, con $b \neq 0$.

- Los números que pueden escribirse en forma de fracción se llaman **números racionales**. El conjunto de los números racionales se representa con $\mathbb{Q}$.
- Dos fracciones son **equivalentes** si representan el mismo número racional.
- Las fracciones $\frac{a}{b}$ y $\frac{c}{d}$ son equivalentes si $\boldsymbol{a \cdot d = b \cdot c}$.

### Ejemplo

Las fracciones $\frac{3}{4}$ y $\frac{6}{8}$ son equivalentes, ya que al calcular los productos cruzados, comprobamos que son iguales:

$$3 \cdot 8 = 4 \cdot 6 = 24$$

Como representan el mismo número racional escribimos: $\frac{3}{4} = \frac{6}{8}$

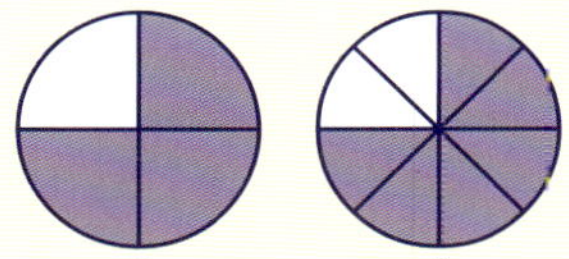

$\frac{3}{4}$ $\frac{6}{8}$

**2** Indica si los siguientes pares de fracciones representan el mismo número racional.

**a.** $\frac{6}{8}$ y $\frac{9}{12}$ **b.** $\frac{4}{10}$ y $\frac{5}{2}$ **c.** $\frac{14}{4}$ y $\frac{21}{6}$ **d.** $\frac{3}{8}$ y $\frac{8}{3}$

**3** Completa los números que faltan para que las fracciones sean equivalentes.

$$\frac{12}{16} = \frac{3}{\bullet} = \frac{\bullet}{20} = \frac{120}{\bullet} = \frac{\bullet}{8}$$

Para obtener **fracciones equivalentes** se multiplican o dividen el numerador y el denominador por un mismo número entero distinto de 0.

Simplificar ← | → Amplificar

Fracción irreducible → $\frac{2}{3} \xleftarrow{:2} \frac{4}{6} \xleftarrow{:2} \boxed{\frac{8}{12}} \xrightarrow{\cdot 5} \frac{40}{60} \xrightarrow{\cdot 7} \frac{280}{420}$

La **fracción irreducible** es aquella que no se puede simplificar más porque su numerador y su denominador son números primos entre sí.

**4** Encuentra dos fracciones equivalentes a $\frac{40}{56}$ amplificando y otras dos simplificando.

**5** Encuentra la fracción irreducible equivalente a cada una de las siguientes.

**a.** $\frac{25}{10}$ **b.** $\frac{960}{800}$ **c.** $\frac{444}{333}$ **d.** $\frac{336}{2156}$ **e.** $-\frac{280}{320}$

Para **comparar fracciones** las podemos **reducir a común denominador**, es decir, buscamos fracciones equivalentes que tengan el mismo denominador. El denominador común más sencillo es el **mínimo común múltiplo** de los denominadores.

**6** **Actividad resuelta**

**Ordena $\frac{5}{6}$, $\frac{7}{8}$ y $\frac{13}{18}$ de menor a mayor.**

El mínimo común múltiplo de los denominadores es: m.c.m. (6, 8, 18) = 72

Reducimos las fracciones a común denominador: $\frac{5}{6}=\frac{60}{72}$; $\frac{7}{8}=\frac{63}{72}$; $\frac{13}{18}=\frac{52}{72}$

Ahora solo hay que comparar los numeradores: $\frac{52}{72}<\frac{60}{72}<\frac{63}{72}\Rightarrow\frac{13}{18}<\frac{5}{6}<\frac{7}{8}$

**7** Ordena las fracciones $\frac{15}{24}$, $\frac{13}{18}$, $\frac{7}{10}$ y $\frac{11}{14}$ de menor a mayor.

**8** Si dos fracciones tienen el mismo numerador, ¿cuál es la mayor?

**9** La tabla muestra las cantidades de residuos que entraron en las plantas de reciclado de nuestro país en el año 2020. (Fuente: Ecoembes)

| **Tipo de residuo** | Plástico | Papel y cartón | Metal | Brik | Madera |
|---|---|---|---|---|---|
| **Miles de toneladas** | 620 | 515 | 250 | 105 | 10 |

**a.** Escribe en forma de fracción irreducible la cantidad de cada tipo de residuo respecto al total.

**b.** Ordena las fracciones de menor a mayor.

## Fracción de una cantidad

Para calcular la **fracción de una cantidad** podemos utilizar la **fracción como operador**:

$$\frac{a}{b}\text{ de }x=\frac{a}{b}\cdot x=\frac{ax}{b}$$

**Ejemplo**

En una clase de 32 estudiantes, para ver cuántos son $\frac{5}{8}$, podemos representar los 32 estudiantes mediante un rectángulo y dividirlo en 8 partes iguales. Cada parte es $\frac{1}{8}$ del total y representa a 4 estudiantes, por lo que $\frac{5}{8}$ de 32 son $5\cdot 4=20$ estudiantes.

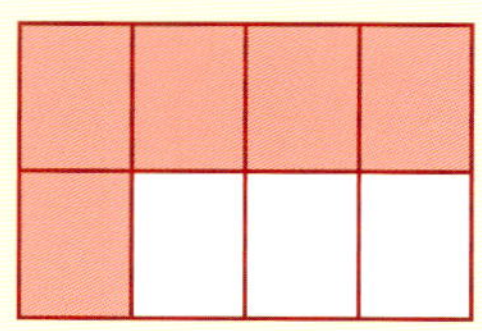

El cálculo puede hacerse también utilizando la fracción como operador:

$$\frac{5}{8}\text{ de }32=\frac{5}{8}\cdot 32=\frac{5\cdot 32}{8}=20$$

**10** En una clase de 3.° de ESO han aprobado 4 de cada 5 alumnos. ¿Cuántos suspensos ha habido si en total hay 35 estudiantes?

**11** De un depósito que contenía 4500 L de agua se extraen 300 L y, posteriormente, $\frac{3}{4}$ del resto. ¿Qué cantidad de agua queda en el depósito?

# 2 ¿Sabes operar con fracciones?

## Operaciones con fracciones

12 Arturo ha ido al mercado y ha pedido cuarto y mitad de fiambre de pavo.

a. ¿Qué crees que significa cuarto y mitad?

b. ¿Qué fracción de kilo representa?

| Operaciones con fracciones | |
|---|---|
| Para **sumar o restar** fracciones se reducen a común denominador y se suman o restan los numeradores. $\frac{a}{m} \pm \frac{b}{m} = \frac{a \pm b}{m}$ | **Ejemplo:** $5 - \frac{5}{6} + \frac{3}{8} = \frac{120}{24} - \frac{20}{24} + \frac{9}{24} = \frac{109}{24}$ |
| El **producto** de dos fracciones es otra fracción cuyo numerador es el producto de los numeradores y el denominador es el producto de los denominadores. $\frac{a}{b} \cdot \frac{c}{d} = \frac{a \cdot c}{b \cdot d}$ | **Ejemplo:** $\frac{5}{3} \cdot \left(-\frac{2}{5}\right) = \frac{\cancel{5} \cdot (-2)}{3 \cdot \cancel{5}} = -\frac{2}{3}$ |
| El **cociente** de dos fracciones es el producto de la primera por la inversa de la segunda. $\frac{a}{b} : \frac{c}{d} = \frac{a}{b} \cdot \frac{d}{c} = \frac{a \cdot d}{b \cdot c}$ | **Ejemplo:** $\frac{5}{6} : \frac{3}{8} = \frac{5}{6} \cdot \frac{8}{3} = \frac{40}{18} = \frac{20}{9}$ |

13 Opera y expresa el resultado como fracción irreducible.

a. $\frac{2}{5} + \frac{12}{4} - \frac{7}{10}$ b. $\frac{8}{6} + \frac{15}{24} + \frac{16}{9}$ c. $\frac{-9}{5} \cdot \frac{10}{3}$ d. $2 \cdot \frac{6}{7}$ e. $\frac{10}{21} : \frac{-5}{7}$

## 14 Actividad resuelta

Para ir de su casa al museo, Jimena toma dos autobuses. En el primero recorre $\frac{17}{20}$ del trayecto, y en el segundo, $\frac{2}{3}$ de lo que le queda. Si al final tiene que andar 200 m para llegar al museo. ¿Qué distancia recorre en total?

| | Recorre | Queda |
|---|---|---|
| **1.er autobús** | $\frac{17}{20}$ del trayecto | $\frac{3}{20}$ del trayecto |
| **2.º autobús** | $\frac{2}{3}$ de $\frac{3}{20}$ del trayecto | $\frac{1}{3}$ de $\frac{3}{20}$ del trayecto |
| **Andando** | $\frac{1}{3}$ de $\frac{3}{20}$ del trayecto = 200 m | 0 |

Para calcular $\frac{1}{3}$ de $\frac{3}{20}$ se multiplican las fracciones: $\frac{1}{3} \cdot \frac{3}{20} = \frac{1}{\cancel{3}} \cdot \frac{\cancel{3}}{20} = \frac{1}{20}$

Si $\frac{1}{20}$ del camino son 200 m, el camino entero es: $200 \cdot 20 = 4000$ m = 4 km.

15 La mitad de los trabajadores de una obra son albañiles, $\frac{3}{10}$ son pintores, $\frac{1}{6}$, carpinteros, y los 14 trabajadores restantes son fontaneros. ¿Cuántos trabajadores hay en la obra?

16 ¿Cuántas manzanas hay en un cesto si al distribuirlas entre seis personas, la primera recibe un tercio del total, la segunda, un cuarto, la tercera, un quinto, la cuarta, un octavo, la quinta recibe diez manzanas y queda aún una manzana para la sexta persona?

(*Problema de Metrodoro*, 500 d. C.)

17 Ana invita a sus amigos a casa y deciden hacer *pizzas* con ingredientes saludables.

- Ana hace su *pizza* de anchoas y la divide en cuatro partes iguales.
- Braulio hace su *pizza* de berenjena y la divide en seis partes iguales.
- Carmen hace su *pizza* de calabacín y la divide en ocho partes iguales.
- Daniel la hace de tomatitos y rúcula y la divide en cinco partes iguales.

La tabla muestra las porciones que han comido. ¿Qué fracción de *pizza* comió cada uno?

| | Anchoa | Berenjena | Calabacín | Tomatitos y rúcula |
|---|---|---|---|---|
| Ana | 2 | 1 | 1 | 1 |
| Braulio | 1 | 1 | 2 | 2 |
| Carmen | 1 | 3 | 2 | – |
| Daniel | – | 1 | 3 | 2 |

¿Cómo puedes comprobar las soluciones de los problemas?

18 Para estudiar la salubridad del agua a la que accede una población, se van a examinar 4 L, repartidos en frascos de $\frac{2}{5}$ L. Cada frasco se dejará reposar en condiciones diferentes de temperatura e iluminación y se observarán después con el microscopio las muestras obtenidas. ¿Cuántos frascos se van a necesitar?

Para realizar operaciones combinadas con fracciones se sigue la **jerarquía de las operaciones**.

## OPERACIONES COMBINADAS CON FRACCIONES

Calcula $2+\frac{3}{4}:\left(\frac{5}{6}-\frac{5}{8}\right)$.

### Paso 1

Se resuelven las operaciones de los **paréntesis**.

$$2+\frac{3}{4}:\left(\frac{5}{6}-\frac{5}{8}\right)=2+\frac{3}{4}:\left(\frac{20}{24}-\frac{15}{24}\right)=2+\frac{3}{4}:\frac{5}{24}$$

En todos los pasos conviene simplificar las fracciones que no son irreducibles para facilitar los cálculos.

### Paso 2

Se resuelven las **multiplicaciones y divisiones** en el orden en que aparecen.

$$2+\frac{3}{4}:\frac{5}{24}=2+\frac{3\cdot 6\cdot \cancel{4}}{\cancel{4}\cdot 5}=2+\frac{18}{5}$$

### Paso 3

Se resuelven las **sumas y las restas**.

$$2+\frac{18}{5}=\frac{10}{5}+\frac{18}{5}=\frac{28}{5}$$

19 Realiza estas operaciones y comprueba el resultado con la calculadora.

**a.** $-\frac{5}{18}\cdot\left(\frac{4}{6}+\frac{2}{9}\right)$

**b.** $5\cdot\left(\frac{2}{15}+\frac{7}{20}\right)-\frac{3}{10}$

**c.** $2+\frac{3}{8}-\left(\frac{5}{6}+\frac{7}{12}\right)+\frac{1}{3}\cdot\frac{1}{8}$

d/c
a b/c

# 3 ¿Y si en vez de fracciones usamos números decimales?

## De fracción a decimal

**20** Halla una fracción equivalente a cada una de las siguientes que tenga denominador 10, 100 o 1000. Lee las fracciones que has escrito. ¿Puedes escribirlas como un número decimal?

**a.** $\frac{1}{2}$ **b.** $\frac{3}{50}$ **c.** $\frac{7}{200}$

Para pasar **de fracción a decimal** dividimos el numerador entre el denominador.

- Si tienen una fracción equivalente con denominador 10, 100, 1000, ..., se obtendrá un **número decimal exacto**.
- En caso contrario, se obtendrá un **número decimal periódico**.

**21** **Actividad resuelta**

**Escribe las fracciones en forma decimal y clasifica los números obtenidos.**

**a.** $\frac{21}{140}$ **b.** $\frac{10}{3}$ **c.** $\frac{127}{45}$

**a.** $\frac{21}{140}=\frac{3}{20}=\frac{15}{100}=0{,}15$

Es un número decimal exacto.

También podemos obtener la expresión decimal haciendo la división.

$$\begin{array}{r|l} 210 & 140 \\ \hline 700 & 0{,}15 \\ 0 & \end{array}$$

**b.** No hay fracción equivalente con denominador 10, 100, 1000, ...

Haciendo la división se obtiene: $\frac{10}{3}=3{,}33333...=3{,}\widehat{3}$

Es un número decimal periódico puro.

$$\begin{array}{r|l} 10 & 3 \\ \hline 10 & 3{,}33... \\ 10 & \\ 1 & \end{array}$$

Parte entera ⟶ $3{,}\widehat{3}$ ⟵ Período

**c.** No hay fracción equivalente con denominador 10, 100, 1000, ...

Haciendo la división se obtiene: $\frac{127}{45}=2{,}8222...=2{,}8\widehat{2}$. Es un número decimal periódico mixto.

$$\begin{array}{r|l} 127 & 45 \\ \hline 370 & 2{,}822... \\ 100 & \\ 100 & \\ 10 & \end{array}$$

Parte entera ⟶ $2{,}8\widehat{2}$ ⟵ Período

↑ Anteperíodo

**22** Escribe en forma decimal y clasifica los números decimales obtenidos. Comprueba tus resultados con la calculadora.

**a.** $\frac{8}{5}$ **b.** $\frac{1386}{99}$ **c.** $\frac{165}{111}$ **d.** $\frac{13}{18}$ **e.** $\frac{444}{333}$ **f.** $\frac{1}{6}$

Sin hacer la división, se puede saber qué tipo de decimal obtendremos examinando los **factores del denominador de la fracción irreducible**.

- Si todos los factores son 2 o 5 se obtiene un decimal exacto.
- Si ningún factor es 2 o 5 se obtiene un decimal periódico puro.
- Si algunos factores son 2 o 5 y otros no, se obtiene un decimal periódico mixto.

$10 = 2 \cdot 5$

$100 = 2^2 \cdot 5^2$

$1000 = 2^3 \cdot 5^3$

$10\,000 = 2^4 \cdot 5^4$

...

## 23 Actividad resuelta

**Sin hacer la división, indica qué tipo de decimal corresponde a cada fracción.**

a. $\frac{3}{600}$   b. $\frac{60}{21}$   c. $\frac{46}{70}$

a. $\frac{3}{600}=\frac{1}{200}=\frac{1}{2^3\cdot 5^2}$ → número decimal exacto

b. $\frac{60}{21}=\frac{20}{7}$ → número decimal periódico puro

c. $\frac{46}{70}=\frac{23}{35}=\frac{23}{5\cdot 7}$ → número decimal periódico mixto

24 Indica qué tipo de decimal corresponde a cada fracción sin efectuar la división.

a. $\frac{143}{15}$   c. $\frac{33}{320}$   e. $\frac{62}{12}$

b. $\frac{148}{33}$   d. $\frac{14}{8}$   f. $\frac{99}{55}$

## De decimal a fracción: La fracción generatriz

Un número decimal exacto o periódico puede expresarse en forma de fracción irreducible. Esta fracción se llama **fracción generatriz**.

## 25 Actividad resuelta

**Clasifica los números decimales y halla su fracción generatriz.**

a. 1,85   b. $3,\widehat{69}$   c. $1,25\widehat{4}$

a. Es un **decimal exacto**. El numerador será el número sin la coma, y el denominador será un 1 seguido de tantos ceros como cifras tenga la parte decimal.

$$1{,}85=\frac{185}{100}=\frac{37}{20}$$

b. Es un **decimal periódico puro**. Se multiplica el número por la unidad seguida de tantos ceros como cifras tenga el período y al resultado se le resta el número. Así, se elimina la parte decimal y se obtiene una expresión de la que despejar el número.

$x=3,\widehat{69}$

$$\begin{array}{r} 100x=369{,}696969...\\ -\quad x=\quad 3{,}696969...\\ \hline 99x=366 \end{array} \Rightarrow x=\frac{366}{99}=\frac{122}{33}$$

c. Es un **decimal periódico mixto**. Se multiplica el número por la unidad seguida de tantos ceros como cifras tengan el período y el anteperíodo, y por la unidad seguida de tantos ceros como cifras tenga el anteperíodo, y se restan los números obtenidos. Así, se elimina la parte decimal y se obtiene una expresión de la que despejar el número.

$x=1,25\widehat{4}$

$$\begin{array}{r} 1000x=1254{,}44444...\\ -\quad 100x=\quad 125{,}44444...\\ \hline 900x=1129 \end{array} \Rightarrow x=\frac{1129}{900}$$

Para escribir los decimales periódicos en forma de fracción también se puede utilizar esta regla:

**26** Escribe la fracción generatriz de los siguientes números decimales.

a. $5,6$
b. $9,8\overset{\frown}{765}$
c. $4,5678$
d. $1,\overset{\frown}{26}$
e. $1,\hat{9}$
f. $-2,75\hat{3}$

¿Te ves capaz de resolver la actividad de dos formas distintas?

## 27 Actividad resuelta

**Realiza la operación $2,\overset{\frown}{012}+1,38\hat{3}$.**

Expresamos los números decimales en forma de fracción y a continuación operamos.

$$2,\overset{\frown}{012}=\frac{2012-2}{999}=\frac{2010}{999}=\frac{670}{333}$$

$$1,38\hat{3}=\frac{1383-138}{900}=\frac{1245}{900}=\frac{83}{60}$$

$$\frac{670}{333}+\frac{83}{60}=\frac{13400}{6660}+\frac{9213}{6660}=\frac{22613}{6660}=3,39\overset{\frown}{534}$$

**28** Pasa los decimales a fracciones y opera. Expresa el resultado en forma decimal.

a. $3,4\hat{5}-\frac{7}{10}$
b. $2,\hat{5}\cdot 5,\hat{2}$
c. $1,2+2,\hat{3}+3,4\hat{5}$
d. $2,\hat{8}:1,\hat{3}$

**29** Completa la siguiente tabla.

| Tipo de decimal | Decimal | Fracción |
|---|---|---|
| ••• | 4,50 | ••• |
| Periódico mixto | ••• | ••• |
| ••• | ••• | $\frac{145}{7}$ |
| ••• | 5,28585... | ••• |
| ••• | ••• | $\frac{15}{24}$ |
| Periódico puro | ••• | ••• |

**30** Una familia tiene un depósito de 1 $m^3$ de volumen para recoger agua de lluvia y aprovecharla para su huerto. El depósito tiene una grieta por la que se pierden $0,4\hat{6}$ $m^3$ de agua al día. Si utilizan 0,4 $m^3$ de agua para regar diariamente, ¿qué cantidad de agua le queda al final de un día?

# 4 ¿Qué tipos de números conoces?

## Números irracionales

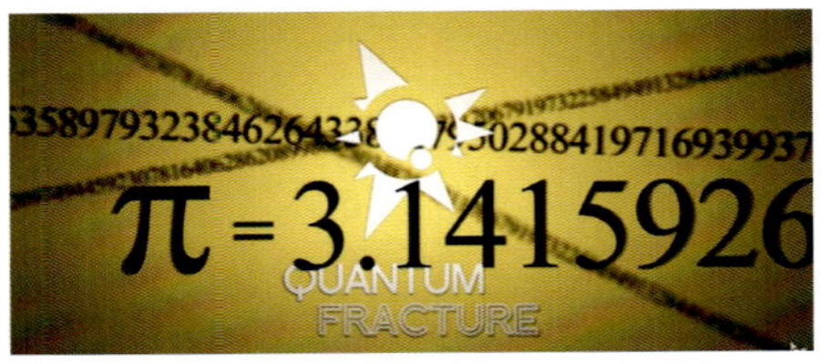


31 Mira con atención el siguiente vídeo.

**a.** ¿Por qué no es posible determinar las cifras de $\pi$ simplemente midiendo sobre una circunferencia?

**b.** ¿Crees que es posible expresar el número $\pi$ como una fracción?

Los números que no provienen de una fracción se denominan **irracionales**.

- Su expresión decimal es **infinita y no periódica**.
- El conjunto de los números irracionales se representa con el símbolo $\mathbb{I}$.

### Ejemplo

Los siguientes números son irracionales:

$\pi = 3{,}141592654...$ $\sqrt{2} = 1{,}414213562...$ $0{,}101001000...$

32 Clasifica los siguientes números en racionales e irracionales.

**a.** 321,575757... **c.** 0,88333333... **e.** −3,8456456456...

**b.** 0,121221222... **d.** 1,7365197326... **f.** −57,65876

33 Rubén ha comprado un GPS con una pantalla cuadrada de 10 cm de diagonal. ¿Cuánto miden el lado y el área de la pantalla? ¿Son números racionales o irracionales?

## Números reales

Los números racionales y los números irracionales forman el conjunto de los **números reales**, que se designa con $\mathbb{R}$.

- Los números naturales, enteros, racionales e irracionales son números reales.
- El siguiente diagrama de Venn muestra las relaciones entre los distintos conjuntos numéricos.

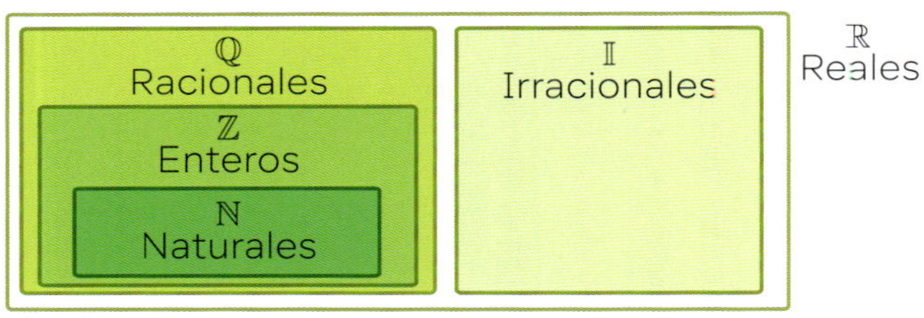


34 Dibuja en tu cuaderno el diagrama de Venn de los conjuntos numéricos y escribe los siguientes números reales donde corresponda.

**a.** −4,020020002... **c.** $\frac{7}{8}$ **e.** −8

**b.** 271 884 **d.** 71,919191... **f.** $\sqrt{5}$

35 **Aprendo a pensar.** Elabora un mapa conceptual descendente con la clasificación de los números reales. Utiliza los siguientes términos: números reales, números irracionales, números racionales, números fraccionarios, números enteros, números enteros negativos, números naturales y añade un ejemplo de cada tipo de número.

## La recta real

Los números reales se representan como puntos de la **recta real**. A cada número real le corresponde un único punto de la recta y a cada punto de la recta, un único número real.

36 **MAT-TIC** Aprende cómo se representan fracciones en la recta real con el interactivo de GeoGebra *Representa fracciones propias e impropias en la recta real.*

### REPRESENTACIÓN DE UNA FRACCIÓN EN LA RECTA REAL

Representa $\frac{3}{5}$ sobre la recta.

**Paso 1**

Como $0 < \frac{3}{5} < 1$, se traza una semirrecta que parta del 0.

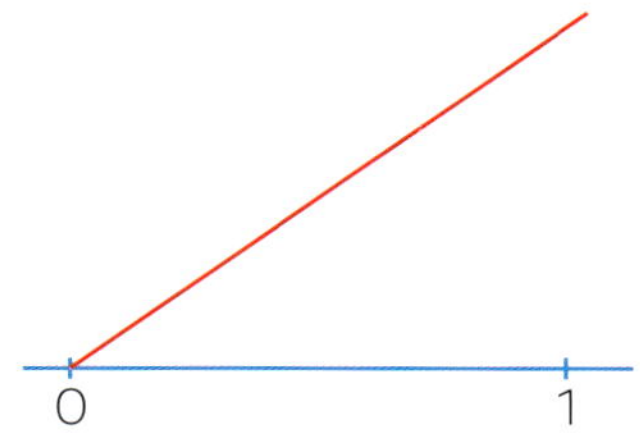


**Paso 2**

Sobre esa semirrecta se marcan cinco segmentos iguales empezando por el 0.

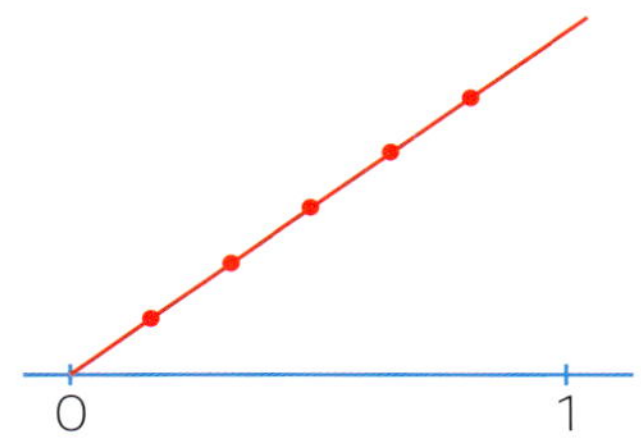


**Paso 3**

Se une la última marca con el 1 y se traza una paralela por la tercera marca.

El punto de intersección con la recta real indica exactamente el número $\frac{3}{5}$.

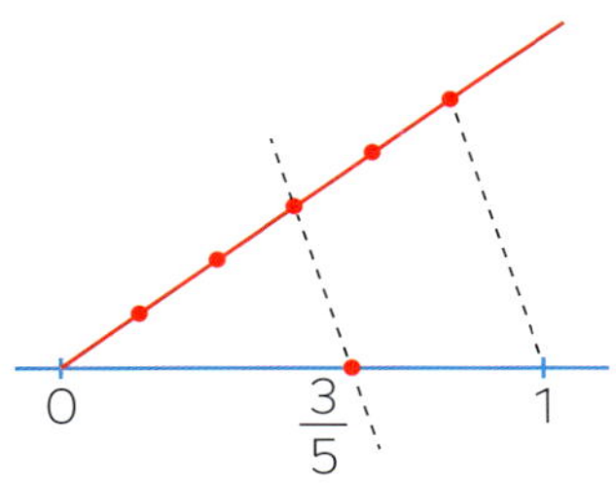


37 ¿Qué número representa cada figura?

a.

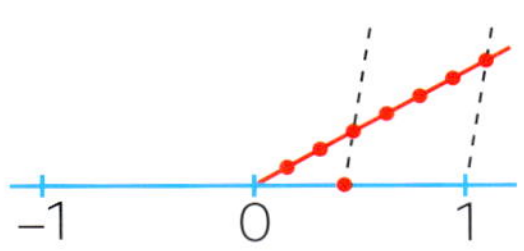


b.

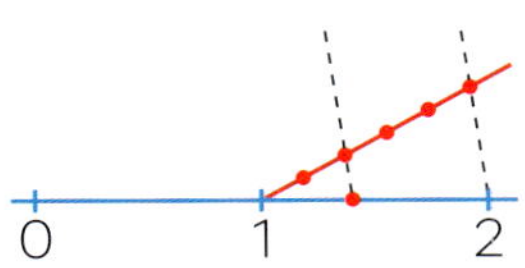


c.

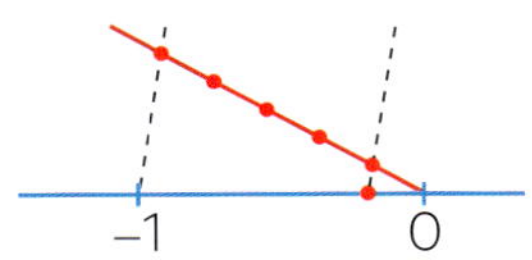


d.

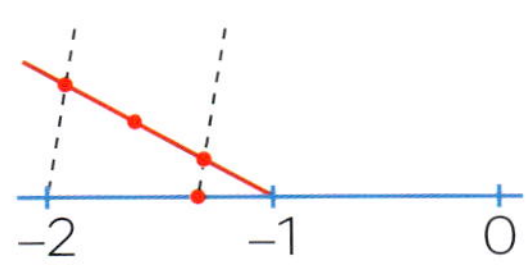


38 **PLANTEAMOS JUNTOS EL TRABAJO.** Representa las siguientes fracciones en la recta real.

a. $\frac{1}{3}$

b. $\frac{4}{9}$

c. $\frac{2}{5}$

d. $\frac{5}{6}$

e. $\frac{32}{5}$

f. $\frac{85}{9}$

g. $\frac{47}{10}$

h. $\frac{65}{6}$

## REPRESENTACIÓN DE UNA RAÍZ CUADRADA EN LA RECTA REAL

Representa $\sqrt{7}$ sobre la recta.

### Paso 1

Dibujamos un segmento *AB* de longitud 7 y, a continuación, otro segmento de longitud 1.

### Paso 2

Trazamos una semicircunferencia cuyo diámetro es $AC = 8$.

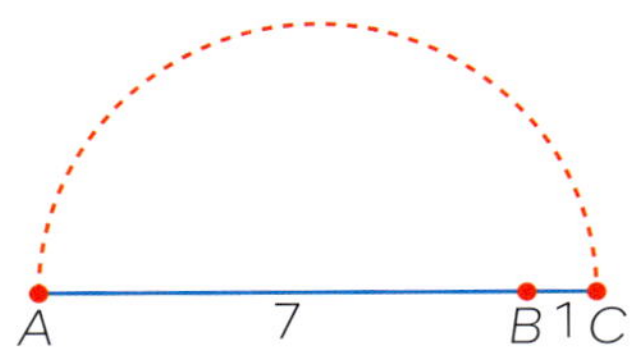


### Paso 3

Levantamos una perpendicular por el punto *B* hasta que corte a la semicircunferencia. El segmento *BD* mide exactamente $\sqrt{7}$ .

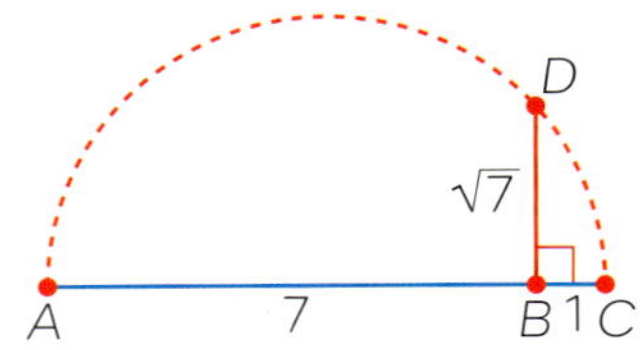


### Paso 4

Con el compás trasladamos el segmento obtenido a la recta real.

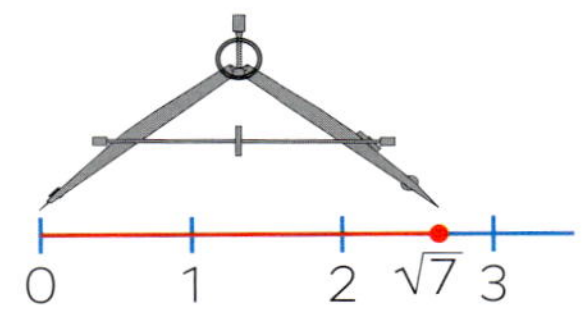


**39** **PLANTEAMOS JUNTOS EL TRABAJO.** Representa en la recta real los siguientes números.

**a.** $\sqrt{8}$ **b.** $\sqrt{5}$ **c.** $2+\sqrt{2}$ **d.** $2-\sqrt{2}$

**40** Dibuja un cuadrado cuya área mida exactamente $20\ cm^2$.

**41** **MAT-TIC** Existe otro método para representar raíces cuadradas, que se basa en el teorema de Pitágoras. Descúbrelo con el interactivo de GeoGebra *Números reales en el geoplano*, y aplícalo para representar $\sqrt{10}$ .

## Valor absoluto

El **valor absoluto** de un número real *x* es la distancia entre *x* y el 0 y se representa por $|x|$. Como es una distancia, no puede ser negativo.

### Ejemplo

**a.** $|5| = 5$ **b.** $|-3{,}25| = 3{,}25$ **c.** $|0| = 0$

**42** Calcula los valores absolutos que aparecen a continuación.

**a.** $|-1{,}6|$ **b.** $|5-7|$ **c.** $|7-5|$

**43** **Actividad resuelta**

Encuentra todos los números que satisfacen la igualdad $|x| - 1 = 8$.

$|x| - 1 = 8$ equivale a $|x| = 9$, es decir, $x = 9$ y $x = -9$.

**44** Encuentra todos los números que satisfacen las igualdades siguientes.

**a.** $|x+1| = 6$ **b.** $|x-3| = 3$ **c.** $|x| + 2 = 5$ **d.** $|x| = -3$

# 5 ¿Podemos trabajar siempre de forma exacta?

## Aproximaciones decimales

45 El cartel muestra las tarifas de un aparcamiento disuasorio a la entrada de una gran ciudad.

**a.** Usa la calculadora para hallar el precio por estacionar 25 minutos. ¿Podrías pagar de forma exacta? ¿Cuánto pagarías?

**b.** ¿Cuánto pagarías por 90 minutos?

| Tarifas | |
|---|---|
| Precio por minuto del minuto 0 al 30 | 0,019480 € |
| Precio por minuto del minuto 31 al 60 | 0,027271 € |
| Precio por minuto desde el minuto 61 | 0,024106 € |
| Máximo diario hasta 4 días | 14,65 € |
| Máximo diario a partir del 5.º día | 11,65 € |

Un número real se puede aproximar **por defecto**, eligiendo valores inferiores al número, o **por exceso**, eligiendo valores superiores al número.

- **Truncar** un número consiste en eliminar todas las cifras decimales a partir de cierto orden. La aproximación obtenida es siempre una aproximación por defecto.
- **Redondear** a un orden dado, es elegir, entre las aproximaciones por exceso o por defecto a dicho orden, la más próxima al número. Para ello, se eliminan todas las cifras decimales que siguen a dicho orden de este modo:
  - Si el primer decimal que se elimina está entre 0 y 4, ambos inclusive, se eliminan sin más.
  - Si el primer decimal que se elimina está entre 5 y 9, ambos inclusive, se eliminan a partir de él y se suma 1 a la última cifra que haya quedado en el número.

### 46 Actividad resuelta

**Aproxima el número $\pi = 3{,}141592...$ a las centésimas y a las milésimas por truncamiento y por redondeo. ¿Son aproximaciones por defecto o por exceso?**

- Truncamiento a las centésimas: $\pi \simeq 3{,}14$. Aproximación por defecto.
- Truncamiento a las milésimas $\pi \simeq 3{,}141$. Aproximación por defecto.
- Redondeo a las centésimas: $\pi \simeq 3{,}14$. Aproximación por defecto.

- Redondeo a las milésimas: $\pi \simeq 3{,}142$. Aproximación por exceso.

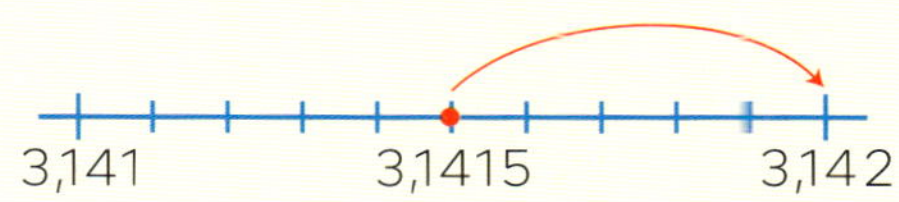


**47** Trunca los siguientes números a las décimas.

**a.** $7{,}33\overset{\frown}{5}$ **b.** $3{,}9\overset{\frown}{5}$ **c.** $3{,}\overset{\frown}{73}$

**48** Redondea los siguientes números a las centésimas.

**a.** $24{,}3\overset{\frown}{67}$ **b.** $6{,}13\overset{\frown}{5}$ **c.** $8{,}4\overset{\frown}{6}$

### 49 Actividad resuelta

**Redondea a las milésimas el número $\sqrt{7}$.**

Con la calculadora se obtiene: $\sqrt{7} = 2{,}64575131$

Por tanto, el redondeo a las milésimas es $\sqrt{7} \simeq 2{,}646$.

50 Redondea los siguientes números a las milésimas.

a. $\sqrt{26}$ b. $\sqrt{10}$ c. $\sqrt{13}$

51 **Actividad resuelta**

**Halla las cinco primeras aproximaciones por defecto y por exceso del número $\sqrt{3}=1,73205...$ y rodea para cada orden la aproximación por redondeo.**

| | | | | | |
|---|---|---|---|---|---|
| **Por defecto** | 1 | 1,7 | 1,73 | 1,732 | 1,7320 |
| **Por exceso** | 2 | 1,8 | 1,74 | 1,733 | 1,7321 |

52 Sabiendo que $\sqrt{10}=3,162277...$, escribe las 5 primeras aproximaciones por defecto y por exceso e indica cuál es la aproximación por redondeo en cada orden.

## Errores en la aproximación

Al trabajar con una aproximación en lugar de con el valor exacto de un número, se comete un error que se puede medir de dos formas.

- **Error absoluto:** es el valor absoluto de la diferencia entre el valor exacto de un número y su aproximación.

$$\text{Error absoluto} = |\text{Valor exacto} - \text{Aproximación}|$$

- **Error relativo:** es el cociente entre el error absoluto y el valor exacto de un número. Es el error más utilizado ya que permite hacer comparaciones. Puede expresarse como porcentaje.

$$\text{Error relativo} = \frac{\text{Error absoluto}}{\text{Valor exacto}}$$

53 **Actividad resuelta**

**Halla el error absoluto y relativo al redondear a las centésimas el número $\sqrt{5}$, considerando como valor exacto el obtenido con la calculadora, que es: $\sqrt{5}=2,236067977$.**

La aproximación obtenida por redondeo a las centésimas es: $\sqrt{5}\simeq 2,24$

Error absoluto = |Valor exacto – Aproximación| = |2,236067977 – 2,24| = 0,0039320225

$$\text{Error relativo} = \frac{\text{Error absoluto}}{\text{Valor exacto}} = \frac{0,0039320225}{2,236067977} = 0,001758454 \simeq 0,0018 \xrightarrow{\cdot 100} 0,18\,\%$$

54 Calcula el error absoluto y el error relativo cometidos al aproximar el número $\frac{1}{6}$ por 0,17.

55 Calcula el error absoluto y relativo para las siguientes aproximaciones de $\frac{2}{3}$.

a. 0,66 b. 0,67 c. 0,667

56 Al medir un segmento de longitud 1,26 cm con una regla se obtiene que mide 1,2 cm. ¿Qué error absoluto se comete? ¿Y relativo?

57 Un grifo arroja un caudal de 6,74 L por minuto. Calcula los litros de agua que se gastan si se deja abierto durante cinco minutos.

Redondea el resultado a las unidades y calcula el error relativo de esta aproximación.

58 Una excelente aproximación del número irracional $\sqrt{2}$ es la fracción $\frac{17}{12}$.

a. Comprueba este resultado con ayuda de la calculadora.

b. Señala los errores absoluto y relativo de la aproximación.

59 Se quiere evaluar la precisión de dos calibres.

- Con el calibre *A* se obtiene una medición de 3,28 cm para un cilindro de diámetro 3,256 cm.
- Con el calibre *B* se obtiene una medición de 0,47 cm para un tornillo de diámetro 0,458 cm.

¿Qué calibre es más preciso? Calcula los errores relativos y compáralos.

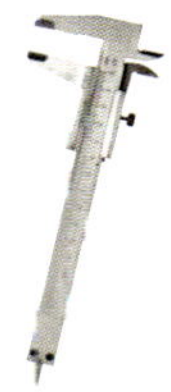

60 La altura de Javier es de 168 cm, y la de Elena, de 160 cm, pero al medirlos se ha obtenido 171 cm para Javier y 163 cm para Elena. Calcula los errores absolutos y relativos de las dos mediciones e indica cuál te parece más precisa.

61 En una tablilla babilónica del segundo milenio a. C. aparece esta aproximación de $\sqrt{2}$.

a. Con ayuda de la calculadora indica cuántos decimales correctos tiene esa aproximación.

b. ¿Qué error relativo se comete con ella?

62 Campos de cultivo circulares

Explica si te ha gustado o no la actividad y por qué.

a. Utilizar campos de cultivo circulares mejora el aprovechamiento eficiente del agua de riego. ¿Por qué?

b. ¿Se puede calcular de forma exacta el área de uno de estos campos de cultivo? ¿Por qué?

c. Si el brazo aspersor de un campo de cultivo circular mide 25 m, ¿qué área tiene dicho campo? Haz el cálculo de dos formas, utilizando el valor de $\pi$ que te da la calculadora, y utilizando la aproximación $\pi \simeq 3,14$.

d. Calcula el error absoluto y relativo cometido en el apartado anterior al utilizar la aproximación $\pi \simeq 3,14$.

# 6 ¿Cómo se expresan conjuntos de números reales?

## Intervalos y semirrectas

63 Observa la imagen y contesta a las cuestiones.

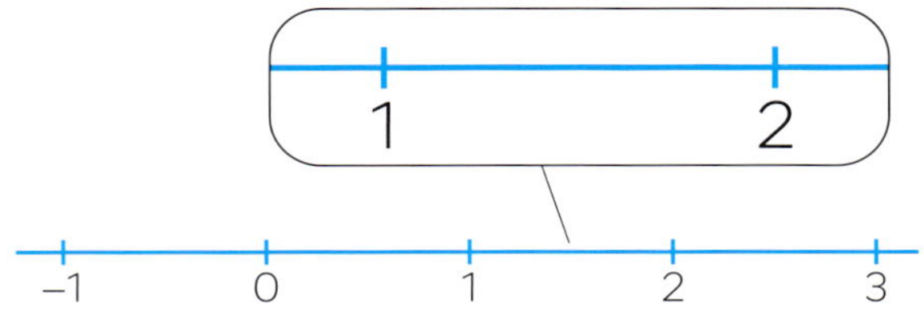


**a.** ¿Cuántos números hay entre 1 y 2? ¿Cómo podrías señalarlos sobre la recta real?

**b.** Si $x$ es uno de esos números, ¿sabrías escribir en lenguaje matemático su relación con 1 y con 2?

Un **intervalo** es un segmento de la recta real que contiene todos los números comprendidos entre dos números llamados **extremos**. Si un extremo está incluido en el intervalo se dice que es **cerrado** en ese extremo, y si no está incluido, el intervalo es **abierto** en ese extremo.

### Ejemplo

| | | Desigualdades | Representación gráfica |
|---|---|---|---|
| Intervalo abierto | (–2, 1) | $-2 < x < 1$ |   |
| Intervalo cerrado | [–2, 1] | $-2 \leq x \leq 1$ |   |
| Intervalo abierto por la izquierda | (–2, 1] | $-2 < x \leq 1$ |   |
| Intervalo abierto por la derecha | [–2, 1) | $-2 \leq x < 1$ |   |

Una **semirrecta** es una parte de la recta real que contiene todos los números menores o mayores que uno denominado **extremo**. Las semirrectas pueden ser **cerradas** o **abiertas** en su extremo.

### Ejemplo

| | | Desigualdades | Representación gráfica |
|---|---|---|---|
| Semirrecta abierta por la izquierda | (1, +∞) | $x > 1$ | 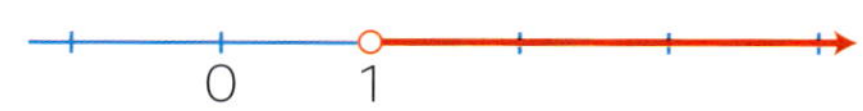  |
| Semirrecta cerrada por la izquierda | [1, +∞) | $x \geq 1$ |   |
| Semirrecta abierta por la derecha | (–∞, 1) | $x < 1$ |   |
| Semirrecta cerrada por la derecha | (–∞, 1] | $x \leq 1$ |   |

64 Relaciona las diferentes expresiones de los siguientes intervalos y semirrectas.

**A.** [–1, 2] **1.** $x > 2$ **I.**

**B.** (2, +∞) **2.** $3 < x \leq 6$ **II.**

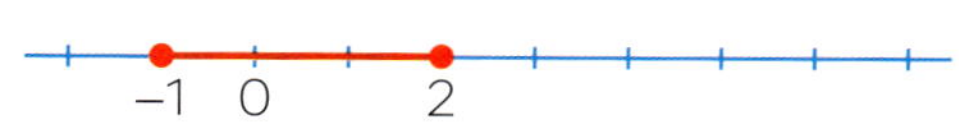


**C.** (3, 6] **3.** $-1 \leq x \leq 2$ **III.**

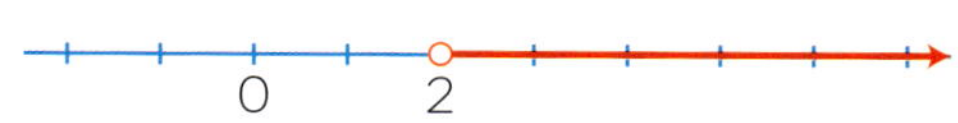

**65** Indica el intervalo o semirrecta representado en cada dibujo.

**a.**

**b.**

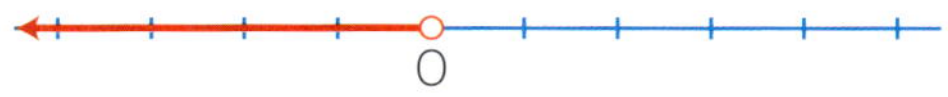


**66** Representa en la recta real los números que cumplen las siguientes desigualdades.

**a.** $x \geq 4$

**b.** $-6 \leq x < 8$

**c.** $x < 8$ o $x > -9$

**d.** $9 > x$

**e.** $8 < x$ y $x \geq 10$

**f.** $x < -4$ y $x \geq 2$

**67** ## Actividad resuelta

Expresa como intervalo o semirrecta los números que satisfacen estas condiciones:

**a.** Su distancia a 12 es menor o igual que 3.

**b.** No son mayores que 5.

**c.** Números cuya parte entera es 2.

**d.** Números $x$ que cumplen que $|x| < 5$.

**a.** Son los números entre el 9 y el 15, ambos incluidos, es decir, el intervalo cerrado [9, 15].

**b.** Son los números menores o iguales que 5, es decir, la semirrecta cerrada $(-\infty, 5]$.

**c.** Son los números entre el 2 (incluido) y el 3 (sin incluir), es decir, el intervalo abierto por la derecha [2, 3).

**d.** Son los números cuya distancia al cero es menor que 5, es decir, el intervalo abierto $(-5, 5)$.

**68** Escribe los intervalos o semirrectas descritos a continuación.

**a.** Al menos 20 €.

**b.** No menos de 5 ni más de 7 km.

**c.** Como poco 13 años, pero no llega a 20.

**d.** Entre 750 g y un kilo y medio.

**69** Dibuja en la recta real los intervalos y las semirrectas siguientes.

**a.** (2, 3)

**b.** [2, 3)

**c.** (2, 3]

**d.** [2, 3]

**e.** $(2, +\infty)$

**f.** $[2, +\infty)$

**g.** $(-\infty, 3)$

**h.** $(-\infty, -3)$

**70** La familia Abad ha decidido emprender un cultivo sostenible de espárragos ecológicos. La tabla recoge los calibres oficiales:

| Rango del diámetro (mm) | Denominación comercial | Peso promedio (g) |
|---|---|---|
| $d < 6$ | Delgado (*small*) | 4,6 |
| $6 \leq d \leq 12$ | Normal (*standard*) | 13,1 |
| $12 < d \leq 16$ | Grueso (*large*) | 22,7 |
| $16 < d \leq 19{,}5$ | Extra grueso (*extralarge*) | 33,5 |
| $19{,}5 < d < 23$ | *Jumbo* | 45,5 |
| $d \geq 23$ | Colosal | 69,9 |

**a.** Escribe la primera columna de la tabla empleando intervalos o semirrectas e indica de qué tipo son.

**b.** ¿Cuál es el peso promedio de un manojo de una docena de espárragos gruesos?

# NUESTRO RETO La huella hídrica de tu ropa

## Aprende y reflexiona sobre la huella hídrica de la ropa

### Paso 1

**Investiga**

- ¿Qué es la huella hídrica?
- Explica sus componentes: agua azul, agua verde y agua gris.
- ¿Qué factores intervienen en la huella hídrica de la ropa relacionados con el proceso de fabricación? ¿Y con su uso por parte del consumidor?
- ¿Qué es lo que más te ha llamado la atención?

### Paso 2

**Analiza un caso**

- Expresa la huella hídrica de cada prenda de la imagen en "bañeras" para hacerte una idea más clara de la cantidad que supone.
- Calcula la huella hídrica total de dos formas, primero con los datos tal como se facilitan y después con los datos redondeados a la unidad de millar. Tomando la primera suma como valor exacto, ¿qué error relativo se comete al usar los datos redondeados?
- Una persona necesita unos 1000 L de agua al año. ¿Qué fracción de esa cantidad representa la huella hídrica de cada prenda? Pista: son fracciones impropias. Representa las fracciones en la recta real.

### Paso 3

**¿Qué puedes hacer tú?**

Elabora un texto expositivo recogiendo las ideas principales de la investigación y del análisis del caso y medidas concretas para reducir la huella hídrica de tu ropa. Sigue las pautas del documento descargable.

**¿Cómo te ha ido el reto?** Entra y haz tu valoración

# EN RESUMEN

## Números racionales $\mathbb{Q}$

- Los **números racionales** son los que pueden escribirse en forma de fracción.
- Todas las **fracciones equivalentes** representan el mismo número racional.

## Operaciones con números racionales

| | |
|---|---|
| Suma: $\frac{a}{m} + \frac{b}{m} = \frac{a+b}{m}$ | Producto: $\frac{a}{b} \cdot \frac{c}{d} = \frac{a \cdot c}{b \cdot d}$ |
| Resta: $\frac{a}{m} - \frac{b}{m} = \frac{a-b}{m}$ | Cociente: $\frac{a}{b} : \frac{c}{d} = \frac{a}{b} \cdot \frac{d}{c} = \frac{a \cdot d}{b \cdot c}$ |

## Fracciones y números decimales

- Una fracción se puede escribir en forma de decimal dividiendo el numerador entre el denominador.
- Para escribir en forma de fracción un número decimal periódico se sigue esta regla:

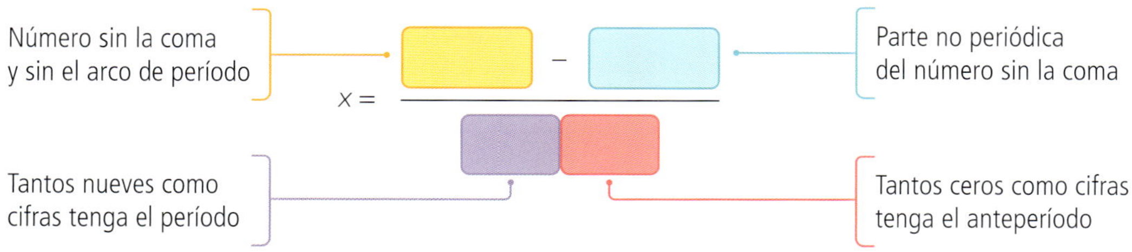


## Números reales $\mathbb{R}$

- Los números que no provienen de una fracción se denominan **irracionales**.
- Los números racionales y los irracionales forman el conjunto de los **números reales**.

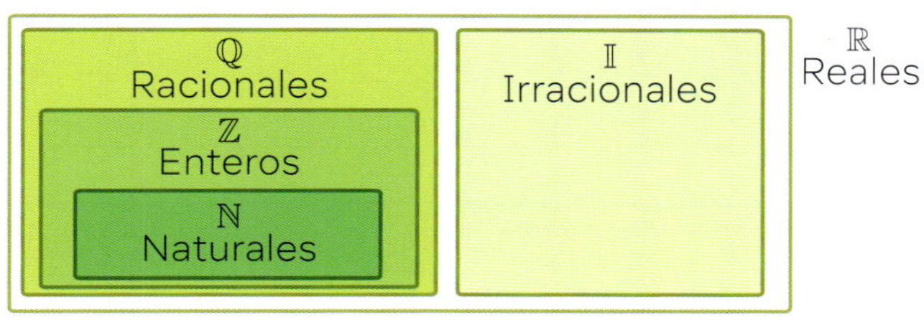


- Representación de fracciones:

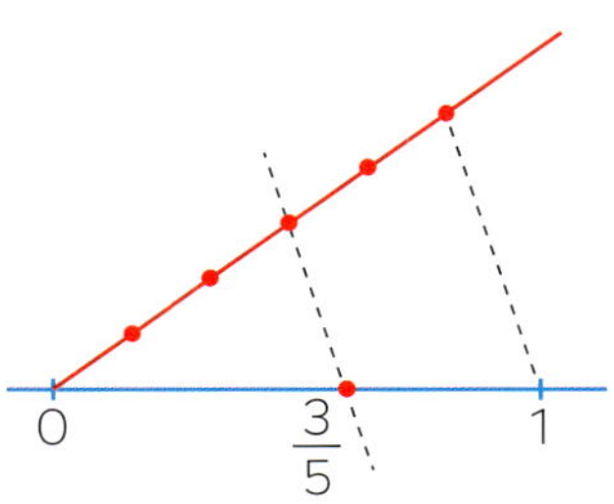


- Representación de raíces cuadradas:

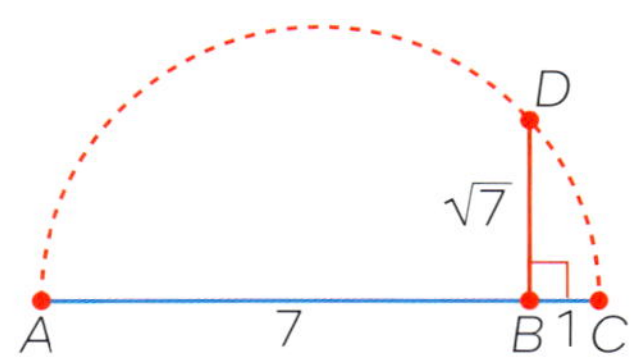


- El **valor absoluto** de un número real $x$, $|x|$, es la distancia entre el número $x$ y el 0.

# EN RESUMEN

## Aproximación y error

| Truncamiento | Redondeo |
|---|---|
| $2,242 \simeq 2,24$ | $2,242 \simeq 2,24$ |
| $2,247 \simeq 2,24$ | $2,247 \simeq 2,25$ |

$$\text{Error absoluto} = |\text{Valor exacto} - \text{Aproximación}|$$

$$\text{Error relativo} = \frac{\text{Error absoluto}}{\text{Valor exacto}}$$

## Intervalos y semirrectas

| | | Desigualdades | Representación gráfica |
|---|---|---|---|
| Intervalo abierto | $(-2, 1)$ | $-2 < x < 1$ |  |
| Intervalo cerrado | $[-2, 1]$ | $-2 \leq x \leq 1$ |  |
| Intervalo abierto por la izquierda | $(-2, 1]$ | $-2 < x \leq 1$ |  |
| Intervalo abierto por la derecha | $[-2, 1)$ | $-2 \leq x < 1$ |  |
| Semirrecta abierta por la izquierda | $(1, +\infty)$ | $x > 1$ |  |
| Semirrecta cerrada por la izquierda | $[1, +\infty)$ | $x \geq 1$ |  |
| Semirrecta abierta por la derecha | $(-\infty, 1)$ | $x < 1$ |  |
| Semirrecta cerrada por la derecha | $(-\infty, 1]$ | $x \leq 1$ |  |

# PRACTICAMOS

## Actividades

1 **Aprendo a pensar.** Organiza en un mapa mental los conceptos que has aprendido.

2 Realiza las siguientes operaciones.

**a.** $1-\left(\frac{5}{6}-\frac{1}{2}\right)\cdot 6$ **b.** $15 \cdot 0,6 - 7$ **c.** $\frac{3}{2}-\frac{9}{4}-\frac{5}{4}$

3 Resuelve de dos formas distintas la operación combinada de cada apartado: primero utilizando la jerarquía de las operaciones y después aplicando la propiedad distributiva para quitar los paréntesis.

**a.** $\frac{3}{24}\cdot\left(\frac{2}{11}+\frac{18}{22}\right)$ **b.** $\left(\frac{3}{9}-\frac{4}{8}\right)\cdot\frac{5}{15}$

¿Se obtiene el mismo resultado?

4 Observa la pantalla de la calculadora.

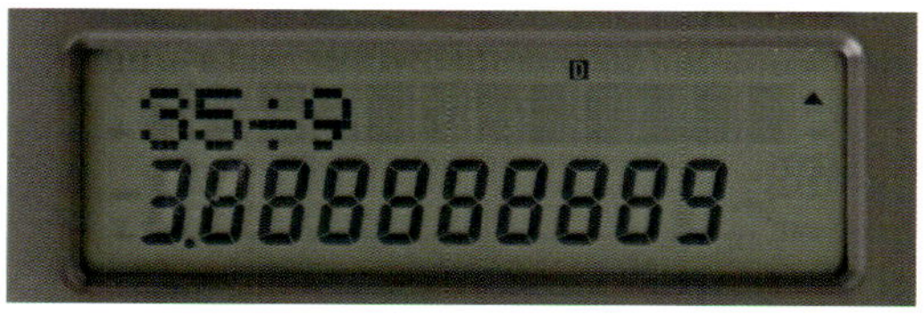


En cambio, sabemos que $\frac{35}{9}=3,8888...=3,\hat{8}$ . ¿Cuál es la explicación?

5 Clasifica estos números en racionales o irracionales, ordénalos y represéntalos en la recta real.

a. $\varphi=1,61803398874...$ b. $\sqrt{13}$ c. $\frac{8}{5}$

6 ¿Cuál es el mayor valor posible de la fracción $\frac{3A+B}{4C-D}$, si los números $A$, $B$, $C$, $D$ son distintos y pertenecen al conjunto $\{1, 3, 5, 7, 9\}$?

7 De las siguientes cuatro fracciones, ¿cuál es un múltiplo entero de $\frac{6}{7}$, $\frac{5}{14}$ y $\frac{10}{21}$?

A. $\frac{7}{30}$ B. $\frac{7}{15}$ C. $\frac{15}{7}$ D. $\frac{30}{7}$

8 Realiza estas operaciones aproximando las raíces a las milésimas por exceso y por defecto. Compara los resultados.

a. $\sqrt{7}+2\sqrt{3}$ b. $\sqrt{5}\cdot\sqrt{12}$

9 Haz el cálculo de las tres maneras que se indican. ¿Cuál crees que es más precisa? Justifica tu respuesta.

$$\frac{2}{7}+\frac{6}{7}\left(\frac{2}{7}-\frac{1}{7}\right)$$

a. Redondeando las fracciones a las décimas.
b. Truncando las fracciones a las décimas.
c. Operando con las fracciones y redondeando el resultado a las décimas.

10 El resultado del cálculo del área de un círculo de 3 cm de radio es 28,274337 $cm^2$.

a. ¿Qué aproximación se ha tomado de $\pi$?
b. ¿Es una aproximación por exceso o por defecto?
c. ¿Cuáles son los errores absoluto y relativo?

11 Los cuatro números $\frac{1}{2}$, $x$, $y$, $\frac{3}{4}$ están colocados en orden creciente. Si la diferencia entre cada dos consecutivos es constante, ¿cuál es el valor de $y$?

## Problemas

12 Al pesar una manzana en una báscula de cocina se obtiene la medida 0,122 kg. Suponiendo que su peso real es de 134,5 g, ¿cuáles son los errores absoluto y relativo que comete la báscula?

13 Tres hermanas se han repartido una tarta de esta extraña manera: Julia se ha quedado con $\frac{1}{6}$, Lucía con $\frac{7}{18}$ y Belén con $\frac{4}{9}$.

a. Asegúrate de que el reparto es correcto, es decir, que las fracciones sumen 1.
b. Ordena a las hermanas de menos a más según la cantidad de tarta que les tocó.

14 Alicia ahorra cada semana $\frac{3}{4}$ de su paga. Si consigue ahorrar 312 € al año. ¿Cuál es su paga semanal?

15 Irene va de excursión al campo. En autobús recorre $\frac{13}{15}$ del camino y el resto lo hace andando. Si anduvo 350 m, ¿qué distancia recorrió en total? Expresa el resultado en kilómetros.

16 ¿Qué fracción del cuadrado representa cada región coloreada en esta figura?

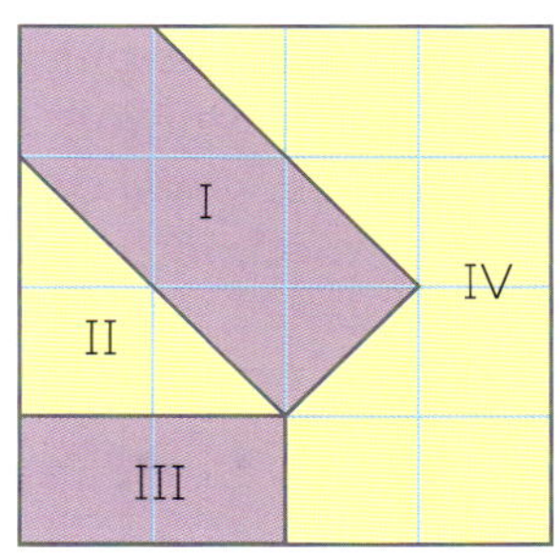


17 De un bidón de 48,5 L lleno de agua se han sacado 37 frascos de tres cuartos de litro cada uno. Con el agua que queda en el bidón, ¿cuántas botellas de litro puedo llenar por completo?

**18** Para el examen final de la escuela de magia, Harry tuvo que preparar un enorme caldero con poción de invisibilidad.

- $\frac{2}{5}$ L de lluvia de Panamá
- $\frac{1}{3}$ L de lava del Kilimanjaro
- 12 L de zumo de chirimoya

- ¿Cuántos litros de poción preparó?

**19** Se realiza un sorteo en un grupo de 3.° de ESO con una calculadora gráfica como premio. Ganará el alumno que extraiga el número irracional más alto. Los finalistas obtienen los números *A* y *B*. ¿Quién ha ganado?

**A.** $\frac{7-3\sqrt{3}}{8}$ **B.** $\frac{5-3\sqrt{3}}{7}$

**20** Un triángulo equilátero tiene 2 cm de lado y altura *h*.

**a.** Halla la altura y redondea a las milésimas.

**b.** Expresa la altura obtenida en el apartado anterior mediante una fracción.

**21** Observa la figura. ¿Cuánto mide el área del círculo inscrito en un hexágono regular de $\sqrt{5}$ cm de lado? Simplifica el resultado.

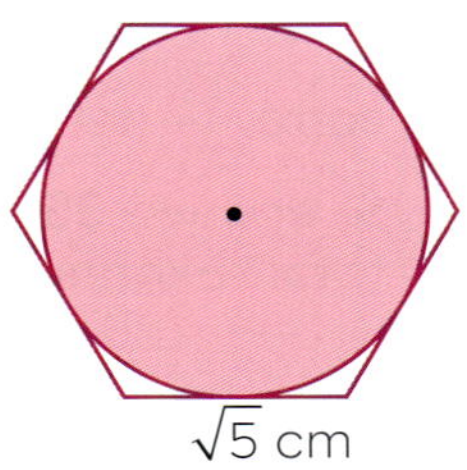


**22** Un laboratorio de física quiere comprar un cronómetro de alta precisión. A la vista de los siguientes anuncios, ¿cuál de las dos marcas ofrece el mejor cronómetro?

CRONOS: Jamás tuvo un error superior a una cienmilésima al medir un tiempo de 25 centésimas de segundo.

TEMPUS: Error inferior a una diezmilésima de segundo al medir un tiempo de 2,45 segundos.

**23** Se han realizado dos cálculos distintos del volumen de un cilindro de 2 cm de radio y 3 cm de altura. En cada uno de ellos se ha utilizado una aproximación distinta de π. Las medidas obtenidas son:

$$V_1 = 37{,}6992\ \text{cm}^3$$
$$V_2 = 37{,}69908\ \text{cm}^3$$

¿En cuál de ellos se ha utilizado la mejor aproximación del número π?

## 24 Problema resuelto

**En una reunión, uno de cada tres adultos y dos de cada cinco niños son pelirrojos. Si hay el doble de niños que de adultos, ¿cuál es la fracción de personas pelirrojas?**

Podemos llamar *x* al número de adultos, y escribir los demás datos en función de este.

- N.° de adultos: *x*
- N.° de adultos pelirrojos: $\frac{1}{3}$ de $x = \frac{x}{3}$
- N.° de niños: $2x$
- N.° de niños pelirrojos: $\frac{2}{5}$ de $2x = \frac{4x}{5}$
- N.° de personas pelirrojas:
  $\frac{x}{3} + \frac{4x}{5} = \frac{5x}{15} + \frac{12x}{15} = \frac{17x}{15}$
- N.° total de personas: $x + 2x = 3x$
- Fracción de personas pelirrojas:
  $\frac{\frac{17x}{15}}{3x} = \frac{17 \cdot \cancel{x}}{15 \cdot 3 \cdot \cancel{x}} = \frac{17}{45}$

La fracción de personas de la reunión que son pelirrojas es $\frac{17}{45}$.

**25** En mi jardín hay el doble de claveles que de rosas. La mitad de las rosas son rojas. Ninguna rosa está marchita y hay el doble de claveles marchitos que de rosas rojas. ¿Cuál es la fracción de flores marchitas en mi jardín?

**26** En una bolsa con canicas, tres quintos del total son canicas azules, y el resto, rojas. Si duplicamos el número de canicas rojas y mantenemos el número de canicas azules, ¿qué fracción de las canicas serán rojas?

**27** La organización de las Olimpiadas escolares ha sido un gran éxito.

Deportistas, familiares y aficionados disfrutaron del gran día del deporte.

Hubo representación de alumnos de todos los cursos.

Estos son los datos de participación que ha facilitado la organización del evento:

- Un sexto de los participantes era de Primaria y de los restantes, tres quintos estudiaban en la ESO, y 300, eran estudiantes de Bachillerato.
- Solo había 60 atletas de 4.° de ESO y todos los demás niveles de la ESO tenían el mismo número de inscritos.
- El $39,\widehat{6}\,\%$ de los participantes eran varones.
- Había el doble de chicos de Primaria que de Secundaria y estos eran, a su vez, el doble que los de Bachillerato.
- Se realizaron las mismas pruebas en los tres niveles y no se produjo ningún empate.
- En total se otorgaron 45 medallas.
- Cada medalla de oro le costó a la organización 2,345 €, cada medalla de plata, 1,975 €, y cada medalla de bronce, 0,835 €. Estos precios, según aclaraciones del fabricante, solo se redondearían al final, nunca en los pasos intermedios.

a. ¿Cuántos participantes hubo?

b. ¿Cuántas chicas participaron?

c. ¿Cuántos deportistas de 3.º de ESO hubo en la prueba?

d. ¿Cuántos atletas varones de la ESO participaron en las pruebas?

e. ¿Cuántas pruebas diferentes hubo?

f. ¿Cuánto dinero costaron las medallas?

## Comprueba lo que has aprendido

**1** Opera y simplifica.

a. $-2\cdot\frac{3}{6}-\frac{1}{3}\cdot\frac{2}{5}$ b. $\frac{2}{3}+\frac{1}{4}:\left(\frac{1}{4}-\frac{5}{6}\right)$

**2** En mi colección de discos, $\frac{1}{3}$ son de Beethoven, $\frac{2}{5}$ del resto son de Bach y los 42 restantes son de Mozart.

¿Cuántos discos tengo en total?

**3** Sin hacer la división, indica qué tipo de decimal corresponde a cada fracción.

a. $\frac{3}{14}$ b. $\frac{13}{50}$ c. $\frac{6}{11}$

**4** Calcula la fracción generatriz de los siguientes números decimales.

a. 3,25 b. $-3,\widehat{4}$ c. $0,5\widehat{6}$

**5** Clasifica en racionales o irracionales.

a. 3,101001000... b. $\sqrt{7}$ c. $-0,3\widehat{6}$

**6** Indica todos los conjuntos numéricos a los que pertenece cada número.

a. 1000 b. −0,4 c. $\pi$ d. $\frac{5}{6}$

**7** Dibuja en la recta real $\frac{11}{4}$ y $\sqrt{10}$.

**8** Redondea a las centésimas el número 5,8953 y calcula el error absoluto y relativo cometido en la aproximación.

**9** Completa la tabla con las diferentes formas de representar un intervalo o semirrecta.

| Intervalo o semirrecta | Desigualdad | Representación gráfica |
|---|---|---|
| (1, 3) | ●●● | ●●● |
| ●●● | $1 \le x \le 5$ | ●●● |
| ●●● | ●●● |  |

Mis competencias Autoevaluación

# 1.2 La potencia de las matemáticas

## ¡EMPEZAMOS!

EL PAÍS 7

OPINIÓN

### 2050: más plásticos que peces en los océanos

**Los desechos de plástico matan al año 1 000 000 de pájaros y unos 100 000 mamíferos marinos y se estima que el 80 % de esta polución proviene de actividades terrestres.**

Ante la alarmante presencia de plástico en los ecosistemas marinos, la FAO ha publicado un informe sobre la presencia de microplásticos para arrojar algo de luz. [...]

Con todo lo que hemos leído acerca del plástico en los océanos, en las costas, en el agua, en los peces, parece que hay una pregunta que es inevitable hacerse: ¿estamos comiendo plástico? [...]

- ¿Qué te parece esta noticia? ¿Eras consciente de este problema?
- ¿Sabes lo que son los microplásticos?
- ¿Se te ocurre qué puedes aportar tú a la conservación sostenible de los recursos marinos?

## ¡VAMOS A APRENDER!

1. Trabajar de forma individual, aunque estemos en grupo.
2. Calcular potencias de exponente entero.
3. Aplicar las propiedades de las potencias para simplificar expresiones.
4. Realizar operaciones y resolver problemas aplicando la notación científica.
5. Comprender la relación entre potencias y raíces y aplicarla para calcular raíces.
6. Impulsar el pensamiento creativo y la participación.
7. Tomar conciencia de la necesidad de reducir los residuos plásticos.

## NUESTRO RETO

### Potencia tu lado eco

En grupo, váis a investigar sobre el problema de los residuos plásticos y a preparar una presentación. ¿Existen alternativas a los envases de plástico?

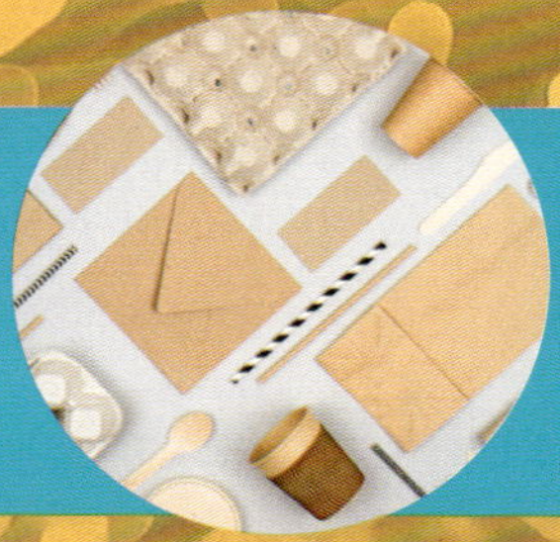

## ¡Vamos allá!

# 1 ¿Cómo expresamos un producto de factores iguales?

## Potencias de exponente entero positivo

1 Las cianobacterias o algas azules se reproducen por bipartición, dividiéndose por la mitad cada cierto tiempo. Si inicialmente tenemos 1 bacteria, en la primera generación tendremos 2, en la segunda generación, 4, y así sucesivamente.

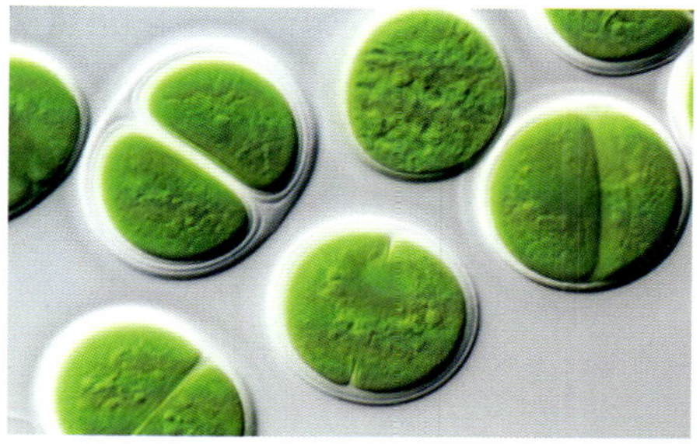

**a.** Continúa esta lista con el número de bacterias en cada generación hasta llegar a la décima: 1, 2, 4, ...

**b.** ¿Puedes escribir estos números en forma de potencia?

Si $a$ es un número real y $n$ es un entero positivo, la **potencia** $a^n$, es:

$$a^n = \underbrace{a \cdot a \cdot \ldots \cdot a}_{n \text{ veces}}$$

($a$: base; $n$: exponente)

### Ejemplo

- $7^3 = 7 \cdot 7 \cdot 7 = 343$
- $\left(\frac{2}{3}\right)^4 = \frac{2}{3} \cdot \frac{2}{3} \cdot \frac{2}{3} \cdot \frac{2}{3} = \frac{2 \cdot 2 \cdot 2 \cdot 2}{3 \cdot 3 \cdot 3 \cdot 3} = \frac{2^4}{3^4} = \frac{16}{81}$

2 Calcula las siguientes potencias y después comprueba el resultado con la calculadora.

**a.** $3^4$ **b.** $10^6$ **c.** $\left(\frac{1}{2}\right)^5$ **d.** $\left(\frac{3}{4}\right)^2$

¿Sabes dónde está la tecla para calcular potencias en tu calculadora?

Las **potencias de base negativa** son negativas si el exponente es impar y positivas si es par, ya que, para cada pareja de signos menos, se cumple $(-) \cdot (-) = +$.

### Ejemplo

- $(-2)^1 = -2$
- $(-2)^2 = (-2) \cdot (-2) = 4$
- $(-2)^3 = (-2) \cdot (-2) \cdot (-2) = -8$

3 Determina el signo de las siguientes potencias sin calcular el resultado.

**a.** $\left(-\frac{5}{7}\right)^8$ **c.** $\left(\frac{2}{3}\right)^{12}$ **e.** $\left(-\frac{7}{4}\right)^{11}$

**b.** $-\left(\frac{1}{3}\right)^6$ **d.** $-\left(-\frac{11}{6}\right)^{10}$ **f.** $\left(-\frac{5}{9}\right)^4$

4 Calcula mentalmente las siguientes potencias.

**a.** $3^2$, $-3^2$ y $(-3)^2$

**b.** $\left(\frac{1}{3}\right)^2$, $-\left(\frac{1}{3}\right)^2$ y $\left(-\frac{1}{3}\right)^2$

**c.** $2^3$, $-2^3$ y $(-2)^3$

**d.** $\left(\frac{1}{2}\right)^3$, $-\left(\frac{1}{2}\right)^3$ y $\left(-\frac{1}{2}\right)^3$

## Potencias de exponente 0 y de exponente entero negativo

Cualquier número real distinto de 0 elevado a **exponente 0** es igual a la unidad.

$$\text{Si } a \neq 0 \Rightarrow a^0 = 1$$

Una potencia de **exponente entero negativo** es la inversa de la potencia con exponente positivo.

$$\text{Si } a \neq 0 \Rightarrow a^{-n} = \frac{1}{a^n} \qquad \text{Si } a \neq 0 \text{ y } b \neq 0 \Rightarrow \left(\frac{a}{b}\right)^{-n} = \left(\frac{b}{a}\right)^{n}$$

### Ejemplo

- $2^0 = 1$
- $2^{-3} = \frac{1}{2^3} = \frac{1}{8}$
- $-2^{-3} = -\frac{1}{2^3} = -\frac{1}{8}$
- $(-2)^{-3} = \frac{1}{(-2)^3} = \frac{1}{-8} = -\frac{1}{8}$
- $\left(\frac{1}{2}\right)^0 = 1$
- $\left(\frac{1}{2}\right)^{-3} = 2^3 = 8$
- $-\left(\frac{1}{2}\right)^{-3} = -2^3 = -8$
- $\left(-\frac{1}{2}\right)^{-3} = (-2)^3 = -2^3 = -8$

El signo del exponente no afecta al signo de la potencia, es decir:

$a^{-n} \neq -a^n$

$(-a^{-n}) \neq a^n$

**5** Calcula las siguientes potencias.

**a.** $3^0$, $3^{-2}$, $-3^{-2}$ y $(-3)^{-2}$

**b.** $\left(\frac{2}{3}\right)^0$, $\left(\frac{2}{3}\right)^{-2}$, $-\left(\frac{2}{3}\right)^{-2}$ y $\left(-\frac{2}{3}\right)^{-2}$

**c.** $5^0$, $5^3$, $-5^{-3}$ y $(-5)^{-3}$

**d.** $\left(\frac{1}{5}\right)^0$, $\left(\frac{1}{5}\right)^{-3}$, $-\left(\frac{1}{5}\right)^{-3}$ y $\left(-\frac{1}{5}\right)^{-3}$

¿Hay que prestar mucha atención a la posición de los signos menos?

**6** Calcula las siguientes potencias.

**a.** $(-7)^{-3}$ **b.** $\left(-\frac{7}{4}\right)^0$ **c.** $0^{17}$ **d.** $-\left(\frac{1}{4}\right)^{-1}$ **e.** $-3^4$ **f.** $\left(-\frac{3}{2}\right)^{-2}$

**7** En los préstamos a interés simple los intereses se calculan exclusivamente sobre el capital inicial, mientras que en los préstamos a interés compuesto los intereses generados en un periodo se acumulan al capital para calcular los intereses del período siguiente.

Juan ha recibido un préstamo de 10 000 € con un 3 % de interés para devolver en 2 años. Calcula cuánto dinero tendrá que devolver en los siguientes casos.

**a.** Si el interés es compuesto.

**b.** Si el interés es simple.

**8** Realiza los siguientes cálculos en situaciones de interés compuesto.

**a.** Marta ingresó hace diez años 2 000 € en un banco que le ha dado un 5 % de interés compuesto anual. Hoy ha sacado el dinero. ¿Qué cantidad crees que ha recibido?

**b.** Lucas tuvo dinero durante cinco años en un banco que daba un interés anual del 4 %. Ya no recuerda cuánto dinero ingresó, pero ahora tiene casi 18 250 €. Si ingresó una cantidad entera de euros, ¿cuánto pudo ser?

Recuerda que en los casos de interés simple:

$$C_f = C_i\left(1 + \frac{r}{100}t\right)$$

y en los del interés compuesto:

$$C_f = C_i\left(1 + \frac{r}{100}\right)^t$$

donde $C_f$ es el capital final, $C_i$ el capital inicial, $r$ el rédito y $t$ el número de periodos de amortización, normalmente años.

# 2 ¿Escribir los productos en forma de potencia facilita los cálculos?

## Propiedades y operaciones con potencias

**9** La profesora de Teo ha propuesto calcular la operación de la pizarra.

Cuando Teo ha intentado hallar $2^{540}$ con la calculadora, ha aparecido el mensaje *Math ERROR*. Su calculadora no tiene suficiente memoria para calcular esa potencia. Teo no se ha rendido y ha pensado: "¿cuál era la definición de potencia?"

Al poco rato ha calculado el valor exacto. ¿Cómo lo ha hecho?

$$\frac{2^{540}}{2^{536}}$$

| Propiedades de las potencias | | |
|---|---|---|
| Producto y cociente de potencias con la misma base | Producto y cociente de potencias con el mismo exponente | Potencia de una potencia |
| $a^m \cdot a^n = a^{m+n}$ <br> $\frac{a^m}{a^n} = a^{m-n}, a \neq 0$ | $a^n \cdot b^n = (a \cdot b)^n$ <br> $\frac{a^n}{b^n} = \left(\frac{a}{b}\right)^n, b \neq 0$ | $(a^m)^n = a^{m \cdot n}$ |
| **Ejemplos:** <br> $\left(\frac{1}{3}\right)^6 \cdot \left(\frac{1}{3}\right)^{-4} = \left(\frac{1}{3}\right)^{6+(-4)} = \left(\frac{1}{3}\right)^2$ <br> $\frac{2^3}{2^{15}} = 2^{3-15} = 2^{-12} = \frac{1}{2^{12}}$ | **Ejemplos:** <br> $3^3 \cdot 5^3 = (3 \cdot 5)^3 = 15^3$ <br> $\frac{3^5}{6^5} = \left(\frac{3}{6}\right)^5 = \left(\frac{1}{2}\right)^5$ | **Ejemplos:** <br> $(5^2)^3 = 5^{2 \cdot 3} = 5^6$ <br> $\left[\left(\frac{2}{3}\right)^3\right]^{-2} = \left(\frac{2}{3}\right)^{3 \cdot (-2)} = \left(\frac{2}{3}\right)^{-6} = \left(\frac{3}{2}\right)^6$ |

**10** Escribe las siguientes expresiones como una sola potencia.

**a.** $\frac{5^6}{5^3}$  **b.** $\left[(-3)^3\right]^3$  **c.** $2^{-4} \cdot 2^6$  **d.** $\left(\frac{4}{3}\right)^5 \cdot \left(\frac{3}{2}\right)^5$

**11** **Actividad resuelta**

Simplifica estas expresiones utilizando las propiedades de las potencias.

**a.** $\frac{2 \cdot 5^{10} \cdot 5^{-6}}{2^3 \cdot 5^6}$  **b.** $\frac{(6^2)^4 \cdot 3^3}{2^6 \cdot 9^4}$

Descomponemos las bases en factores primos y aplicamos las propiedades de las potencias.

**a.** $\frac{2 \cdot 5^{10} \cdot 5^{-6}}{2^3 \cdot 5^6} = \frac{2 \cdot 5^{10+(-6)}}{2^3 \cdot 5^6} = \frac{2 \cdot 5^4}{2^3 \cdot 5^6} = 2^{1-3} \cdot 5^{4-6} = 2^{-2} \cdot 5^{-2} = 10^{-2} = \frac{1}{10^2} = \frac{1}{100}$

**b.** $\frac{(6^2)^4 \cdot 3^3}{2^6 \cdot 9^4} = \frac{\left[(2 \cdot 3)^2\right]^4 \cdot 3^3}{2^6 \cdot (3^2)^4} = \frac{(2^2 \cdot 3^2)^4 \cdot 3^3}{2^6 \cdot 3^8} = \frac{2^8 \cdot 3^8 \cdot 3^3}{2^6 \cdot 3^8} = 2^{8-6} \cdot 3^{8+3-8} = 2^2 \cdot 3^3 = 108$

**12** Aplica las propiedades de las potencias para simplificar todo lo posible estas expresiones.

**a.** $2^{-36} \cdot 2^{32}$  **b.** $\frac{(5^2)^{-3}}{5^4}$  **c.** $\frac{2^{-21}}{\left(\frac{1}{2}\right)^{26}}$  **d.** $\frac{3^7 \cdot 3^3 \cdot 3^{-4}}{3^4}$

**13** Escribe las siguientes expresiones como una única potencia.

a. $2^8 \cdot \dfrac{8^{-2}}{4^3}$

b. $2^{14} \cdot \dfrac{5^7}{10^{-7}}$

c. $\dfrac{2^5 \cdot 2 \cdot 2^{-4}}{16^3 \cdot \left(2^{-3}\right)^2}$

d. $\dfrac{\left(3^5\right)^3 \cdot 27^3 \cdot 9^{-3}}{\dfrac{3^8}{(-9)^6}}$

e. $\dfrac{\left(2^5\right)^3 \cdot 8^3 \cdot (2)^{-3}}{4^8 \cdot (-2)^{-6}}$

f. $\dfrac{\left(\dfrac{1}{3}\right)^3 \cdot 27^2 \cdot 81^{-3}}{9^3 \cdot \left(\dfrac{1}{27}\right)^{-2}}$

**14** Completa esta expresión en tu cuaderno con las potencias de 2 y 3 necesarias para que el resultado de $\dfrac{6^3 \cdot 2^2 \cdot \bullet}{\bullet \cdot 2^8}$ sea igual a 1.

## 15 Actividad resuelta

Halla el valor de *x* en la siguiente igualdad: $7^x \cdot 7^{-2} = 7^8$

Se utilizan las propiedades de las potencias hasta tener una sola potencia de la misma base a cada lado de la igualdad: $7^x \cdot 7^{-2} = 7^8 \Rightarrow 7^{x-2} = 7^8$

Si dos potencias tienen la misma base, para que sean iguales tienen que tener también el mismo exponente, por lo que podemos igualar los exponentes para obtener una ecuación.

$$7^{x-2} = 7^8 \Rightarrow x - 2 = 8 \Rightarrow x = 10$$

**16** Halla el valor de *x* en cada caso.

a. $(-3)^x = 1$

b. $(5^x)^2 = 25$

c. $\dfrac{9^4}{5^4} = \left(\dfrac{9}{5}\right)^x$

d. $2^3 \cdot 2^x = \dfrac{1}{4}$

e. $\left(\dfrac{1}{4}\right)^x = 16$

f. $10^x \cdot 100 = 0{,}001$

¿Cómo podrías comprobar que las soluciones son correctas?

**17** Indica si son verdaderas o falsas las siguientes igualdades y explica por qué. En caso de ser falsas, escribe la igualdad correcta.

a. $4^5 \cdot 3^5 = 12^{10}$

b. $\dfrac{8^{-1}}{8^{-3}} = 8^{-4}$

c. $\left(\dfrac{1}{2}\right)^2 \cdot \left(\dfrac{1}{4}\right)^2 = \left(\dfrac{1}{2}\right)^6$

d. $\left(\dfrac{2}{3}\right)^3 \cdot \left(\dfrac{2}{3}\right)^{-3} = 0$

e. $\left[(-2)^3\right]^2 = -2^6$

f. $\left(\dfrac{2}{5}\right)^3 : \left(\dfrac{2}{5}\right)^{-2} = \dfrac{2^5}{5^5}$

**18** Una empresa fabrica envases sostenibles de distintas formas y tamaños. Calcula:

a. La superficie de cartón necesaria para fabricar un envase cúbico de arista *a*.

b. El volumen que ocupa dicho envase.

c. Completa la tabla expresando las superficies y volúmenes como una única potencia o, en caso de no ser posible, como producto de un número por una potencia.

| *a* (cm) | Superficie | Volumen |
|---|---|---|
| $6^3$ | ●●● | ●●● |
| $2^4 \cdot 3^4$ | ●●● | ●●● |
| $\dfrac{1}{6}$ | ●●● | ●●● |

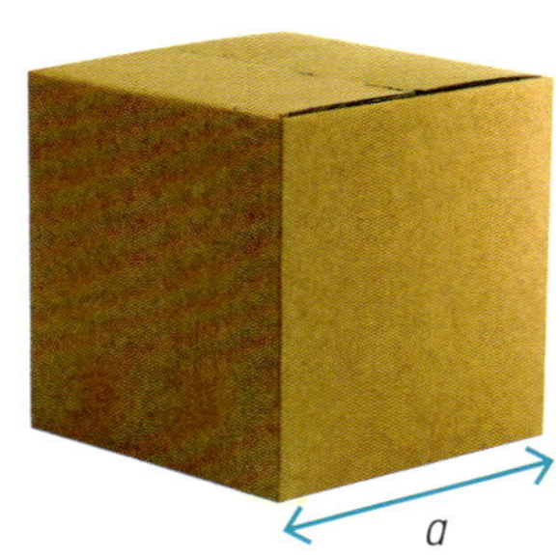

**19** En la tabla se indican en centímetros los valores de la base y la altura de un rectángulo. Completa la tabla expresando el área mediante potencias de números primos.

| | | | |
|---|---|---|---|
| **Base** | $\frac{4}{9}$ | $10^4 \cdot 6$ | $12^2 \cdot 6^3$ |
| **Altura** | $\frac{2^3}{(3^2)^2}$ | $\frac{2^3 \cdot 3^4}{3}$ | $\frac{5^2}{3^5 \cdot 4^3}$ |
| **Área** | ●●● | ●●● | ●●● |

## Sumas y restas con potencias

No hay propiedades de las potencias para la suma y la resta.

Cuando hay sumas o restas junto a potencias, hay que tener en cuenta la **jerarquía de las operaciones**.

1.º Paréntesis
2.º Potencias y raíces
3.º Multiplicaciones y divisiones
4.º Sumas y restas

### Ejemplo

- $3^{-3}-3^2=\frac{1}{3^3}-9=\frac{1}{27}-9=\frac{1}{27}-\frac{243}{27}=-\frac{242}{27}$

**20** Realiza las siguientes operaciones.

**a.** $2^{-3}-4^{-2}$ **b.** $(-2)^{-3}+(-3)^{-2}$ **c.** $\left(\frac{1}{2}\right)^2+\left(\frac{1}{2}\right)^{-2}-2^{-2}$

**21** **Actividad resuelta**

Realiza las siguientes operaciones combinadas con potencias.

**a.** $\left(2-\frac{5}{3}\right)^3-\left(-\frac{1}{3}\right)^2-\frac{1}{6}\cdot 2^2$ **b.** $\frac{\left(2-\frac{1}{2}\right)^2}{1+\frac{2}{3}}-\frac{3}{10}$

$(a+b)^n \neq a^n+b^n$
$(a-b)^n \neq a^n-b^n$

**a.** $\left(2-\frac{5}{3}\right)^3-\left(-\frac{1}{3}\right)^2-\frac{1}{6}\cdot 2^2=\left(\frac{6}{3}-\frac{5}{3}\right)^3-\frac{1}{9}-\frac{1}{6}\cdot 4=\left(\frac{1}{3}\right)^3-\frac{1}{9}-\frac{4}{6}=\frac{1}{27}-\frac{1}{9}-\frac{2}{3}=-\frac{20}{27}$

**b.** $\frac{\left(2-\frac{1}{2}\right)^2}{1+\frac{2}{3}}-\frac{3}{10}=\frac{\left(\frac{4}{2}-\frac{1}{2}\right)^2}{\frac{3}{3}+\frac{2}{3}}-\frac{3}{10}=\frac{\left(\frac{3}{2}\right)^2}{\frac{5}{3}}-\frac{3}{10}=\frac{9}{4}\cdot\frac{3}{5}-\frac{3}{10}=\frac{27}{20}-\frac{3}{10}=\frac{21}{20}$

**22** Realiza las siguientes operaciones y comprueba el resultado con la calculadora.

**a.** $2+\left(1+\frac{1}{3}\right)^2$ **b.** $\frac{\left(1-\frac{1}{3}\right)^2}{\left(1+\frac{1}{2}\right)^3}$ **c.** $\left(3-\frac{1}{4}-\frac{5}{2}\right)^2-\left(\frac{2}{5}\right)^{-2}$ **d.** $\left(\frac{2}{5}\cdot\frac{3}{4}\right)^2-10^{-1}$

# 3 ¿Cómo escribimos los números muy grandes o muy pequeños?

## Notación científica

**23** **Se estima que en el año 2020 había más de 14 millones de toneladas de microplásticos en el fondo marino.**

**a.** Escribe esa cantidad en kilos. ¿Cuántos ceros tiene el número?

**b.** ¿Se te ocurre otra forma de expresarla que facilite su lectura y escritura?

Un número real está escrito en **notación científica** si es de la forma:

$$a \cdot 10^{p}$$

*p* es un número entero. Se llama **orden de magnitud**.

*a* es un número entero o decimal cuyo valor absoluto cumple $1 < |a| < 10$.

### Ejemplo

- El número $3{,}541 \cdot 10^{22}$ está escrito en notación científica. Su orden de magnitud es 22.
- El número $0{,}3 \cdot 10^{-12}$ no está escrito en notación científica porque $0{,}3 < 1$.
- El número $13{,}52 \cdot 10^{9}$ no está escrito en notación científica porque $13{,}52 > 10$.

Para pasar **de notación científica a notación decimal** se multiplica el número por la potencia de 10.

### Ejemplo

$1{,}7 \cdot 10^{-6} = 0{,}000\,0017$

6 posiciones hacia la izquierda

$3{,}45 \cdot 10^{7} = 34\,500\,000$

7 posiciones hacia la derecha

N.º grande ⇒ exponente positivo
N.º pequeño ⇒ exponente negativo

**24** **Escribe en notación decimal.**

**a.** $3{,}51 \cdot 10^{6}$ **b.** $2 \cdot 10^{-7}$ **c.** $1{,}03 \cdot 10^{-5}$ **d.** $9{,}41 \cdot 10^{2}$

Para pasar **de notación decimal a notación científica** $a \cdot 10^{p}$:

- El número *a* se obtiene moviendo la coma para que se cumpla $1 < |a| < 10$ .
- El número *p* es el número de posiciones que se desplaza la coma, que se toma positivo si es hacia la izquierda y negativo si es hacia la derecha.

### Ejemplo

$2\,580\,000\,000\,000 = 2{,}58 \cdot 10^{12}$

12 posiciones hacia la izquierda

$0{,}000\,000\,34 = 3{,}4 \cdot 10^{-7}$

7 posiciones hacia la derecha

**25** **Expresa los siguientes números en notación científica. Indica el orden de magnitud.**

**a.** Número de moléculas de agua en una gota: 1670 000 000 000 000 000 000

**b.** Masa de una molécula de agua: 0,000 000 000 000 000 000 000 029 8 g

**c.** Distancia aproximada entre el Sol y Neptuno: 4 497 000 000 km

## 26 Actividad resuelta

**Expresa en notación científica el número $0{,}023 \cdot 10^{12}$.**

Sustituimos el número decimal por su expresión en notación científica y operamos:

$$0{,}023 \cdot 10^{12} = 2{,}3 \cdot 10^{-2} \cdot 10^{12} = 2{,}3 \cdot 10^{10}$$

**27** **Expresa los siguientes números en notación científica.**

**a.** $0{,}78 \cdot 10^{-25}$ **b.** $47{,}3 \cdot 10^{12}$ **c.** $152 \cdot 10^{-10}$ **d.** $0{,}0007 \cdot 10^{32}$

## Operaciones en notación científica

Para **multiplicar y dividir números en notación científica** se opera con los números por un lado, y con las potencias de 10, por otro. Si es preciso, el resultado se expresa en notación científica.

### Ejemplo

- $7{,}5 \cdot 10^{-5} \cdot 5{,}2 \cdot 10^{8} = (7{,}5 \cdot 5{,}2) \cdot (10^{-5} \cdot 10^{8}) = 39 \cdot 10^{-5+8} = 39 \cdot 10^{3} = (3{,}9 \cdot 10) \cdot 10^{3} = 3{,}9 \cdot 10^{4}$

¿Sabes cuál es la tecla de notación científica de tu calculadora?

$\times 10^x$

**28** **Realiza las siguientes multiplicaciones y divisiones en notación científica.**

**a.** $2{,}15 \cdot 10^{-13} \cdot 6{,}7 \cdot 10^{4}$

**b.** $\dfrac{1{,}44 \cdot 10^{-3}}{1{,}2 \cdot 10^{-9}}$

**c.** $\dfrac{4 \cdot 10^{-6}}{3{,}2 \cdot 10^{11}}$

**d.** $-3 \cdot 10^{4} \cdot 7 \cdot 10^{-5}$

**e.** $\dfrac{10{,}32 \cdot 10^{6}}{2 \cdot 10^{-6}}$

**f.** $\dfrac{9{,}21 \cdot 10^{6} \cdot 3{,}5 \cdot 10^{-4}}{2 \cdot 10^{13}}$

Para **sumar y restar números en notación científica** se escriben los términos con la misma potencia de 10 y se extrae factor común.

Conviene elegir la potencia de mayor exponente, porque así, en la mayoría de los casos, el resultado se obtendrá directamente en notación científica.

## 29 Actividad resuelta

**Calcula $1{,}5 \cdot 10^{12} + 7{,}3 \cdot 10^{14}$.**

Como el exponente del primer sumando cumple $12 = -2 + 14$, escribimos:

$1{,}5 \cdot 10^{12} = (1{,}5 \cdot 10^{-2}) \cdot 10^{14} = 0{,}015 \cdot 10^{14}$

Ahora ya podemos sumar extrayendo $10^{14}$ como factor común:

$1{,}5 \cdot 10^{12} + 7{,}3 \cdot 10^{14} = 0{,}015 \cdot 10^{14} + 7{,}3 \cdot 10^{14} = (0{,}015 + 7{,}3) \cdot 10^{14} = 7{,}315 \cdot 10^{14}$

**30** **Realiza las siguientes sumas y restas en notación científica.**

**a.** $5{,}31 \cdot 10^{6} + 1{,}45 \cdot 10^{6}$

**b.** $2{,}3 \cdot 10^{5} + 1{,}2 \cdot 10^{6}$

**c.** $1{,}75 \cdot 10^{-3} - 5{,}81 \cdot 10^{-5}$

**d.** $4 \cdot 10^{7} + 2{,}1 \cdot 10^{6} - 1{,}3 \cdot 10^{5}$

**31** **Opera y después comprueba el resultado con la calculadora.**

**a.** $\dfrac{1{,}4 \cdot 10^{9}}{3{,}5 \cdot 10^{6}}$

**b.** $(2{,}5 \cdot 10^{-4})^{-2}$

**c.** $\dfrac{(2 \cdot 10^{-3})^{2}(2 \cdot 10^{3})^{2}}{\dfrac{5 \cdot 10^{3}}{3 \cdot 10^{5}}}$

**d.** $3{,}2 \cdot 10^{15} - 3{,}18 \cdot 10^{14}$

**e.** $\dfrac{\dfrac{3 \cdot 10^{15}}{2 \cdot 10^{7}}}{4 \cdot 10^{3} + 2 \cdot 10^{3}}$

**f.** $2 \cdot 10^{9} \cdot 7{,}3 \cdot 10^{-3}$

**g.** $\dfrac{3{,}6 \cdot 10^{-9}}{5 \cdot 10^{-11}}$

**h.** $\dfrac{2{,}3 \cdot 10^{6} - 1{,}1 \cdot 10^{5}}{3 \cdot 10^{14}}$

En las operaciones combinadas, hay que respetar la jerarquía de las operaciones.

## 32 Actividad resuelta

Expresa en notación científica y opera en la expresión $\dfrac{30\,000^3 \cdot 0{,}000\,02^4}{100^2 \cdot 72\,000\,000}$.

$$\frac{30\,000^3 \cdot 0{,}000\,02^4}{100^2 \cdot 72\,000\,000} = \frac{\left(3 \cdot 10^4\right)^3 \cdot \left(2 \cdot 10^{-5}\right)^4}{\left(10^2\right)^2 \cdot 7{,}2 \cdot 10^7} = \frac{27 \cdot 10^{12} \cdot 16 \cdot 10^{-20}}{10^4 \cdot 7{,}2 \cdot 10^7} = \frac{27 \cdot 16}{7{,}2} \cdot \frac{10^{12} \cdot 10^{-20}}{10^4 \cdot 10^7} =$$
$$= 60 \cdot 10^{-19} = 6 \cdot 10^{-18}$$

**33** Expresa en notación científica y opera.

a. $(30\,000\,000)^3$

b. $\dfrac{0{,}000\,25 - 0{,}000\,006}{3500}$

c. $\dfrac{27\,300\,000 \cdot 0{,}000\,002}{108\,000\,000}$

**34** La masa de la Tierra es 5 972 200 000 000 000 000 000 000 kg aproximadamente y la de la Luna es $7{,}349 \cdot 10^{22}$ kg.

a. ¿Cuántas veces es mayor la masa de la Tierra que la de la Luna? Expresa el resultado en notación científica.

b. ¿Cuál es el orden de magnitud de la diferencia?

**35** El kril antártico es un crustáceo microscópico fundamental en la cadena trófica. Su masa corporal es de solo 2 g de peso, pero es una especie tan abundante que la masa total de todo el kril del océano Antártico representa 500 millones de toneladas.

Calcula el número de ejemplares de kril en el océano Antártico expresando los datos y operando en notación científica.

**36** El consumo eléctrico medio anual de un hogar en España es de $3{,}25 \cdot 10^7$ kWh.

a. Si en España hay 19 millones de hogares. ¿Cuál es el consumo anual de electricidad en los hogares españoles?

b. El gasto en electricidad en España se distribuye como se muestra en el diagrama. ¿Cuánta electricidad se consume en España en total al año?

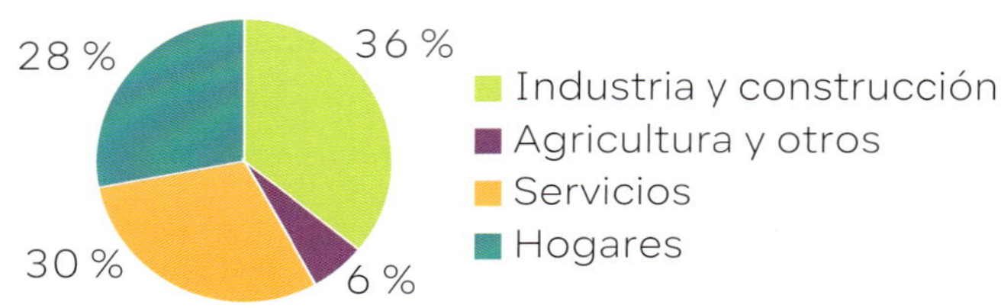


**37** La población mundial es de $7{,}8 \cdot 10^9$ habitantes. Los tres países más poblados son China, con $1{,}4 \cdot 10^9$ habitantes, India, con $1{,}38 \cdot 10^9$, y Estados Unidos, con $3{,}3 \cdot 10^8$.

a. ¿Cuántos habitantes tienen entre esos tres países?

b. ¿Qué porcentaje de la población mundial representan?

**38** En la Tierra hay un total de 1386 millones de kilómetros cúbicos de agua distribuida como muestra la infografía.

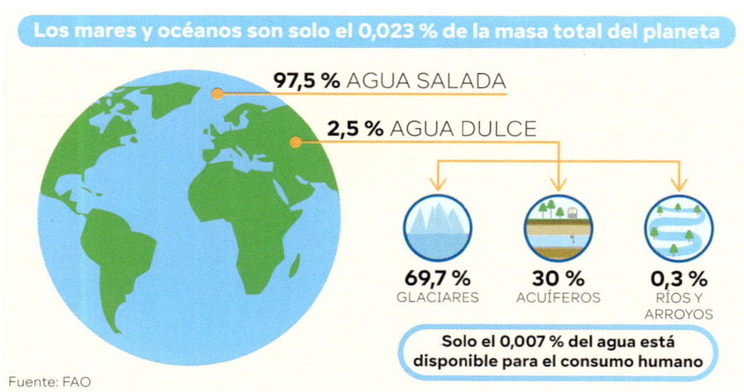


Calcula los litros de agua potable que hay en la tierra expresando todos los datos y resultados y haciendo todos los cálculos en notación científica.

# 4 ¿Qué son las raíces? ¿Qué relación tienen con las potencias?

## Definición de raíz enésima

**39** **Un artista ha reunido la friolera de 25 000 cubitos de madera para realizar dos espectáculos con ayuda del público.**

- *Quadrata*. Consiste en colocar los cubitos en el suelo y cubrir con ellos el mayor cuadrado posible, sin dejar huecos.
- *Cubus*. Consiste en formar el mayor cubo posible con los cubitos.

La acogida ha sido excelente y decenas de personas empiezan a colocar cubitos.

**a.** ¿Cuántos cubitos tiene el cuadrado de mayor lado posible? ¿Cuántos sobran?

**b.** ¿Cuánto cubitos tiene el cubo de mayor arista posible? ¿Cuántos sobran?

La **raíz** es la **operación inversa de la potencia** y se define a partir de ella.

- La **raíz cuadrada** de un número real $a$ es un número real $b \geq 0$ tal que al elevarlo al cuadrado se obtiene $a$. $\sqrt{a} = b \Rightarrow b^2 = a$
- La **raíz cúbica** de un número $a$ es un número $b$ tal que al elevarlo al cubo se obtiene $a$. $\sqrt[3]{a} = b \Rightarrow b^3 = a$

La **raíz enésima** de un número $a$ es un número $b$ tal que al elevarlo al índice $n$ se obtiene $a$. En el caso de índice par y radicando positivo, de los dos números opuestos que cumplen la condición, la raíz es el número positivo. $\sqrt[n]{a} = b \Rightarrow b^n = a$

El símbolo $\sqrt[n]{a}$ se llama radical de índice $n$ y radicando $a$.

$$\sqrt[n]{a} = b \Rightarrow b^n = a$$

Índice: $n$ — Radicando: $a$ — Raíz: $b$

### Ejemplo

Observa cómo dependen las raíces del signo del radicando y de si el índice es par o impar.

| Radicando | Índice $n$ | Raíces |
|---|---|---|
| $a > 0$ | Par | $\sqrt[4]{16} = 2$, ya que $2^4 = 16$ |
| | | $-\sqrt[4]{16} = -2$, ya que $(-2)^4 = 16$ |
| | Impar | $\sqrt[3]{8} = 2$, ya que $2^3 = 8$ |
| $a < 0$ | Par | $\sqrt[4]{-16}$ no es un número real, ya que ninguna potencia cuarta es negativa. |
| | Impar | $\sqrt[3]{-8} = -2$, ya que $(-2)^3 = -8$ |
| $a = 0$ | Par o impar | $\sqrt[6]{0} = 0$, ya que $0^6 = 0$ |

**40** Calcula las raíces que se indican.

a. Raíz quinta de –32
b. Raíz cuadrada de 625
c. Raíz sexta de –25
d. Raíz cúbica de 125
e. Raíz cuarta de 81
f. Raíz undécima de –1

**41** Calcula las siguientes raíces.

a. $-\sqrt{9}$
b. $\sqrt[6]{1}$
c. $\sqrt[10]{0}$
d. $\sqrt[3]{-64}$
e. $\sqrt[9]{-1}$
f. $\pm\sqrt{2500}$
g. $\sqrt{-36}$
h. $-\sqrt{625}$

**42** Comprueba que las raíces son correctas calculando las potencias correspondientes.

a. $\sqrt[5]{243} = 3$
b. $\sqrt[3]{-27} = -3$
c. $\sqrt[5]{1024} = 4$
d. $\sqrt[5]{-32} = -2$

**43** En cada apartado, escribe la raíz relacionada con la potencia dada.

a. $5^4 = 625$
b. $(-7)^5 = -16\,807$
c. $6^6 = 46\,656$
d. $(-1{,}4)^4 = 3{,}8416$

**44** Completa la siguiente tabla.

| | | | | | | | |
|---|---|---|---|---|---|---|---|
| $a$ | ●●● | 25 | ●●● | ●●● | ●●● | 49 | ●●● |
| $\sqrt{a}$ | ●●● | ●●● | 6 | ●●● | 4 | ●●● | 9 |
| $a^2$ | 16 | ●●● | ●●● | 81 | ●●● | ●●● | ●●● |

¿Qué operación permite calcular los números de la segunda fila a partir de los de la tercera directamente, sin usar los de la primera fila?

**45** Halla el índice de las siguientes raíces.

a. $\sqrt[n]{1024} = 2$
b. $\sqrt[n]{343} = 7$
c. $\sqrt[n]{256} = 4$
d. $\sqrt[n]{10^8} = 100$

**46** ## Actividad resuelta

**Calcula las raíces $\sqrt{\frac{25}{4}}$ y $\sqrt[3]{-\frac{1}{27}}$ y comprueba el resultado calculando las correspondientes potencias.**

Las raíces de fracciones se pueden calcular hallando la raíz del numerador por un lado y la del denominador por otro.

- $\sqrt{\frac{25}{4}} = \frac{\sqrt{25}}{\sqrt{4}} = \frac{5}{2}$ Comprobación: $\left(\frac{5}{2}\right)^2 = \frac{5^2}{2^2} = \frac{25}{4}$
- $\sqrt[3]{-\frac{1}{27}} = \frac{\sqrt[3]{-1}}{\sqrt[3]{27}} = \frac{-1}{3} = -\frac{1}{3}$ Comprobación: $\left(-\frac{1}{3}\right)^3 = \frac{(-1)^3}{3^3} = -\frac{1}{27}$

**47** Calcula las siguientes raíces de fracciones.

a. $\sqrt{\frac{100}{9}}$
b. $\sqrt[4]{\frac{16}{81}}$
c. $\sqrt[5]{-\frac{1}{100\,000}}$
d. $\sqrt[3]{\frac{125}{8}}$

**48** ## Actividad resuelta

**¿Entre qué dos números naturales consecutivos se encuentra $\sqrt{70}$ ?**

Como $8^2 = 64 < 70$, y $9^2 = 81 > 70$, es decir, $64 < 70 < 81$, entonces $8 < \sqrt{70} < 9$.

49 ¿Entre qué dos números naturales consecutivos están las siguientes raíces?

a. $\sqrt[3]{200}$ b. $\sqrt[5]{340}$ c. $\sqrt{200}$ d. $\sqrt[6]{30}$

50 Sabemos que la raíz cúbica de un número real $x$ cumple $1{,}1 < \sqrt[3]{x} < 1{,}2$. ¿A qué intervalo pertenece el número $x$?

## TALLER

### Raíces con calculadora

- **Raíces cuadradas** √

La secuencia de teclas para calcular raíces cuadradas es:

√ RADICANDO

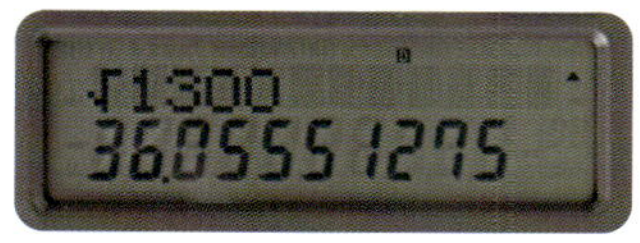


Por ejemplo, al introducir $\sqrt{1300}$ se obtiene lo que muestra la pantalla.
Redondeando a las milésimas: $\sqrt{1300} \simeq 36{,}056$

- **Raíces cúbicas** $\sqrt[3]{\ }$ $x^3$

La raíz cúbica es la función secundaria de la tecla de elevar al cubo.
Por tanto, la secuencia de teclas es:

SHIFT $x^3$ RADICANDO

Por ejemplo, al introducir $\sqrt[3]{857}$ se obtiene lo que muestra la pantalla.
Redondeando a las milésimas: $\sqrt[3]{857} \simeq 9{,}499$

- **Raíces de cualquier índice** $\sqrt[x]{\ }$ ^

La raíz enésima es la función secundaria de la tecla de potencia.
Por tanto, la secuencia de teclas es:

ÍNDICE SHIFT ^ RADICANDO

Por ejemplo, al introducir $\sqrt[5]{40}$ se obtiene lo que muestra la pantalla.
Redondeando a las milésimas: $\sqrt[5]{40} \simeq 2{,}091$

51 Utiliza la calculadora y escribe el resultado redondeando a las centésimas.

a. $\sqrt{160}$ c. $\sqrt[3]{0{,}85}$ e. $\sqrt[7]{1{,}4}$ g. $\sqrt[6]{(-2{,}3)^4}$

b. $\sqrt{\dfrac{3}{4}}$ d. $\sqrt[3]{5000}$ f. $\sqrt[5]{-\dfrac{1}{2}}$ h. $\sqrt[9]{\dfrac{1}{2}-1}$

52 Halla el número $x$ con ayuda de la calculadora y redondea el resultado a las décimas.

a. $x^5 = 3$ b. $x^{12} = 0{,}5$ c. $2x^{10} = 7$ d. $x^4 + 2 = 10$

Se llaman **radicales equivalentes** a los que tienen la misma raíz.

**Ejemplo**

- Los radicales $\sqrt{4}$ y $\sqrt[4]{16}$ son equivalentes, ya que $\sqrt{4}=\sqrt[4]{16}=2$.
- Los radicales $\sqrt[3]{2}$ y $\sqrt[6]{4}$ son equivalentes, ya que con la calculadora vemos que $\sqrt[3]{2}=\sqrt[6]{4}=1{,}25992105...$

**53** Comprueba con ayuda de la calculadora si los radicales son equivalentes.

a. $\sqrt[5]{10}$ y $\sqrt[10]{100}$ b. $\sqrt[4]{2{,}1}$ y $\sqrt[12]{6{,}21}$

**54** Indica si las siguientes afirmaciones son verdaderas o falsas, explica por qué y aporta ejemplos o contrajemplos.

a. Todas las raíces de índice impar y radicando –1 son equivalentes.

b. Todas las raíces de índice par y radicando –1 son equivalentes.

**55** **PLANTEAMOS JUNTOS EL TRABAJO.** Busca una regla para obtener radicales equivalentes. Para ello, calcula las potencias de 3 con exponentes de 2 a 6 y escribe la raíz positiva correspondiente a cada una de ellas. ¿Son equivalentes? ¿Puedes deducir una regla que te permita encontrar radicales que también lo sean?

**56** El ayuntamiento de Miraflores ha comprado 19 630 pensamientos para hacer un gran parterre cuadrado en el centro de la plaza.

a. ¿Cuántos pensamientos tendrá el lado del cuadrado?

b. ¿Quedarán pensamientos para adornar el balcón del ayuntamiento?

**57** Miguel se ha dejado las llaves dentro de su casa y ahora no puede entrar. Un bombero va a entrar por la ventana de su habitación, situada a una altura de 8 m. Puede subir por una escalera, pero justo debajo de la ventana hay un porche, por lo que, para salvarlo, deben colocar la escalera a 4 m de la pared, tal como muestra el dibujo.

¿De qué longitud debe ser la escalera? Expresa el resultado redondeando a los decímetros. ¿Crees que esta precisión es suficiente?

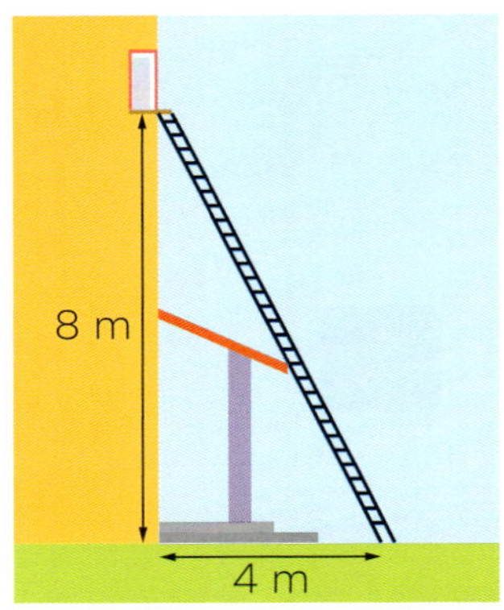


**58** El cubo de Rubik más habitual está formado por 27 cubitos, pero también los hay de 64 cubitos e incluso de 216 como sucede con el gran cubo de Rubik. ¿Cuántos cubitos forman el lado del gran cubo de Rubik?

**59** Un estudio reciente estima que las pérdidas reales de agua por fugas, roturas y averías en las redes públicas españolas de abastecimiento urbano son de 678 $hm^3$, lo que supone el 15,7 % del total de agua suministrada a dichas redes.

a. Si toda esta agua se metiera en una gran bola de cristal, ¿qué radio tendría?

b. ¿Qué radio tendrá una bola de cristal que contuviera un litro de agua?

c. ¿Por qué crees que no se construyen envases esféricos para transportar líquidos?

# NUESTRO RETO Potencia tu lado eco

## Investigad sobre el problema de los residuos plásticos

### Paso 1

**Investigad**

- ¿Qué cantidad de plástico acaba en el mar en un año? ¿Por qué?
- ¿Cuánto tarda en degradarse el plástico?
- ¿Qué daños ocasionan los plásticos en los océanos?
- ¿Cómo se originan los microplásticos? ¿Por qué son peligrosos?
- Ante estos problemas, ¿qué medidas pueden tomar los gobiernos? ¿Y los ciudadanos?

### Paso 2

**Analizad datos**

La tabla muestra los cinco países con más residuos plásticos de un solo uso generados en 2019, en kilos. (Fuente: Fundación Minderoo).

| China | EE. UU. | India | Japón | Reino Unido |
|---|---|---|---|---|
| $2,54 \cdot 10^{10}$ | $1,71 \cdot 10^{10}$ | $5,58 \cdot 10^{9}$ | $4,71 \cdot 10^{9}$ | $2,89 \cdot 10^{9}$ |

**a.** Calculad la cantidad total de plásticos de un solo uso generados entre los cinco países y qué porcentaje representa de la cantidad total de aquel año, que fue de unos 130 millones de toneladas.

**b.** Buscad la población de cada país para calcular la cantidad de residuos per cápita. ¿Hay algún dato que os llama la atención? ¿Por qué?

### Paso 3

**Concienciad a los demás**

**Aprendo a pensar.** Preparad una presentación para concienciar sobre el problema de los residuos plásticos siguiendo esta estructura:

1. Apertura, dirigida a atrapar la atención del público. ¡Sed creativos! Utilizad la lluvia de ideas. Podéis usar la plantilla descargable.
2. Cuerpo, en el que todos intervengais por turnos.
3. Cierre, en el que invitéis a hacer algo concreto que ayude a resolver el problema.

**¿Cómo te ha ido el reto?** Entra y haz tu valoración

# EN RESUMEN

## Potencias

| Exponente entero positivo | Exponente 0 | Exponente entero negativo |
|---|---|---|
| exponente<br>$a^n = a \cdot a \cdot \ldots \cdot a$<br>base — $n$ veces | Si $a \neq 0 \Rightarrow a^0 = 1$ | Si $a \neq 0 \Rightarrow a^{-n} = \frac{1}{a^n}$<br>Si $a \neq 0$ y $b \neq 0 \Rightarrow \left(\frac{a}{b}\right)^{-n} = \left(\frac{b}{a}\right)^n$ |

## Propiedades de las potencias

| Producto de potencias con la misma base | Cociente de potencias con la misma base | Producto de potencias con el mismo exponente | Cociente de potencias con el mismo exponente | Potencia de una potencia |
|---|---|---|---|---|
| $a^m \cdot a^n = a^{m+n}$ | $\frac{a^m}{a^n} = a^{m-n}, a \neq 0$ | $a^n \cdot b^n = (a \cdot b)^n$ | $\frac{a^n}{b^n} = \left(\frac{a}{b}\right)^n, b \neq 0$ | $(a^m)^n = a^{m \cdot n}$ |

## Notación científica

| Número escrito en notación científica | Multiplicación y división | Suma y resta |
|---|---|---|
| $a \cdot 10^p$<br>$1 < \|a\| < 10$<br>$p$ entero (orden de magnitud) | Se opera con los números, por un lado, y con las potencias de 10, por otro. | Se escriben los números multiplicados por la misma potencia de 10 y se extrae factor común. |

## Raíces

La **raíz enésima** de un número $a$ es un número $b$ tal que al elevarlo al índice $n$ se obtiene $a$:

$$\sqrt[n]{a} = b \Rightarrow b^n = a$$

Índice — Raíz

$$\sqrt[n]{a} = b \Rightarrow b^n = a$$

Radicando

# PRACTICAMOS

## Actividades

1 **Mapa mental.** Organiza en un mapa mental los conceptos que has aprendido.

2 Expresa el resultado de estas operaciones empleando potencias de exponente positivo.

a. $0{,}25^{-3}$

b. $\dfrac{3^2}{3^{-5}}$

c. $0{,}001^{-5}$

d. $\left(\dfrac{3}{2}\right)^{-5}$

e. $\left(5^{-3}\right)^{-3}$

f. $\left(\dfrac{3}{5}\right)^2 \cdot \left(\dfrac{5}{3}\right)^{-5}$

3 Escribe como una única potencia la expresión: $\dfrac{a^b \cdot b^a}{b^b \cdot a^a}$

4 Explica, aportando evidencias, si la siguiente igualdad es verdadera o falsa. En caso de ser falsa, escribe la igualdad correcta.

$$\left(\frac{4}{3}-1\right)^3 = \left(\frac{4}{3}\right)^3 - 1$$

5 Indica si las siguientes afirmaciones son verdaderas o falsas y explica porqué. Pon ejemplos.

a. Las potencias de 2 siempre son números mayores que 2.

b. Al elevar un número negativo a una potencia par el resultado siempre es positivo.

c. Al elevar el número $k$ al exponente –1 se obtiene como resultado $-k$.

d. Al calcular las potencias $a^b$ y $b^a$ siempre se obtiene el mismo número.

6 Al escribir $2^{2^{2^2}}$, se quiere decir $2^{\left[2^{\left(2^2\right)}\right]}$, o lo que es lo mismo, $2^{16}$. ¿En esta representación se está usando alguna propiedad de los exponentes? Explícalo.

7 ¿A qué exponente hay que elevar 9 para obtener $3^{15} \cdot 27^{-10}$?

8 ¿A qué exponente hay que elevar el número 3 para obtener $9^{20} + 9^{20} + 9^{20}$? Justifica tu respuesta.

9 Analiza las siguientes igualdades y completa con los factores que faltan.

a. $2^3 \cdot \bullet = \dfrac{1}{2^5}$

b. $1{,}2 \cdot 10^5 \cdot \bullet = 2{,}52 \cdot 10^{-7}$

10 Escribe en notación científica estos números.

a. 214 billones

b. –5525 millones

c. 0,000 000 002 014

d. Cuatro millonésimas

e. 149 600 000

f. –381 000 000

g. 0,000 000 000 000 381

h. –0,000 000 000 001

11 Expresa en notación científica y simplifica.

$$\frac{10\,000^3 \cdot 0{,}00003^4}{100^2 \cdot 5\,000\,000 \cdot 0{,}0002^5}$$

12 Expresa el número $25^{64} \cdot 64^{22}$ en notación científica.

13 **Actividad resuelta**

El número $N = \dfrac{\left(9^{1000} - 9^{999}\right)^3}{\left(3^{1000} - 3^{999}\right)^6}$ es un entero positivo. ¿Cuál es el valor de $N$?

Como $a^{1000} = a \cdot a^{999}$, tanto en el numerador como en el denominador podemos sacar factor común:

$$\frac{\left[9^{999} \cdot (9-1)\right]^3}{\left[3^{999} \cdot (3-1)\right]^6} = \frac{\left(9^{999} \cdot 8\right)^3}{\left(3^{999} \cdot 2\right)^6} = \frac{\left(9^{999}\right)^3 \cdot 8^3}{\left(3^{999}\right)^6 \cdot 2^6} = \frac{9^{999 \cdot 3} \cdot 8^3}{3^{999 \cdot 6} \cdot 2^6}$$

Escribiendo como potencias de 2 y 3 tenemos:

$$\frac{\left(3^2\right)^{999 \cdot 3} \cdot \left(2^3\right)^3}{3^{999 \cdot 6} \cdot 2^6} = \frac{3^{999 \cdot 6}}{3^{999 \cdot 6}} \cdot \frac{2^9}{2^6} = 2^3 = 8$$

14 **PLANTEAMOS JUNTOS EL TRABAJO.** El resultado de la expresión $\sqrt{\dfrac{8^{10} + 4^{10}}{8^4 + 4^{11}}}$ es un número entero. Hállalo sin la calculadora.

15 Si $8^{668} + 2^{2005} + 4^{1003} = 7 \cdot 16^x$, halla el valor de $x$.

## Problemas

16 La cocina de mi casa es cuadrada y tiene una superficie de 441 $dm^2$. Para cubrir el suelo hemos necesitado 225 baldosas cuadradas. ¿Cuánto mide el lado de cada una de las baldosas?

17 Responde a las siguientes preguntas usando notación científica.

- **a.** Aproximadamente, ¿cuántos segundos de tu vida has pasado durmiendo?
- **b.** ¿De cuántas formas puedo ordenar los 20 libros de mi estantería?
- **c.** La longitud del ecuador terrestre es 40 075 km. ¿Cuántos espaguetis de 40 cm necesitarías para rodear la Tierra por el ecuador?

18 El radio de la Luna es 1737 km, el de la Tierra, $6{,}371 \cdot 10^6$ m, y el del Sol, $6{,}96 \cdot 10^5$ km.

- **a.** ¿Cuántas veces es mayor el radio de la Tierra que el de la Luna?
- **b.** ¿Cuántas veces es mayor el diámetro del Sol que el de la Tierra?
- **c.** ¿Cuántas veces es mayor el diámetro del Sol que el de la Luna?

19 El profesor dice que $A = 2 \cdot 5 \cdot 1000^2 \cdot 10^7$ y $B = 100^7$ son el mismo número. Para comprobarlo, Marina razona de esta forma:

"Si divido $A$ entre $B$ y el resultado es 1, habré comprobado, efectivamente, que son el mismo número"

$$\frac{A}{B} = \frac{2 \cdot 5 \cdot 1000^2 \cdot 10^7}{100^7} =$$

$$= \frac{10 \cdot 10^6 \cdot 10^7}{10^{14}} = \frac{10^{13}}{10^{14}} = \frac{1}{10}$$

Según sus cálculos, Marina piensa que el profesor se ha confundido y $A$ es la décima parte de $B$. ¿Crees que tiene razón?

20 Las células y sus estructuras internas tienen unas medidas muy pequeñas, solo observables con el microscopio. Para medirlas, se utiliza el micrómetro (μm).

$$1\,\mu m = 10^{-3}\,mm$$

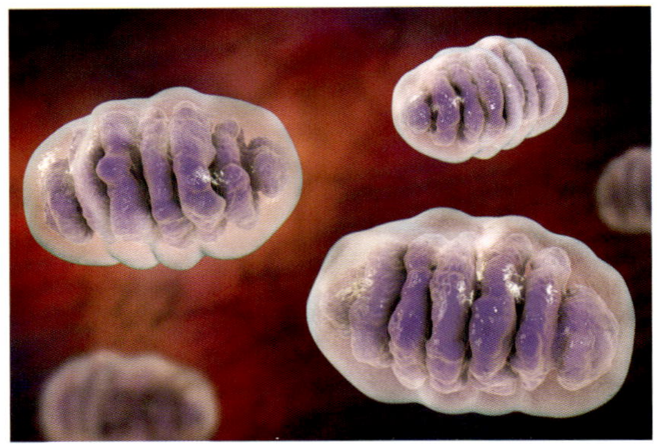

Calcula el tamaño en milímetros y en metros de una mitocondria que mide 0,5 μm.

21 El diámetro de un glóbulo rojo es de aproximadamente $7 \cdot 10^{-6}$ m. Si colocáramos glóbulos rojos en fila, ¿cuántos se necesitarían para cubrir un centímetro?

22 En astronomía se utiliza el año luz como medida de distancia. Es la distancia que recorre la luz en un año y equivale a $9{,}46 \cdot 10^{12}$ km.

Si el radio de la Vía Láctea es 50 000 años luz, ¿cuánto mide en kilómetros?

23 Un mol es la cantidad de materia que contiene $6{,}02 \cdot 10^{23}$ partículas elementales (ya sean átomos, moléculas, iones, partículas subatómicas...).

- **a.** El número $6{,}02 \cdot 10^{23}$ se llama número de Avogadro. Escríbelo en notación decimal.
- **b.** En un litro de agua hay 55,6 moles de moléculas. ¿Cuántas moléculas son?
- **c.** Si el número de átomos del cuerpo humano es aproximadamente $10^{28}$, ¿cuántos moles de átomos tiene nuestro cuerpo?

24 Una nave espacial sale de la Tierra hacia un planeta situado a $2^{20}$ km. Después de hacer un cuarto del trayecto, la nave pierde el contacto por radio con la Tierra, recuperándolo cuando está a $2^{19}$ km de ella. ¿Cuántos kilómetros recorrió la nave sin contacto por radio? Resuelve el problema sin utilizar la calculadora.

25 Las potencias de base diez, tanto las de exponentes enteros positivos como las de los negativos, son muy fáciles de calcular. ¿Sabes por qué?

**a.** Elabora una regla que nos permita calcular las potencias de 10 con facilidad.

**b.** Busca los prefijos con los que se denominan en el Sistema Internacional las potencias de 10 con exponentes del 1 al 9 y del –1 al –9. Por ejemplo, el prefijo para la potencia $10^1 = 10$ es *deca* y el prefijo para $10^{-1} = 0{,}1$ es *deci*.

26 Una familia ha generado 1 kg de residuos plásticos este mes y se propone reducir dicha cantidad en un 50 % mensual durante los siguientes 3 meses.

**a.** Asegúrate de que comprendes el enunciado: ¿qué significa reducir una cantidad en un 50 % mensual?

**b.** Completa la tabla expresando las cantidades de plásticos mediante potencias de 2.

| | Mes inicial | 1.er mes | 2.º mes | 3.er mes |
|---|---|---|---|---|
| Cantidad de residuos plásticos (kg) | 1 | ••• | ••• | ••• |

27 La leyenda del altar de Apolo

En el año 429 a. C. la peste asolaba la ciudad de Atenas. Sus habitantes, muy asustados, deciden consultar al oráculo de Apolo en la ciudad de Delfos. El oráculo les dijo que la peste remitiría cuando le construyeran un altar en forma de cubo, igual al que en ese momento existía en la ciudad, pero duplicado en volumen.

Si el lado del altar antiguo medía un metro, ¿cuánto tendrá que medir el lado del nuevo altar?

## Comprueba lo que has aprendido

1 Calcula las siguientes potencias.

$$\left(\frac{1}{3}\right)^{-2},\ -\left(\frac{1}{3}\right)^{-2} \text{ y } \left(-\frac{1}{3}\right)^{-2}$$

2 Expresa en forma de una única potencia.

**a.** $\dfrac{2^5\cdot 2\cdot 2^4}{16^3\cdot\left(2^3\right)^2}$ **b.** $\dfrac{0{,}001^2\cdot 0{,}1^{-2}}{\left(100^3\right)^4}$

3 Reduce las siguientes expresiones.

**a.** $\dfrac{\left(-\frac{1}{3}\right)^2}{\left(\frac{9}{2}\right)^{-1}}$ **c.** $\left(-\frac{7}{8}\right)^0\cdot\left[\left(\frac{1}{2}\right)^{-2}\right]^3$

**b.** $\left(\dfrac{2^3}{3^2}\right)^2\cdot\dfrac{1}{\left(2^2\right)^2\cdot 3^{-3}}$ **d.** $\dfrac{\left(\frac{7}{4}\right)^{-2}\cdot\left(\frac{1}{9}\right)^2}{\left[\left(\frac{2}{3}\right)^2\right]^2}$

4 Escribe en notación científica estos números.

**a.** 300 000 000 **c.** 0,000 002 014

**b.** $0{,}25\cdot 10^{16}$ **d.** $101{,}5\cdot 10^{-5}$

5 Realiza las siguientes operaciones.

**a.** $6{,}7\cdot 10^3\cdot 2{,}01\cdot 10^{-6}+4{,}3\cdot 10^{-2}$

**b.** $\dfrac{4{,}5\cdot 10^{-4}}{1{,}5\cdot 10^{-8}}-1{,}03\cdot 10^4$

6 El pez más grande del mundo es el tiburón ballena, que puede alcanzar 15 m de largo. El más pequeño es el *Paedrocypris progenetica*, una variedad de carpa de la que hay ejemplares que no llegan a los 8 mm.

Compara ambos tamaños aplicando notación científica.

7 Escribe estas potencias en forma de raíz.

**a.** $2^7 = 128$ **b.** $6^4 = 1296$ **c.** $7^5 = 16\,807$

8 Calcula estas raíces y escribe la potencia correspondiente.

**a.** $-\sqrt[4]{81}$ **b.** $\sqrt[3]{-1000}$ **c.** $\sqrt{\dfrac{36}{25}}$

Mis competencias Autoevaluación

# Bloque 2 SENTIDO DE LA MEDIDA Y ESPACIAL

**2.1.** Semejantes, pero no iguales

**2.2.** Movimientos en el plano: creando belleza

**2.3.** Dando forma a nuestro entorno

# 2.1 Semejantes, pero no iguales

## ¡EMPEZAMOS!

### Bilbao, la mejor gestión del reciclaje

Según un estudio de la OCU (Organización de Consumidores y Usuarios) realizado en 2019, Bilbao fue valorada como la ciudad con la mejor gestión de los residuos urbanos de toda España.

En este estudio se valoraron la calidad de la información sobre reciclaje y el tratamiento de los distintos residuos.

Uno de los factores a tener en cuenta para gestionar eficazmente los residuos en una ciudad grande, es su geometría.

- ¿Cómo valorarías el reciclaje en tu ciudad? ¿Conoces qué es la economía circular?
- ¿Conoces la regla de las 3 R, reducir, reutilizar y reciclar?
- ¿Reduces, reutilizas y reciclas en tu día a día? ¿Sabes lo que es un punto limpio?
- ¿Has reutilizado alguna vez materiales reciclados? ¿Qué usos le has dado? Busca información sobre el artista Vik Muniz y sobre su obra.

## ¡VAMOS A APRENDER!

1. Implicarnos en las puestas en común de clase.
2. Clasificar figuras geométricas según sus ángulos y lados.
3. Identificar firguras semejantes y calcular su razón.
4. Usar el teorema de Tales en triángulos y otras figuras semejantes.
5. Aplicar las razones de semejanza en perímetros, áreas y volúmenes.
6. Hallar la motivación para aprender y aplicar la semejanza en situaciones de la vida real.
7. Usar la semejanza para mejorar la gestión de residuos en las ciudades haciéndolas más sostenibles.

## NUESTRO RETO

### Ven al punto Limpio

¿Sabes qué tipo de residuos se depositan en un punto limpio?

Para que en una ciudad la gestión de residuos se haga de forma eficiente, es importante su ubicación. Elaboraréis un plano de Bilbao con sus puntos limpios y analizaréis su localización en la ciudad.

## ¡Vamos allá!

# 1 ¿Cómo clasificamos las figuras geométricas?

## Polígonos

1 Pedro quiere vallar con una cerca de madera un terreno y cuenta con estas cuatro opciones:

a
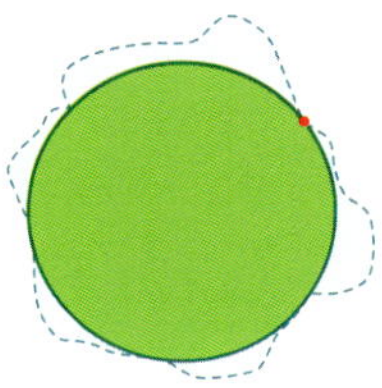

b
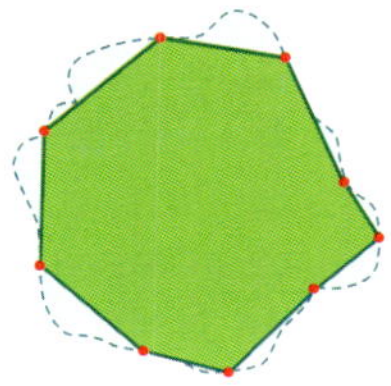

c
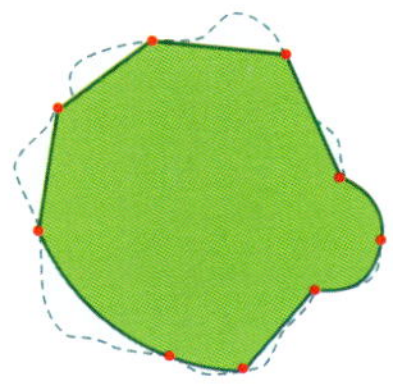

d
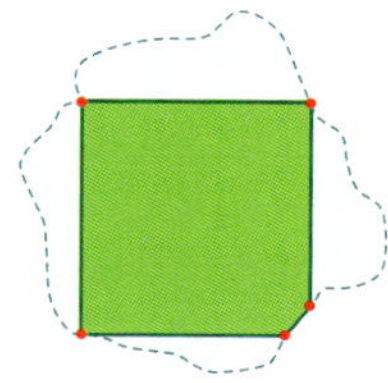

Los trozos de valla curvos son más caros de construir que los rectos. Cubriendo la mayor superficie posible, ¿cuál te parece la mejor opción? ¿Cuál tiene forma de polígono?

Los **polígonos** son figuras geométricas del plano limitadas por una línea poligonal cerrada. Pueden ser:

- **Convexos**: cuando todos sus ángulos interiores son menores de 180°.
- **Cóncavos**: cuando tienen al menos un ángulo interior mayor de 180°.

Los polígonos se nombran a partir de su número de lados y, así, un **triángulo** tiene tres lados, un **cuadrilátero** tiene cuatro, un **pentágono** tiene cinco...

### Ejemplo

Los puntos *A*, *B*, *C*, *D* y *E* que aparecen en la figura están unidos por segmentos que forman una línea poligonal cerrada.

La figura tiene cinco lados, cinco vértices y cinco ángulos interiores.

Al ser el ángulo *D* mayor de 180°, el polígono es cóncavo.

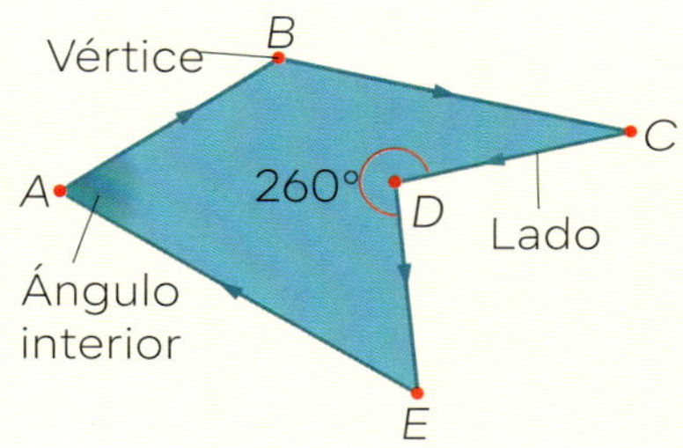


2 Justifica si las siguientes figuras son polígonos y en caso de que lo sean, clasifícalos en convexos y cóncavos.

a
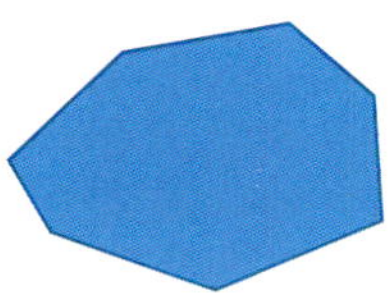

b

c

## Suma de ángulos interiores de un polígono

En un triángulo, la suma de sus tres ángulos es 180°.

| Para comprobar la suma de ángulos consideramos el triángulo *ABC*. | Por *A*, trazamos una paralela al lado *BC*. | Los ángulos del mismo color son iguales por ser **alternos internos**. |
|---|---|---|
| 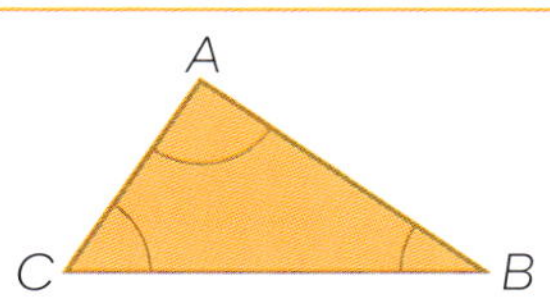  | 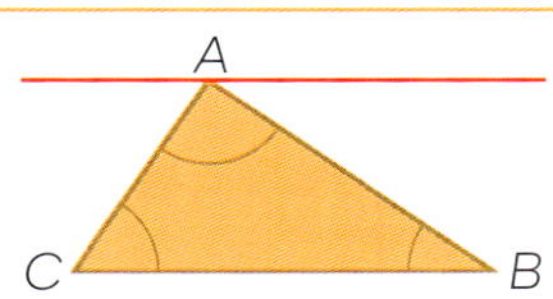  | 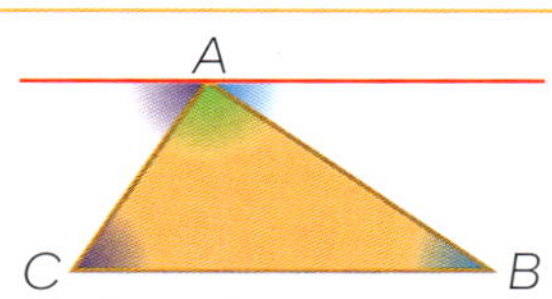  |
| Se obtiene un ángulo llano, por tanto: $\hat{A}+\hat{B}+\hat{C}=180°$ | | |

Como conocemos la suma de los ángulos interiores de un triángulo, podemos calcular la de cualquier polígono convexo.

| Tenemos un hexágono convexo. | Desde uno de los vértices se trazan todas las diagonales. | El hexágono queda dividido en cuatro triángulos. |
|---|---|---|
| 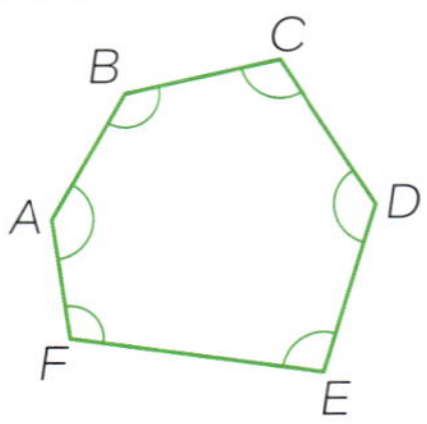 | 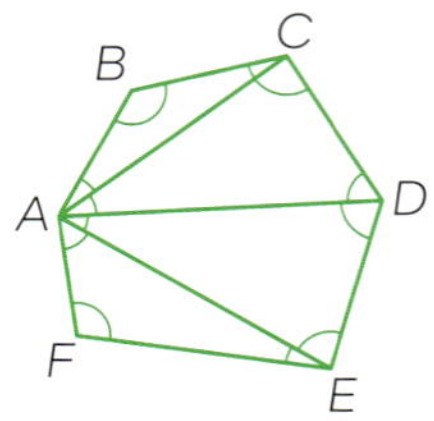 | 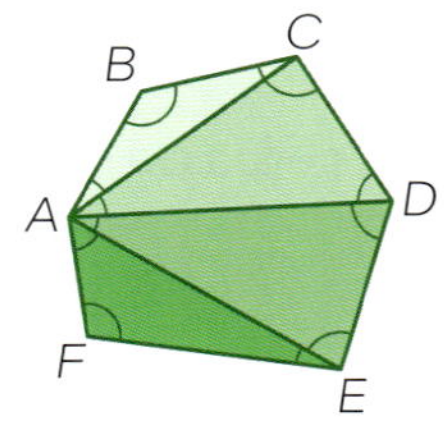 |
| La suma de los 6 ángulos interiores del hexágono coincide con la suma de los ángulos interiores de los cuatro triángulos, por lo que tenemos: $S = 180° \cdot 4 = 180° \cdot (6-2) = 720°$ | | |

Por lo tanto, **la suma** de los $n$ ángulos interiores de un polígono convexo de $n$ lados es:

$$S = 180°(n-2)$$

## 3 Actividad resuelta

**Halla la medida del ángulo $\alpha$ en la siguiente figura.**

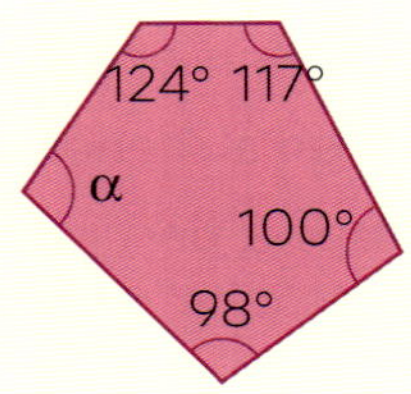


La figura es un pentágono, por lo que la suma de sus ángulos interiores es:

$$S = 180°(n-2) = 180° \cdot 3 = 540°$$

Por tanto: $124° + 117° + 100° + 98° + \alpha = 540° \Rightarrow \alpha = 101°$

**4** **Calcula los ángulos desconocidos en estas figuras.**

**a** 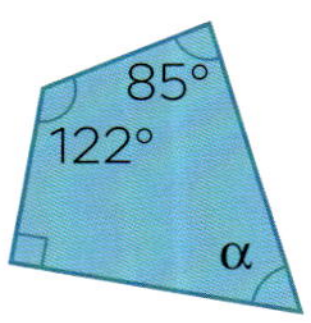


**b** 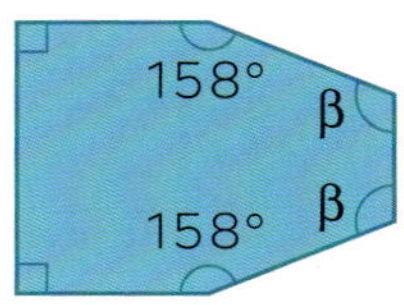


**c** 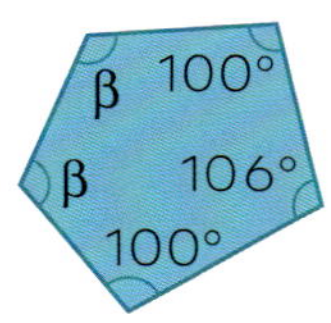


## Polígonos regulares

Un **polígono** es **regular** cuando todos sus lados y sus ángulos son iguales.

Si dividimos la suma de ángulos interiores entre el número de lados, obtenemos el ángulo interior de un polígono regular. Con $n$ lados y $n$ ángulos interiores tenemos:

$$\alpha = \frac{180°(n-2)}{n}$$

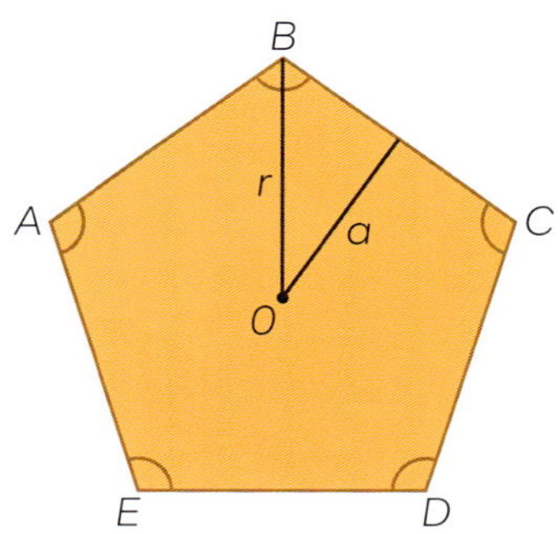


Ángulos interiores:
$\hat{A} = \hat{B} = \hat{C} = \hat{D} = \hat{E}$

La **apotema**, ***a***, es el segmento que va del centro al punto medio de un lado.

### Ejemplo

Para un pentágono, los ángulos interiores serán: $\alpha = \frac{180°(5-2)}{5} = \frac{540°}{5} = 108°$

**5** **Los ángulos interiores de un polígono regular miden 150°. ¿Cuántos lados tiene?**

**6** **Halla la medida de cada uno de los ángulos interiores de:**

**a.** Un hexágono regular. **b.** Un octógono regular. **c.** Un decágono regular.

## Construcción de triángulos

**7** Alicia y Juan quieren hacer una choza en el bosque. Disponen de dos troncos de 3 y 2 metros para hacer la entrada en forma de triángulo. Si quieren dejar una distancia de 6 metros entre ellos, ¿podrán formar la entrada?

¿Cuál crees que debería ser aproximadamente la distancia entre ellos?

Para que tres segmentos puedan formar un triángulo, es necesario que la suma de las longitudes de los segmentos menores sea superior a la longitud del mayor.

### Ejemplo

No es posible construir un triángulo con tres segmentos de 15, 7 y 5 cm, pues la suma de los segmentos de 7 cm y 5 cm es menor que la longitud del tercer segmento: $7 + 5 = 12 < 15$

En la figura, podemos comprobar que los arcos de radios 7 cm y 5 cm no se cortan.

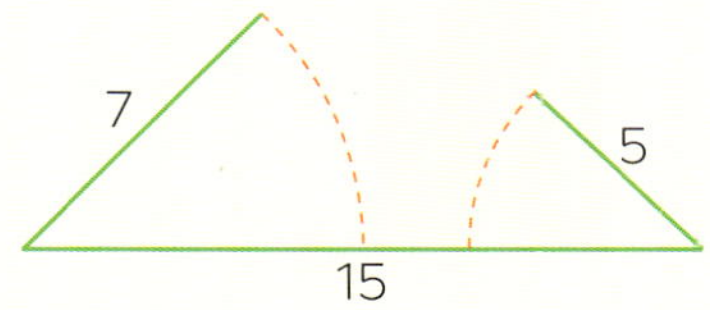


**8** Comprueba si las siguientes longitudes pueden formar un triángulo.

**a.** $x = 10$ cm  $y = 11$ cm  $z = 8$ cm

**b.** $x = 10$ cm  $y = 10$ cm  $z = 21$ cm

**c.** $x = 20$ cm  $y = 25$ cm  $z = 5$ cm

**d.** $x = 12{,}5$ cm  $y = \frac{30}{7}$ cm  $z = \sqrt{50}$ cm

**9** La suma de los tres ángulos de un triángulo es 180°. Comprueba que la fórmula de la suma de los ángulos interiores de un polígono de $n$ lados se cumple para el triángulo.

### 10 Actividad resuelta

**Calcula los valores de $a$ para que tres segmentos de longitudes 20 cm, 15 cm y $a$ cm puedan formar un triángulo.**

- Si $a$ es la mayor de las tres longitudes, se deberá cumplir que: $15 + 20 > a \Rightarrow a < 35$
- Si $a$ es una de las longitudes menores se deberá cumplir que: $a + 15 > 20 \Rightarrow a > 20 - 15 = 5$

Por tanto, $a$ puede tomar cualquier valor comprendido entre 5 y 35, sin incluir estos extremos.

**11** Si $z$ es el lado mayor, ¿para qué valores de $a$ forman triángulo los siguientes segmentos?

**a.** $x = a$  $y = a + 1$  $z = 12$

**b.** $x = a$  $y = a$  $z = 12$

**12** Tres segmentos miden 3, 6 y $a + 5$ cm, respectivamente. ¿Cuáles son los posibles valores de a para que puedan formar un triángulo, si $a$ es un número natural?

**13** Observa el tobogán y calcula las medidas desconocidas, $h$, $a$ y $b$.

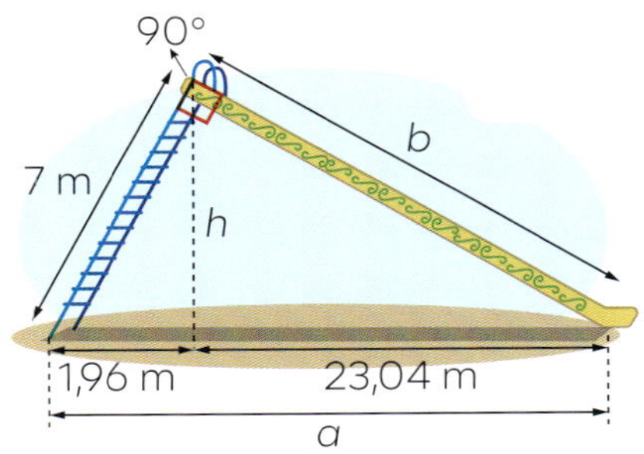


Recuerda que en triángulos rectángulos puede utilizarse el teorema de Pitágoras:
$a^2 = b^2 + c^2$

# 2 ¿Cuándo dos figuras son semejantes?

## Semejanza

**14** Indica cuál de las siguientes parejas de figuras es una pareja de figuras semejantes y explica en qué te basas para tu elección.

**A**

**B**

**C**

¿Te resulta sencillo identificar la semejanza en figuras que no sean polígonos?

Trabaja las figuras semejantes en GeoGebra con el *Pantógrafo*.

Dos figuras son **semejantes** cuando tienen la misma forma, aunque sus dimensiones sean diferentes.

El cociente entre la distancia de dos puntos cualesquiera de una figura y la distancia entre los puntos correspondientes en la otra es constante y se denomina **razón de semejanza**, $k$.

En los **polígonos semejantes** debe cumplirse que:

- Los ángulos correspondientes son iguales.
- Los lados correspondientes son proporcionales.

La razón de proporcionalidad de los lados es la **razón de semejanza** de los polígonos.

Los ángulos, puntos, lados… que se corresponden en una semejanza se llaman **homólogos**.

### Ejemplo

Entre estos dos rectángulos se verifica que:

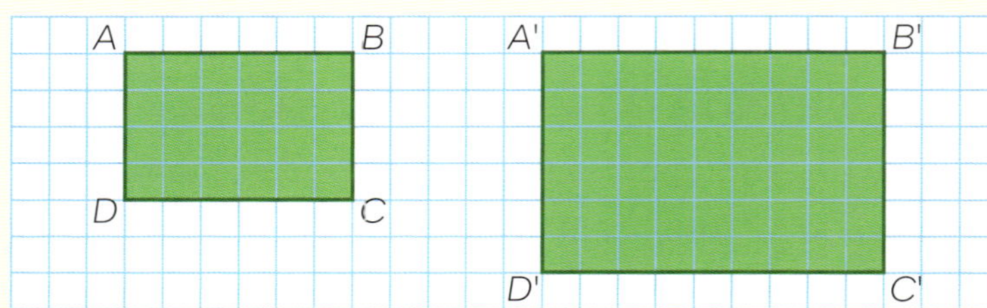


- Sus ángulos correspondientes son iguales.

$\widehat{A} = \widehat{A'} = 90°$ $\qquad$ $\widehat{C} = \widehat{C'} = 90°$

$\widehat{B} = \widehat{B'} = 90°$ $\qquad$ $\widehat{D} = \widehat{D'} = 90°$

- Sus lados correspondientes son proporcionales, con razón de proporcionalidad $k = 1{,}5$.

$\overline{AB} = 6;\ \overline{A'B'} = 9 \Rightarrow \overline{A'B'} = 1{,}5 \cdot \overline{AB}$ $\qquad$ $\overline{CD} = 6;\ \overline{C'D'} = 9 \Rightarrow \overline{C'D'} = 1{,}5 \cdot \overline{CD}$

$\overline{BC} = 4;\ \overline{B'C'} = 6 \Rightarrow \overline{B'C'} = 1{,}5 \cdot \overline{BC}$ $\qquad$ $\overline{DA} = 4;\ \overline{D'A'} = 6 \Rightarrow \overline{D'A'} = 1{,}5 \cdot \overline{DA}$

**15** Comprueba en cada caso que los rectángulos son semejantes e indica la razón de semejanza. Sigue trabajando la semejanza en rectángulos con el interactivo GeoGebra.

**a**

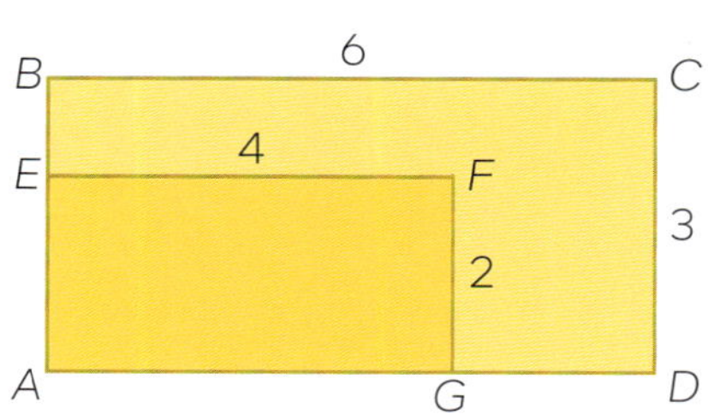


**b**

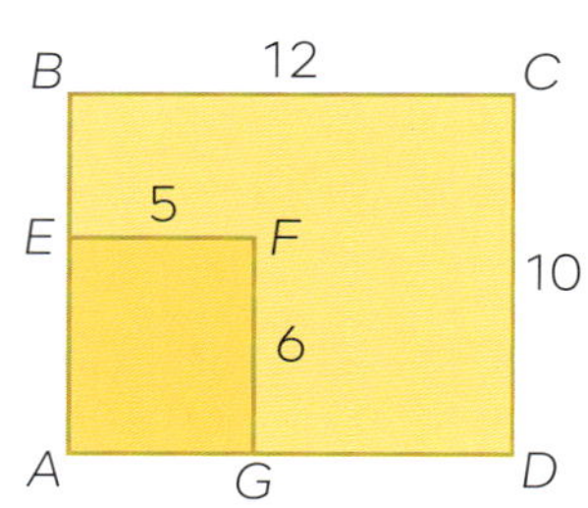

16 Los lados de un rectángulo miden 6 y 8 cm. ¿Es semejante al de lados 15 y 24 cm? ¿Y al de 12 y 16 cm?

17 Determina en cada caso si las figuras son semejantes o no. En caso de serlo, indica la razón de semejanza.

a
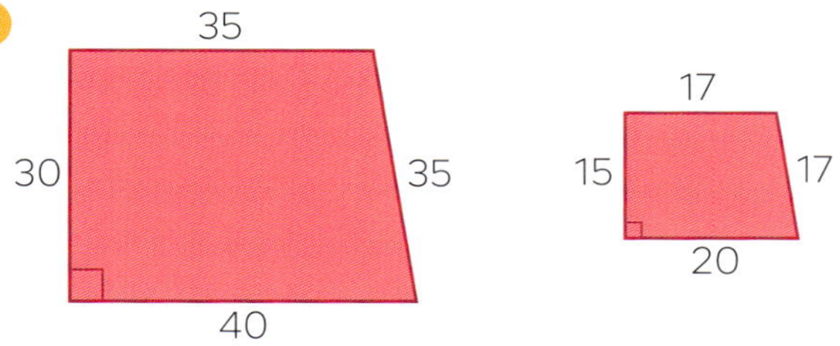


b
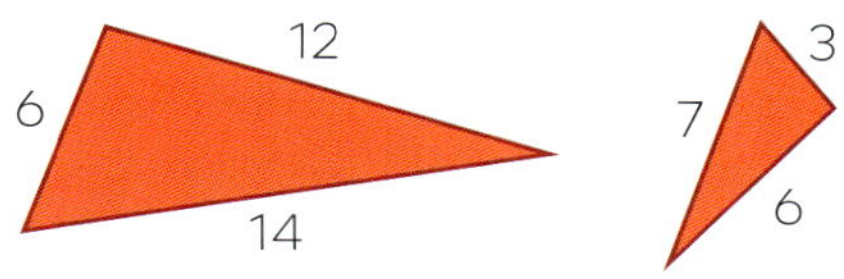


18 **Actividad resuelta**

**Calcula la medida del lado de un cuadrado semejante al cuadrado *ABCD* de la figura, que tiene por lado 6 cm, con razón de semejanza 3.**

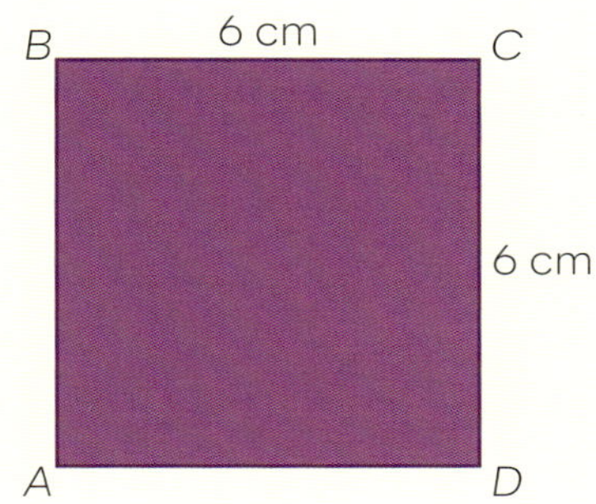


Como la razón de semejanza es 3, se cumple que:

$$\overline{A'B'} = 3 \cdot \overline{AB} = 3 \cdot 6 = 18$$

Por tanto, el lado del cuadrado semejante mide 18 cm.

19 Calcula la medida del lado de un cuadrado semejante al que tiene por lado 12 centímetros con razón de semejanza igual a las siguientes.

**a.** 4 **b.** 2 **c.** $\frac{1}{3}$ **d.** $\frac{3}{2}$

20 **Actividad resuelta**

**Un rectángulo semejante a otro de 2 cm de ancho y 5 de largo tiene el lado menor igual a 3 cm. Halla el otro lado.**

Como los rectángulos son semejantes, podemos establecer la siguiente proporción:

$$\frac{\overline{DA}}{\overline{D'A'}} = \frac{\overline{CD}}{\overline{C'D'}} \Rightarrow \frac{2}{3} = \frac{5}{x} \Rightarrow x = \frac{3 \cdot 5}{2} = 7{,}5$$

El otro lado del rectángulo mide 7,5 cm.

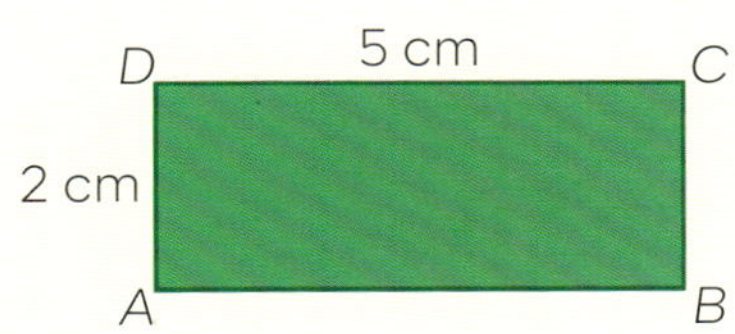


21 Un rectángulo semejante a otro de 3 cm de ancho y 8 de largo tiene el lado menor igual a 9 cm.

**a.** Calcula la razón de semejanza. **b.** Halla el otro lado del rectángulo.

22 ¿Cuánto medirán los lados de un pentágono semejante al siguiente si la razón de semejanza entre los dos es de $\frac{2}{3}$?

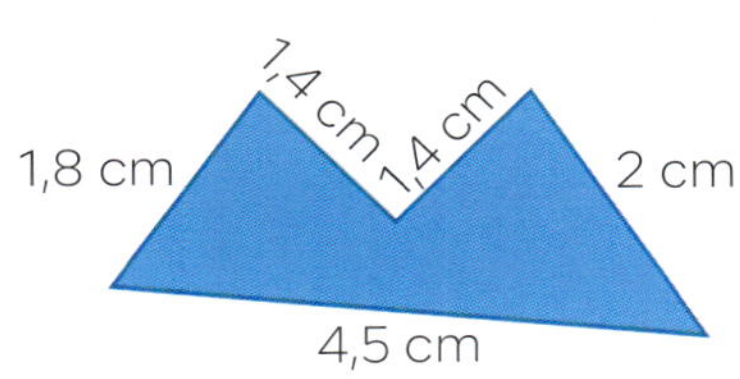

## Teorema de Tales

Si dos rectas *r* y *s* son cortadas por dos o más rectas paralelas, los segmentos que éstas determinan en *r* y *s* son proporcionales.

$$\frac{\overline{AB}}{\overline{A'B'}}=\frac{\overline{BC}}{\overline{B'C'}}=\frac{\overline{AC}}{\overline{A'C'}}$$

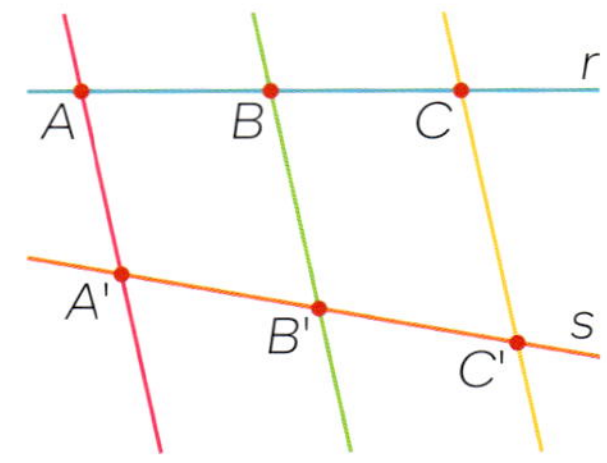


### Ejemplo

Podemos usar el teorema de Tales para calcular los lados desconocidos de la figura de la derecha.

$$\frac{\overline{OA}}{\overline{OA'}}=\frac{\overline{AB}}{\overline{A'B'}}\Rightarrow\frac{2}{2{,}5}=\frac{5}{y}\Rightarrow y=\frac{5\cdot 2{,}5}{2}=6{,}25\text{ cm}$$

$$\frac{\overline{OA}}{\overline{OA'}}=\frac{\overline{BC}}{\overline{B'C'}}\Rightarrow\frac{2}{2{,}5}=\frac{x}{7{,}5}\Rightarrow x=\frac{2\cdot 7{,}5}{2{,}5}=6\text{ cm}$$

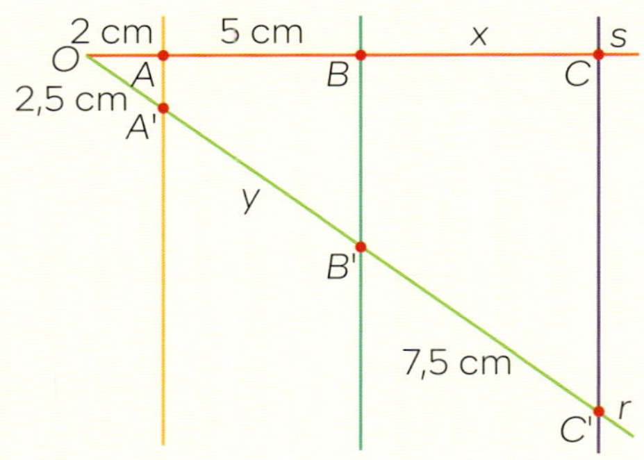


**23** Encuentra el valor de *x*, si se sabe que las rectas $l_1$, $l_2$ y $l_3$ son paralelas entre sí.

**a**

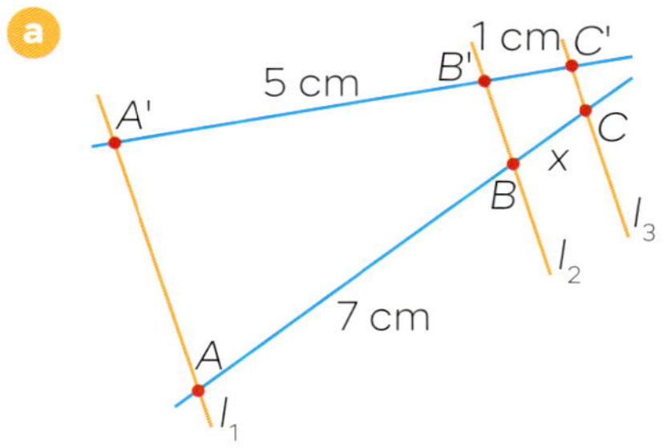


**b**

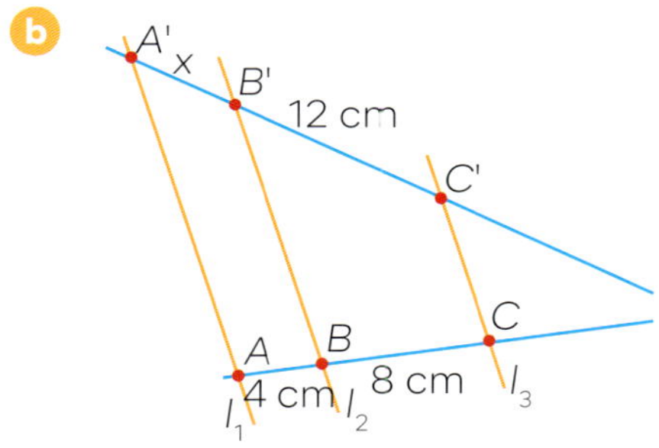


## DIVISIÓN DE UN SEGMENTO EN PARTES IGUALES

El teorema de Tales permite dividir un segmento en partes iguales o proporcionales a otro segmento. Para dividir en tres partes iguales:

### Paso 1

Se traza una semirrecta en uno de los extremos del segmento.

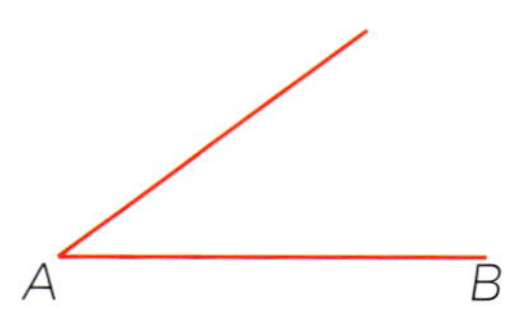


### Paso 2

Con un compás y una medida cualquiera, se señalan sobre la semirrecta tantos puntos como partes iguales en las que se quiera dividir el segmento.

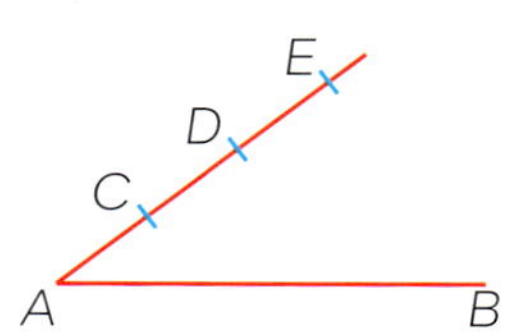


### Paso 3

Se unen el último punto con el otro extremo del segmento (*E* con *B*) y se trazan paralelas a *EB* desde los otros puntos.

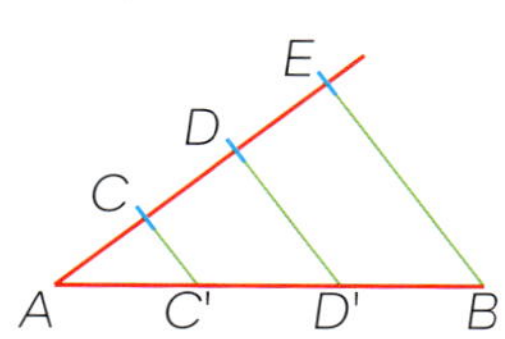


Por el teorema de Tales, se verifica que:

$$\frac{\overline{AD'}}{\overline{AD}}=\frac{\overline{AC'}}{\overline{AC}}$$

Como $AD = 2\cdot AC$, entonces:

$$\frac{\overline{AD'}}{\overline{2AC}}=\frac{\overline{AC'}}{\overline{AC}}\Rightarrow$$

$$\Rightarrow\overline{AD'}=2\cdot\overline{AC}\cdot\frac{\overline{AC'}}{\overline{AC}}\Rightarrow$$

$$\Rightarrow\overline{AD'}=2\cdot\overline{AC'}\Rightarrow$$

$$\Rightarrow\overline{AC'}=\overline{C'D'}$$

¿En qué situaciones crees que puede ser de utilidad la división de segmentos?

**24** Divide un segmento de 7 cm de longitud en:

**a.** 4 partes iguales.

**b.** 5 partes iguales.

## Triángulos en posición de Tales

Dos triángulos están en **posición de Tales** cuando tienen un ángulo en común y los lados opuestos a ese son paralelos.

Los triángulos en posición de Tales son **semejantes.**

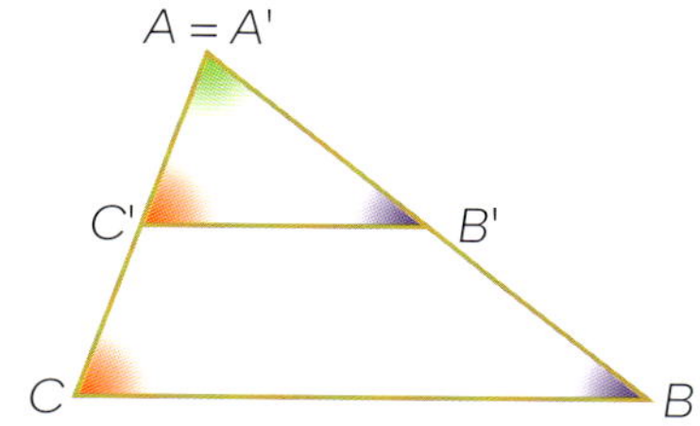


### Ejemplo

Los triángulos *ABC* y *AB'C'* están en posición de Tales y, por tanto, son semejantes:

- Los ángulos son iguales: $\hat{A}=40°$ ; $\hat{B}=\widehat{B'}=80°$ y $\hat{C}=\widehat{C'}=60°$
- Los lados son proporcionales: $\frac{\overline{AB}}{\overline{AB'}}=\frac{\overline{AC}}{\overline{AC'}}=\frac{\overline{BC}}{\overline{B'C'}}\Rightarrow\frac{4{,}6}{11{,}04}=\frac{5}{12}=\frac{4{,}04}{x}$

Por lo que el lado desconocido mide: $\frac{5}{12}=\frac{4{,}04}{x}\Rightarrow x=\frac{4{,}04\cdot 12}{5}=9{,}696$ cm

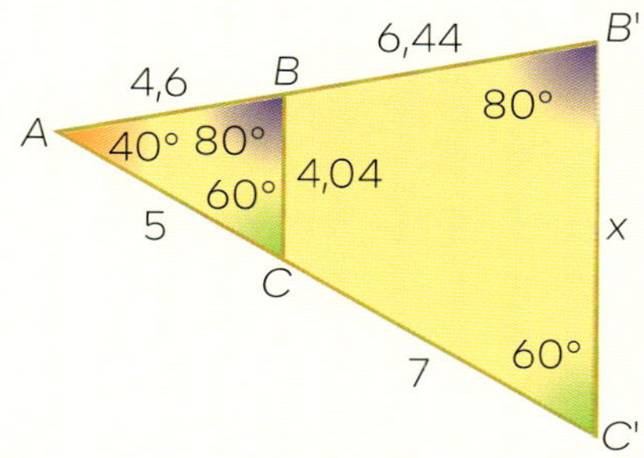


**25** Encuentra el valor de los lados desconocidos, si se sabe que los triángulos están en posición de Tales.

**a**

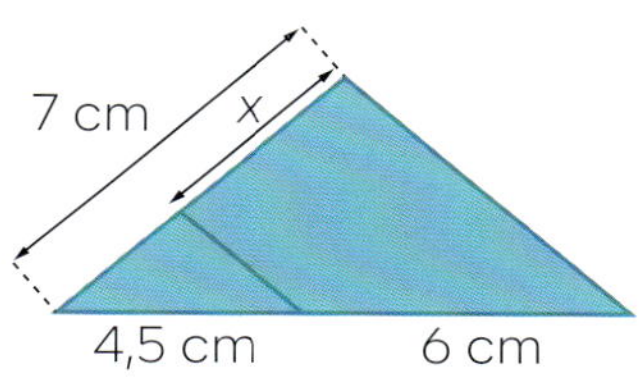


**b**

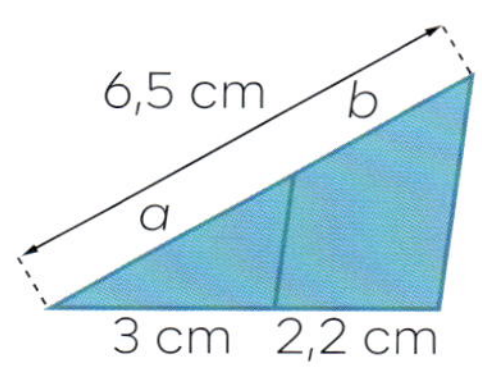


## Criterios de semejanza en triángulos

Dos triángulos *ABC* y *A'B'C'* son **semejantes** si cumplen alguno de los siguientes criterios.

| **Criterio 1:** Tienen dos ángulos iguales. | **Criterio 2:** Tienen dos lados proporcionales y el ángulo que determinan igual. | **Criterio 3:** Tienen los tres lados proporcionales. |
|---|---|---|
| 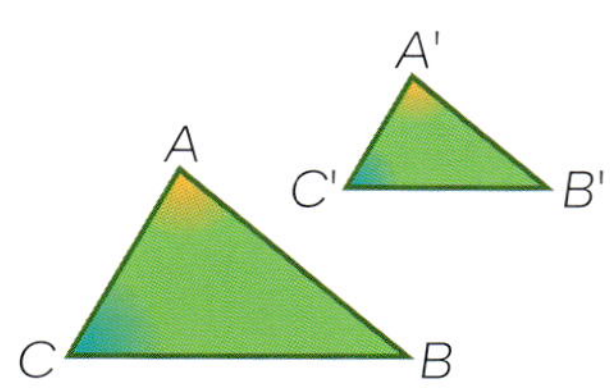 | 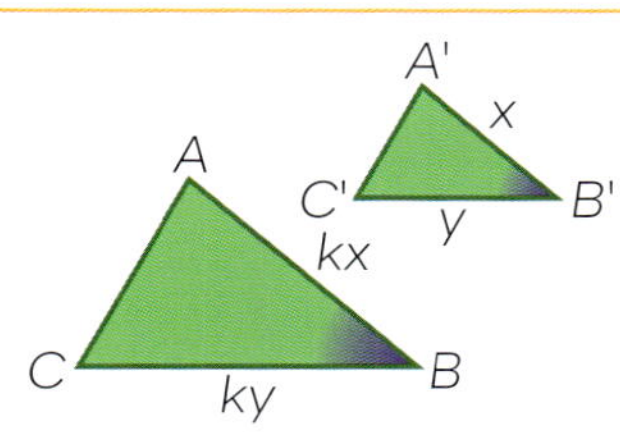 | 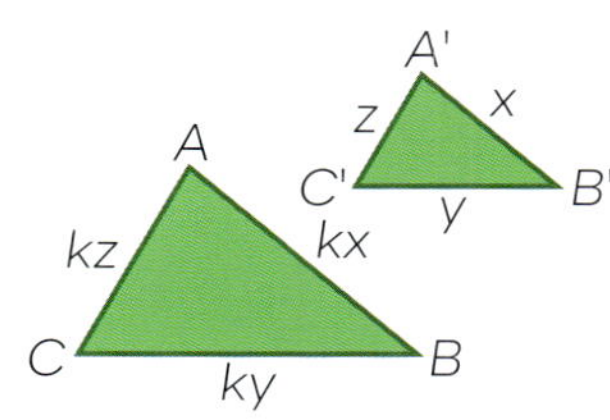 |
| **Ejemplo:** $\hat{A}=\widehat{A'}$ y $\hat{C}=\widehat{C'}$ | **Ejemplo:** $\frac{\overline{AB}}{\overline{A'B'}}=\frac{\overline{BC}}{\overline{B'C'}}=k$ y $\hat{B}=\widehat{B'}$ | **Ejemplo:** $\frac{\overline{AB}}{\overline{A'B'}}=\frac{\overline{BC}}{\overline{B'C'}}=\frac{\overline{CA}}{\overline{C'A'}}=k$ |

**26** Indica el criterio que cumplen estos triángulos semejantes.

**a**

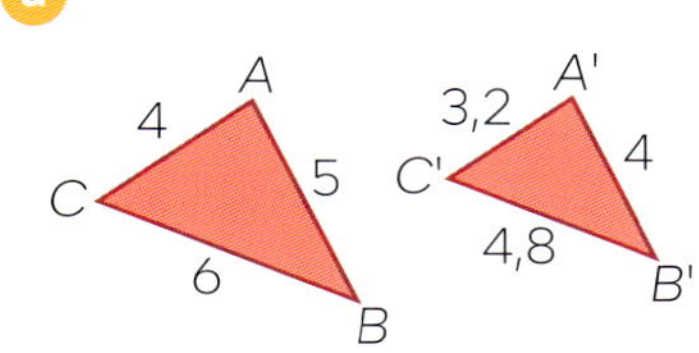


**b**

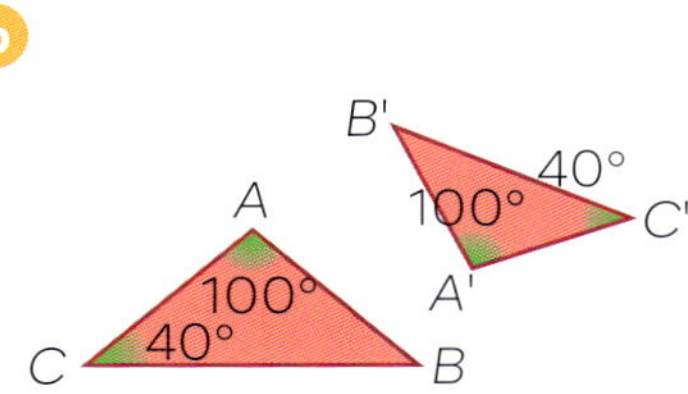


**c**

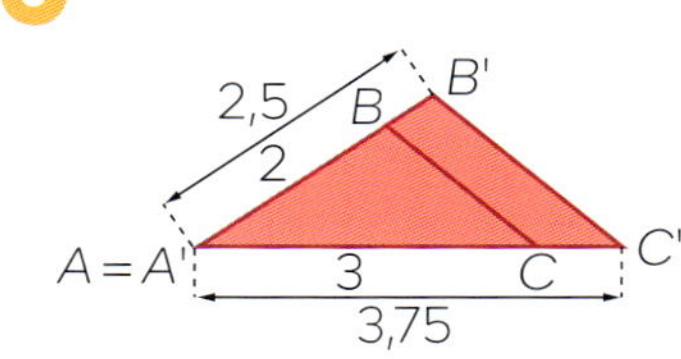

# 3 ¿Cómo se aplica la semejanza en perímetros, áreas y volúmenes?

## Razones de perímetros y áreas de polígonos

27 Para incentivar el reciclaje, se quieren fabricar contenedores en miniatura en proporción 20:1. Su coste de fabricación puede calcularse conociendo el área total del plástico necesario.

Si quiere calcularse el coste, ¿podría ser de utilidad la semejanza?

Sabiendo que las medidas de las réplicas son 20 veces más pequeñas que las reales, ¿podría calcularse cómo cambia su superficie? ¿Y su volumen?

Si dos figuras son semejantes con razón de semejanza $k$:

- La **razón de sus perímetros** es también $k$.
- La **razón de sus áreas** es $k^2$.

### Ejemplo

Los polígonos de la figura son semejantes con la razón de semejanza $k = 2$.

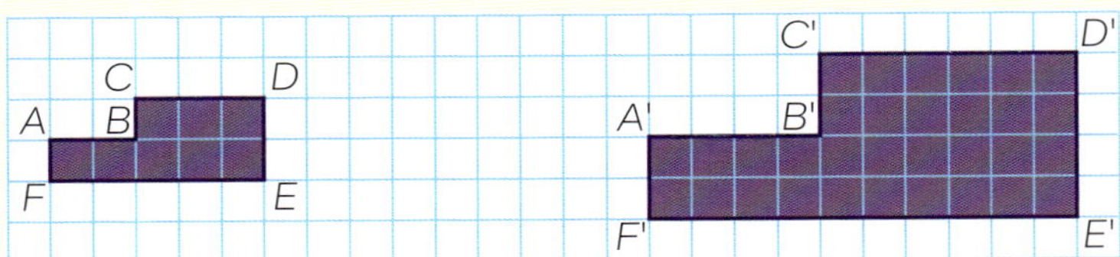


$\overline{AB} = 2$ y $\overline{A'B'} = 4$  $\overline{CD} = 3$ y $\overline{C'D'} = 6$  $\overline{EF} = 5$ y $\overline{E'F'} = 10$

$\overline{BC} = 1$ y $\overline{B'C'} = 2$  $\overline{DE} = 2$ y $\overline{D'E'} = 4$  $\overline{FA} = 1$ y $\overline{F'A'} = 2$

Los ángulos correspondientes en ambas figuras miden lo mismo.

- Hallamos la razón de los perímetros de los polígonos:

$$\left.\begin{array}{l}\overline{AB}+\overline{BC}+\overline{CD}+\overline{DE}+\overline{EF}+\overline{FA}=2+1+3+2+5+1=14\\ \overline{A'B'}+\overline{B'C'}+\overline{C'D'}+\overline{D'E'}+\overline{E'F'}+\overline{F'A'}=4+2+6+4+10+2=28\end{array}\right\} \Rightarrow \frac{28}{14}=2=k$$

- Calculamos la razón de las áreas de los polígonos, tomando el cuadradito como unidad de superficie:

$$\left.\begin{array}{l}2+6=8\\ 8+24=32\end{array}\right\} \Rightarrow \frac{32}{8}=4=2^2=k^2$$

28 Calcula la razón de semejanza y la razón de las áreas de los polígonos de la figura.

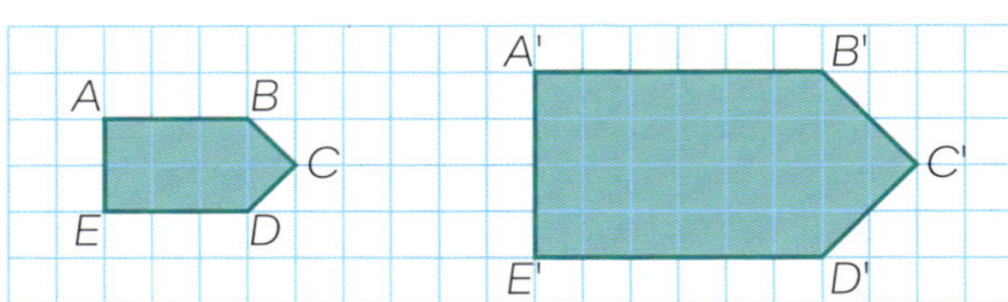


a. Calcula las áreas de los polígonos.

b. Comprueba que su razón es igual al cuadrado de la razón de semejanza.

29 Los lados de un cuadrilátero miden 12, 15, 16 y 20 cm. ¿Cuánto miden los lados del cuadrilátero semejante al anterior y con perímetro 21 cm?

## Razón de volúmenes

Si dos cuerpos son semejantes con razón de semejanza **$k$**, la **razón de sus volúmenes** es $k^3$.

### Ejemplo

Conociendo la razón de semejanza de dos cajas, $k = 1{,}5$ podemos calcular la razón entre sus volúmenes.

La razón entre los volúmenes de los dos envases es:

$$\left.\begin{array}{l} 10 \cdot 4 \cdot 12 = 480\,\text{cm}^3 \\ 15 \cdot 6 \cdot 18 = 1620\,\text{cm}^3 \end{array}\right\} \Rightarrow \frac{1620}{480} = 1{,}5^3 = k^3$$

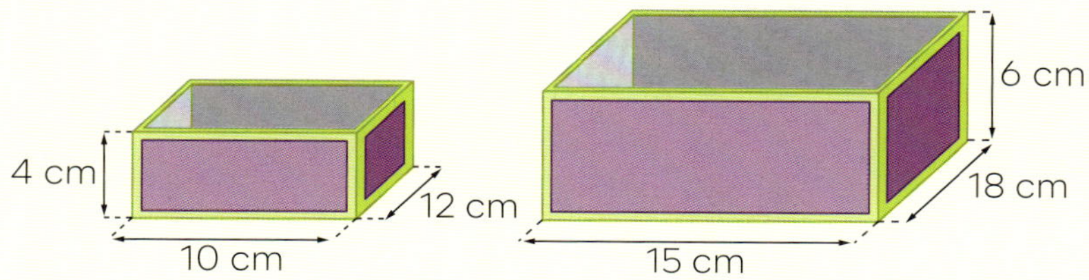


**30** **Dos botellas de agua son semejantes y tienen capacidades de 0,640 L y 0,270 L.**

**a.** Calcula la razón de semejanza de las botellas.

**b.** Si la altura de la botella menor es de 30 cm, ¿cuál es la altura de la botella mayor?

**31** **Dos recipientes de cristal son semejantes. Las capacidades respectivas son de 80 cm$^3$ y 270 cm$^3$.**

**a.** Halla el área del mayor si la del menor es de 112 cm$^2$.

**b.** Halla la altura del menor si la del mayor es de 6,6 cm.

## Escalas

La razón de semejanza que relaciona las medidas reales con las representadas en un mapa se llama **escala**.

Las escalas suelen definirse mediante una relación de proporcionalidad numérica o mediante una representación gráfica.

### Ejemplo

La escala numérica 1:50 000 indica que cada centímetro del mapa se corresponde con 50 000 cm = 500 m = 0,5 km de la realidad.

La distancia real que hay entre dos puntos $A$ y $B$ separados 2 cm en un mapa a escala 1:50 000 es:

$$2 \cdot 50\,000 = 100\,000\,\text{cm} = 1\,\text{km}$$

La escala gráfica de la figura indica que un centímetro del plano representa 20 km de la realidad.

La escala numérica correspondiente es 1:2 000 000.

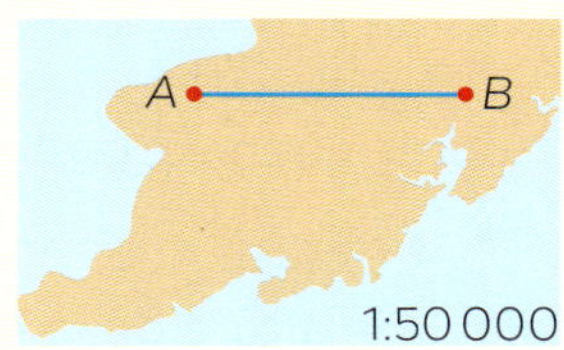


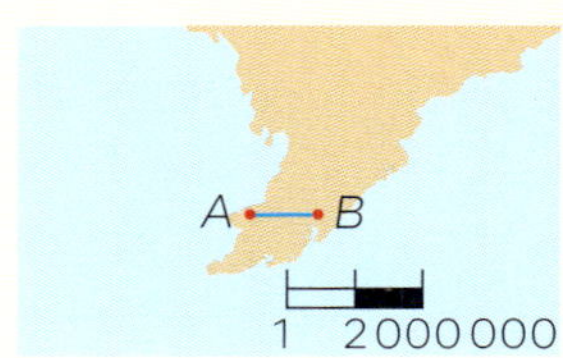


**32** **Calculad, midiendo sobre el mapa, las distancias reales entre los pueblos de Arín, Barúa y Cañada.**

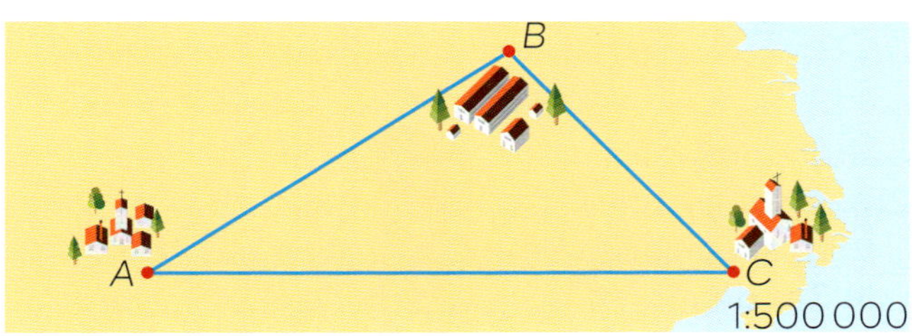


**33** **La distancia entre Madrid y Burgos es de 243 km. Si en el mapa, la distancia que hay entre ambas ciudades es 8,1 cm, ¿a qué escala está dibujado el mapa?**

# 4 ¿Cómo aplicamos la semejanza a la resolución de problemas?

## Problemas de proporcionalidad geométrica

34 **Aprendo a pensar.** Unas cigüeñas han anidado en lo alto del campanario.

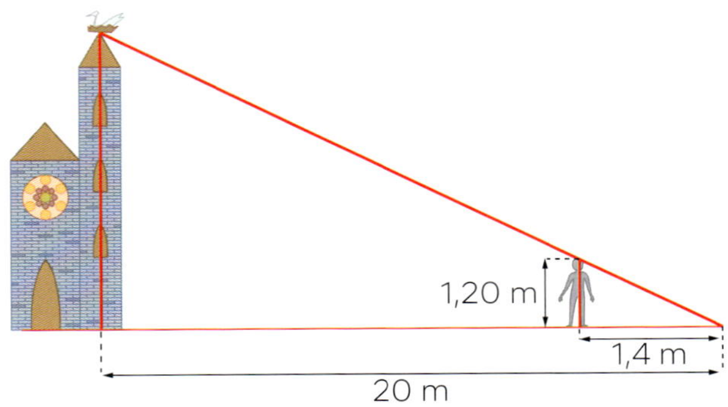


¿Podríamos calcular la altura a la que se encuentra el nido, tomando como referencia nuestra altura? ¿Se te ocurren otras aplicaciones de este método que sean de utilidad?

La semejanza y la proporcionalidad se usan en numerosos casos para calcular alturas y distancias de forma indirecta.

35 **Actividad resuelta**

**La torre de un castillo proyecta una sombra de 60 m. Un árbol de 3 m, proyecta una sombra de 4 m como muestra la imagen. Calcula la altura *h* de la torre.**

Los triángulos que se forman con la torre y el árbol y sus respectivas sombras, son semejantes, por tanto:

$$\frac{60}{4} = \frac{h}{3} \Rightarrow h = \frac{60 \cdot 3}{4} = 45$$

En consecuencia, la altura de la torre es de 45 m.

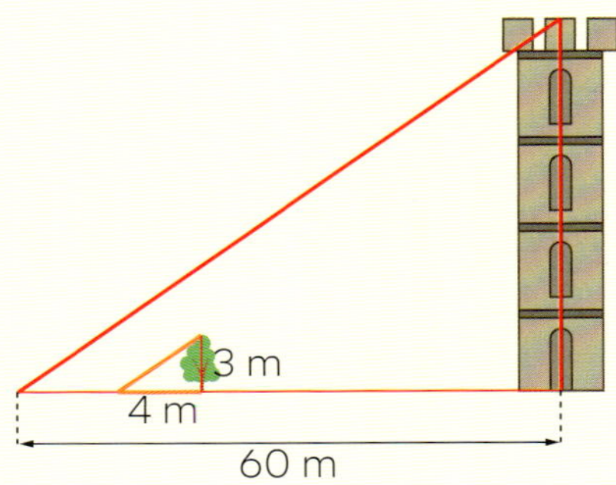


36 Calcula la altura de la iglesia.

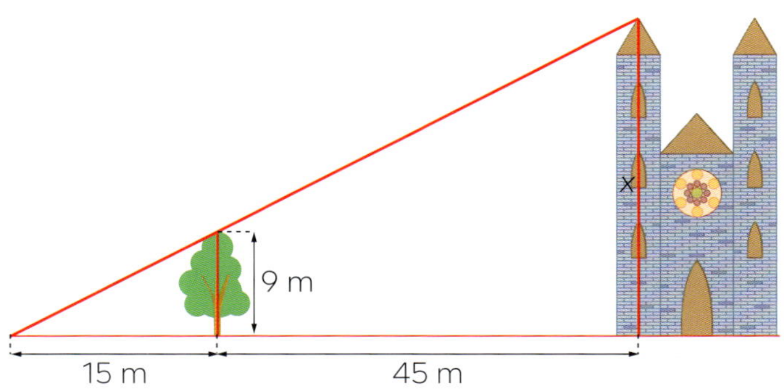


37 Un edificio de cinco plantas de la misma altura proyecta, en un cierto instante, una sombra de 22 m. Calcula, aplicando la semejanza, la altura de cada planta, si se sabe que en ese mismo momento una farola de 3 m de altura proyecta una sombra de 4,5 m.

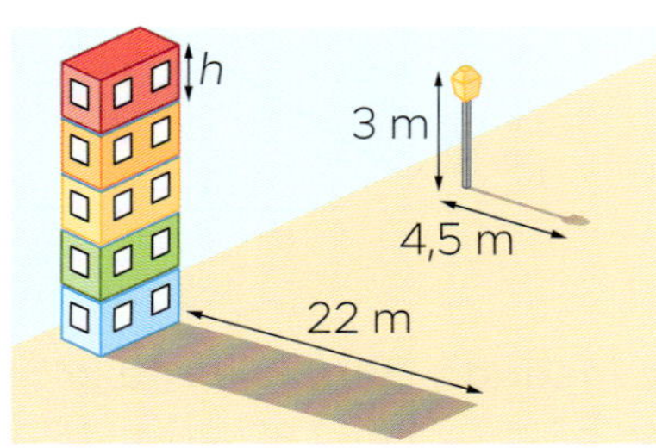

## 38 Actividad resuelta

**Una arquitecta quiere hacer el plano de un dormitorio que mide 5 m de largo y 4 m de ancho.**

**¿Cuáles deben ser las dimensiones del dormitorio en el plano, si 2 cm del plano representan 1 m de longitud real?**

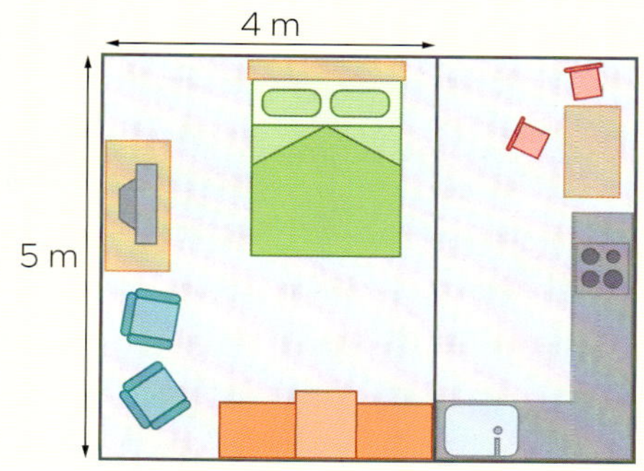


Para saber cuáles deben ser las medidas en el plano de la habitación utilizamos las escalas. La escala pedida corresponde a $\frac{2}{100}$, es decir, 2 cm en el plano equivalen a 100 cm (1 metro) en la realidad. Por tanto:

$$\frac{2}{100}=\frac{x}{500}\Rightarrow x=\frac{2\cdot 500}{100}=10$$

Para los 4 m de ancho tenemos que:

$$\frac{2}{100}=\frac{x}{400}\Rightarrow x=\frac{2\cdot 400}{100}=8$$

Así, en el plano, las dimensiones de la habitación son de 10 y 8 cm.

**39** La carretera que une dos localidades mide 12 km. Calcula la distancia que separa a dichas ciudades en un mapa de escala 1:25 000.

**40** Un arquitecto quiere representar un edificio con una planta de 150 por 50 m en una hoja Din-A2 que mide 59,4 por 42 cm. ¿Qué escala le recomendarías?

## Proporción áurea

Una de las proporciones más antiguas que se usa en el arte y la arquitectura es la proporción áurea, también conocida como divina proporción. Se obtiene de la razón entre el radio y el lado de un decágono regular y corresponde aproximadamente a $\Phi = 1{,}618$.

Razón áurea

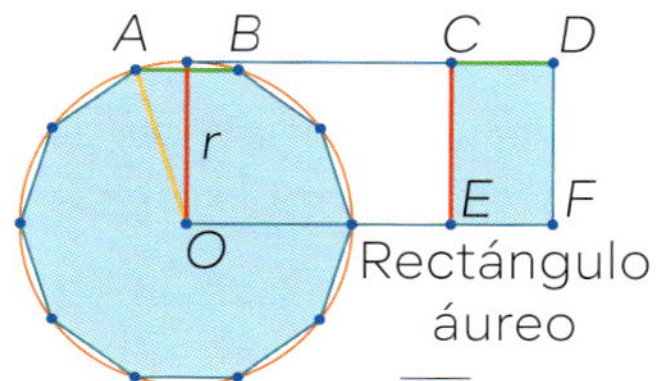


$$\Phi=\frac{\overline{OA}}{\overline{AB}}\approx 1{,}6$$

Un rectángulo es áureo si al ubicar dos rectángulos iguales como muestra la figura, la diagonal $AB$ pasa por el vértice C.

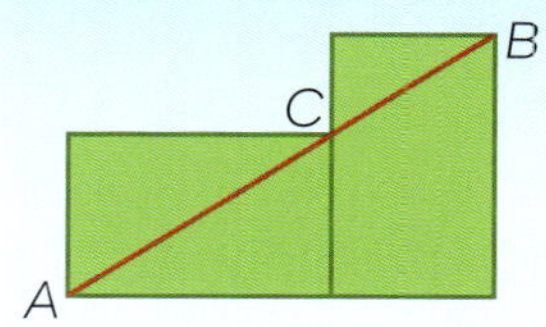


**41** **CONTRASTAMOS JUNTOS.** Determinareis si las medidas del DNI (85,6 × 53,98 mm) cumplen la proporción áurea. Comprobadlo también de forma gráfica por medio del rectángulo áureo. ¿En qué otros objetos cotidianos podeis observar este tipo de proporción?

**42** Calcula el cociente entre el radio de la circunferencia y el lado del polígono, indicados en cm, y comprueba que la razón áurea solo se cumple para el decágono.

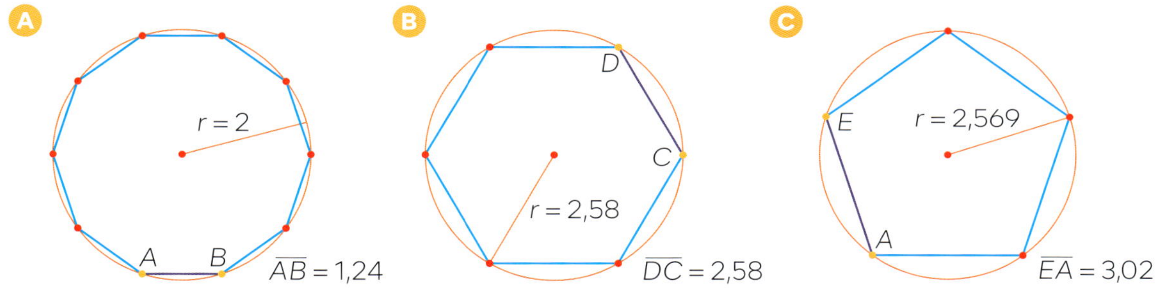

# NUESTRO RETO Ven al punto limpio

## Vamos a construir un plano de los puntos limpios de Bilbao y a hacer algunos cálculos sobre él

Para ello, sigue con atención estos pasos:

### Paso 1

**Recogemos datos**

Buscad en internet la localización de los siguientes puntos limpios de la ciudad de Bilbao: Artxanda, Zozorra y Larraskitu. Consulta en internet la distancia entre ellos. Fíjate en qué lugar de la ciudad están.

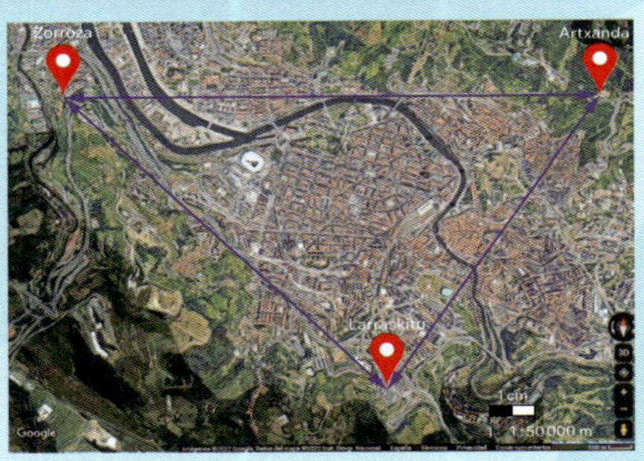


*Puntos sobre el mapa*

### Paso 2

**Elaboramos el plano**

Vamos a trabajar con un plano descargable con estos tres puntos limpios de la ciudad de Bilbao a una escala 1:50 000, respondiendo las siguientes cuestiones.

- Fijaos en que forman un triángulo. Calculad el área que tiene ese triángulo que aparece sobre el plano.
- Calculad cuál es el área real del triángulo que forman en la ciudad.
- Calculad la razón entre las distancias en el plano y las reales y verificad que se corresponde con la escala.
- Si decidierais dar un paseo por la ciudad, pasando por esos tres puntos limpios, ¿qué distancia aproximada recorreríais?
- Intentad trazar una circunferencia que pase por los tres puntos limpios de la ciudad. Jugad con el centro y los radios.
- Si hubiera que colocar un cuarto punto limpio, ¿qué ubicación elegiríais?

### Paso 3

**Conclusión final**

Cada grupo elaborará un entregable con el plano y las conclusiones a las cuestiones que se han planteado.

Además, aplicando lo aprendido a vuestro entorno, trabajaréis con un plano aproximado de vuestra localidad, colocando sobre él los puntos llimpios que consideréis necesarios.

Lo expondréis al resto de la clase en forma de cartel, explicando las medidas y poniendo especial atención al lenguaje no verbal.

**¿Cómo te ha ido el reto?** Entra y haz tu valoración

# EN RESUMEN

## Polígonos

Son figuras geométricas limitadas por una línea poligonal cerrada. Pueden ser:

- Convexos: cuando todos sus ángulos interiores son menores de 180°.
- Cóncavos: cuando tienen al menos un ángulo interior mayor de 180°.

La **suma de los ángulos** interiores de un polígono es: $S = 180°(n-2)$

Los **polígonos regulares** constan de:

- Centro: $O$
- Vértices: $A$, $B$, $C$, $D$ y $E$
- Lados: $\overline{AB} = \overline{BC} = \overline{CD} = \overline{DE} = \overline{EA}$
- Radio: $r$
- Apotema: $a$
- Ángulos interiores: $\hat{A} = \hat{B} = \hat{C} = \hat{D} = \hat{E}$

$$\alpha = \frac{180°(n-2)}{n}$$

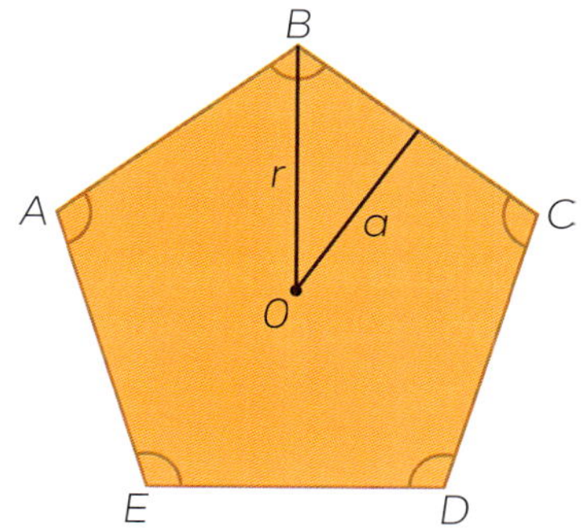


## Semejanza

Dos figuras son semejantes cuando tienen la misma forma aunque sus dimensiones sean distintas.

**Polígonos semejantes**
**Razón de semejanza *k***
→ **Ángulos correspondientes iguales**
→ **Lados correspondientes proporcionales**

## Teorema de Tales

$$\frac{\overline{AB}}{\overline{A'B'}} = \frac{\overline{BC}}{\overline{B'C'}} = \frac{\overline{AC}}{\overline{A'C'}}$$

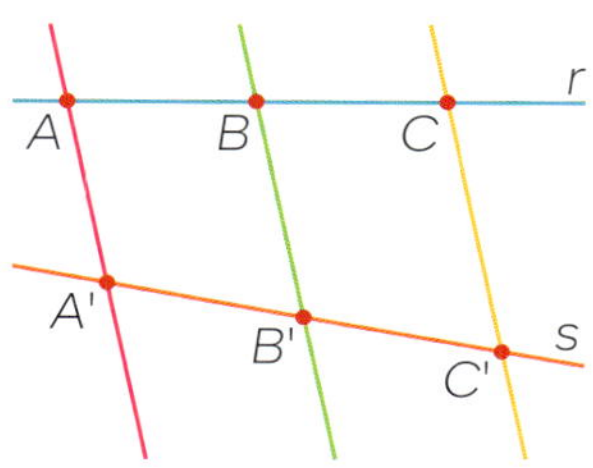


Triángulos en posición de Tales:

- Ángulo común
- Lados opuestos al ángulo paralelos

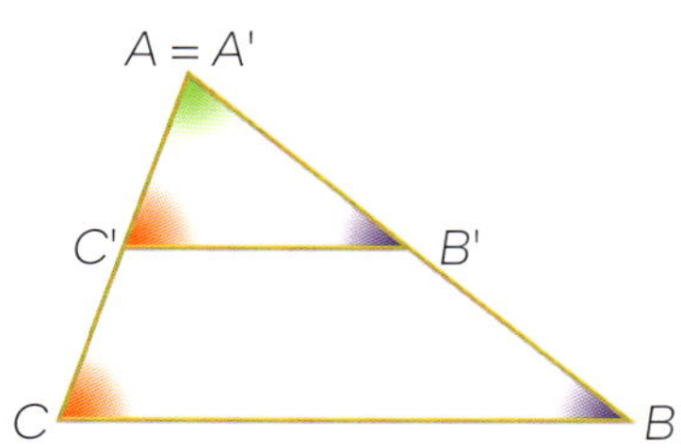


Criterios de semejanza de triángulos:

- Dos ángulos iguales
- Dos lados proporcionales y el ángulo que determinan igual
- Tres lados proporcionales

## Razón de perímetros, áreas y volúmenes. Escalas

Razón de perímetros: $k$ Razón de áreas: $k^2$ Razón de volúmenes: $k^3$

**Escalas**
→ **Representación numérica** → **1:2 000 000**
→ **Representación gráfica** → 1 — 2 000 000

# PRACTICAMOS

## Actividades

1 **Aprende a pensar.** Organiza en un mapa mental los conceptos que has aprendido.

2 Calcula la suma de los ángulos interiores:

**a.** En un heptágono. **b.** En un decágono.

3 Calcula el número de lados de un polígono sabiendo que la suma de sus ángulos es:

**a.** 1980°. **b.** 3420°.

4 Dos lados de un triángulo miden 18 y 11 cm. Si el tercer lado es un número natural, ¿qué valores podría tomar?

5 Comprueba que los rectángulos son semejantes e indica la razón de semejanza.

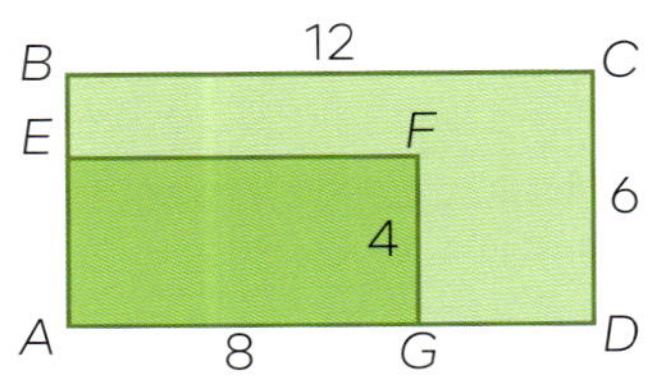


6 Los lados de un pentágono miden 2, 4, 5, 5 y 8 cm. Calcula los lados de un pentágono, semejante al anterior, cuyo perímetro mide 12 cm.

7 Los lados de un cuadrilátero miden 5, 5, 6 y 10 cm. El lado mayor de otro cuadrilátero, semejante al anterior, mide 15 cm. Calcula el resto de lados de este nuevo cuadrilátero y comprueba que la razón de los perímetros coincide con la razón de semejanza.

### 8 Actividad resuelta

Calcula la medida del segmento $A'B'$.

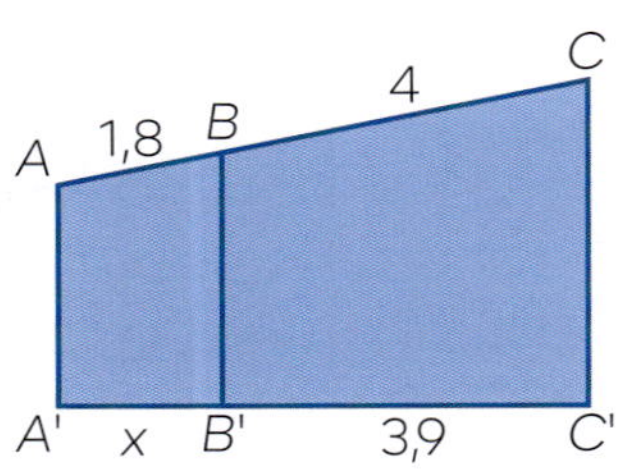


Aplicando el teorema de Tales a la figura:

$$\frac{\overline{AB}}{\overline{A'B'}} = \frac{\overline{BC}}{\overline{B'C'}} \Rightarrow \frac{1{,}8}{x} = \frac{4}{3{,}9} \Rightarrow x = \frac{1{,}8 \cdot 3{,}9}{4} = 1{,}755$$

9 Calcula los lados desconocidos aplicando el teorema de Tales.

**a**

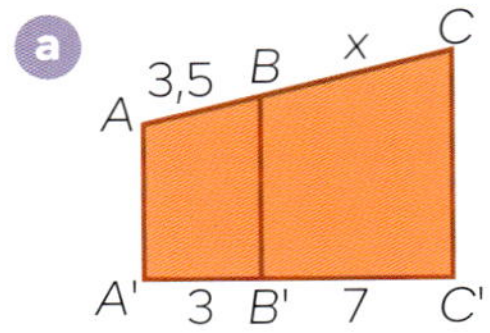


**b**

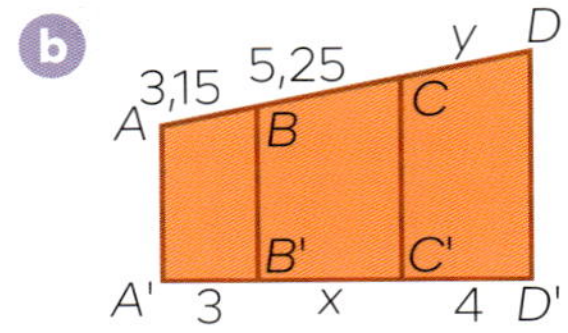


10 Calcula el valor de $x$ e $y$ en el triángulo.

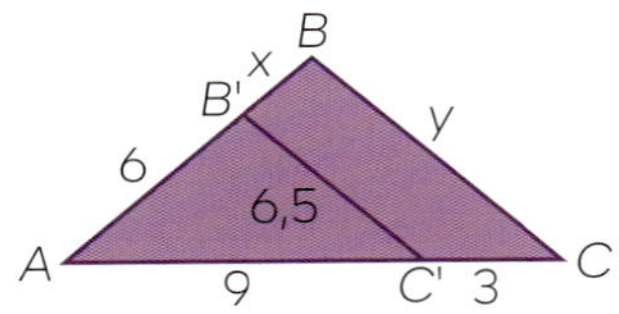


### 11 Actividad resuelta

Calcula la longitud del lado desconocido del siguiente triángulo.

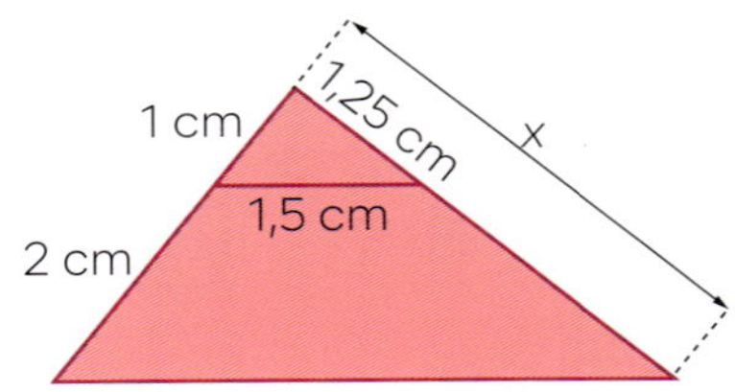


Los triángulos están en posición de Tales, por tanto, son semejantes.

$$\frac{1}{1{,}25} = \frac{1+2}{x} \Rightarrow x = 3 \cdot 1{,}25 = 3{,}75$$

12 Si los segmentos $AB$ y $MN$ son paralelos, halla la medida del lado $BC$, sabiendo que el segmento $MN$ mide 3,5 cm.

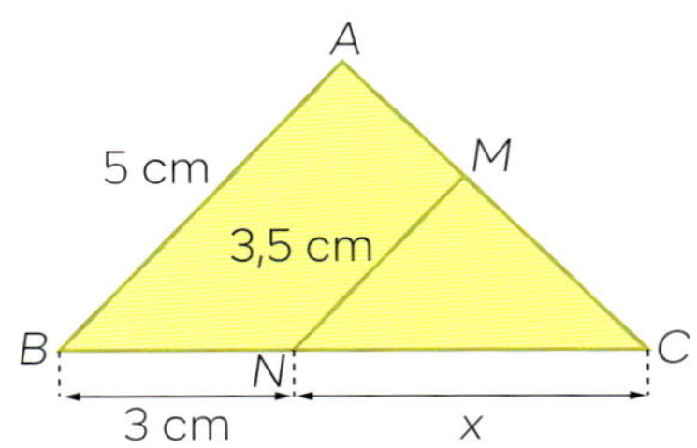


13 Calcula la medida del lado $a$.

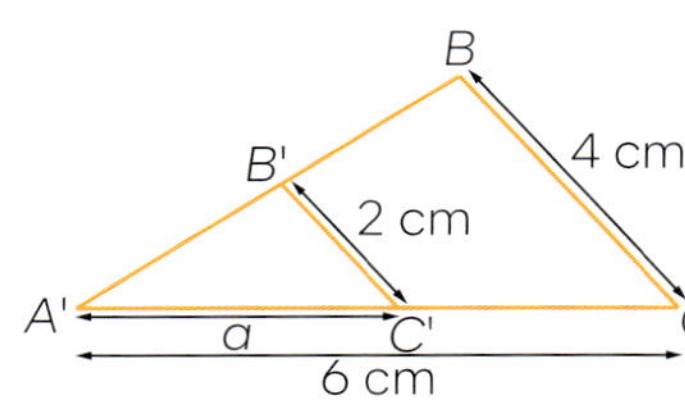

**14** Halla el valor de $x$ sabiendo que los triángulos están en posición de Tales.

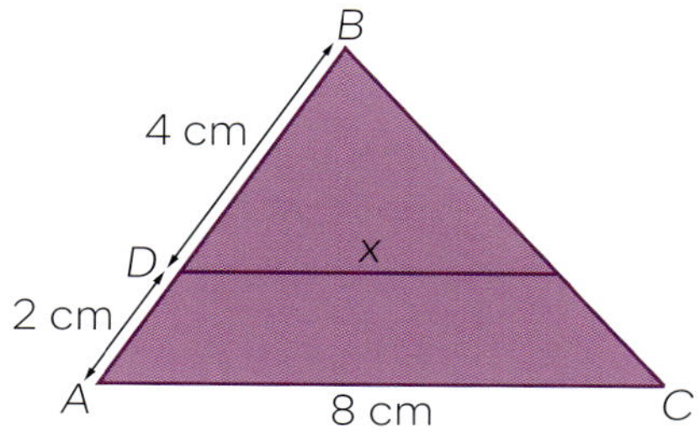


**15** Considera los triángulos $ABC$ y $A'B'C'$.

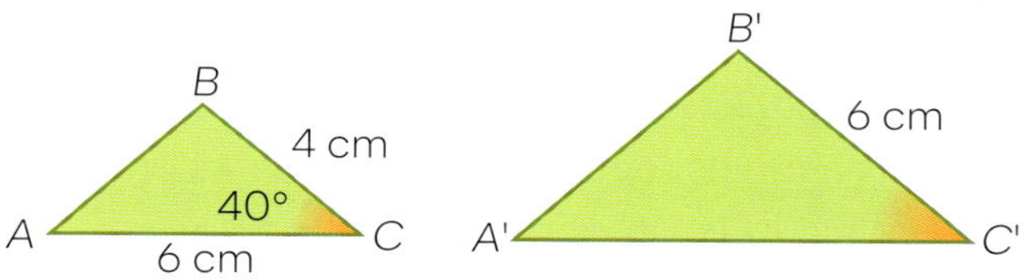


¿Cuánto deben medir el lado $A'C'$ y el ángulo $\widehat{C'}$ para que sean dos triángulos semejantes? ¿Qué criterio de semejanza utilizas?

**16** Calcula el lado $BC$ en el siguiente triángulo.

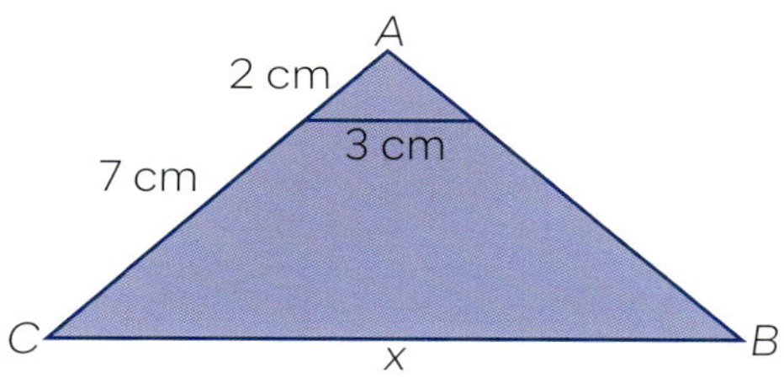


**17** Halla el valor del lado $AC$ en la siguiente figura.

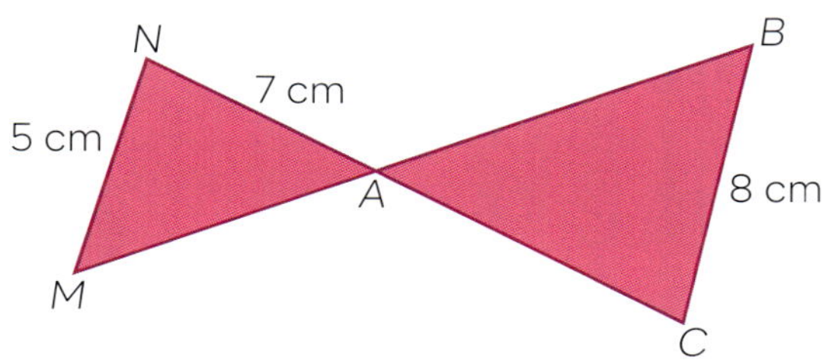


**18** Calcula la medida de los segmentos $x$ e $y$.

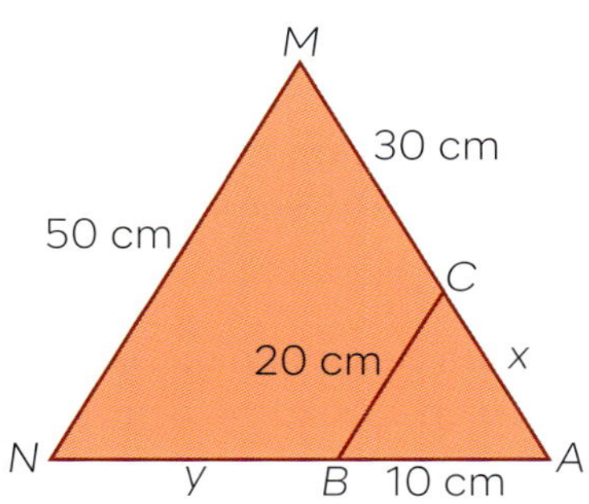


**19** Estos dos cuadriláteros son semejantes, con razón de semejanza 3. Calcula la razón de proporcionalidad que hay entre sus perímetros.

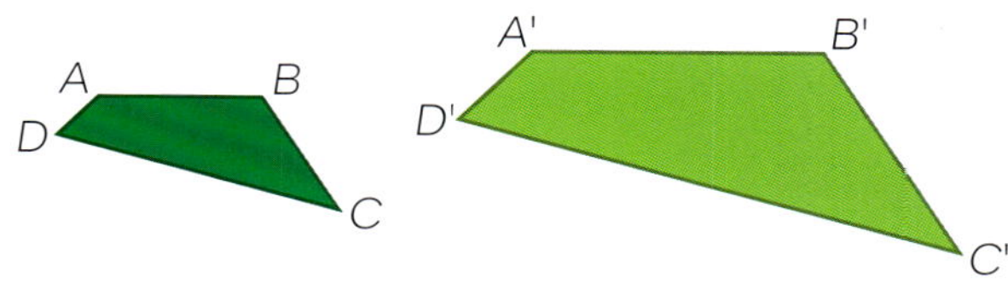


**20** La razón de las áreas de dos hexágonos regulares semejantes es $\frac{49}{36}$. Si el lado menor de ellos mide 18 cm, ¿cuál es el perímetro del otro?

**21** El área de un triángulo $ABC$ mide 128 $m^2$. ¿Cuál será el área de un triángulo semejante $A'B'C'$ cuyos lados midan la mitad?

**22** Un rectángulo tiene dimensiones $4 \times 25$ cm. Otro rectángulo, semejante al anterior, tiene un área de 900 $cm^2$. Calcula los lados de este nuevo rectángulo.

**23** Dos ortoedros son semejantes. Las dimensiones del menor son $2 \times 3 \times 6$ cm. El volumen del mayor es $\frac{256}{3}$ $cm^3$. Calcula las dimensiones del ortoedro mayor.

## 24 Actividad resuelta

La escala del mapa de una zona montañosa es 1 : 30 000. Calcula la distancia real que separa dos refugios si en el mapa están separados por 2,7 cm.

Si 1 cm en el mapa equivale a 30 000 cm en la realidad, la distancia real entre los refugios es:
$2{,}7 \cdot 30\,000 = 81\,000$ cm $= 810$ m

**25** La distancia entre Málaga y Salamanca es de 756 km. En un mapa a escala 1 : 1 500 000, ¿a qué distancia se encuentran las dos ciudades?

**26** Un mapa tiene escala 1: 25 000.

**a.** Calcula la distancia real que separa a dos puntos que en el mapa estén separados 15 cm.

**b.** Calcula la distancia que separa en el mapa a dos puntos que en la realidad estén separados 25 km.

**27** En un plano realizado a escala 1:50 000, la distancia entre dos ciudades, medida con una regla graduada, es de 45 mm. ¿Cuál será la distancia en la realidad?

## Problemas

### 28 Actividad resuelta

Un granado proyecta una sombra de 5 m. A su lado, un laurel de 1,2 m de altura proyecta una sombra de 2 m. ¿Cuánto mide el granado?

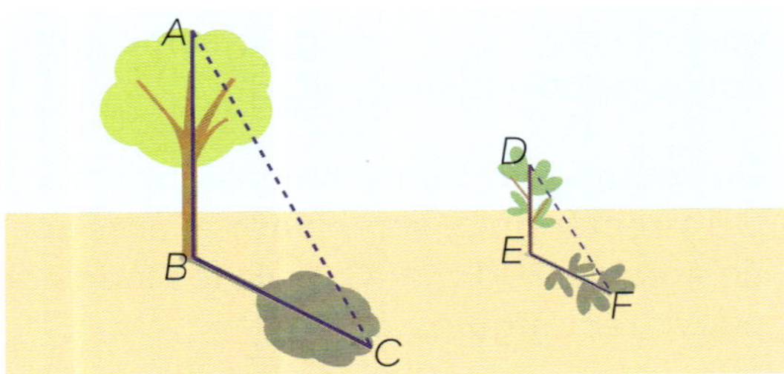


Aplicando el primer criterio comprobamos que los triángulos $ABC$ y $DEF$ son semejantes, ya que $\widehat{B}=\widehat{E}=90°$ y $\widehat{A}=\widehat{D}$, por ser los rayos de luz paralelos.

$$\frac{\overline{AB}}{\overline{DE}}=\frac{\overline{BC}}{\overline{EF}} \Rightarrow \frac{h}{1,2}=\frac{5}{2} \Rightarrow h=\frac{5\cdot 1,2}{2}=3\text{ m}$$

El granado mide 3 m de alto.

**29** Manuel mide 1,73 m de altura y proyecta, en un momento dado del día, una sombra de 1,5 m. Calcula la sombra que proyecta en ese mismo instante una farola que mide 3,7 m de altura.

**30** Un edificio proyecta una sombra de 144 m en el mismo instante que un árbol de 5 m proyecta una sombra de 12 m. Calcula la altura del edificio.

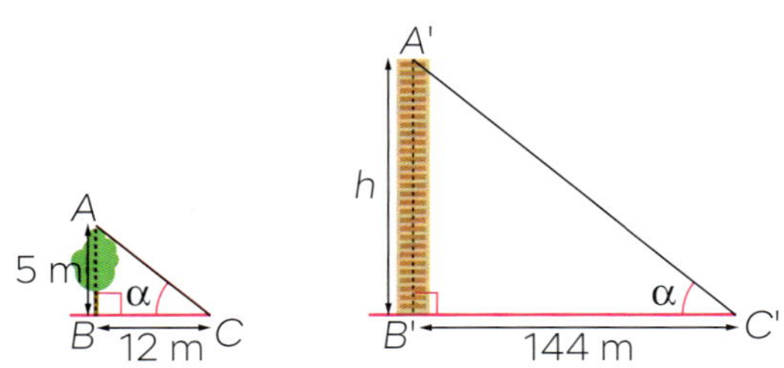


**31** Valeria espera a una amiga al lado de un árbol y observa que su sombra mide 40 cm, y la del árbol, 60 cm. Si ella mide 1,6 m, ¿cuál es la altura del árbol?

**32** Un rectángulo está inscrito en un triángulo isósceles como muestra la figura.

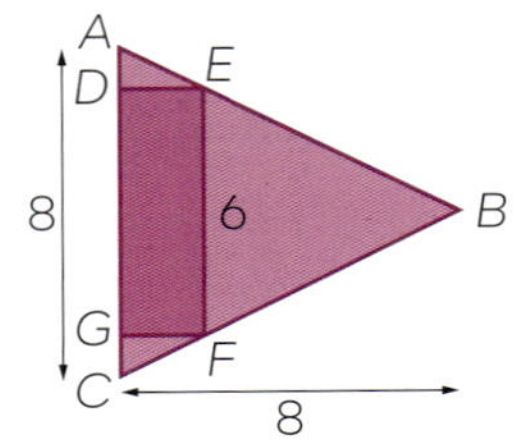


a. Indica en la figura los vértices de los cuatro triángulos rectángulos semejantes entre sí.

b. Calcula la altura $DE$ del rectángulo.

c. Calcula el perímetro y el área del rectángulo.

**33** Se quiere construir una cometa de lados 1,5 veces mayores que los de la figura.

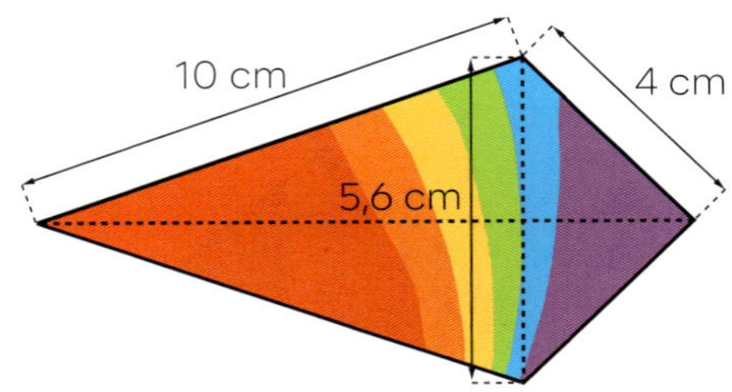


¿Es suficiente un metro cuadrado de papel para construir la cometa?

**34** Calcula la diferencia de altura entre los árboles de la siguiente figura.

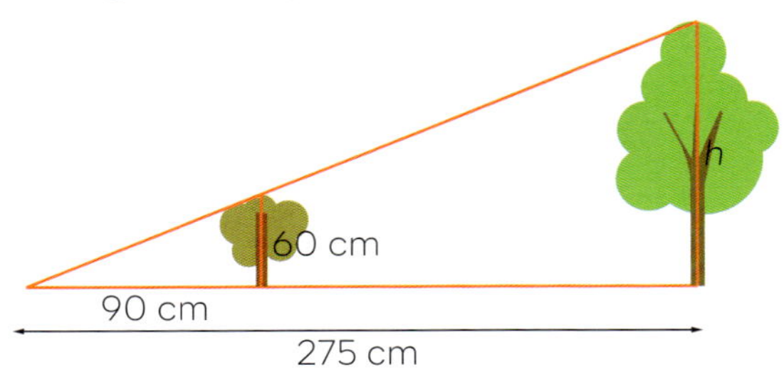


**35** Calcula la escala de un mapa en el que una longitud de 975 km está representada por un segmento de 81,25 cm.

**36** ¿Cuál es la altura de un edificio que proyecta una sombra de 6 m en el mismo momento del día en que un árbol de 4 m proyecta una sombra de 75 cm?

37 Una señal de tráfico de 2 m de altura proyecta una sombra de 10 m. Al mismo tiempo, una pared de un edificio proyecta una sombra de 80 m. ¿Cuál será la altura de la pared?

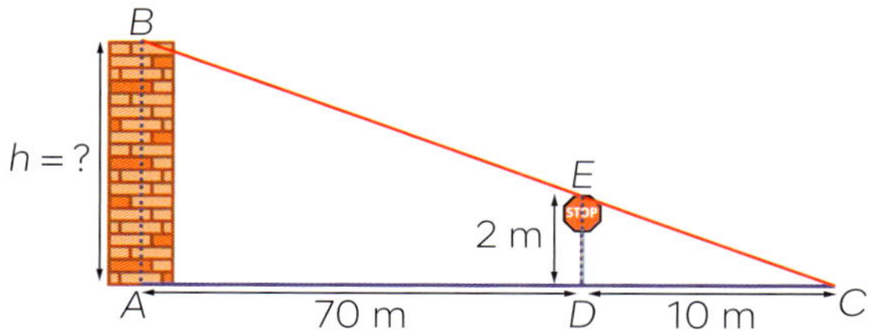


38 En un momento determinado del día, la sombra de una torre mide 18 m, y la sombra de un palo que mide 1 m, colocado verticalmente, es de 1,60 m. ¿Cuál es la altura de la torre?

39 El Túnel de Eupalinos. Cuando Polícrates encargó a Eupalinos construir un túnel bajo la montaña que, partiendo simultáneamente de *A* y *B*, se encontrara en las profundidades de la roca, el sabio griego recurrió a los triángulos semejantes.

El siguiente método le permitió calcular la dirección con la que se debía horadar la montaña desde cada uno de los extremos.

a. Traza el triángulo imaginario *ABC* y, en la falda de la montaña, toma las medidas *AP* = 100 m, *PQ* = 700 m, *QR* = 1060 m y *RB* = 300 m, en las que todos los ángulos son rectos. Obtén las distancias *AC* y *CB*.

b. ¿Cuánto medirá el túnel?

c. ¿Cómo deben ser los segmentos *PX* y *RY* para que los triángulos *ABC*, *XPA* y *BRY* sean semejantes?

d. Halla las distancias *PX* y *RY*.

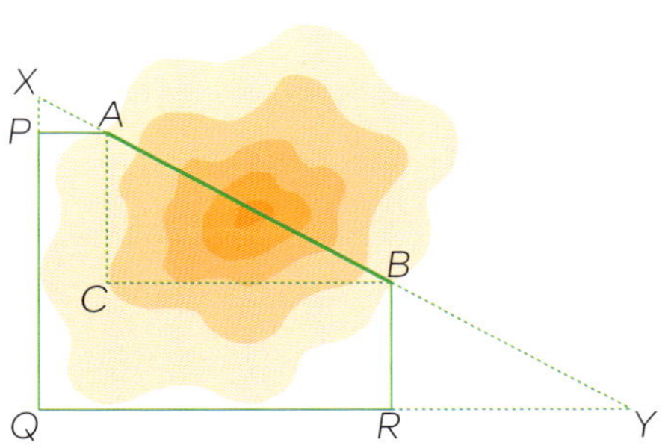


40 Un poste vertical de 3 m proyecta una sombra de 1,5 m. ¿Qué altura tendrá un árbol que a la misma hora proyecta una sombra de 4 m?

## Comprueba lo que has aprendido

1 Calcula cuántos lados tiene un polígono regular si sabemos que cada uno de sus ángulos mide 135°.

2 Calcula los ángulos desconocidos de los siguientes triángulos.

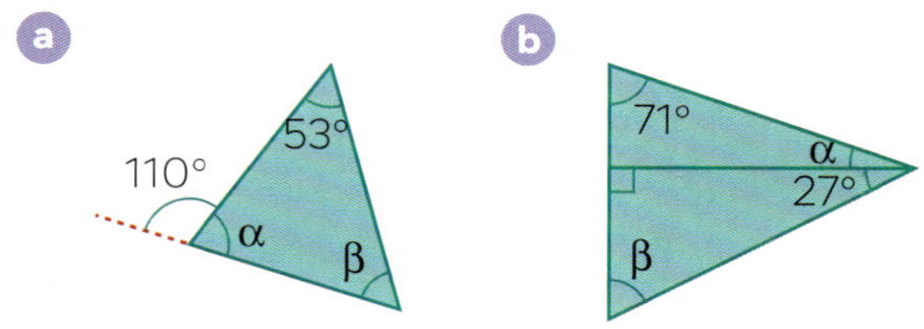


3 Una torre proyecta una sombra de 12 m de longitud al mediodía, mientras que una casa de 4,5 m de altura proyecta una sombra de 5 m de longitud a la misma hora. ¿Cuánto mide la torre?

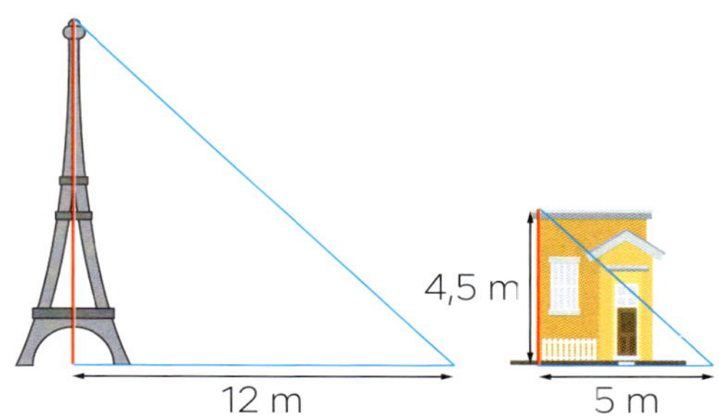


4 Las dimensiones de un rectángulo son $4 \times 10$ cm. Halla las medidas de otro rectángulo semejante al anterior y que tenga por área 360 $cm^2$.

5 Los peldaños de esta escalera son paralelos y se ha roto uno de ellos. ¿Cuánto miden los tramos *x* e *y*?

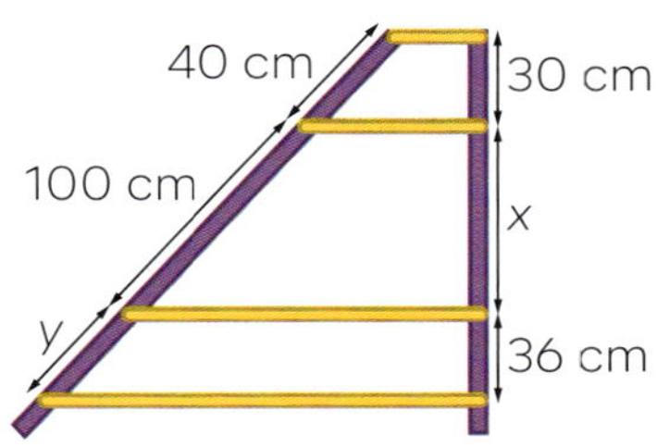


6 En un plano se ve dibujado un río que mide 1 cm de ancho. Si la escala del plano es 1:25 000, ¿cuánto mide en la realidad?

Mis competencias
Autoevaluación

# 2.2 Movimientos en el plano: creando belleza

## ¡EMPEZAMOS!

### Un lenguaje universal

El arte y las matemáticas han estado siempre íntimamente ligados a lo largo de la historia. Ambos, han tenido siempre un carácter integrador de diferentes culturas como un lenguaje universal.

La geometría encuentra la belleza a través de la armonía y la simetría, un estándar común a través del tiempo. Uno de los principales exponentes del arte por medio de la geometría lo encontramos en los mosaicos y teselas que adornan, desde la Alhambra o el Partenón, hasta cualquier edificio contemporáneo.

- ¿Qué ejemplos conoces del arte a través de la geometría en la antigüedad?
- ¿Y en la actualidad?
- ¿Por qué crees que se dice que el arte y las matemáticas son un lenguaje universal?
- ¿Podrías citar algún caso de integración de varias culturas a través del arte?

## ¡VAMOS A APRENDER!

1. Implicarnos en situaciones de trabajo en equipo.
2. Utilizar vectores para realizar traslaciones.
3. Giros en figuras planas.
4. Realizar simetrías axial y central.
5. Identificar ejes de simetría.
6. Realizar composiciones de movimientos en figuras planas y organizarlas secuencialmente mediante un flujograma.
7. Valorar los movimientos y la simetría en el arte como punto común entre personas y culturas.

## NUESTRO RETO

### El arte de la geometría

Vais a trabajar en equipo para realizar el diseño el diseño de un mosaico en forma de mural. Para ello haréis el diseño de un patrón geométrico que, utilizando los movimientos en el plano, lo recubra completamente.

¡Vamos allá!

# 1 ¿Cómo nos movemos en el plano?

## Vectores

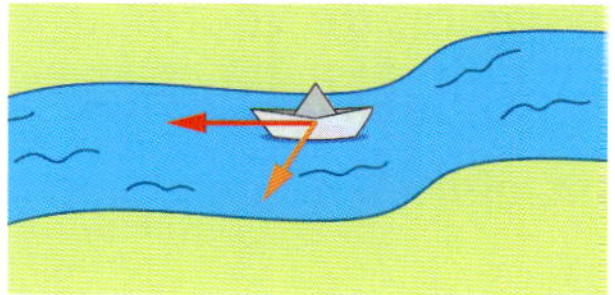

**1** El movimiento del barquito de papel sobre un riachuelo se produce debido a dos fuerzas: la de la corriente del agua y la del viento.
¿Podrías trazar el camino que seguirá el barquito? ¿Cómo lo haces?

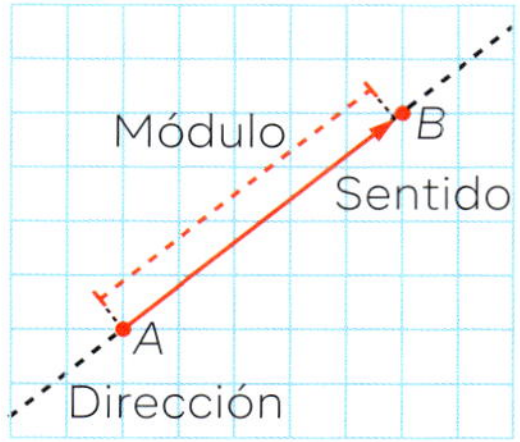


Un **vector** $\overrightarrow{AB}$ del plano es un segmento orientado, con origen en el punto $A$ y extremo en el punto $B$.

Los elementos de un vector son:

- **Módulo**: es la longitud del segmento $AB$. Se designa por $|\overrightarrow{AB}|$.
- **Dirección**: es la recta que pasa por $A$ y $B$ y todas sus paralelas.
- **Sentido**: es el que queda determinado al ir desde el origen $A$ hacia el extremo $B$.

Dos vectores son **equipolentes** si tienen igual módulo, dirección y sentido.

Las componentes o coordenadas de un vector $\overrightarrow{AB}$ de origen $A(a_1, a_2)$ y de extremo $B(b_1, b_2)$ son:

$$\overrightarrow{AB} = (b_1 - a_1, b_2 - a_2)$$

La primera componente indica el desplazamiento horizontal y la segunda el vertical.

### Ejemplo

Para calcular las coordenadas del vector $\overrightarrow{AB}$:

Origen de $\overrightarrow{AB}$: $A(2, 1)$ — Coordenada horizontal: $6 - 2 = 4$

Extremo de $\overrightarrow{AB}$: $B(6, 3)$ — Coordenada vertical: $3 - 1 = 2$

$\rightarrow \overrightarrow{AB} = (4, 2)$

**2** Calcula las coordenadas del vector $\overrightarrow{AB}$.

a. $A(-3, 5)$ y $B(-1, -4)$

b. $A(2, -1)$ y $B(3, 1)$

## Suma de dos vectores del plano

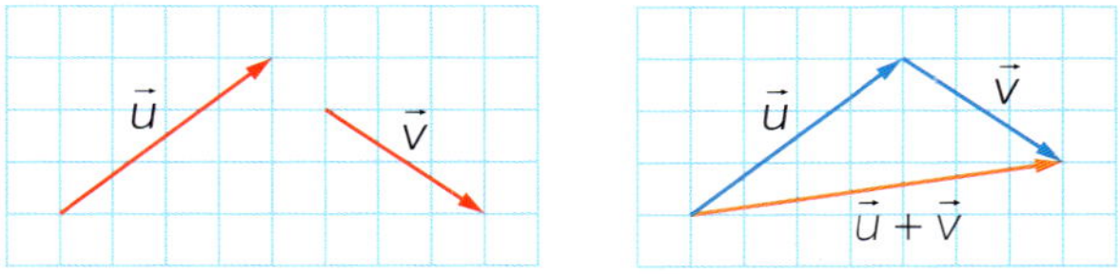


El **vector suma** de dos vectores $\vec{u} = (u_1, u_2)$ y $\vec{v} = (v_1, v_2)$ es el vector:

$$\vec{u} + \vec{v} = (u_1 + v_1, u_2 + v_2)$$

### Ejemplo

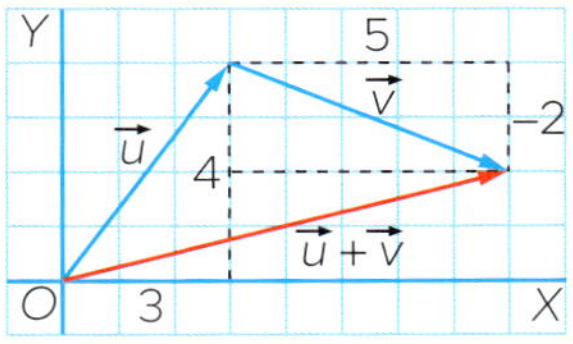


Sumamos los vectores $\vec{u} = (3, 4)$ y $\vec{v} = (5, -2)$: $\vec{u} + \vec{v} = (3+5, 4+(-2)) = (8, 2)$

Para representarlo gráficamente, colocamos el vector $\vec{v}$ a continuación del $\vec{u}$ y obtenemos el vector suma $\vec{u} + \vec{v}$.

**3** Dados los vectores $\vec{u} = (-1, 2)$, $\vec{v} = (0, -4)$ y $\vec{w} = (1, -2)$, calcula $(\vec{u} + \vec{v}) + \vec{w}$ y $(\vec{w} + \vec{v}) + \vec{u}$ y comprueba que obtienes el mismo resultado. Hazlo también gráficamente.

**4** Dado el triángulo cuyos vértices son $A(-1, 3)$, $B(0, -1)$ y $C(2, -2)$, calcula las coordenadas de los vectores $\overrightarrow{AB}$, $\overrightarrow{AC}$, $\overrightarrow{BA}$ y $\overrightarrow{CB}$. Comprueba que $\overrightarrow{BC} = \overrightarrow{BA} + \overrightarrow{AC}$.

## Traslaciones

Una **traslación de vector** $\vec{u}$ es un movimiento en el plano que transforma cada punto $P$ en su homólogo $P'$, de forma que los vectores $\vec{u}$ y $\overrightarrow{PP'}$ son equipolentes.

Las traslaciones no cambian la forma ni el tamaño de una figura.

### Ejemplo

Para representar la figura homóloga de $ABCD$ en la traslación de vector $\vec{u}$ se calculan cada uno de los puntos homólogos.

$\vec{u} = (5, -1)$; $A(4, 5)$, $B(5, 2)$, $C(2, 2)$ y $D(1, 4)$

$A' = A + \vec{u} = (4, 5) + (5, -1) = (9, 4)$ $\quad$ $C' = C + \vec{u} = (2, 2) + (5, -1) = (7, 1)$

$B' = B + \vec{u} = (5, 2) + (5, -1) = (10, 1)$ $\quad$ $D' = D + \vec{u} = (1, 4) + (5, -1) = (6, 3)$

Los vectores $\vec{u}$, $\overrightarrow{AA'}$, $\overrightarrow{BB'}$, $\overrightarrow{CC'}$ y $\overrightarrow{DD'}$ son equipolentes.

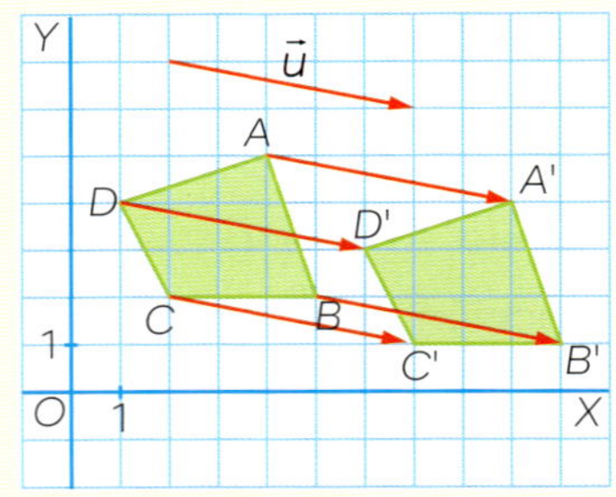


**5** Calcula las coordenadas del cuadrilátero $A'B'C'D'$ que resulta al trasladar el cuadrilátero $ABCD$ según el vector $\overrightarrow{PQ}$.

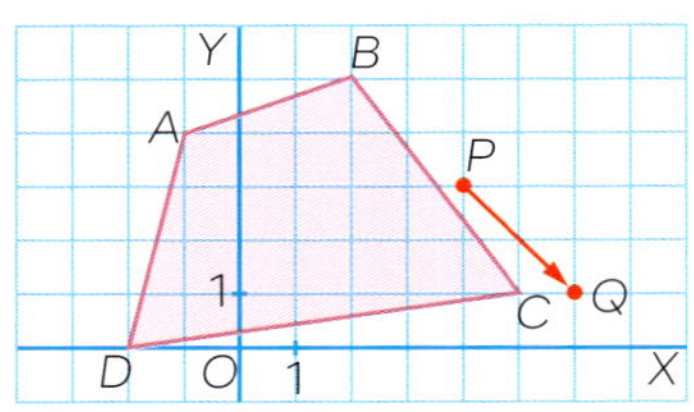


**6** Calcula los puntos homólogos en las traslaciones que se indican.

**a.** Homólogo del punto $P(-3, 4)$ en la traslación de vector $\vec{u} = (-3, 2)$

**b.** Homólogo del punto $R(-2, -3)$ en la traslación del vector $\vec{v} = (1, 0)$

**c.** Homólogo del punto $Q(0, -4)$ en la traslación de vector $\vec{x} = (-2, 4)$

**7** Mediante una traslación, el punto $A(-1, 2)$ se transforma en $A'(6, 8)$. ¿Cuál es el vector de traslación?

**8** MAT-TIC El punto $A(-1, 2)$ ha sido trasladado mediante cuatro vectores distintos, $\vec{u}_1 = (1, 4)$, $\vec{u}_2 = (-4, -4)$, $\vec{u}_3 = (-4, 2)$, $\vec{u}_4 = (0, -2)$. Encuentra las posiciones que ocupará. Sigue practicando con el interactivo de GeoGebra *Traslaciones con coordenadas.*

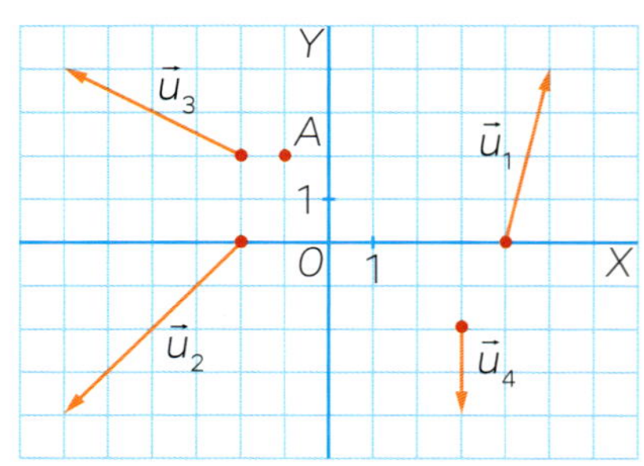


## Giros

Un **giro de centro** $O$ **y amplitud** $\alpha$ es un movimiento en el plano que hace corresponder a cada punto $P$ otro homólogo $P'$, que verifica:

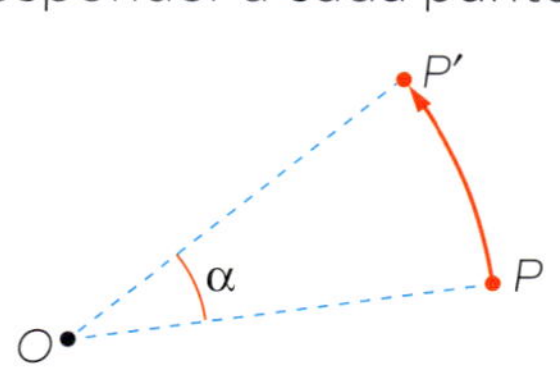


$\widehat{POP'} = \alpha$ $\qquad$ $|\overrightarrow{OP}| = |\overrightarrow{OP'}|$

## GIROS

Para calcular el homólogo *P'* de un punto *P* en un giro de centro *O* y amplitud 40°, se dan los siguientes pasos.

### Paso 1

Se traza el segmento de extremos *O* y *P*.

### Paso 2

Tomando *OP* como lado, se dibuja el ángulo de 40°.

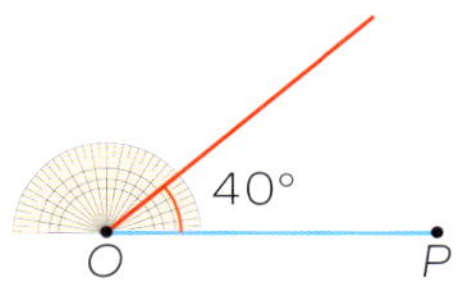


### Paso 3

Se traza el arco de centro *O* y radio *OP*. El punto de corte es *P'*.

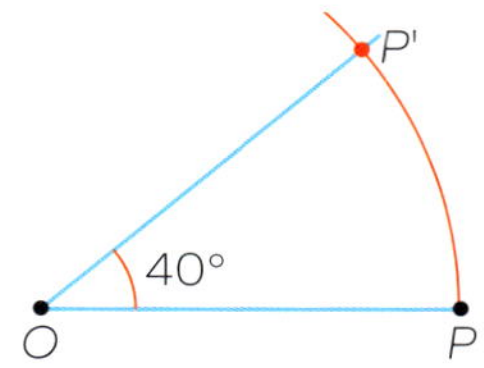


Para la aplicación de giros consecutivos sobre el mismo punto, se suman los ángulos.

## 9 Actividad resuelta

**Dado el cuadrilátero *ABCD*, encuentra su homólogo mediante un giro de centro *C* y amplitud –70°.**

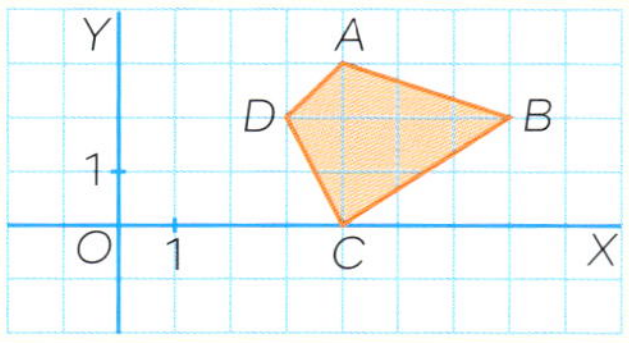


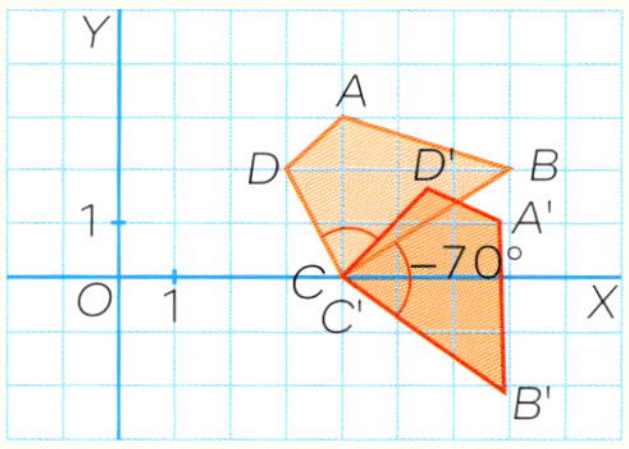


$\widehat{ACA'} = \widehat{BCB'} = \widehat{DCD'} = -70°$

$|\overrightarrow{CA}| = |\overrightarrow{CA'}|$ $|\overrightarrow{CB}| = |\overrightarrow{CB'}|$ $|\overrightarrow{CD}| = |\overrightarrow{CD'}|$

Si la amplitud de giro es negativa, el sentido de giro es el de las agujas del reloj.

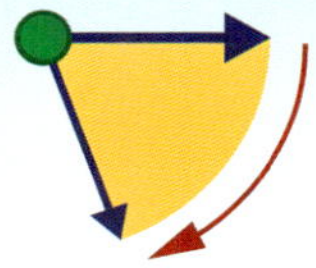

**10** Aplica los movimientos a la figura. Ten en cuenta que para trazar la figura homóloga debes calcular el homólogo de cada vértice. Practica giros con el interactivo GeoGebra *Giros con coordenadas*.

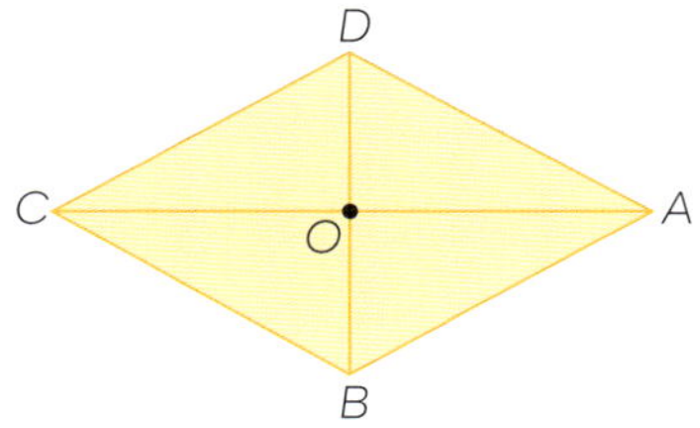


a. Un giro de centro *A* y amplitud 90°
b. Un giro de centro *O* y amplitud 90°
c. Un giro de centro *D* y amplitud –90°

**11** En un centro escolar se quiere realizar un proyecto de cooperación que incluya a las cuatro clases de 3.° de ESO y las otras cuatro de 4.° de ESO.

Para ello se ha diseñado una ruleta con la que sortear qué clase realizará los murales, según la posición que tome el icono  .

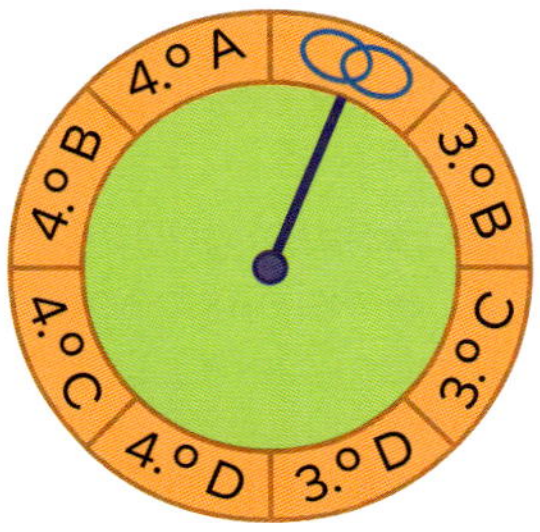


a. Al girar se ha obtenido la posición  ¿A qué grupo le ha tocado hacer los murales? ¿Qué ángulo ha girado?
b. ¿Y si las elipses del símbolo hubieran quedado de la siguiente forma  ? ¿Se podría saber con toda seguridad a qué grupo le ha tocado?

# 2 ¿Qué es una simetría y cuáles podemos encontrar?

## Simetría axial

12 En un folio se ha dibujado una careta y su imagen reflejada. ¿Sabrías indicar por dónde se debe doblar el folio para que ambas queden superpuestas?

Una **simetría axial de eje la recta** $r$ es un movimiento en el plano que asocia cada punto $P$ con su homólogo $P'$, de modo que $r$ es la mediatriz del segmento $PP'$.

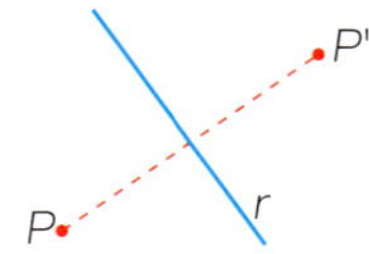


**SIMETRÍA AXIAL**

Para calcular el homólogo de $P'$ de un punto $P$ en una simetría axial de eje $r$ se siguen los siguientes pasos.

**Paso 1**

Se traza la semirrecta de extremo $P$ perpendicular a $r$. La intersección es el punto $O$.

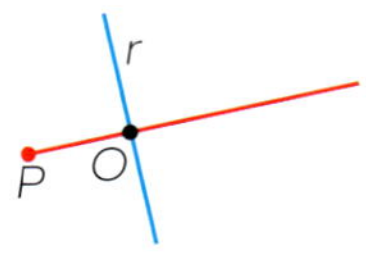


**Paso 2**

Se traza el arco de circunferencia de centro $O$ y radio $OP$ que corta a la semirrecta en el punto homólogo $P'$.

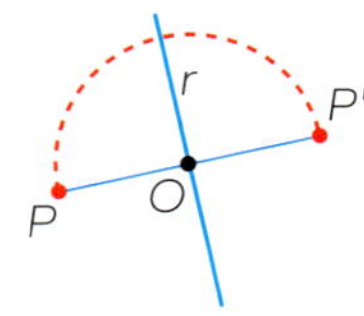


### Ejemplo

Calculamos y representamos los puntos simétricos del punto $A(2, -1)$ respecto de los ejes de coordenadas.

- Respecto del eje $X$ es $A'(2, 1)$.
- Respecto del eje $Y$ es $A''(-2, -1)$.

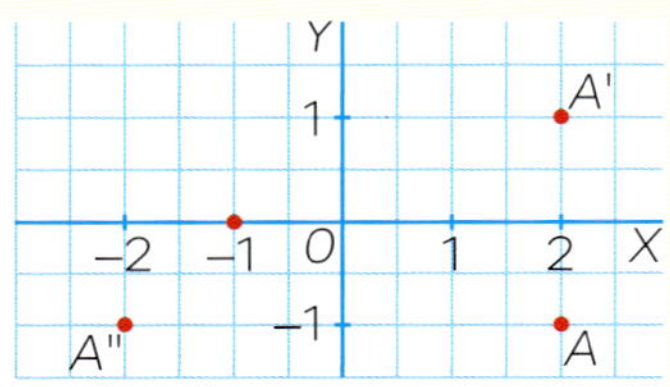


En una simetría axial, todos los puntos que pertenecen al eje son homólogos de sí mismos, es decir, quedan invariantes.

13 Calcula y representa los puntos simétricos del punto (5, 3) respecto de:

a. El eje de abscisas.

b. El eje de ordenadas.

c. La recta vertical $x = 7$.

d. La recta horizontal $y = 1$.

### 14 Actividad resuelta

**Dibuja el cuadrilátero $ABCD$ de vértices $A(5, 4)$, $B(4, 1)$, $C(3, 2)$ y $D(1, 2)$. Calcula las coordenadas del cuadrilátero homólogo al aplicarle una simetría respecto del eje $X$.**

Para calcular la simetría de un polígono con respecto a una recta, se calcula el simétrico de cada vértice. Así, las coordenadas del cuadrilátero $A'B'C'D'$ según la simetría respecto del eje $X$ son $A'(5, -4)$, $B'(4, -1)$, $C'(3, -2)$ y $D'(1, -2)$.

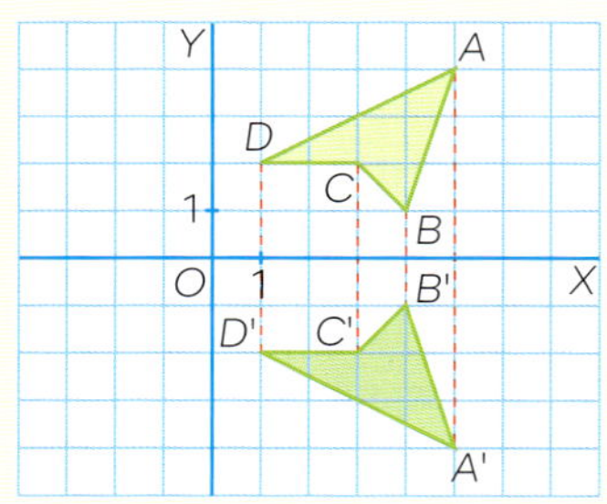


15 Calcula las coordenadas del triángulo homólogo al de vértices $A(-2, 3)$, $B(5, 0)$ y $C(0,-3)$ al aplicarle:

a. Una simetría respecto del eje $X$.

b. Una simetría respecto del eje $Y$.

Aplica simetrías en seres vivos con el interactivo de GeoGebra *Simetría axial.*

## Simetría central

Una **simetría central de centro *O*** es un movimiento en el plano que asocia cada punto *P* con su homólogo *P'*, de modo que *O* es el punto medio del segmento *PP'*.

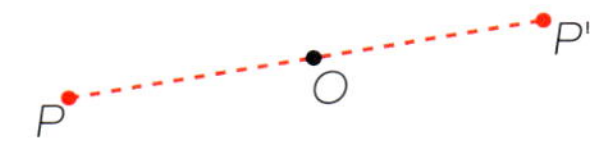


### SIMETRÍA CENTRAL

Para calcular el homólogo *P'* de un punto *P* en una simetría central de centro *O* se dan los siguientes pasos.

**Paso 1**

Se traza la semirrecta de extremo *P* que pase por el punto *O*.

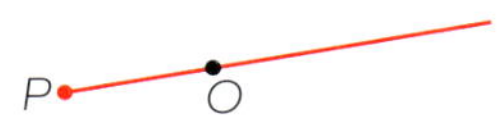


**Paso 2**

Se traza el arco de centro *O* que pase por *P*. Este arco corta a la semirrecta anterior en *P'*.

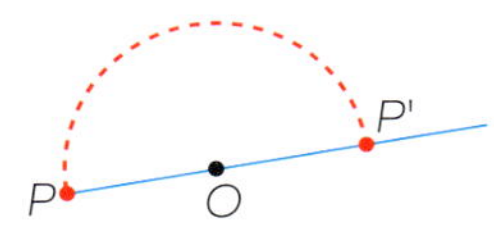


### Ejemplo

Calculamos y representamos los puntos simétricos del punto *A*(–2, –1) respecto del origen de coordenadas y respecto del punto *P*(–1, 0).

- Respecto del origen de coordenadas es *A'*(2, 1).
- Respecto del punto *P*(–1, 0) es *A''*(0, 1).

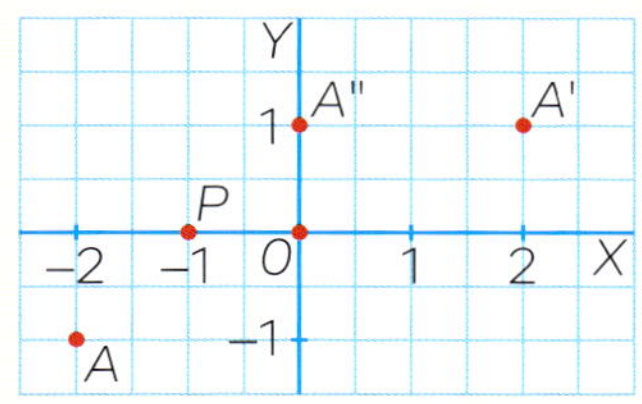


En una simetría central, el único punto que permanece invariante es el centro.

**16** **Calcula y representa los puntos simétricos del punto (–4, 2) respecto de:**

**a.** El origen de coordenadas.

**b.** El punto *P*(0, 1).

**c.** El punto *B*(0, –1).

**d.** El punto *C*(–1, 0).

**17** **En cada plano cartesiano se ha representado un punto *A* y su homólogo *A'* obtenido mediante una simetría central. ¿Cuáles son las coordenadas del centro de la simetría en cada caso?**

**a**

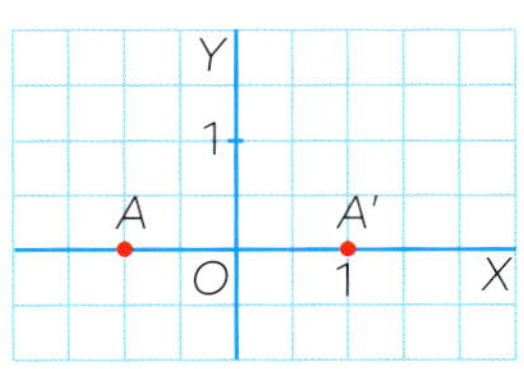


**b**

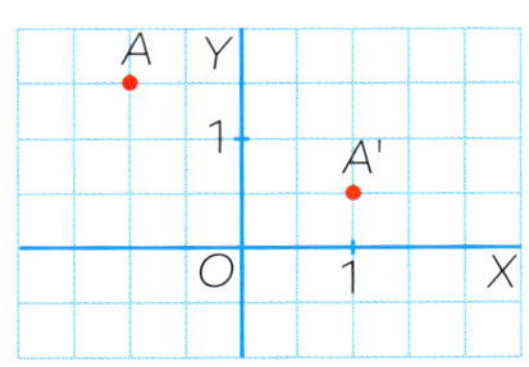


**c**

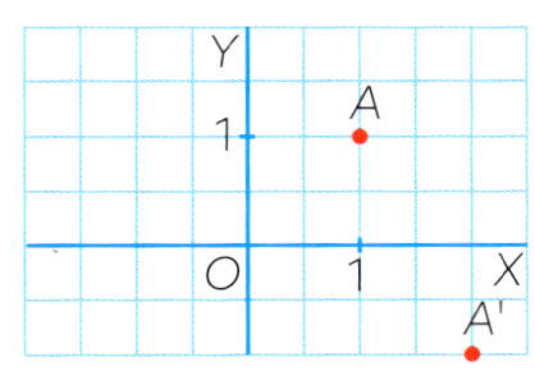


**18** ### Actividad resuelta

**Dibuja el cuadrilátero *ABCD* de vértices *A*(–6, 3), *B*(–3, 2), *C*(–2, –2) y *D*(–8, 0). Calcula las coordenadas del cuadrilátero homólogo al aplicarse una simetría respecto del origen de coordenadas.**

Para calcular la simetría de un polígono respecto de un punto, calcularemos el simétrico de cada vértice.

Las coordenadas del cuadrilátero *A'B'C'D'* según simetría respecto del punto *O*(0, 0) son *A'*(6, –3), *B'*(3, –2), *C'*(2, 2) y *D'*(8, 0).

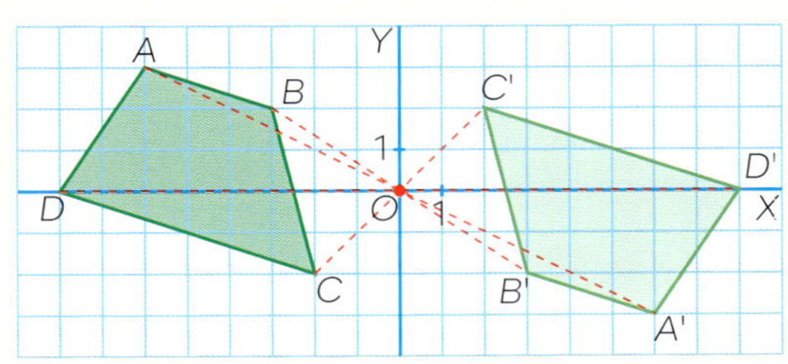


**19** **Calcula las coordenadas del triángulo homólogo al de vértices *A*(1, 1), *B*(3, 4) y *C*(6, 0) al aplicarle:**

**a.** Una simetría respecto del origen de coordenadas.

**b.** Una simetría respecto del punto *P*(–2, 1).

# 3 ¿Simetría con respecto a qué?

## Ejes de simetría de figuras planas

**20** Hay alguna forma de doblar una sola vez el papel de manera que las dos partes de la letra queden superpuestas. ¿Y si se hicieran dos dobleces?

Una recta *r* es un **eje de simetría** de una figura geométrica cuando el homólogo de cualquier punto de esa figura respecto de *r* pertenece también a la figura.

### Ejemplo

Un cuadrado presenta cuatro ejes de simetría.

Las rectas que unen los puntos medios de dos lados opuestos del cuadrado son ejes de simetría.

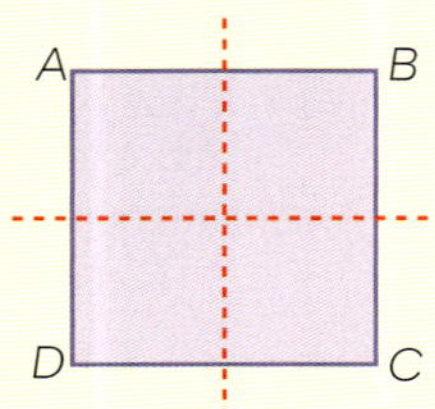


Las diagonales del cuadrado son ejes de simetría.

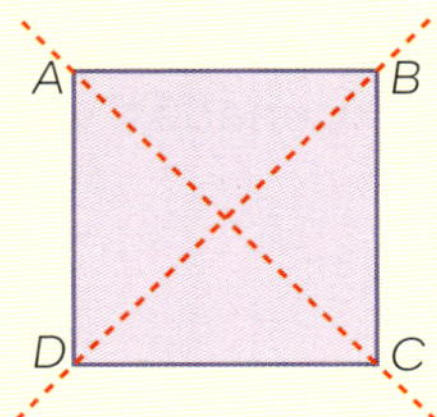


Una figura es simétrica si posee al menos un eje de simetría.
El eje de simetría de una figura la divide en dos partes iguales.

**21** Señala cuáles de las siguientes figuras son simétricas y cuáles no. En caso de ser simétricas calcula cuántos ejes de simetría tienen.

**a** 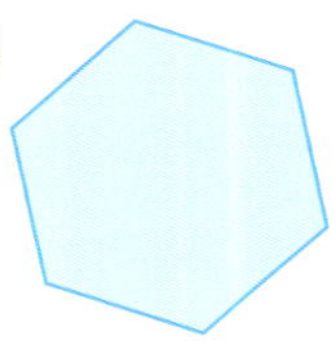

**b** 

**c** 

**22** Observa la figura y determina si alguna de las rectas *a*, *b* o *c* son ejes de simetría del trapecio.

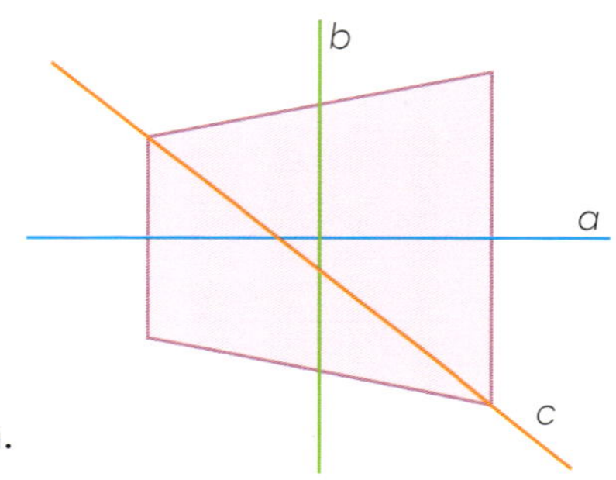


**23** Completa cada figura teniendo en cuenta que las rectas *r* y *s* son ejes de simetría.

**a** 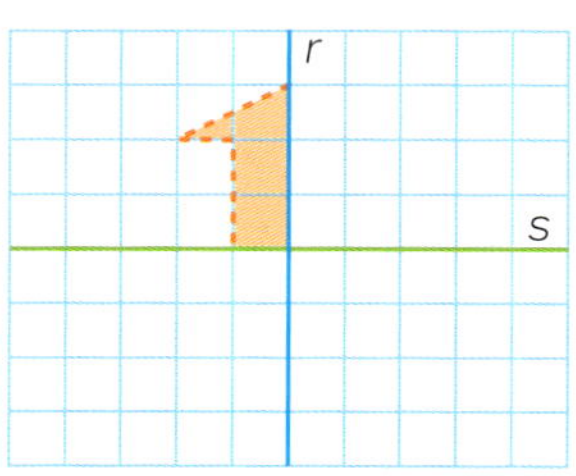


**b** 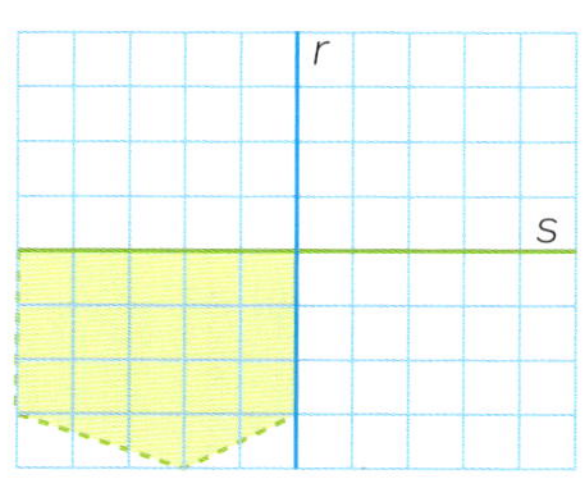


**c** 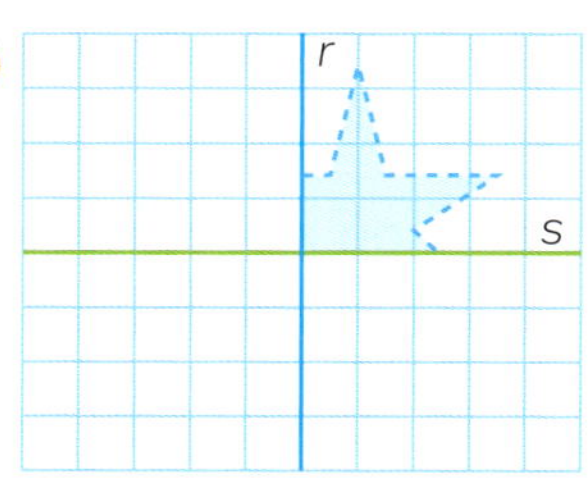


**24** **CREAMOS JUNTOS UNA FIGURA.** Para enlazar cinco círculos iguales de forma que todos contengan un punto del resto y ninguno contenga el centro de otro, se deben colocar de modo que el centro de cada círculo esté en los vértices de un pentágono regular.

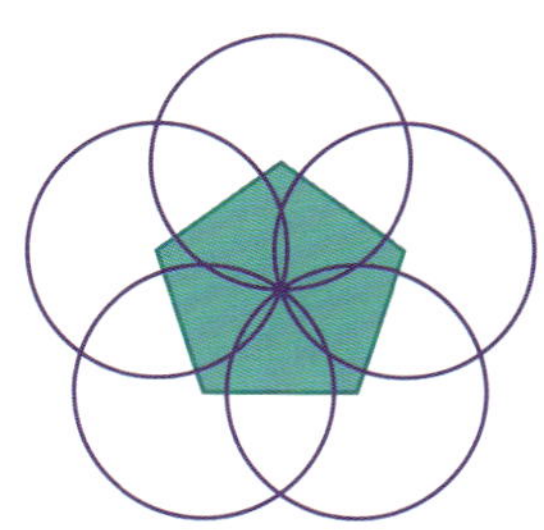

**a.** Indica, si existen, los ejes de simetría de la figura resultante.

**b.** ¿Podría obtenerse una figura parecida usando los vértices de otro polígono regular? Realizad la prueba con el triángulo, el cuadrado y el hexágono.

## Centro de simetría de figuras planas

Un punto *P* es un **centro de simetría** de una figura geométrica, cuando el homólogo de cualquier punto de esa figura mediante la simetría central de centro *P* pertenece también a la figura.

### Ejemplo

El punto de corte *O* de las diagonales de un hexágono regular es un centro de simetría de esa figura.

Los vértices del hexágono que corresponden a extremos de las diagonales son puntos homólogos.

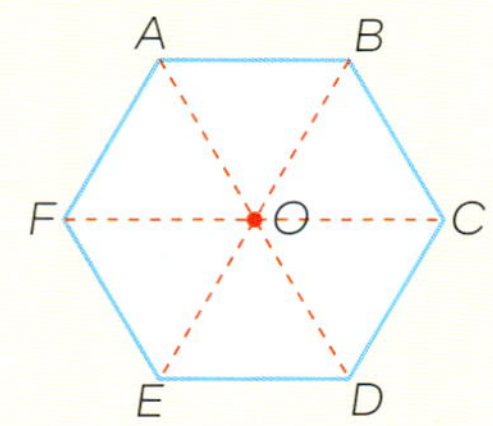


**25** Observa el triángulo y responde.

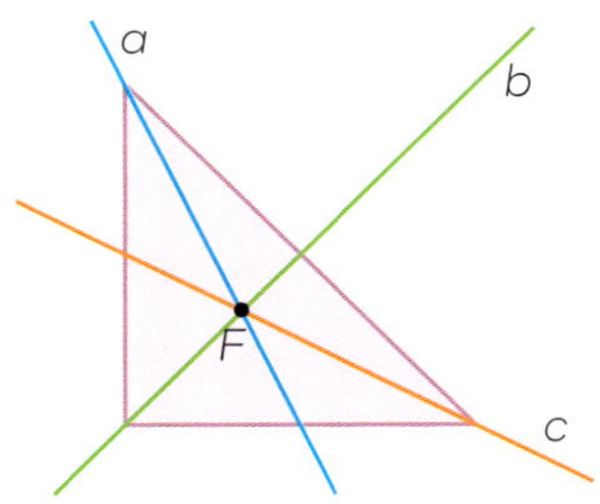


a. ¿Cuál de las rectas es un eje de simetría?

b. ¿Es *F* centro de simetría del triángulo?

¿En qué situaciones de tu vida diaria te encuentras con la simetría?

**26** ### Actividad resuelta

**Halla los ejes y el centro de simetría de un triángulo equilátero.**

Un triángulo equilátero tiene tres ejes de simetría, sus tres alturas (medianas, bisectrices o mediatrices).

Un triángulo equilátero no tiene centro de simetría.

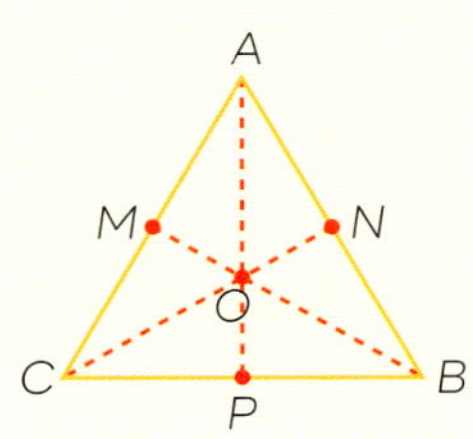


**27** Indica, si es que existen, los ejes de simetría y el centro de simetría de las siguientes figuras.

a

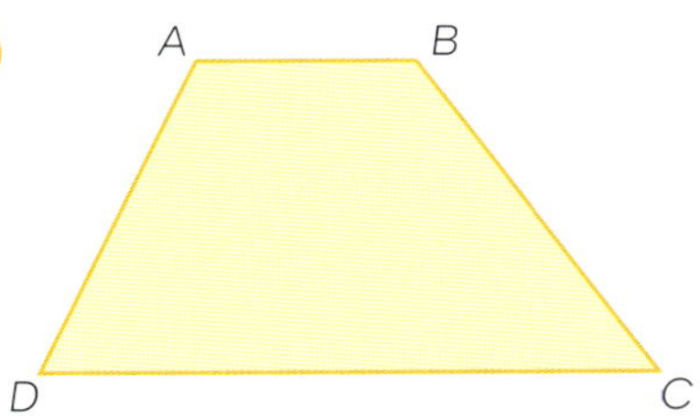


b

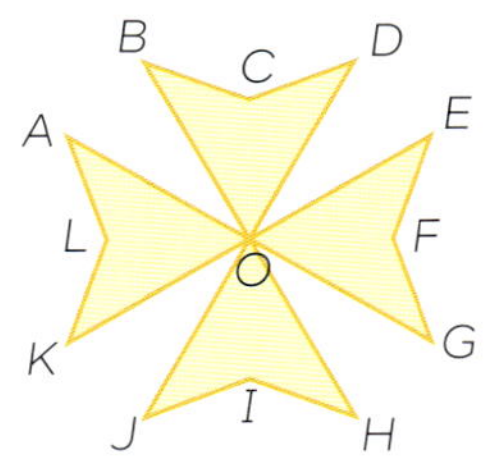


**28** Indica, si existen, los ejes y centro de simetría de:

a. Un rectángulo.

b. Un pentágono regular.

c. Un decágono regular.

d. Un eneágono regular.

**29** Completa la figura teniendo en cuenta que el punto *O* es su centro de simetría.

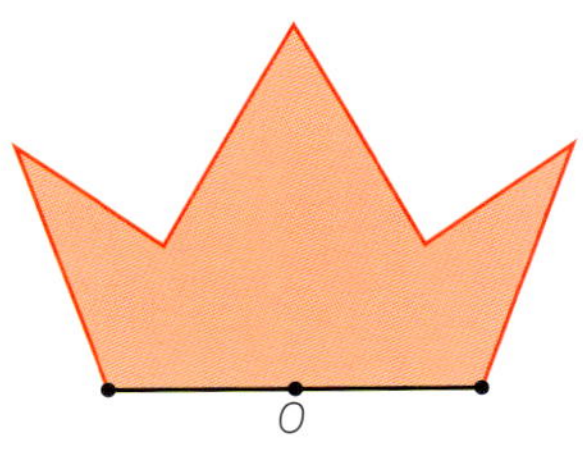

# 4 ¿Cómo realizamos movimientos sucesivos?

## Producto de traslaciones

**30** **Aprendo a pensar.** El origami o papiroflexia es un arte que consiste en obtener diferentes figuras plegando un papel. Sigue las instrucciones para conseguir la figura de un perrito:

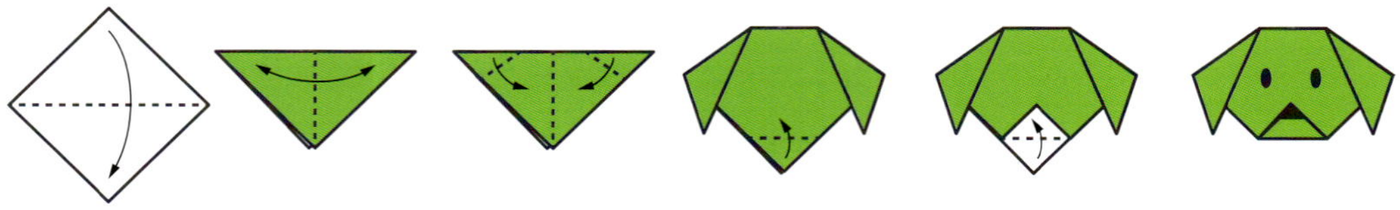

¿Qué transformaciones has tenido que hacer? Organízalas haciendo uso de un flujograma. ¿Encuentras alguna simetría?

La aplicación sucesiva de dos traslaciones de vectores $\vec{u}$ y $\vec{v}$ es equivalente a aplicar una única traslación de vector $\vec{u}+\vec{v}$. Este movimiento se denomina **producto de dos traslaciones**.

### Ejemplo

Al aplicarle al triángulo de vértices $A(-6, 2)$, $B(2, 2)$ y $C(1, -1)$ dos traslaciones de vectores $\vec{u}=(4, 1)$ y $\vec{v}=(8, -2)$ se obtiene el mismo resultado que aplicando la traslación $\vec{u}+\vec{v}=(4, 1)+(8, -2)=(12, -1)$.

- Aplicando las dos traslaciones sucesivas:

  $A'=A+\vec{u}=(-2, 3)$ $\quad$ $A''=A'+\vec{v}=(6, 1)$

  $B'=B+\vec{u}=(6, 3)$ $\quad$ $B''=B'+\vec{v}=(14, 1)$

  $C'=C+\vec{u}=(5, 0)$ $\quad$ $C''=C'+\vec{v}=(13, -2)$

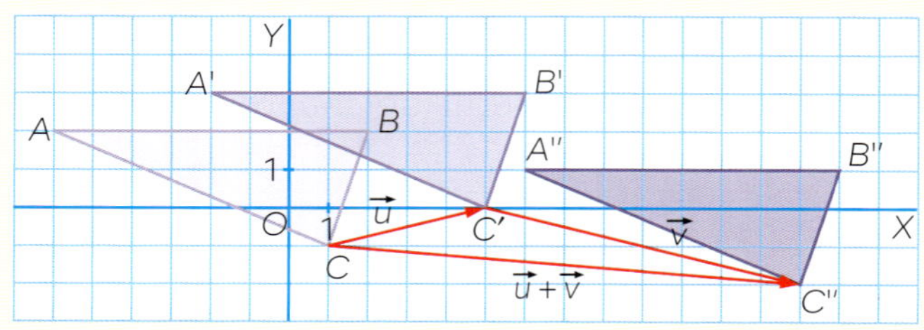


- Aplicando la traslación $\vec{u}+\vec{v}$:

  $A''=A+\vec{u}+\vec{v}=(6, 1)$ $\quad$ $B''=B+\vec{u}+\vec{v}=(14, 1)$ $\quad$ $C''=C+\vec{u}+\vec{v}=(13, -2)$

**31** Aplica al cuadrado $ABCD$ una traslación de vector $\overrightarrow{AB}$ y, después, otra de vector $\overrightarrow{BC}$. ¿Qué ocurre si aplicas primero la traslación de vector $\overrightarrow{BC}$ y después la traslación de vector $\overrightarrow{AB}$? ¿A qué movimiento equivale la composición de las dos traslaciones anteriores?

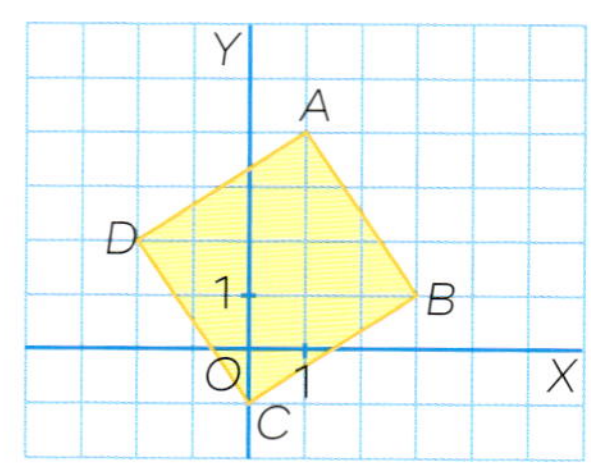


## Producto de dos giros

El **producto de dos giros** con un **mismo centro** y amplitudes $\alpha$ y $\beta$ da como resultado otro giro del mismo centro y amplitud $\alpha + \beta$.

### Ejemplo

Al aplicar a la letra $E$ dos giros sucesivos de centro $O$ y de amplitudes 30° y 60° respectivamente, se obtiene un giro de centro $O$ y amplitud 90°.

Giro de centro $O$ y amplitud 30°

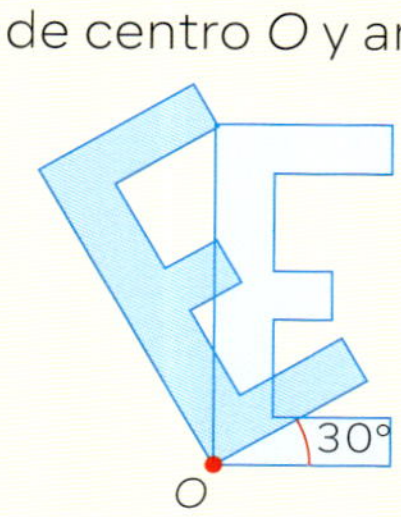


Giro de centro $O$ y amplitud 60°

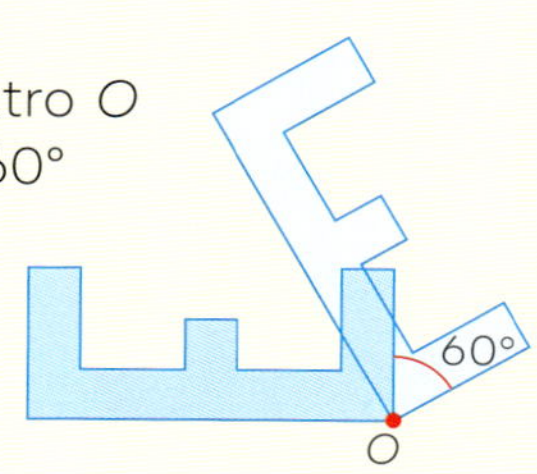


Giro de centro $O$ y amplitud 90°

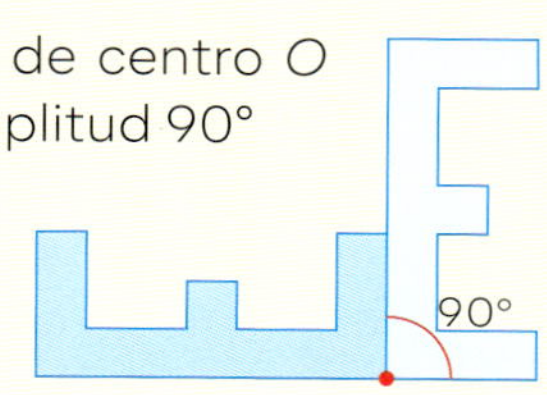

El **producto de dos giros** con **diferentes centros** no da necesariamente como resultado otro giro.

### Ejemplo

En la figura se muestra el resultado de aplicar primero un giro de centro $P$ y amplitud 120° a la pajarita, y después, otro giro de centro $O$ y amplitud 150°.

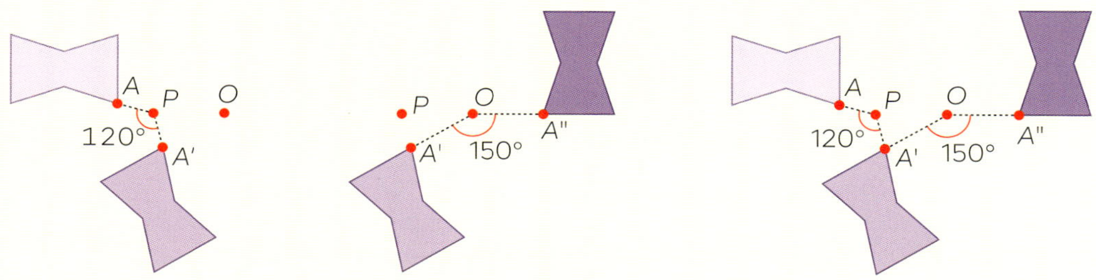


Giro de centro $P$ y amplitud 120° — Giro de centro $O$ y amplitud 150° — Producto de dos giros

> El producto de dos giros con el mismo centro es conmutativo, es decir, se obtiene el mismo resultado independientemente del orden en que se apliquen.
> El producto de dos giros con diferentes centros no es conmutativo.

**32** **Se consideran los giros $G_1$ de centro $O$ y amplitud 45°, $G_2$ de centro $O$ y amplitud 90° y $G_3$ de centro $A$ y amplitud 90°. Aplica sobre el cuadrado $ABCD$ de la figura:**

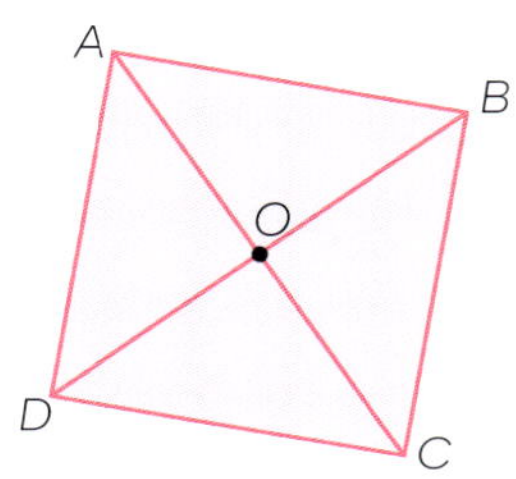


**a.** Primero el giro $G_1$ y, al resultado, el giro $G_2$. ¿A qué equivale este movimiento?

**b.** Primero el giro $G_1$ y, al resultado, el giro $G_3$.

## Producto de simetrías

Al aplicar de forma consecutiva una simetría $S_1$ de eje $r_1$ y otra simetría $S_2$ de eje $r_2$ se obtiene un **producto de las simetrías** $S_1$ y $S_2$.

### Ejemplo

Si al cuadrilátero $ABCD$, de vértices $A(5, 4)$, $B(4, 1)$, $C(3, 2)$ y $D(1, 2)$, se le aplica una simetría axial respecto del eje $X$ y después, al resultado, una simetría axial respecto del eje $Y$ obtenemos los siguiente:

- Las coordenadas del cuadrilátero $A'B'C'D'$ homólogo del dado en la simetría de eje $X$ son $A'(5, -4)$, $B'(4, -1)$, $C'(3, -2)$ y $D'(1, -2)$.
- Las coordenadas del cuadrilátero $A''B''C''D''$ homólogo del $A'B'C'D'$ en la simetría de eje $Y$ son $A''(-5, -4)$, $B''(-4, -1)$, $C''(-3, -2)$ y $D''(-1, -2)$.

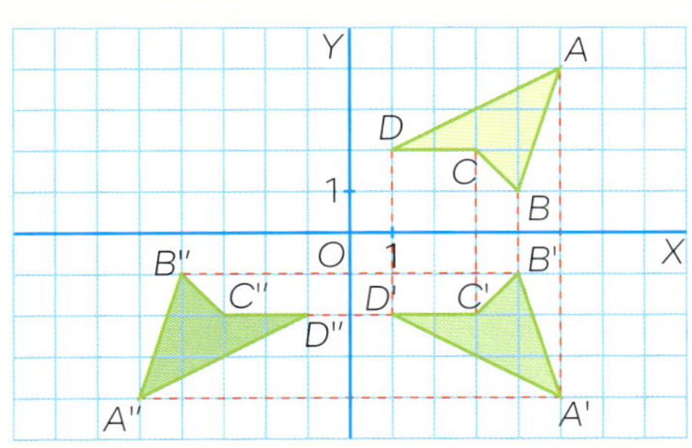


> La composición de dos simetrías axiales cuyos ejes son perpendiculares es equivalente a una simetría central con centro el punto de corte de los ejes.

**33** **Se consideran las simetrías $S_1$ de centro el origen de coordenadas y $S_2$ cuyo eje es el eje de abscisas. Halla las coordenadas del homólogo del cuadrilátero de vértices $A(2, 3)$, $B(-3, 2)$, $C(0, -4)$ y $D(4, -1)$ al aplicarse la composición de simetrías $S_1$ y $S_2$.**

**34** Al cuadrado *ABCD* de la figura se le aplica primero una simetría de centro *A* y, después, otra simetría de centro *D* al resultado. ¿Se obtendría la misma figura si se aplicaran las dos simetrías en orden inverso?

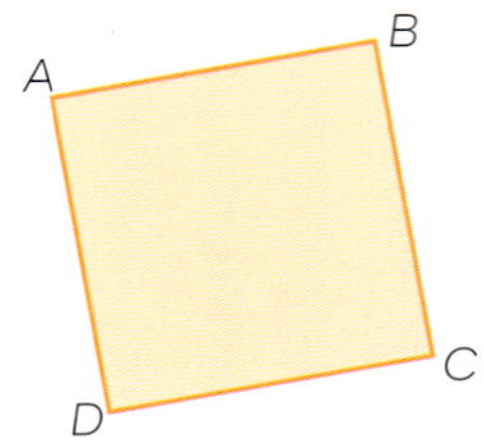


## Movimientos inversos

Dado un movimiento *M* que transforma cada punto *P* en otro *P*', se llama **movimiento inverso** de ***M***, y se denota por $M^{-1}$, al movimiento que transforma el punto *P*' en el punto *P*.

La siguiente tabla muestra las traslaciones, giros y simetrías y sus correspondientes movimientos inversos:

<table>
<tr><th>Movimiento</th><th>Inverso</th></tr>
<tr><td>Traslación de vector<br>$\vec{u} = (u_1, u_2)$<br>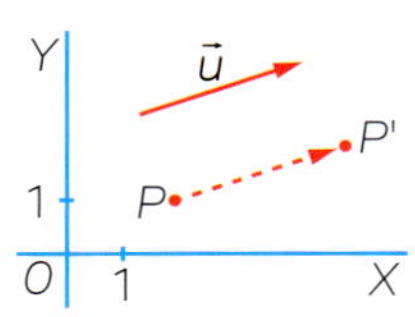<br></td><td>Traslación de vector<br>$-\vec{u} = (-u_1, -u_2)$<br>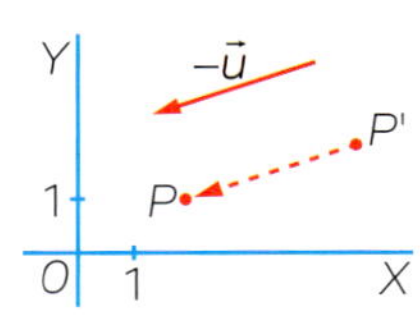<br></td></tr>
<tr><td>Giro de centro *O* y amplitud $\alpha$<br>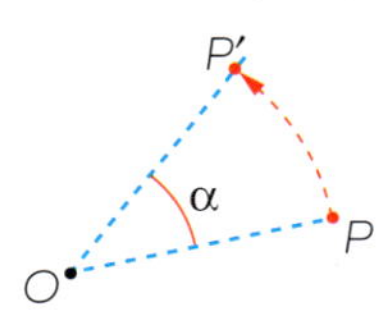<br></td><td>Giro de centro *O* y amplitud $-\alpha$<br>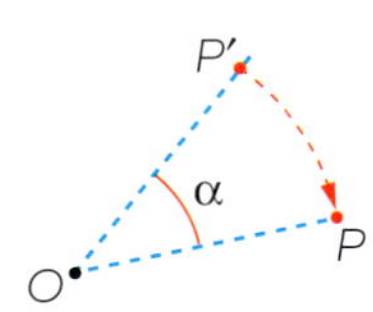<br></td></tr>
<tr><td>Simetría axial de eje *e*<br>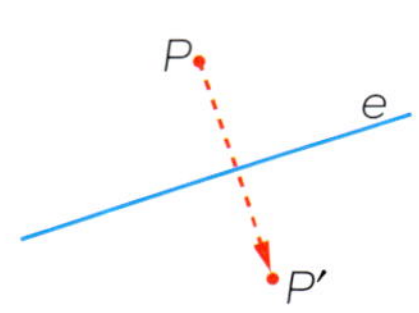<br></td><td>Simetría axial de eje *e*<br>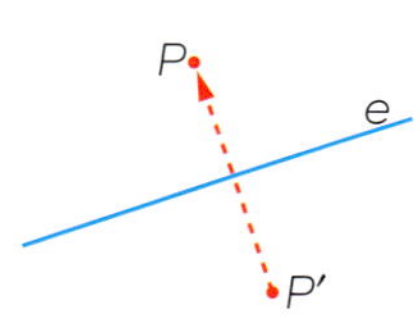<br></td></tr>
<tr><td>Simetría central de centro *O*<br>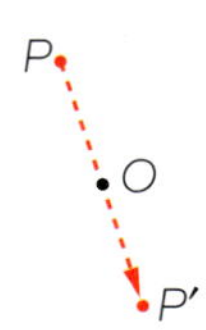<br></td><td>Simetría central de centro *O*<br>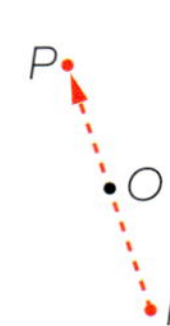<br></td></tr>
</table>

La aplicación sucesiva de un movimiento y su inverso a cualquier figura da como resultado la misma figura.

**35** **Dados los puntos *A*(−2, 3), *B*(4, 2) y *C*(1, −4), indica cuáles son los movimientos inversos de los siguientes movimientos.**

**a.** Una traslación que transforma *A* en *B*

**b.** Un giro de centro *A* y amplitud 35°

**c.** Una simetría axial de eje la recta *AB*

**d.** Una simetría central de centro *C*

# 5 ¿Podemos crear arte con movimientos en el plano?

## Frisos

**36** Para decorar una plaza con un friso se dispone de un diseño de azulejo.

¿Qué tipo de movimientos se han hecho para conseguir los siguientes diseños?

a 

b 

Un **friso** está limitado por dos rectas paralelas y se obtiene al aplicar sucesivamente traslaciones, giros y simetrías a una figura o a un grupo de figuras.

Existen siete formas de generar un friso a partir de una figura:

| Friso de traslaciones | Friso de simetría de eje horizontal y traslaciones |
| --- | --- |
| 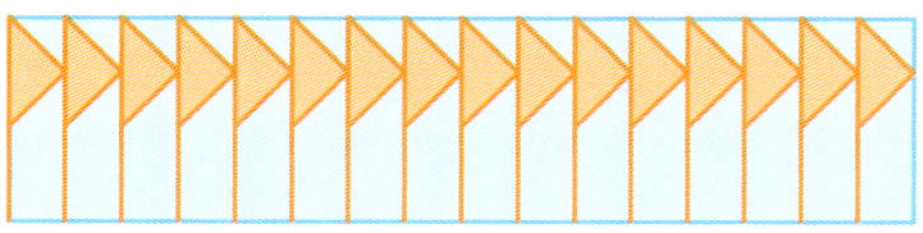 | 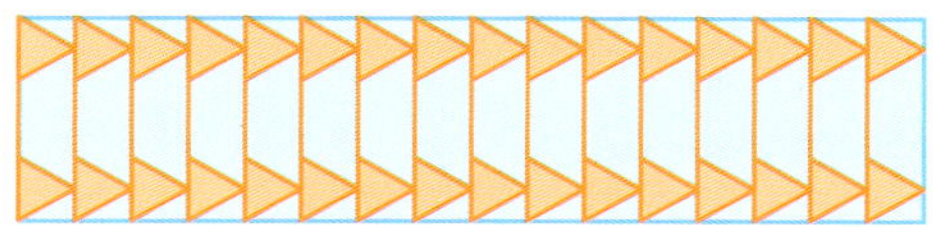 |
| Friso de simetría de eje vertical y traslaciones | Friso de giro de 180° y traslaciones |
| 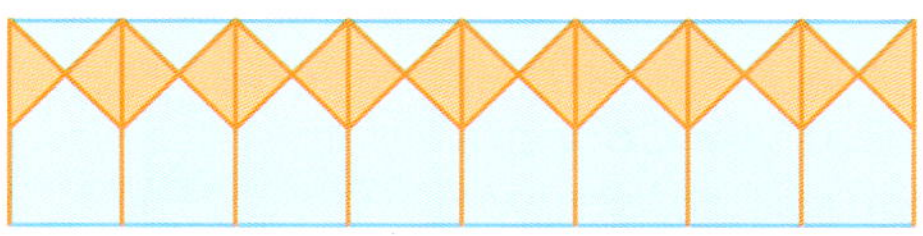 | 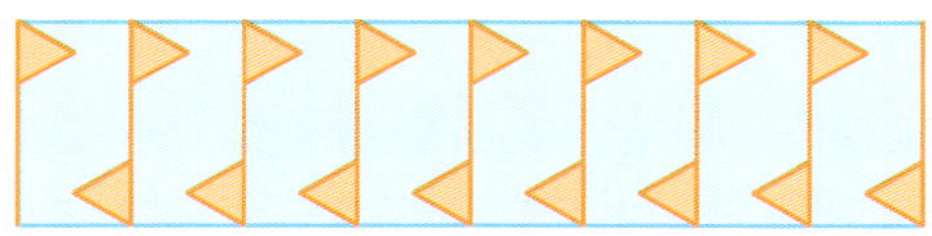 |
| Friso de giro de 180°, simetría de eje horizontal y traslaciones | Friso de giro de 180°, simetría de eje vertical, deslizamiento y traslaciones |
| 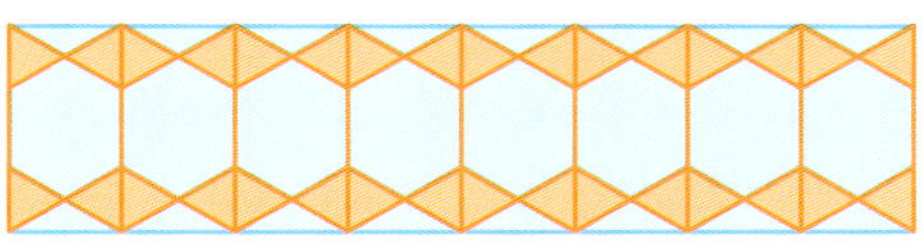 | 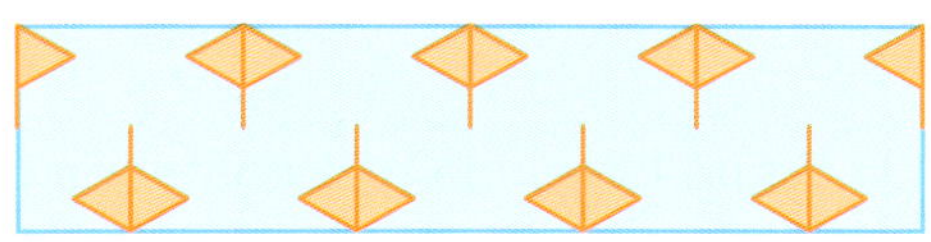 |
| Friso de simetría de eje horizontal, deslizamiento y traslaciones | |
|  | |

**37** Indica el tipo de friso que se emplea en cada uno de los siguientes diseños.

a 

b 

c 

**38** Crea un friso que contenga un diseño con la inicial de tu nombre.

# Mosaicos

Un **mosaico** es un recubrimiento del plano mediante una o más figuras que no se superpongan. Se pueden construir a partir de movimientos en el plano.

Un **mosaico regular** está formado por un solo polígono regular.

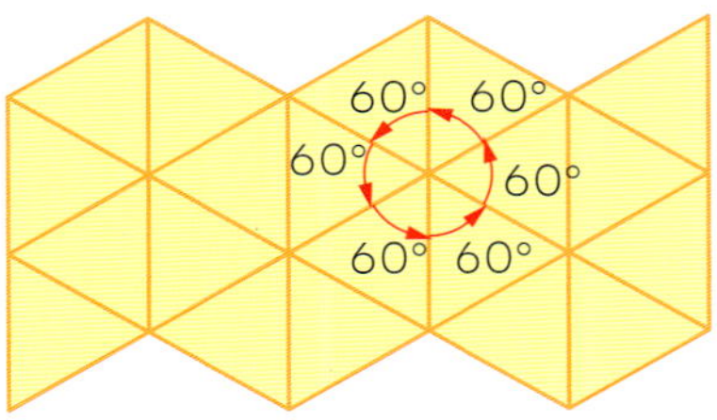


Un **mosaico semirregular** está formado por dos o más polígonos regulares.

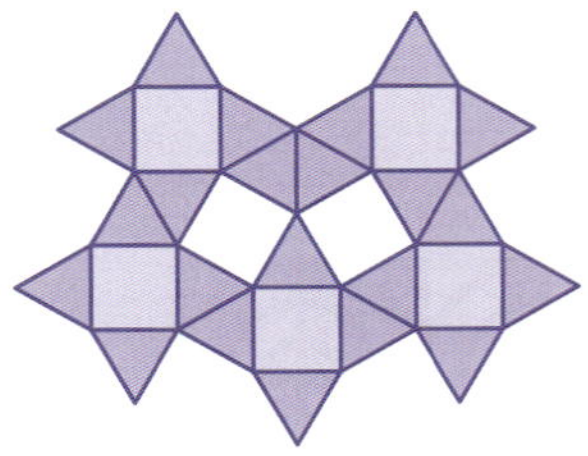

Un **mosaico irregular** está formado por curvas, figuras irregulares, o ambas.

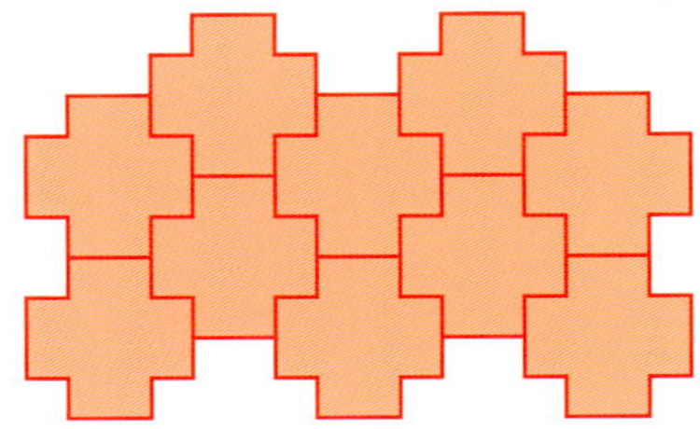

39 Clasifica los siguientes mosaicos en regular, semirregular o irregular.

a
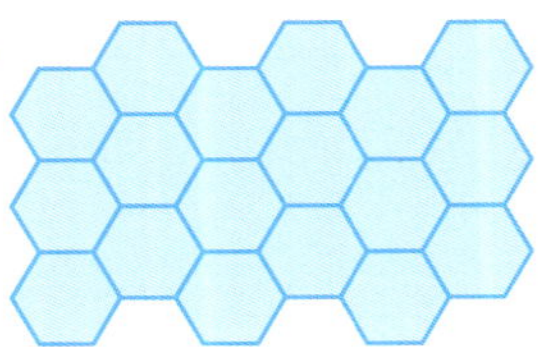

b

c

¿Qué figuras forman cada mosaico?

40 Diseña un mosaico semirregular con cuadrados y octógonos regulares.

## 41 Actividad resuelta

Se quiere diseñar un cartel para la celebración de un Congreso por la Paz y la Cooperación entre Culturas. Para ello, se quiere utilizar como base una paloma que se construye a partir de un rombo tal y como se indica en las siguientes figuras.

Dibuja un mosaico con la figura obtenida que contenga cuatro filas de cuatro palomas cada una.

42 Explica qué movimientos en el plano se han aplicado a un cuadrado para obtener cada una de las siguientes figuras.

a
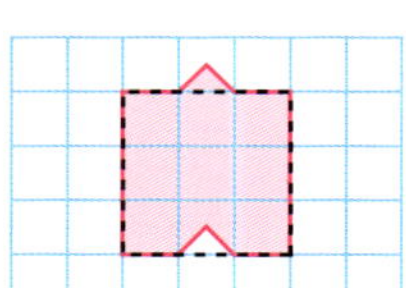

b
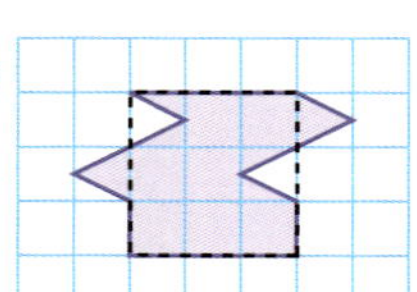

c
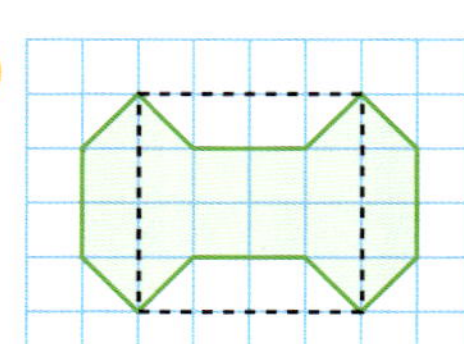

Selecciona una de las tres figuras y diseña un mosaico.

NUESTRO RETO

# El arte de la geometría

## Diseñar un mural utilizando los movimientos en el plano

Vuestro objetivo es diseñar juntos un mural en forma de mosaico formado por figuras geométricas, a las que se aplicarán los movimientos en el plano: traslación, giro y simetría.

**Paso 1**

### Mosaicos y teselas

Para construir un mosaico se usan pequeñas piezas en forma de figuras geométricas, llamadas teselas. Cuando estas figuras son polígonos regulares, se dice que el teselado es regular. Existen tan solo 3 tipos de teselado regular que, con un solo tipo de figura, puedan recubrir completamente el plano: triangular, cuadrado y hexagonal.

El mural que debéis diseñar debe utilizar estas tres figuras regulares o combinaciones de ellas.

En la naturaleza aparece a menudo el teselado hexagonal.

**Paso 2**

### Diseño del mural

En grupos de 4, diseñareis el teselado con el que realizar el mural. Podéis ayudaros de GeoGebra para realizarlo y después imprimir el diseño. Repartid las tareas de forma que todos aporten.

Podéis inspiraros en algún diseño ya hecho. En ese caso, buscad información sobre el patrón en que os habéis basado para incluir en la descripción, sus propiedades, usos...

Debe cumplir con los siguientes requisitos.

- Estar compuesto de al menos 2 figuras regulares.
- Tener al menos una simetría central y axial.
- Que exista al menos un giro respecto a un vértice o un eje.

Después, indicareis cuál es el vector de traslación, la amplitud del giro o el eje o centro de simetría en cada caso.

**Paso 3**

### Compartid vuestro trabajo

Nombrad a un portavoz de grupo que exponga el diseño de vuestro mural al resto de la clase, explicando cómo lo habéis diseñado y su origen en caso de haberos inspirado en otro. ¿Habéis estado de acuerdo en el diseño? Reflexionad sobre la universalidad la belleza en el arte.

Al debatir, poned espacial atención en evitar el ruido en la comunicación (muletillas físicas y verbales).

**¿Cómo te ha ido el reto?** Entra y haz tu valoración

# EN RESUMEN

## Vectores

### Componentes de un vector

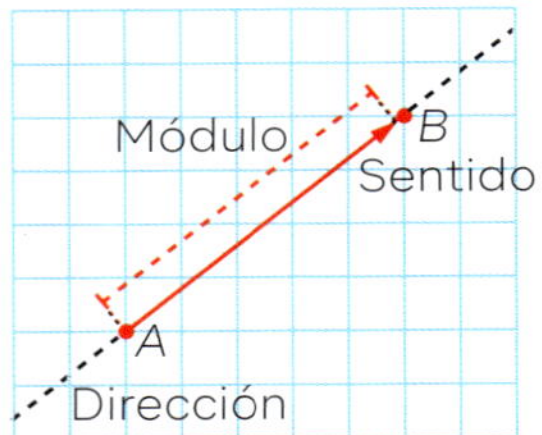


$A(a_1, a_2); B(b_1, b_2) \Rightarrow \overrightarrow{AB} = (b_1 - a_1, b_2 - a_2)$

### Suma de vectores

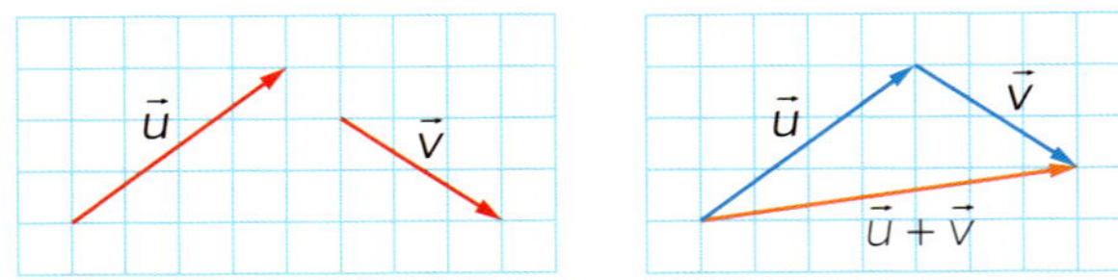


$\vec{u} = (u_1, u_2); \vec{v} = (v_1, v_2) \Rightarrow \vec{u} + \vec{v} = (u_1 + v_1, u_2 + v_2)$

## Traslaciones

Una **traslación de vector** $\vec{u}$ transforma cada punto $P$ en otro $P'$ de forma que:

- $\vec{u} = \overrightarrow{PP'} = P' - P$
- $P' = P + \vec{u}$
- $P = P' - \vec{u}$

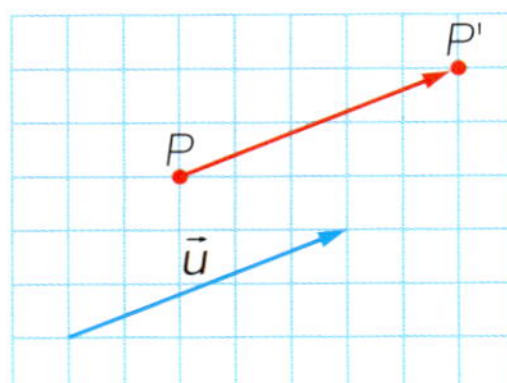


## Giros

Un **giro de centro** $O$ **y amplitud** $\alpha$ es un movimiento en el plano que transforma cada punto $P$ en su homólogo $P'$ y que verifica:

- $|\overrightarrow{OP}| = |\overrightarrow{OP'}|$
- $\widehat{POP'} = \alpha$

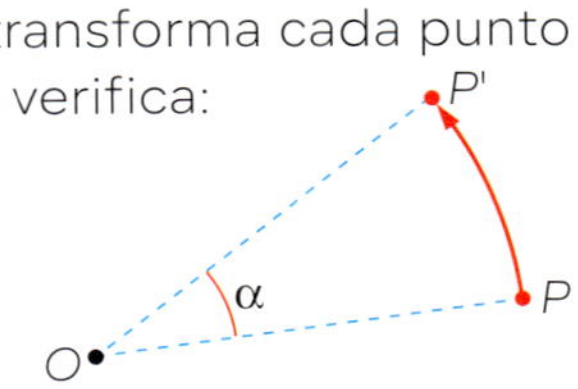


## Simetrías

### Simetría axial de eje *r*

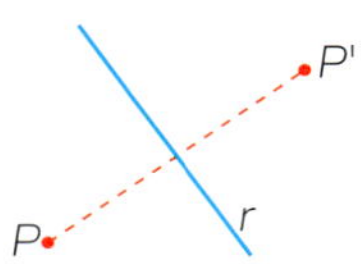


### Simetría central de centro *O*

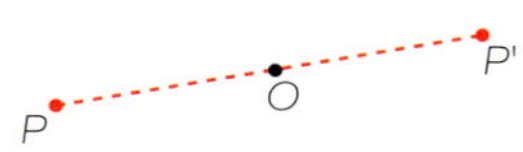


### Ejes y centro de simetría

- Ejes de simetría:
  Rectas $\overline{AC}$, $\overline{BC}$, $\overline{SS'}$ y $\overline{MM'}$
- Centro de simetría:
  Punto $O$

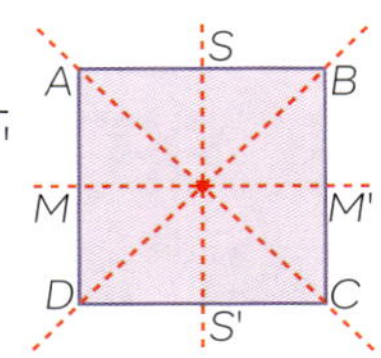


## Movimientos inversos

El **movimiento inverso** de:

- Una traslación de vector $\vec{u}$ es otra traslación de vector $-\vec{u}$.
- Un giro de centro $O$ y amplitud $\alpha$ es otro giro de centro $O$ y amplitud $-\alpha$.
- Una simetría axial o central es el mismo movimiento, pero en sentido contrario.

## Movimientos compuestos

### Producto de traslaciones

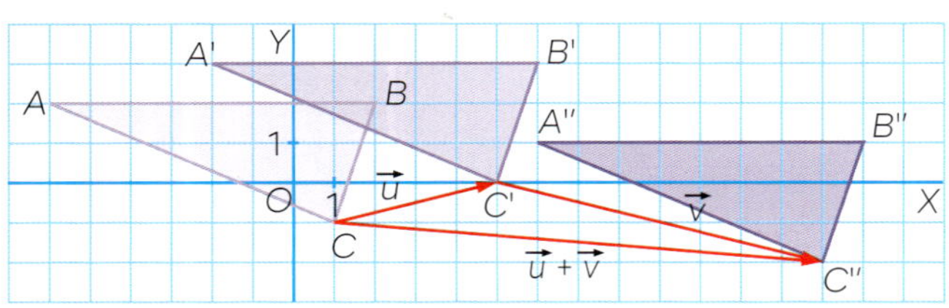


### Producto de giros

#### Con el mismo centro

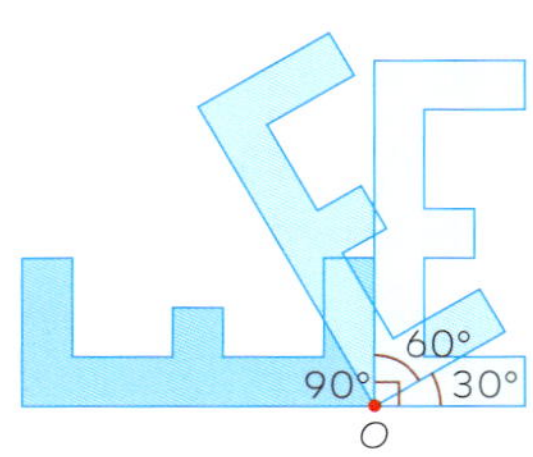


#### Con distinto centro

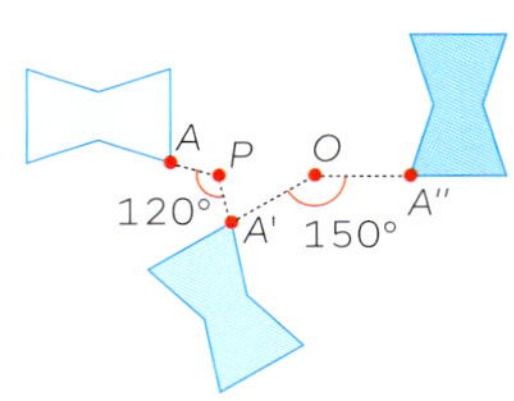

# PRACTICAMOS

## Actividades

**1** **Aprendo a pensar.** Organiza en un mapa mental los conceptos que has aprendido.

**2** **Actividad resuelta**

**Dados los puntos $A(2, -3)$, $B(-2, 0)$ y $C(-2, -2)$, calcula las componentes de los vectores:**

a. $\overrightarrow{AB}+\overrightarrow{AC}$  b. $2\overrightarrow{AB}-3\overrightarrow{AC}$

Las componentes de los vectores son:

$\overrightarrow{AB}=(-2-2,\ 0-(-3))=(-4,\ 3)$

$\overrightarrow{AC}=(-2-2,\ -2-(-3))=(-4,\ 1)$

Entonces:

a. $\overrightarrow{AB}+\overrightarrow{AC}=(-4,\ 3)+(-4,\ 1)=(-8,\ 4)$

b. $2\overrightarrow{AB}-3\overrightarrow{AC}=2(-4,\ 3)-3(-4,\ 1)=$
$=(-8,\ 6)-(-12,\ 3)=(4,\ 3)$

**3** Dados los puntos $A(2, -4)$, $B(-2, 3)$ y $C(-2, 4)$, calcula las coordenadas de los vectores:

a. $\overrightarrow{AB}+\overrightarrow{CB}$  b. $2\overrightarrow{AC}+3\overrightarrow{BC}$  c. $2\overrightarrow{AB}-4\overrightarrow{AC}$

**4** Dados los puntos $A(-5, 4)$, $B'(-1, 2)$ y el vector $\vec{u}=(0,\ 3)$ calcula:

a. Coordenadas del punto $A'$ tal que $\overrightarrow{AA'}=\vec{u}$.

b. Coordenadas del punto $B$ tal que $\overrightarrow{BB'}=\vec{u}$.

**5** Dados los puntos $A(1, -2)$, $B(-3, 3)$, $C(-5, 2)$, $P(-2, 2)$ y $Q(-1, 0)$, calcula las coordenadas de los puntos $A'$, $B'$ y $C'$ tales que:

$$\overrightarrow{AA'}=\overrightarrow{BB'}=\overrightarrow{CC'}=\overrightarrow{PQ}$$

Represéntalo gráficamente.

**6** Halla, de forma gráfica y numérica, los vértices homólogos del pentágono $ABCDE$ en la traslación de vector $\vec{u}$.

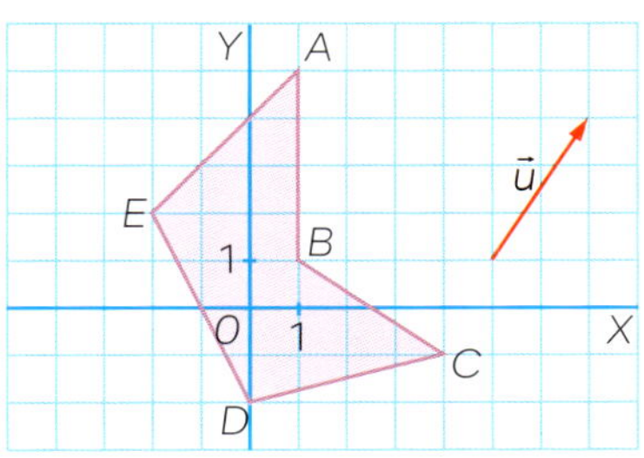


**7** Halla las coordenadas del homólogo de $A(3, 7)$ mediante un giro de centro el origen de coordenadas y amplitud $-90°$.

**8** Dado el triángulo de vértices $A(-2, 3)$, $B(3, 1)$ y $C(0, -4)$, halla gráficamente:

a. El triángulo homólogo al aplicar un giro de centro el punto $P(2, 2)$ y amplitud 90°.

b. El triángulo homólogo al aplicar un giro de centro el punto $P(-3, 5)$ y amplitud $-90°$.

c. El triángulo homólogo al aplicar un giro de centro el punto $P(0, 0)$ y amplitud $-180°$.

**9** Los puntos $A(3, 6)$ y $B(-6, 3)$ son homólogos en un giro de centro el origen de coordenadas. ¿Cuál es la amplitud del giro?

**10** ¿Cuál es el vector de una traslación que trasforma el punto $A(2, -4)$ en el punto $A'(7, 7)$?

**11** Un círculo de centro $O(2, -2)$ y radio 5 se traslada según el vector $\vec{u}=(3,\ 4)$.

a. ¿Cuáles son el nuevo centro y radio?

b. Dibuja el círculo trasladado.

**12** Si un punto permanece invariante por una traslación de vector $\vec{u}=(a,\ b)$, ¿cuáles pueden ser los valores de $a$ y $b$?

**13** **Actividad resuelta**

**Se sabe que el triángulo $A'B'C'$ se ha obtenido al girar el triángulo $ABC$. Calcula el centro de giro.**

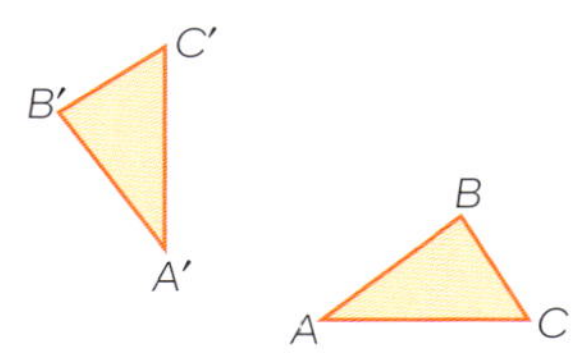


1. Consideramos dos segmentos cuyos extremos son puntos homólogos. Elegimos, por ejemplo, los segmentos $AA'$ y $CC'$.

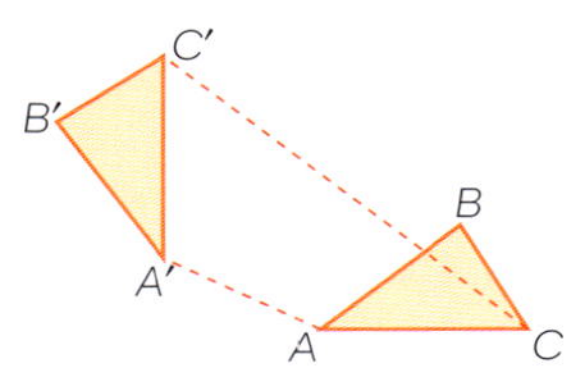


2. Dibujamos las mediatrices de los segmentos $AA'$ y $CC'$. El punto de corte de las mediatrices es el centro de giro $O$.

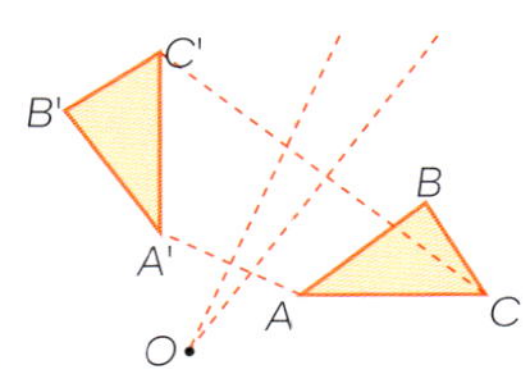

**14** Las figuras moradas se han obtenido tras aplicar un giro a las figuras rosas. Copia las figuras en tu cuaderno y halla el centro y la amplitud de cada giro.

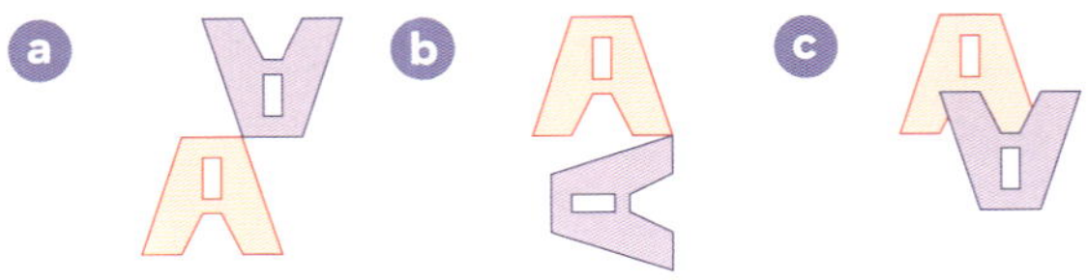


**15** Las figuras amarillas se han obtenido aplicando un giro a las azules. Halla el centro de giro e indica, de forma aproximada, cuál es la amplitud de cada giro.

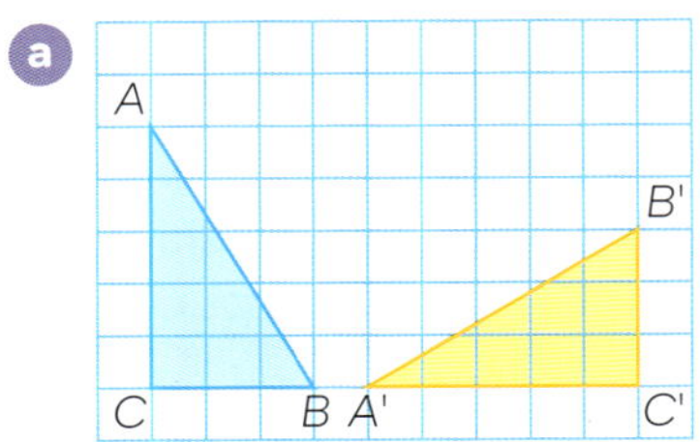


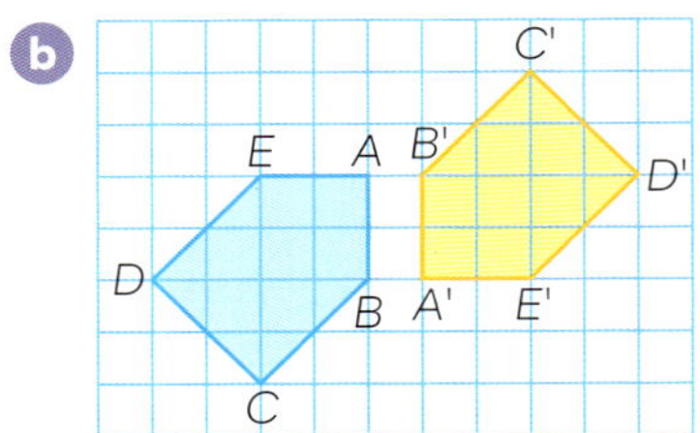


**16** ¿Son simétricos los triángulos *ABC* y *A'B'C'* respecto del eje *e*? Explica tu respuesta.

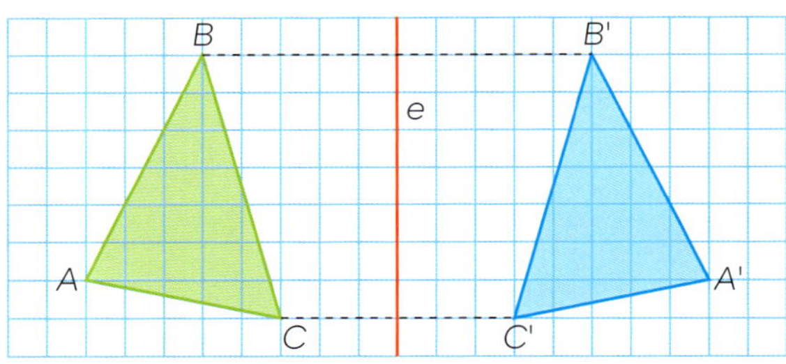


**17** Halla las coordenadas del simétrico del punto *A*(4, 2) por una simetría de centro *O*(–1, 1). Haz un dibujo para obtener la respuesta.

**18** Halla el simétrico del segmento que tiene por extremos los puntos *A*(–3, 4) y *B*(5, 2), en los siguientes casos.

**a.** Una simetría axial respecto del eje de coordenadas.

**b.** Una simetría central de centro el punto *P*(2, –1).

**19** Dados los puntos *A*(3, 1), *B*(–1, 3) y *C*(–4, 0):

**a.** Halla las coordenadas de los vértices del triángulo *A'B'C'* homólogo del *ABC* mediante la simetría axial respecto del eje de abscisas y la simetría axial respecto del eje de ordenadas.

**b.** Halla las coordenadas de los vértices del triángulo *A''B''C''* homólogo del *ABC* mediante la simetría central de centro el origen de coordenadas.

**20** Dados los puntos *A*(1, 1), *B*(–2, 2), *C*(–3, –3) y *D*(4, –4):

**a.** Halla las coordenadas de los vértices del cuadrilátero *A'B'C'D'* homólogo del *ABCD* mediante la simetría axial respecto del eje de ordenadas.

**b.** Halla las coordenadas de los vértices del cuadrilátero *A''B''C''D''* homólogo del *ABCD* mediante la simetría central de centro el origen de coordenadas.

**21** Aplica a la figura los siguientes movimientos.

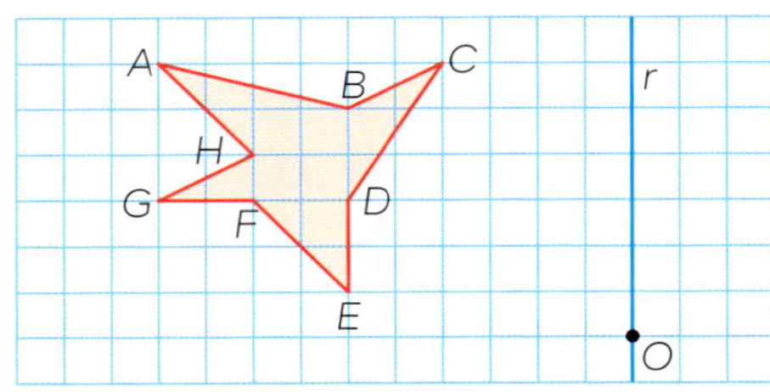


**a.** Una simetría axial de eje la recta *r*.

**b.** Una simetría central de centro *O*.

**22** A una figura se le aplica un giro de centro *O* y amplitud 200° y, a continuación, un nuevo giro con el mismo centro y amplitud 230°. Explica cuál es el giro resultante.

**23** Aplica un giro de centro *O* y amplitud 225° a la figura y, al resultado, otro giro de centro *O* y amplitud 135°. ¿Hay algún movimiento único que trasforme la figura inicial en la final directamente?

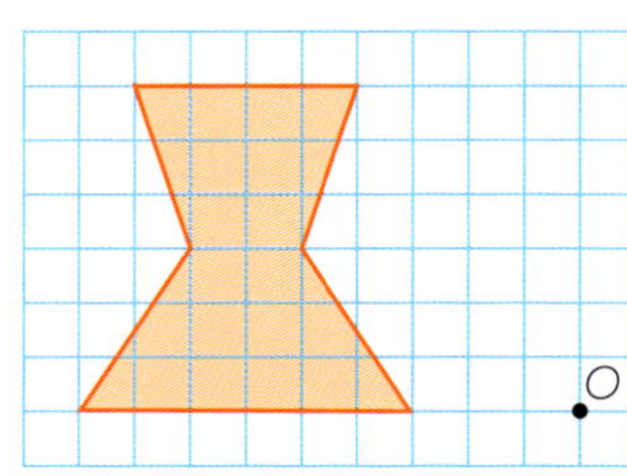

**24** Aplica los siguientes movimientos al polígono de la figura.

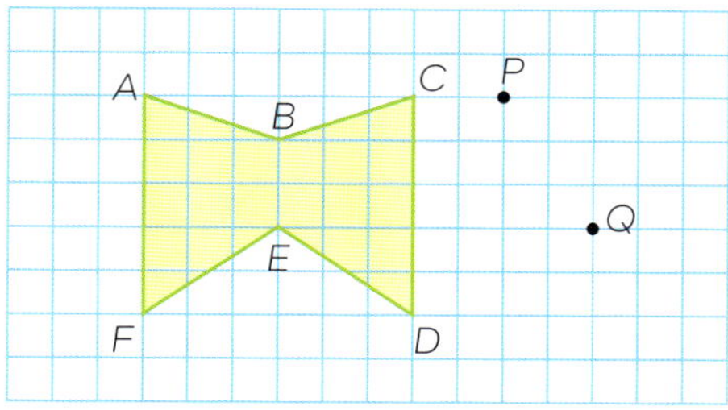


**a.** Una simetría central de centro *P*.

**b.** Una simetría central de centro *Q*.

**c.** Una simetría central de centro *P* y, a continuación, una simetría central de centro *Q*.

**d.** Si se invierte el orden de las simetrías aplicadas en el apartado c, ¿se obtiene la misma figura? Compruébalo.

**25** Dada la siguiente figura, aplica de forma sucesiva los siguientes movimientos.

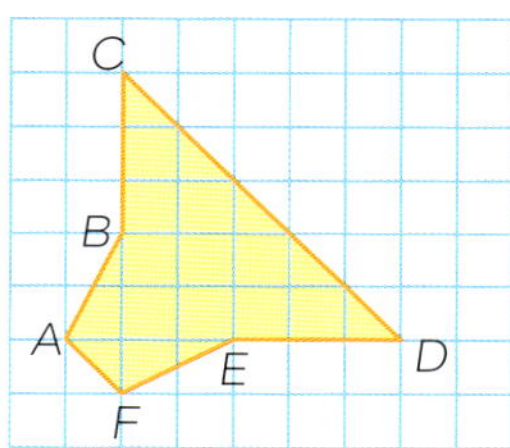


**a.** Una traslación de vector $\overrightarrow{AE}$

**b.** Una simetría axial de eje *ED*

**c.** Una traslación de vector $\overrightarrow{EA}$

**d.** ¿A qué único movimiento equivale la composición de estos tres movimientos?

**26** Dibuja la figura homóloga de la circunferencia de la figura mediante los siguientes movimientos:

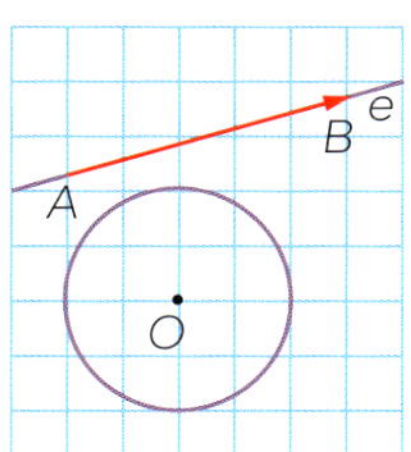


**a.** La traslación de vector $\overrightarrow{AB}$.

**b.** El giro de centro *O* y amplitud 30°.

**c.** La simetría axial de eje *e*.

**d.** La simetría central de centro *O*.

**27** Aplica al segmento de extremos *A*(–1, 2) y *B*(3, 4) un giro de centro *O*(0, 0) y amplitud 180° y, a su resultado, una traslación de vector $\vec{u} = (-1, 2)$. ¿Cuáles son las coordenadas de los extremos del segmento homólogo?

**28** Aplica al segmento las siguientes trasformaciones.

**a.** Un giro de centro *O* y amplitud 90°

**b.** Una composición de simetrías axiales, primero respecto de la recta *r* y después respecto de la recta *s*.

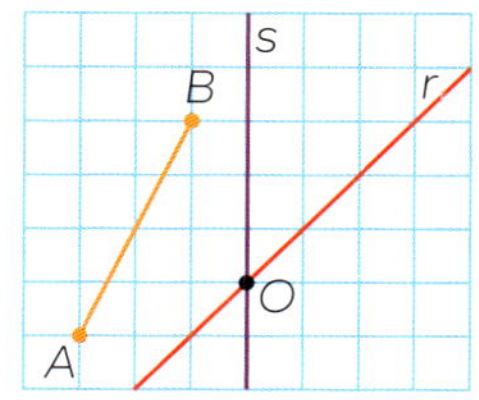


Comprueba que obtienes el mismo resultado en los dos casos.

**29** Dada la figura, aplica un giro de centro *P* y amplitud 160° y, después, otro giro de centro *Q* y amplitud 200°.

¿A qué único movimiento equivale la composición de los dos movimientos anteriores?

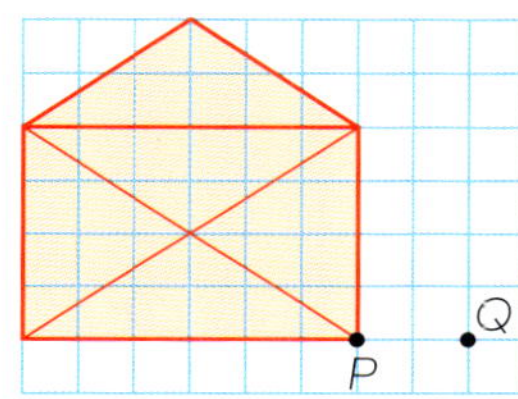


**30** Aplica un giro de centro *P* y amplitud 120° a la siguiente figura y, después, otro giro de centro *Q* y amplitud 60°.

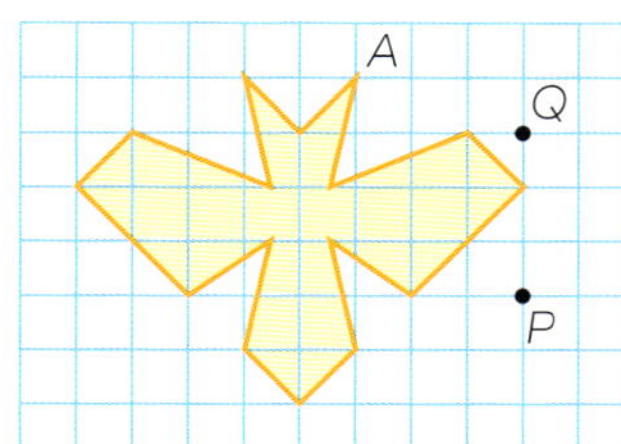


**31** Las siguientes figuras se han obtenido como resultado de aplicar a otras figuras iniciales la traslación o simetría que se indica. Halla la figura inicial en cada caso.

**a**

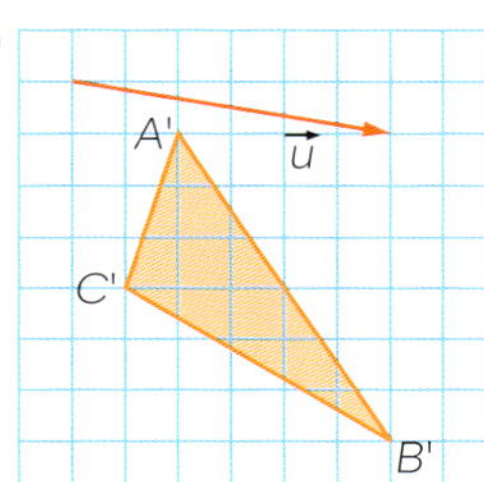


**b**

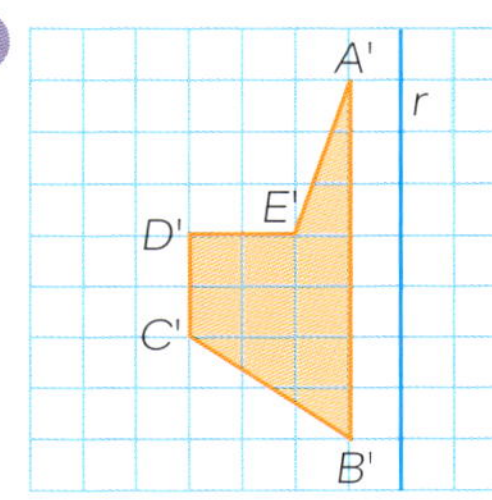

32 Halla, si es que existen, los ejes de simetría y el centro de simetría de las siguientes figuras.

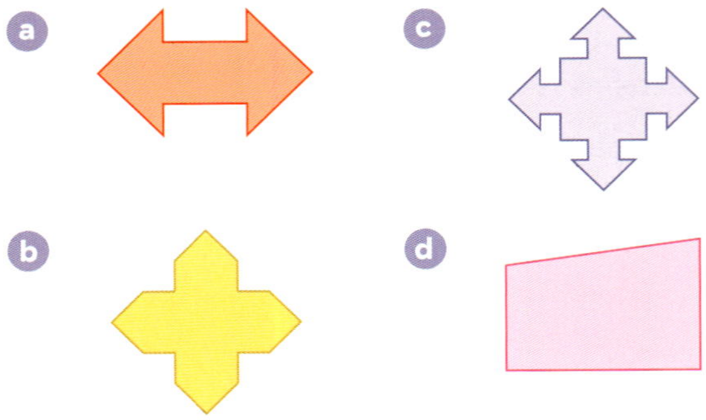

33 Completa cada imagen considerando el eje de simetría.

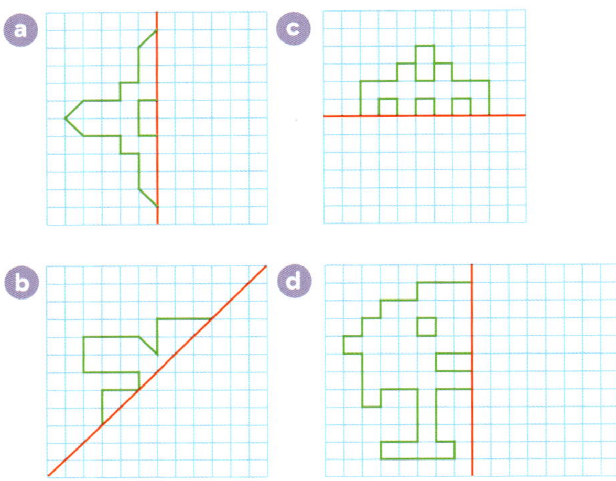

## Problemas

34 Identifica qué movimientos se han aplicado para obtener el siguiente friso.

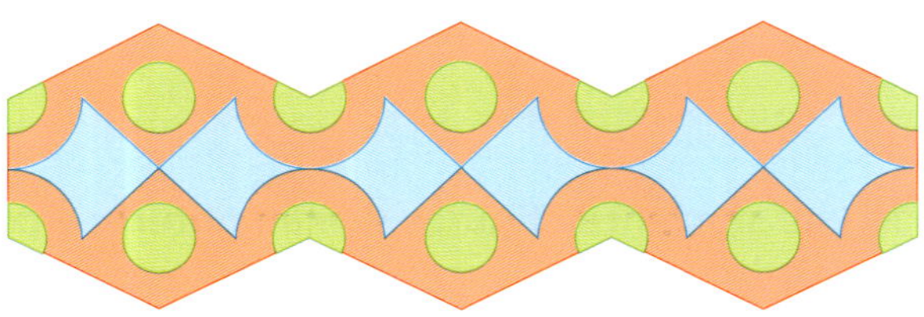

35 Identifica qué movimientos intervienen en este mosaico.

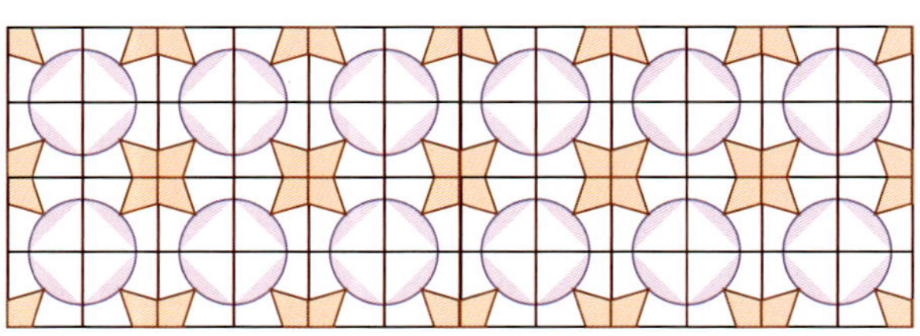

36 Completa el siguiente friso.¿Cuáles son los elementos mínimos necesarios para construirlo?

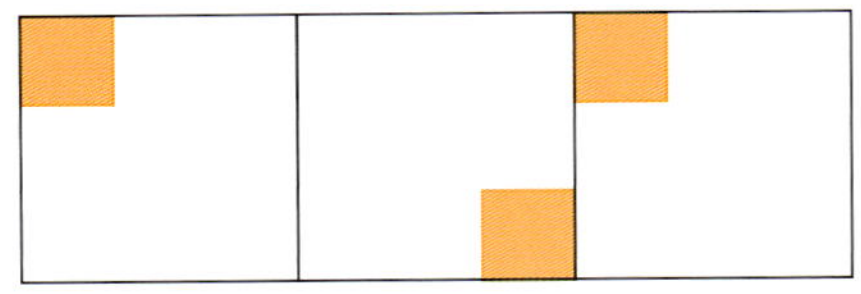

¿Qué movimiento deja invariante al friso?

37 Identifica qué figuras son resultado de aplicar un giro a la figura *ABCDE*.

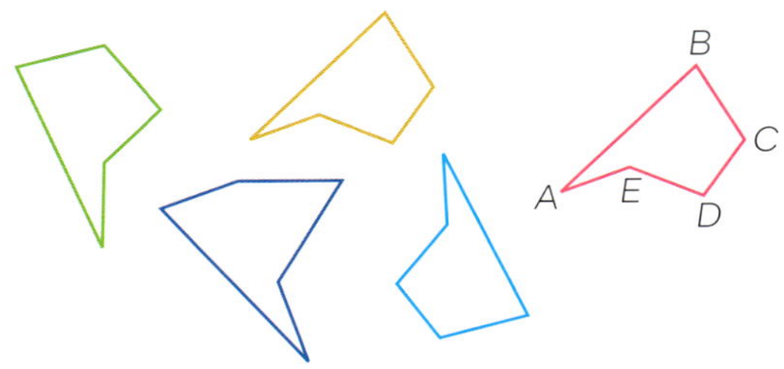


A continuación, realiza las mediciones necesarias e indica la amplitud del giro realizado.

38 Halla, si es que existen, los ejes de simetría y el centro de simetría de las siguientes figuras.

39 Una empresa de decoración ofrece a sus clientes tres tipos de papel para las paredes. Los diseños son los siguientes.

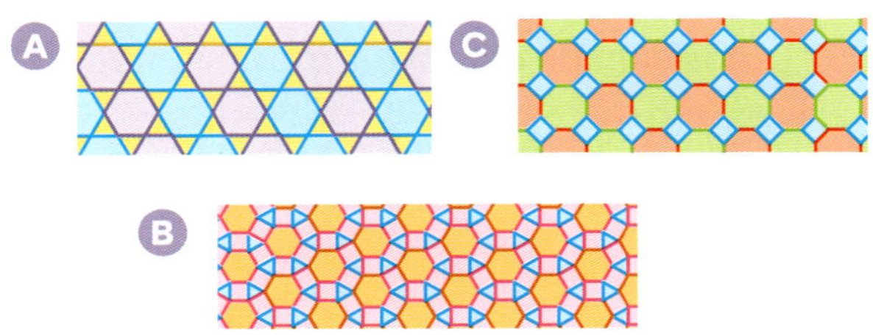

Un cliente quiere comprar dos tipos de papel de distinto diseño, con al menos una de las siguientes características:

- Que contenga cuadrados.
- Con polígonos de 12 lados cuyos lados midan lo mismo que los lados de los polígonos de 6 lados.

a. ¿Existen o no los papeles solicitados?

b. ¿Cuáles son?

## 40 Actividad resuelta

Se quiere ir desde el punto *A* hasta el *B*, pero tocando en algún punto *M* a la recta *r*. ¿Cómo debes hallar el punto *M* para que el camino sea lo más corto posible? ¿Cómo son en ese caso los ángulos $\alpha$ y $\beta$?

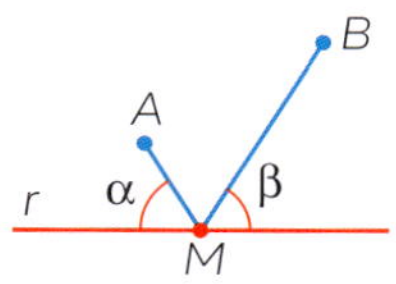


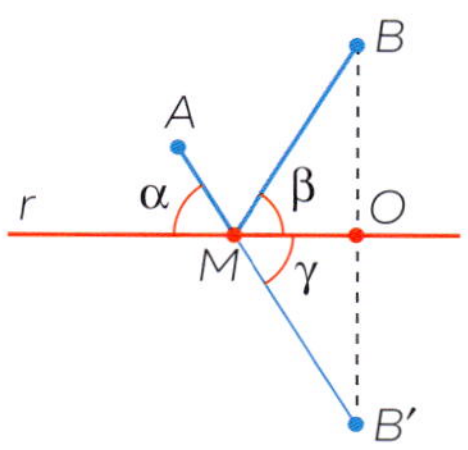


*B*' es el simétrico de *B* respecto de *r*. La longitud de *A* a *B* pasando por *M* será igual a la longitud de *A* a *B*' pasando por *M*.

Por tanto, para que el camino sea lo más corto posible, *M* debe ser la intersección de *r* con *AB*'.

Los triángulos *MOB* y *MOB*' son iguales, ya que tienen un ángulo recto, el lado *MO* es común a ambos y *OB* mide lo mismo que *OB*'. Por tanto, los ángulos $\beta$ y $\gamma$ son iguales y, como $\alpha$ y $\gamma$ son opuestos por el vértice, $\alpha = \beta$.

**41** ¿Cuál es el camino más corto que debe seguir la bola *A* para chocar con la bola *B* tocando primero en la banda *PS* de la mesa de billar? ¿Y si primero debe tocar en la banda *SR*, después en la banda *PS* y, por último, tocar con la bola *B*? Traza las trayectorias de la bola en cada caso.

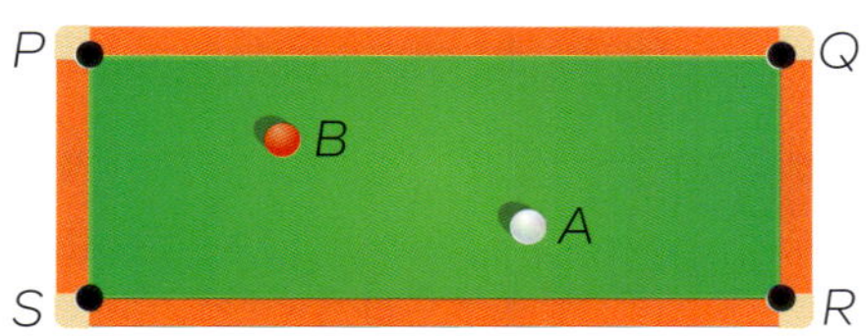


## Comprueba lo que has aprendido

**1** El punto *A*'(5, –3) se obtuvo al trasladar el punto *A*(4, 1). ¿Cuál es el vector de traslación?

**2** Dado el segmento de extremos *A*(–3, –2) y *B*(0, 5) halla las coordenadas del segmento *A*'*B*' homólogo del anterior en:

a. Una traslación de vector $\vec{u} = (-3, 2)$.

b. Una simetría respecto del eje *X*.

c. Una simetría respecto del origen.

**3** Halla, de forma gráfica, la figura homóloga del triángulo *ABC* en los siguientes casos.

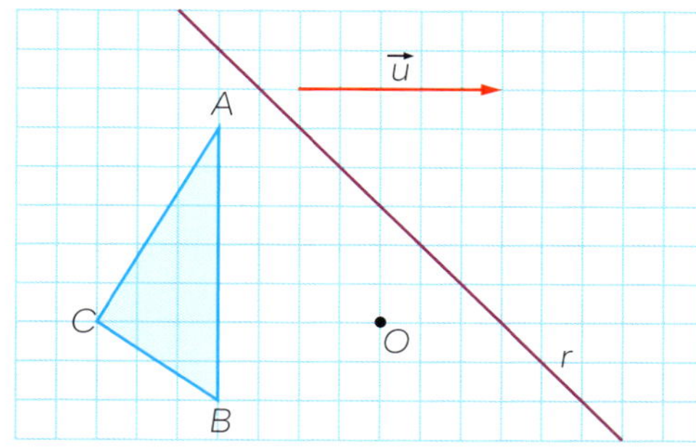


a. Una traslación de vector $\vec{u}$.

b. Un giro de centro *O* y amplitud 90°.

c. Una simetría axial de eje *r*.

d. Una simetría central de centro *O*.

**4** Dados los puntos *A*(–1, 2), *B*(3, 4) y *C*(–2, –3) halla las coordenadas del punto *D*:

a. Si *D* es el homólogo de *A* en una traslación de vector $\overrightarrow{BC}$.

b. Si al trasladar *D* según el vector $\overrightarrow{AC}$ se obtiene el punto *A*.

**5** Aplica a la figura los siguientes movimientos sucesivos.

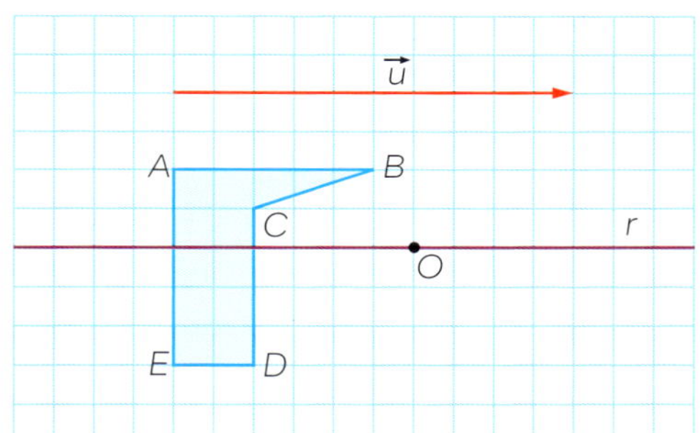


a. Una traslación de vector $\vec{u}$ y un giro de centro *O* y amplitud –90°

b. Una simetría axial de eje *r* y una simetría central de centro *O*

**6** Indica qué ejes de simetría y qué centro de simetría tiene un polígono regular con un número de lados:

a. Par

b. Impar

**7** En una cuadrícula, crea un friso que contenga al menos una traslación, un giro y una simetría.

Mis competencias

Autoevaluación

# 2.3 Dando forma a nuestro entorno

## ¡EMPEZAMOS!

### Los ciudadanos cumplen. España recicla.

En 2020 se entregaron para reciclar 1,5 millones de toneladas de envases domésticos de plástico, *briks*, metal, papel y cartón. Según Ecoembes, el reciclaje es el hábito medioambiental más extendido en los hogares españoles. Cada habitante deposita unos 18,6 kg de residuos en el contenedor amarillo, y 19,3 kg, en el azul. 39 millones de habitantes afirman separar sus residuos en casa.

*Briks*, latas y botellas de plástico son los envases que con más frecuencia se generan en los hogares españoles. En nuestro país se reciclan el 69 % de los *briks*, lo que supone unas 85 mil toneladas anuales.

- ¿Separas los residuos en casa? ¿Lo hacéis en clase?
- Cuando tiras los *briks* a la basura, ¿sueles aplastarlos para favorecer el reciclado?
- La denominación *brik*, ¿de dónde crees que procede? ¿Crees que tiene que ver con su forma geométrica?
- ¿Porqué crees que los envases suelen tener una forma distinta dependiendo del material en que estén fabricados?

## ¡VAMOS A APRENDER!

1. Compartir el espacio y los materiales.
2. Descubrir los poliedros, incluidos prismas y pirámides.
3. Cuerpos de revolución, como el cilindro, el cono y la esfera.
4. Calcular el área y volumen de cuerpos geométricos simples y compuestos.
5. Valorar la conveniencia de una forma geométrica mediante un diagrama de Venn.
6. Identificar simetrías en el espacio.
7. Conocer coordenadas geográficas y cómo usarlas.
8. Reflexionar sobre la eficiencia del reciclado con ayuda de la geometría.

## NUESTRO RETO

### Aplasta tus envases

Aplastando los *briks* que arrojas a la basura, reduces el número de bolsas que utilizas para tirarlos, pero ¿en qué medida? Para determinarlo, calcularás la diferencia de volumen entre un envase sin aplastar y uno aplastado.

## ¡Vamos allá!

# 1 ¿Qué cuerpos forman los polígonos en el espacio?

## Poliedros

1 El dado de parchís tiene la forma de un cubo con las caras numeradas del 1 al 6, pero existen otros dados diferentes. Por ejemplo, también existen dados de 4 y 8 caras.

Para cada uno de los dados de la imagen (de $C = 4$, $C = 8$ y $C = 6$ caras), calcula el número de vértices $V$ y de aristas $A$ que tiene.

¿Sabes alguna forma de calcularlos sin necesidad de contar?

Un **poliedro** es un cuerpo geométrico limitado por polígonos.

Sus elementos son:

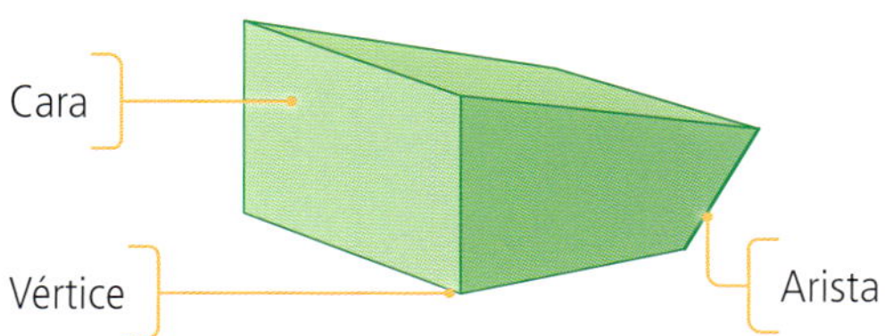


Un poliedro es **convexo** cuando todos sus ángulos diedros son menores de 180°. En caso contrario, si tiene algún ángulo diedro mayor de 180°, el poliedro es **cóncavo**.

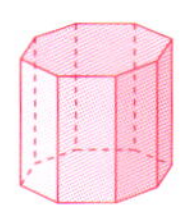
poliedro convexo

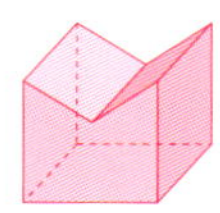
poliedro cóncavo

Los semiplanos que definen las caras de un poliedro determinan un **ángulo diedro** al cortarse formando una arista.

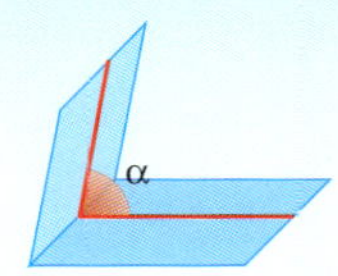


En cualquier poliedro convexo se cumple la siguiente relación entre caras, $C$, aristas, $A$, y vértices, $V$, llamada **fórmula de Euler:**

$$C + V = A + 2$$

En muchos poliedros cóncavos también se cumple la fórmula de Euler.

### Ejemplo

Verificamos si se cumple la fórmula de Euler para los siguientes poliedros:

| | | |
|---|---|---|
| Cóncavo: 7 C, 15 A, 10 V<br>Verifica la fórmula de Euler:<br>$7 + 10 = 15 + 2$ | Convexo: 7 C, 12 A, 7 V<br>Verifica la fórmula de Euler:<br>$7 + 7 = 12 + 2$ | Cóncavo: 12 C, 24 A, 12 V<br>No verifica la fórmula de Euler:<br>$12 + 12 \neq 24 + 2$ |
| 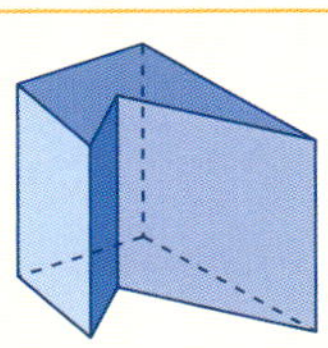 | 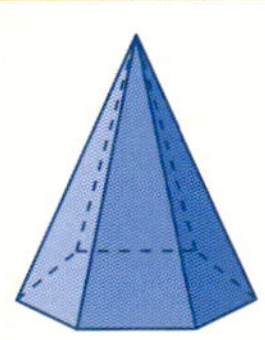 | 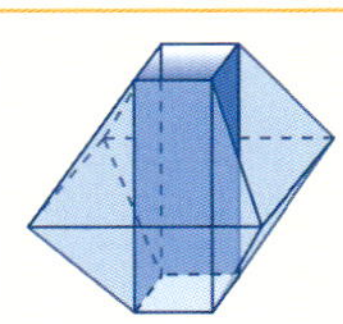 |

2 Comprueba si se cumple la fórmula de Euler para el poliedro de la imagen.

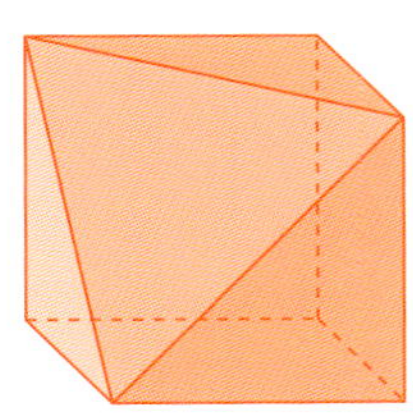

3 Dado que un cubo es un poliedro convexo, ¿se verifica la fórmula de Euler?

4 Si un poliedro convexo tiene 23 caras y 37 aristas, ¿cuántos vértices tiene?

## 5 Actividad resuelta

En el siguiente poliedro, indica:

**a.** Dos caras paralelas.

**b.** Dos caras perpendiculares que además sean secantes.

**c.** Dos aristas paralelas.

**d.** Dos aristas perpendiculares que sean secantes y otras dos que, siendo perpendiculares, se crucen.

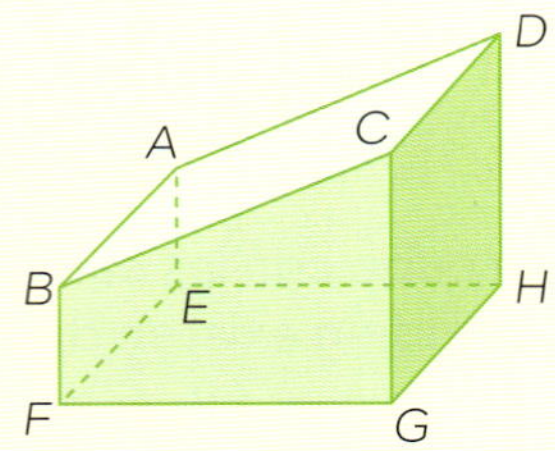


**a.** *ABFE* y *CGHD* son paralelas.

**b.** *ABFE* y *EFGH* son perpendiculares y secantes en la arista *EF*.

**c.** *FG* y *EH* son aristas paralelas.

**d.** *AB* y *BF* son perpendiculares y se corta en *B*, mientras *AB* y *CG* son perpendiculares, pero no se cortan.

- Dos caras son paralelas si los planos que las contienen no tienen ningún punto en común.
- Dos aristas son paralelas si pertenecen a un mismo plano y las rectas de las que forman parte, no tienen puntos en común.
- Dos rectas o dos planos secantes son perpendiculares si al cortarse forman 4 ángulos de 90°.
- Una recta es perpendicular a un plano si lo es a cualquier recta secante contenida en el plano.
- Dos rectas que se cruzan son perpendiculares si hay un plano que contiene a una de ellas y es perpendicular a la otra.

**6** En el siguiente cuerpo geométrico, identifica los siguientes elementos:

**a.** Dos caras secantes y la arista donde se cortan.

**b.** Dos caras paralelas.

**c.** Dos aristas secantes perpendiculares.

**d.** Dos aristas que se crucen y que sean perpendiculares.

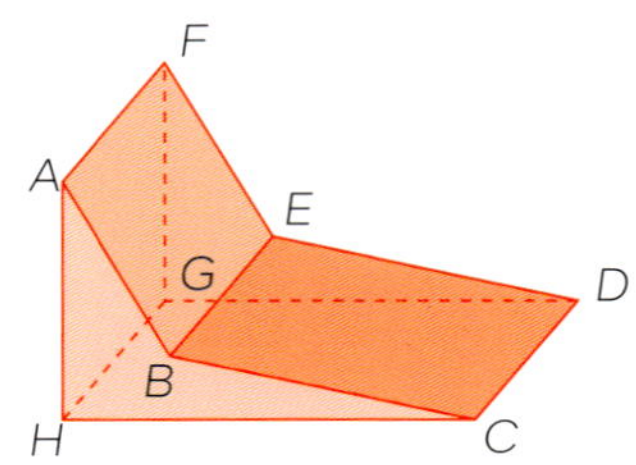


**7** Dibuja un ortoedro sabiendo que es un poliedro formado por seis rectángulos paralelos e iguales dos a dos. Determina su número de caras, vértices y aristas.

## Poliedros regulares

Un **poliedro** es **regular** si todas sus caras son polígonos regulares iguales y en todos sus vértices concurren el mismo número de aristas. Solo existen cinco poliedros regulares.

| Tetraedro | Hexaedro o cubo | Octaedro | Dodecaedro | Icosaedro |
|---|---|---|---|---|
| 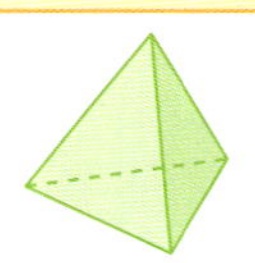 | 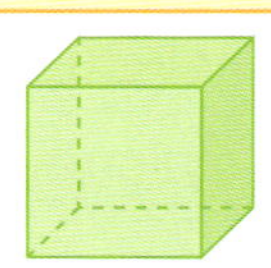 | 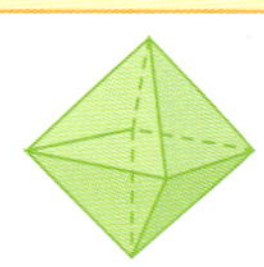 | 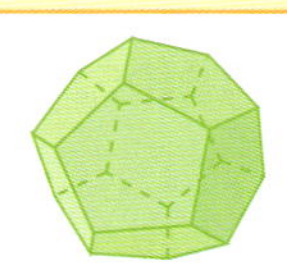 |  |

**8** Calcula el número de caras, vértices y aristas de cada uno de los poliedros regulares y verifica que se cumple la fórmula de Euler para todos ellos.

## Prismas

Un **prisma** es un poliedro que tiene dos caras paralelas e iguales denominadas **bases** unidas por paralelogramos, que se denominan **caras laterales**.

- Un prisma es recto si todas sus caras laterales son rectángulos, y oblicuo en caso contrario.
- Si las bases de un prisma recto son polígonos regulares, entonces el prisma es regular.

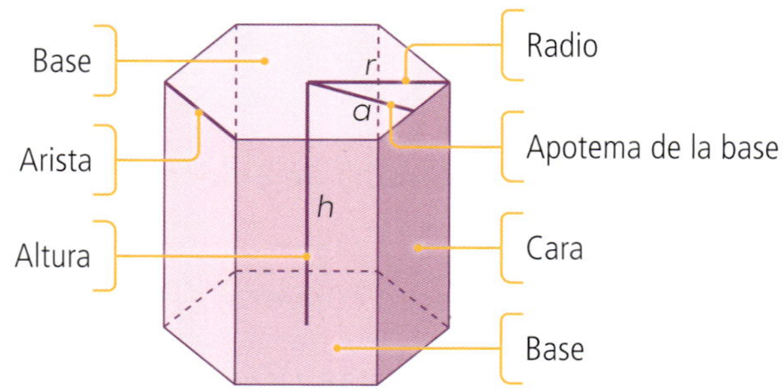

## Ejemplo

Prisma cuadrangular recto.

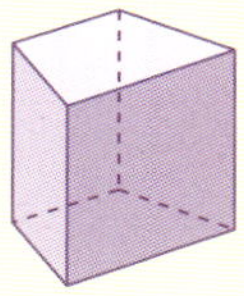

Prisma pentagonal oblicuo.

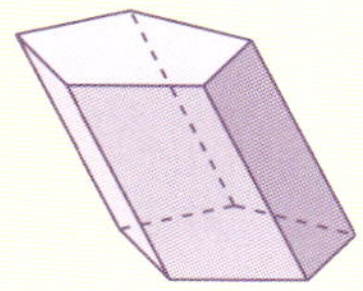

Los prismas se nombran según el número de lados de sus bases: prisma triangular, prisma cuadrangular, prisma pentagonal…

**9** Determina si los siguientes prismas son rectos u oblicuos y nómbralos.

a 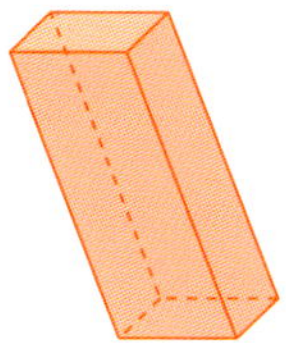

b 

c 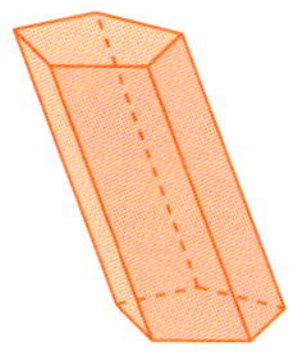

d 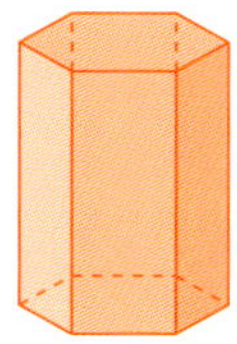

# Áreas y volúmenes de prismas

El **área total** ($A_T$) de un prisma se obtiene sumando su **área lateral** ($A_L$) y el **área de sus bases** ($A_B$).

El **volumen** ($V$) de un prisma se calcula multiplicando el **área de la base** ($A_B$) y su altura (**$h$**).

$A_L$: Área lateral — $a_b$: Apotema de la base

$A_B$: Área de la base — $p$: Perímetro de la base

$$A_T = \overbrace{p \cdot h}^{A_L} + 2 \cdot \overbrace{\frac{p \cdot a_b}{2}}^{A_B} = p \cdot h + p \cdot a_b = \boxed{p \cdot (h + a_b)}$$

$$V = A_B \cdot h = \boxed{\frac{p \cdot a_b \cdot h}{2}}$$

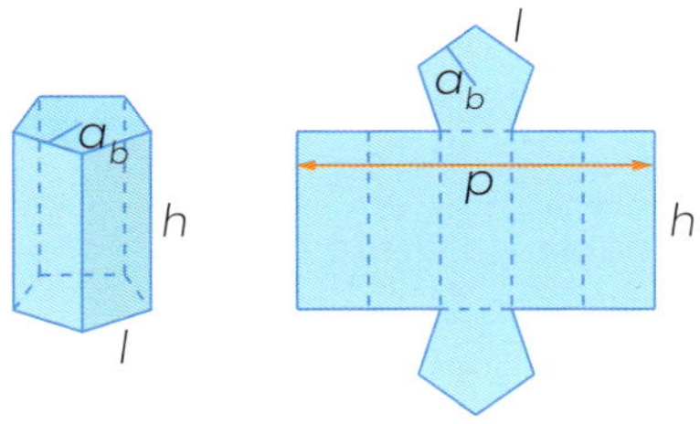


Para calcular áreas laterales es muy útil dibujar el desarrollo plano.

## Ejemplo

Halla el área total y el volumen del prisma.

La hipotenusa de la base mide:

$h = \sqrt{3^2 + 4^2} = \sqrt{25} = 5 \text{ cm}$

El área total es:

$$A_T = A_L + 2 \cdot A_B = 6 \cdot (5+3+4) + 2 \cdot \frac{3 \cdot 4}{2} = 72 + 12 = 84 \text{ cm}^2$$

El volumen total es: $V = A_B \cdot h = 6 \cdot 6 = 36 \text{ cm}^3$

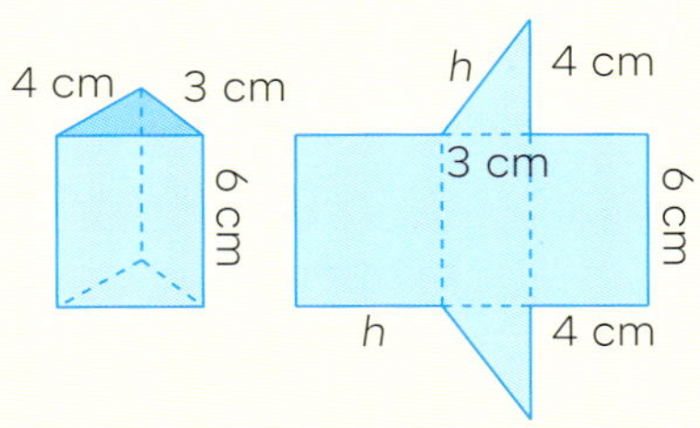


El área se mide en unidades cuadradas: $cm^2$, $m^2$, …

El volumen se mide en unidades cúbicas: $cm^3$, $m^3$, …

**10** Halla el área total y el volumen de los siguientes prismas.

a 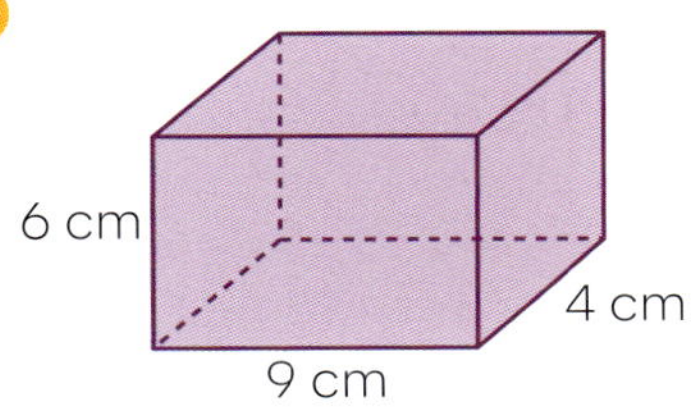


b 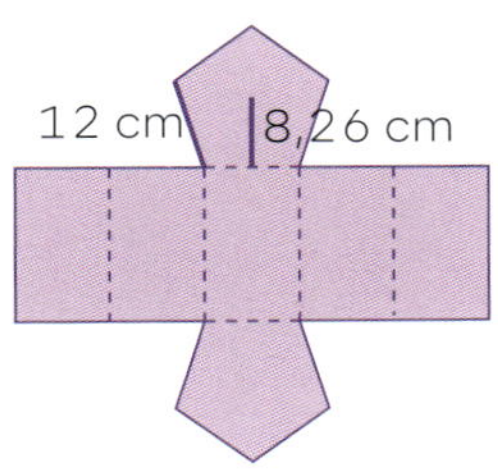


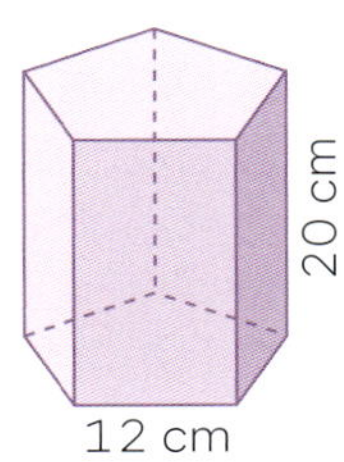

11 Ciertas chocolatinas tienen forma de prisma cuyas bases son triángulos equiláteros de 3 cm de lado y cuya altura mide 16 cm. Se venden en paquetes de seis, colocadas tal y como muestra la figura.

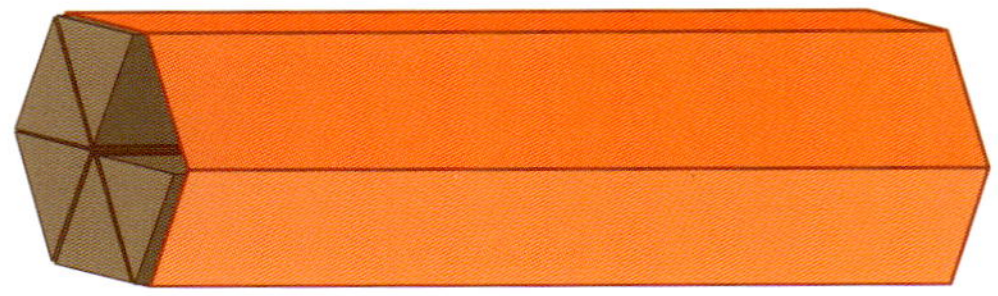

**a.** Desarrolla el envoltorio de la chocolatina e indica cómo podrías calcular su superficie.

**b.** Indica cómo podrías calcular el volumen de una sola chocolatina y el volumen del paquete de seis.

**c.** ¿Qué forma geométrica tiene este paquete de seis chocolatinas?

12 Una empresa fabricante de productos biodegradables ofrece dos tipos de envase para bebidas.

Los dos tienen forma de ortoedro: el primero con dimensiones $20 \times 10 \times 10$ cm y el segundo con dimensiones $15 \times 14 \times 10$ cm.

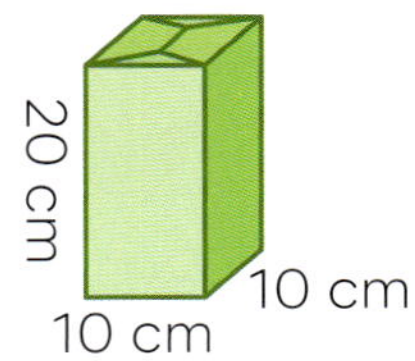


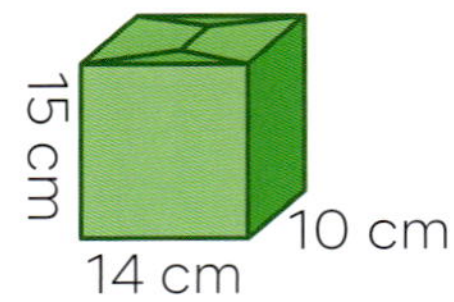


**a.** Comprueba que, para confeccionarlos, se precisa de la misma cantidad de material.

**b.** En estas condiciones, ¿cuál de los dos tipos debería elegir la empresa si quiere que contengan la mayor cantidad de bebida posible?

## Pirámides

Una **pirámide** es un poliedro que tiene como base un polígono cualquiera y como caras laterales triángulos que concurren en un vértice común, el vértice de la pirámide.

- Una **pirámide** es **recta** si sus caras laterales son triángulos isósceles y su altura incide en el centro de la base, y oblicua en caso contrario.
- Una **pirámide regular** es una pirámide recta cuya base es un polígono regular.

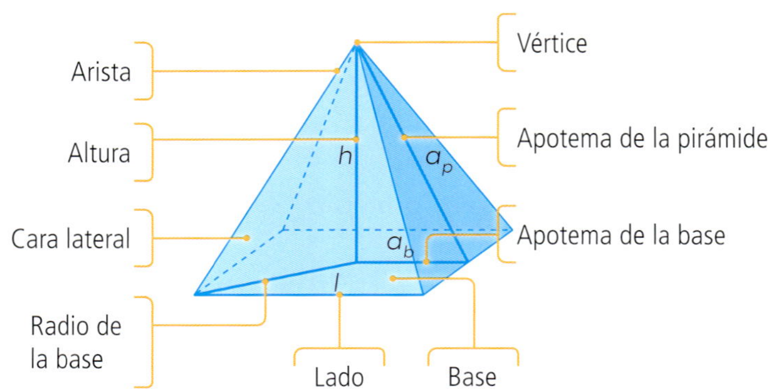


### Ejemplo

| Pirámide triangular recta | Pirámide pentagonal oblicua |
|---|---|
| La base es un triángulo escaleno, por lo que no es regular. 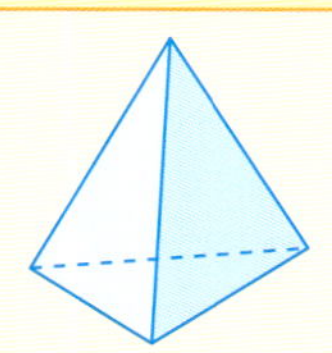 | La base es un pentágono regular, pero al ser oblicua no es regular. 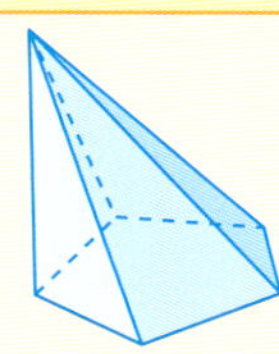 |

Las pirámides se clasifican según el número de lados que tenga su base:

3 lados ⇒ pirámide triangular

5 lados ⇒ pirámide pentagonal

10 lados ⇒ pirámide decagonal

13 ¿Alguno de los poliedros siguientes corresponde a una pirámide? En caso afirmativo, ¿de qué tipo de pirámide se trata?

**a** 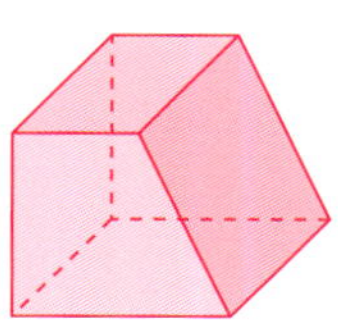

**b** 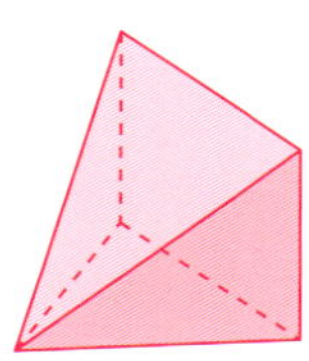

**c** 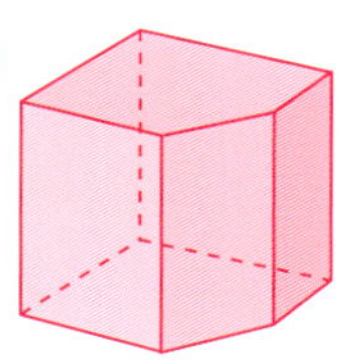

**14** Nombra las siguientes pirámides. Indica si son rectas u oblicuas y regulares o no.

**a**

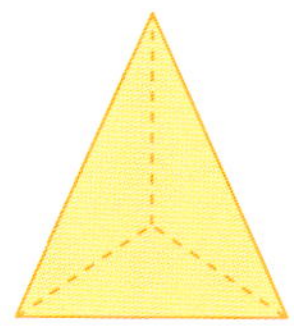

**b**

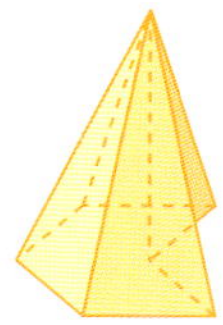

**c**

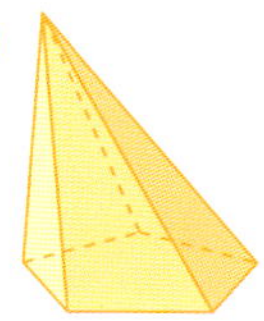

## Áreas y volúmenes de pirámides

El **área total** ($A_T$) de una pirámide se obtiene sumando su **área lateral** ($A_L$) y el **área de su base** ($A_B$). En el caso de las pirámides regulares:

$$A_T = \underbrace{\frac{1}{2} p \cdot a_p}_{A_L} + \underbrace{\frac{1}{2} p \cdot a_b}_{A_B} = \boxed{\frac{1}{2} p \cdot (a_p + a_b)}$$

$$\boxed{V = \frac{A_B \cdot h}{3} = \frac{p \cdot a_b \cdot h}{6}}$$

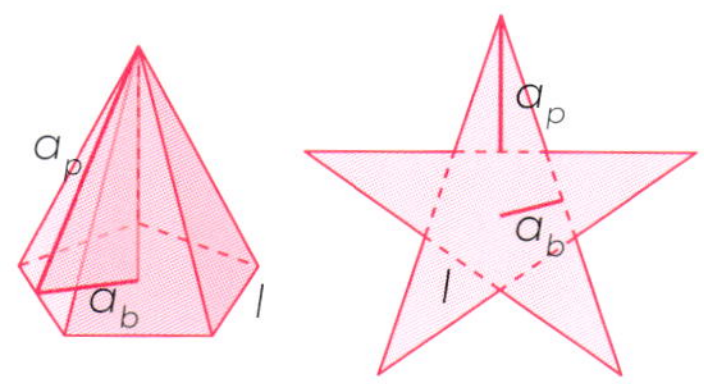


El volumen de una pirámide es $\frac{1}{3}$ del volumen del prisma con igual base y altura.

$$V_{pirámide} = \frac{1}{3} \cdot V_{prisma}$$

### Ejemplo

Hallamos el área total y el volumen de la pirámide.

La apotema de la pirámide se calcula aplicando el teorema de Pitágoras:

$a_p = \sqrt{5^2 + 2^2} = \sqrt{29}$ cm

El área lateral es: $A_L = 4 \cdot \frac{1}{2} \cdot 4 \cdot \sqrt{29} = 8\sqrt{29}$ cm$^2$

El área total es: $A_T = A_L + A_B = 8\sqrt{29} + 4^2 = 8\sqrt{29} + 16 \approx 59{,}1$ cm$^2$

El volumen es: $V = \frac{A_B \cdot h}{3} = \frac{16 \cdot 5}{3} = \frac{80}{3} = 26{,}7$ cm$^3$

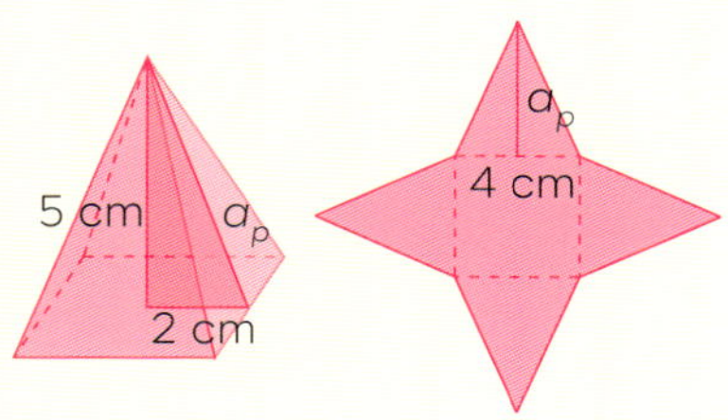


**15** Halla el área total y el volumen de las siguientes pirámides.

**a**

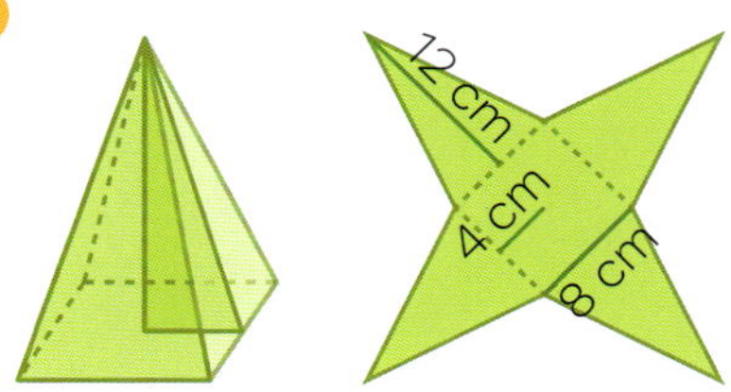


**b**

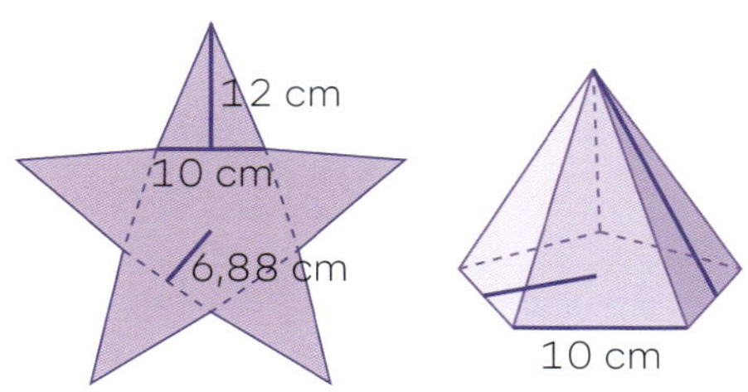


**16** La pirámide del Louvre está situada a la entrada del museo. Tiene una base cuadrada de aproximadamente 35 metros de lado y una altura aproximada de 21 metros. Las cuatro caras laterales están cubiertas por rombos y triángulos de cristal. Calcula la superficie lateral de la pirámide y su volumen.

¿Cuál sería su volumen si, con la mismas dimensiones (altura y base), fuese un prisma en lugar de una pirámide?

# 2 ¿Cómo son los cuerpos redondos?

## Cuerpos de revolución

17 MAT-TIC Si tomamos una figura plana y la giramos a partir de un eje, el cuerpo que obtenemos, ¿se podría considerar un poliedro?

Dibuja los cuerpos que obtienes al girar a partir de uno de los lados de las siguientes figuras.

a  b  c 

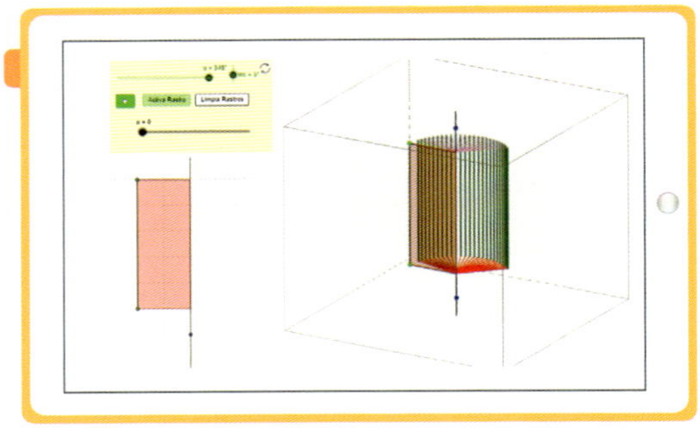

Puedes visualizarlo con el interactivo de GeoGebra *Cuerpos de revolución*.

Los **cuerpos de revolución** se obtienen al hacer girar una figura plana alrededor de un **eje**.

Los más importantes son los siguientes:

| Cilindro | Cono | Esfera |
|---|---|---|
| Un **cilindro** se obtiene al girar un rectángulo alrededor de uno de sus lados. | Un **cono** se obtiene al girar un triángulo rectángulo alrededor de uno de sus catetos. | Una **esfera** se obtiene al girar un semicírculo alrededor de su diámetro. |
| 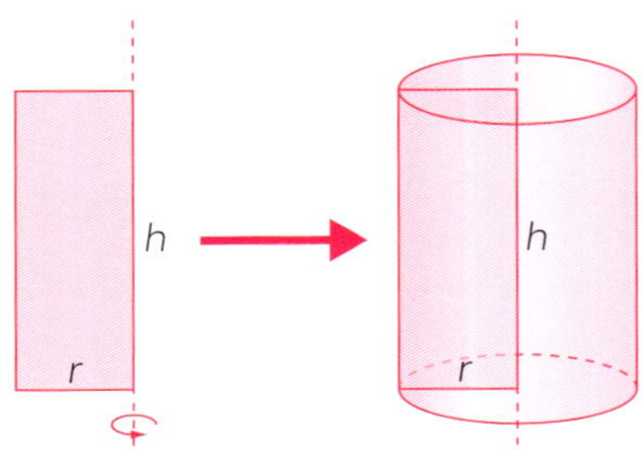 | 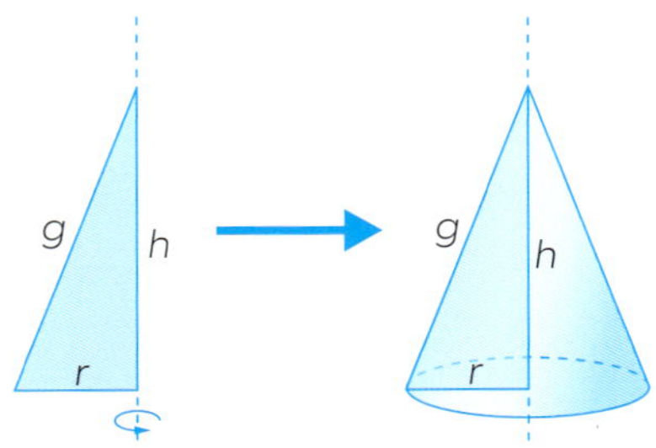 | 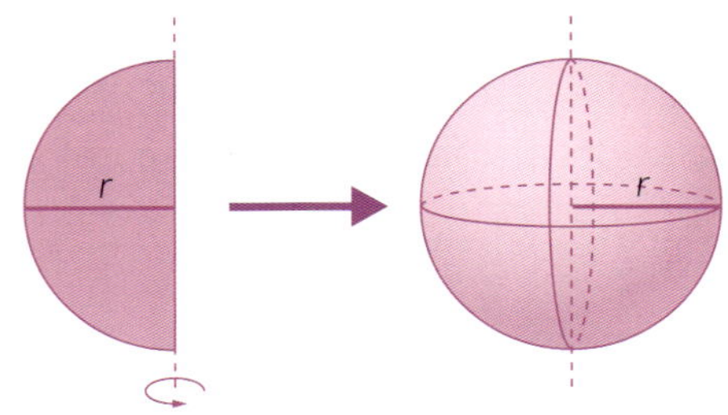 |

### 18 Actividad resuelta

¿Qué cuerpos redondos se obtienen de girar estas figuras alrededor del eje?

| | | |
|---|---|---|
| a 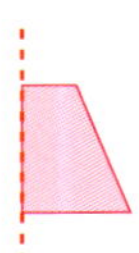 | b 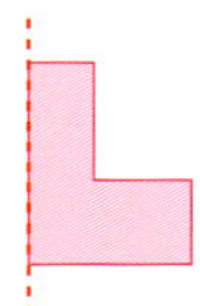 | c 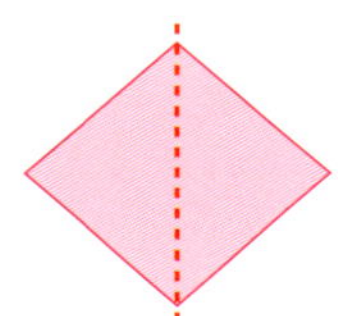 |
| a. Se obtiene un tronco de cono. 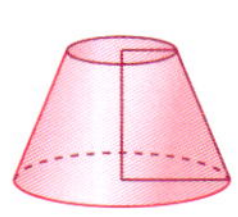 | b. Se obtiene una figura compuesta por dos cilindros. 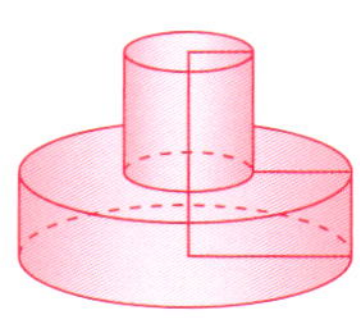 | c. Se obtiene una figura compuesta por dos conos. 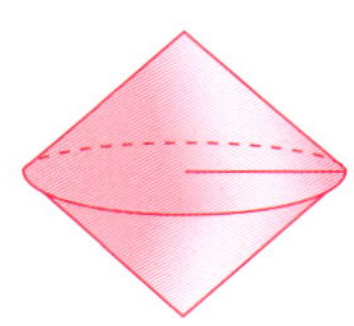 |

El tronco de cono también puede obtenerse cortando un cono por un plano paralelo a la base.

19 Describe los cuerpos obtenidos al girar estas figuras alrededor del eje *e*.

a 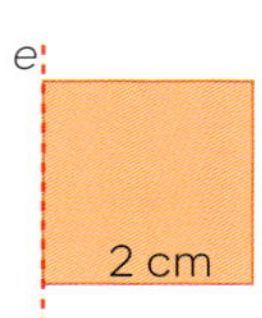


b 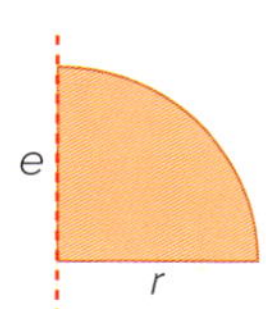


c 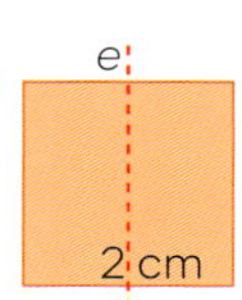

**20** Para modelizar los prototipos en una planta de envases biodegradables, se utiliza una impresora 3D. Solamente hay que indicarle la figura plana y el eje sobre el que hay que girarla para generar la pieza deseada.

Asocia el eje de giro de la figura plana con el cuerpo de revolución que genera.

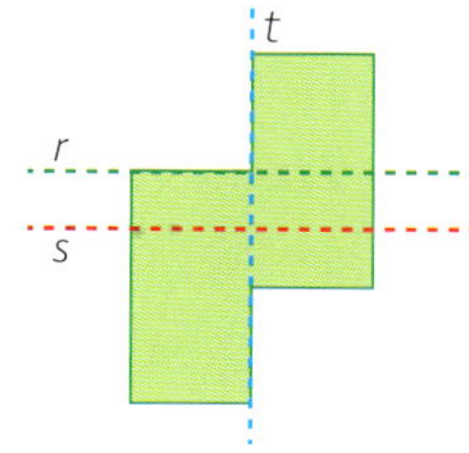


**a**

**b**
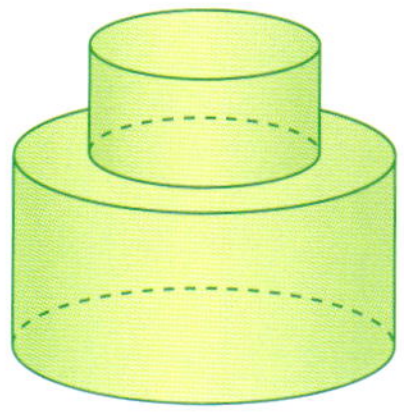

**c**
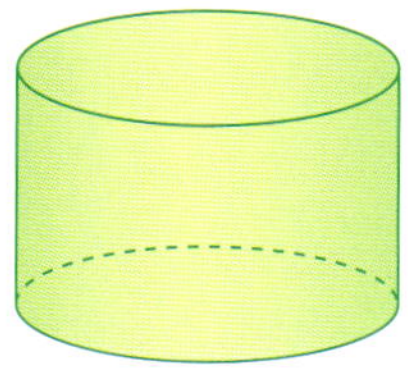

## Elementos y partes de la esfera

La **esfera** tiene los siguientes elementos:

Centro, radio, diámetro, circunferencias y circunferencias máximas (cuyos centros coinciden con el de la esfera).

A partir de estos elementos, se pueden definir sus partes:

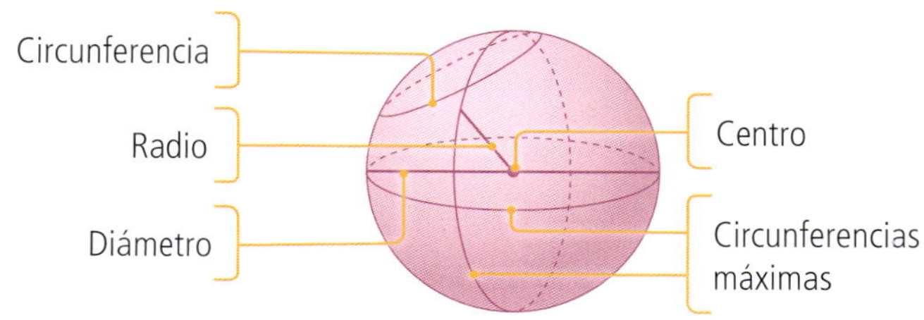


| Casquete esférico | Huso esférico | Zona esférica | Semiesfera o hemisferio | Cuña esférica |
|---|---|---|---|---|
| 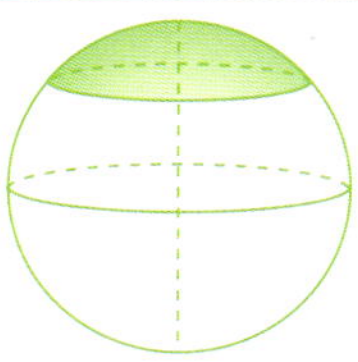 | 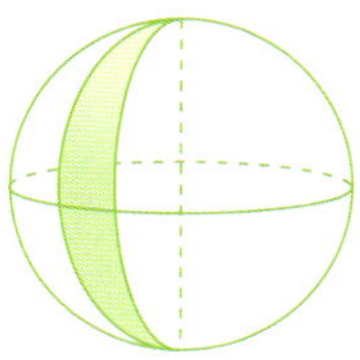 | 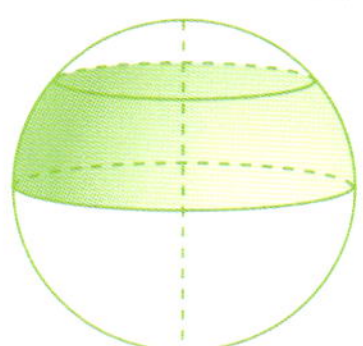 | 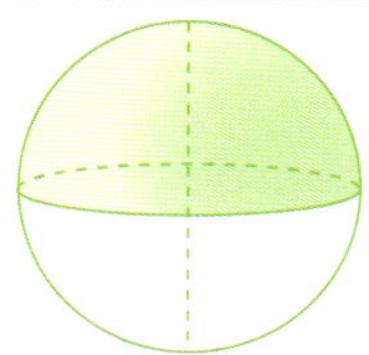 | 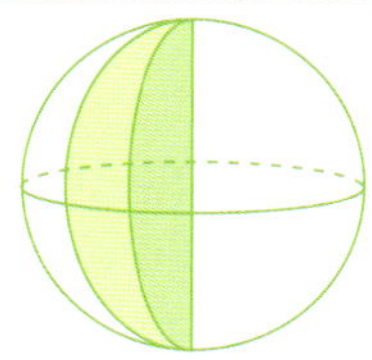 |

## Área y volumen del cilindro

Para calcular el **área** y el **volumen** de un **cilindro** tenemos:

$$A_T = \overbrace{2\cdot\pi\cdot r\cdot h}^{A_L} + \overbrace{2\cdot\pi\cdot r^2}^{A_B} = \boxed{2\pi\cdot r\cdot(h+r)}$$

$$V = A_B\cdot h = \boxed{\pi\cdot r^2\cdot h}$$

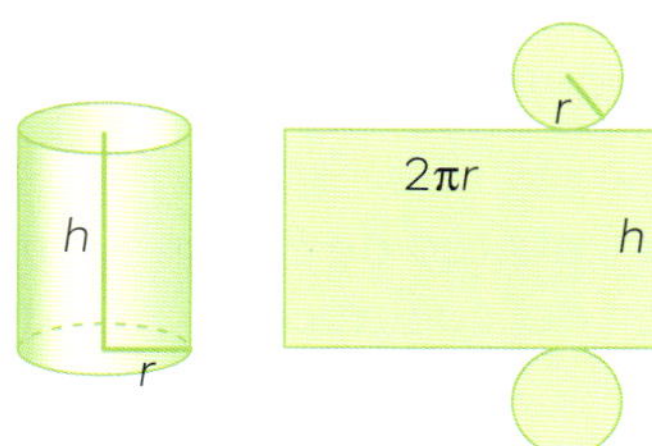


### Ejemplo

La cantidad de chapa necesaria para construir una lata de refresco con forma de cilindro de 3,25 cm de radio de la base y 10 cm de altura es:

$$A_T = A_L + 2A_b = 2\pi\cdot 3{,}25\cdot 10 + 2\pi\cdot 3{,}25^2 \approx 270{,}57\ \text{cm}^2$$

El volumen que contendrá esta lata es:

$$V = \pi\cdot r^2\cdot h = \pi\cdot 3{,}25^2\cdot 10 \approx 331{,}83\ \text{cm}^3$$

**21** Determina el volumen total de la figura. Ten en cuenta que el radio de cada cilindro corresponde a la mitad del radio del cilindro inmediatamente anterior.

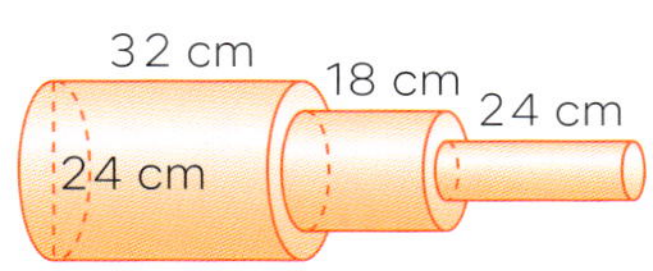


**22** Si se duplica el radio y la altura de un cilindro, ¿qué relación tienen el área y volumen iniciales con el área y volumen del cilindro obtenido?

## Área y volumen del cono

Para calcular el **área** y **volumen** de un **cono** tenemos:

*g*: generatriz del cono

$$A_T = \overbrace{\pi \cdot r \cdot g}^{A_L} + \overbrace{\pi \cdot r^2}^{A_B} = \boxed{\pi \cdot r \cdot (g + r)}$$

$$V = \frac{A_B \cdot h}{3} = \boxed{\frac{\pi \cdot r^2 \cdot h}{3}}$$

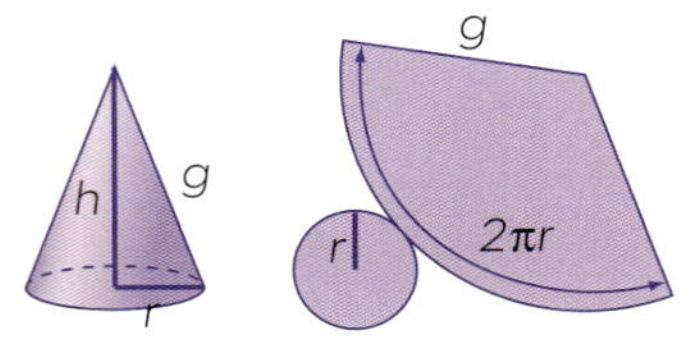


El volumen del cono es $\frac{1}{3}$ del volumen del cilindro con igual base y altura.

### Ejemplo

Para un cono de 12 cm de altura y 5 cm de radio de la base, la generatriz se calcula aplicando el teorema de Pitágoras.

$g = \sqrt{12^2 + 5^2} = 13\,\text{cm}$

El área total es: $A_T = A_L + A_B = \pi \cdot r \cdot (g + r) = \pi \cdot 5 \cdot 18 \approx 282{,}74\,\text{cm}^2$

El volumen es: $V = \frac{\pi \cdot r^2 \cdot h}{3} = \frac{\pi \cdot 25 \cdot 12}{3} \approx 314{,}16\,\text{cm}^3$

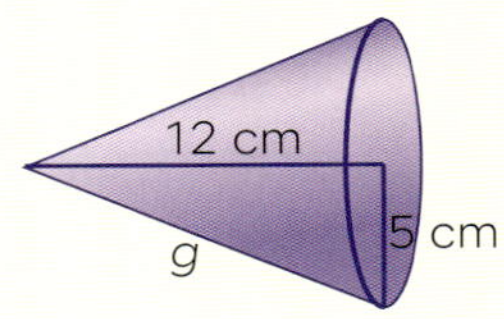


**23** **Calcula el área total y el volumen de los cuerpos siguientes.**

**a.** Un cono de 8 cm de radio de la base y 16 cm de altura.

**b.** Un cono de 10 cm de diámetro de la base y 10 cm de altura.

**24** **Una frutería utiliza papel reciclado para formar cucuruchos con fruta cortada. Para montar los cucuruchos cuenta con tres plantillas diferentes, en la que se deben juntar los extremos señalados con *a* y *b*. ¿Crees que todas estas plantillas valdrán para hacer el cucurucho?**

**Si el lado *a* = *b* mide 15 cm y el arco de circunferencia *c* mide 10 cm, ¿cuál será el volumen del cucurucho?**

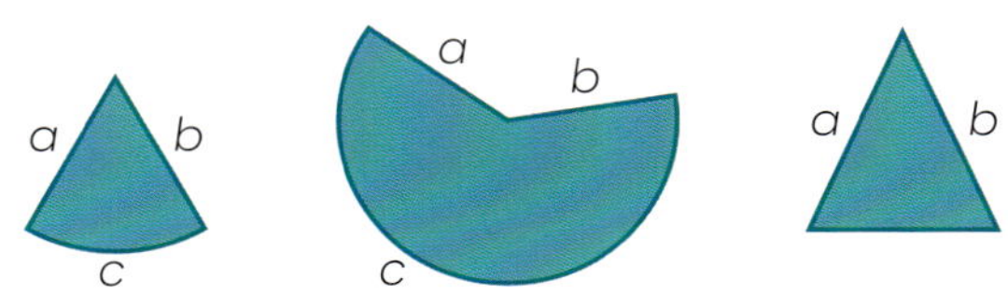


## Área y volumen de la esfera

El **área** y **volumen** de una **esfera** de radio *R* se calcula con las siguientes expresiones.

$$\boxed{A = 4\pi \cdot R^2} \qquad \boxed{V = \frac{4}{3}\pi \cdot R^3}$$

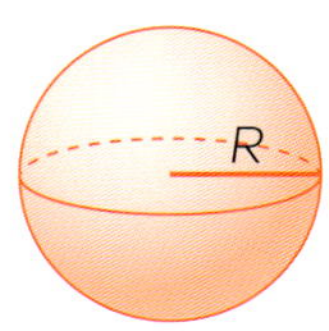


La esfera no admite ningún tipo de desarrollo plano.

Las áreas de una **zona esférica** y de un **casquete esférico** de una esfera corresponden al área lateral del trozo de cilindro que las envuelve.

$$\boxed{A = (2\pi R) \cdot h = 2\pi \cdot R \cdot h}$$

## Ejemplo

Calculamos el área y el volumen de una esfera de radio 6 cm.

$A = 4\pi \cdot R^2 = 4\pi \cdot 6^2 \approx 452{,}39\ \text{cm}^2$ $\qquad V = \dfrac{4}{3}\pi \cdot R^3 = \dfrac{4}{3}\pi \cdot 6^3 \approx 904{,}78\ \text{cm}^3$

**25** Halla el área y el volumen de las siguientes esferas.

a
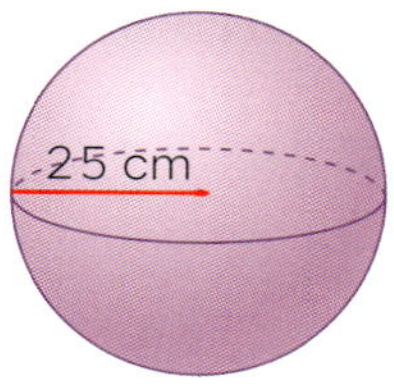


b
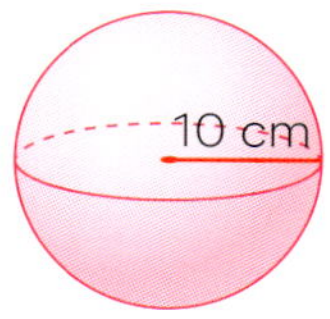


**26** El Museo de Ciencias de Nagoya, en Japón, cuenta con el planetario más grande del mundo, situado en el interior de una esfera encajada entre dos edificios. La pantalla interior en forma de semiesfera tiene un diámetro de 35 metros.

**a.** Calcula la superficie de la pantalla.

**b.** Si cada asiento situado en la base de la semiesfera ocupa 4 m², ¿cuál sería el máximo de aforo del planetario?

**27** El ayuntamiento de una ciudad quiere fabricar contenedores esféricos para residuos de vidrio. Una de las razones es la eficiencia en el uso de material, ya que, para una misma superficie, la esfera es el cuerpo geométrico con mayor volumen.

**a.** Halla la superficie que debe tener el contenedor si su volumen es $\dfrac{9\pi}{2}\ \text{m}^3$.

**b.** ¿Qué dimensiones debería tener un cilindro cuyo diámetro de la base es igual a su altura y con una superficie total igual a la de la esfera? ¿Qué volumen tendría?

**28** ## Actividad resuelta

**Calcula el área de la cáscara de una naranja de 12 cm de diámetro que forma un casquete esférico a un cuarto de su altura.**

El área del casquete esférico es:

$A = 2\pi \cdot R \cdot h = 2\pi \cdot 6 \cdot \dfrac{1}{4} \cdot 12 \approx 113{,}1\ \text{cm}^2$

**29** Halla el área de cada una de las siguientes partes de una esfera.

a
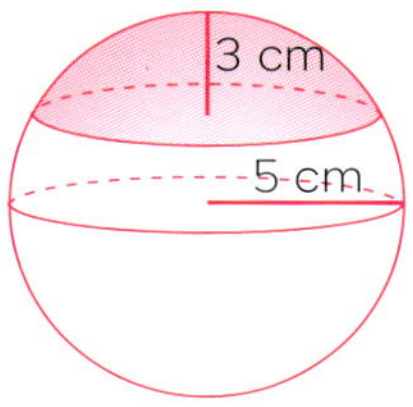


b
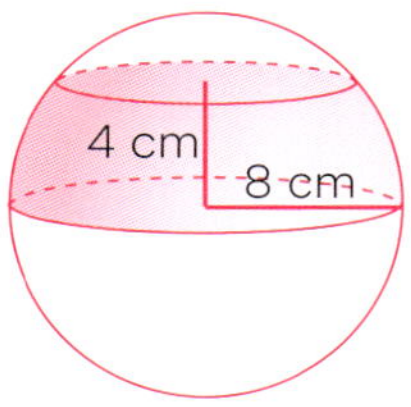


c
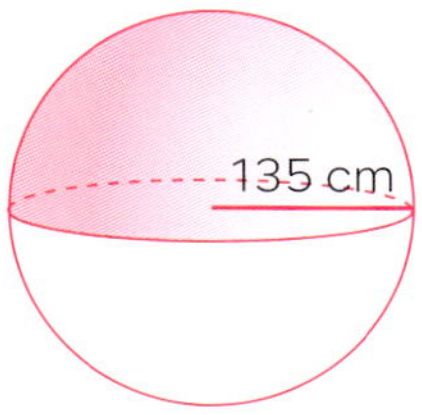


**30** Para una obra de arte se funde una esfera de 200 cm de radio y se le quita una cuña que corresponde a un cuarto de esta. En el espacio interior se ubica un cuarto de esfera de 80 cm de radio, como en la figura. Calcula el volumen total de material que se usará en la obra.

# 3 ¿Cómo calculamos áreas y volúmenes de cuerpos complejos?

## Composición y descomposición de cuerpos geométricos

**31** **Aprendo a pensar.** Una empresa tiene que colocar unos tanques de propano para calefacción. Indica cómo calcularías su volumen.

¿Qué medidas necesitarías para calcularlo?

¿Cuál crees que puede ser la razón de usar esta forma? Analiza los pros y los contras de este diseño mediante un diagrama de Venn.

Para calcular el área y el volumen de un **cuerpo geométrico complejo**, se divide en cuerpos simples, se obtienen los volúmenes y las áreas (sin tener en cuenta las áreas de las caras de las uniones) y se suman los resultados.

**32** **Actividad resuelta**

**En una fábrica de compuestos químicos, un tanque de almacenamiento tiene la forma que se muestra en la imagen. ¿Cuánto material se requiere para construir un tanque así? ¿Cuál es el volumen máximo que puede contener?**

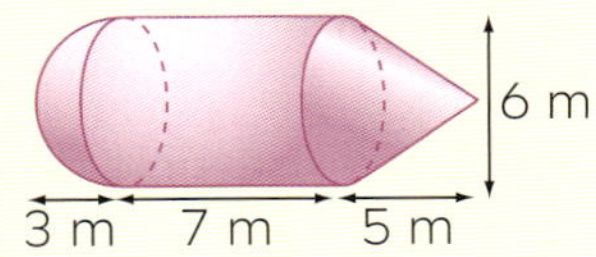


El cuerpo está compuesto por una semiesfera, un cilindro y un cono. Para calcular la cantidad de material, se debe calcular su área sumando el área de la semiesfera, el área lateral del cilindro y el área lateral del cono.

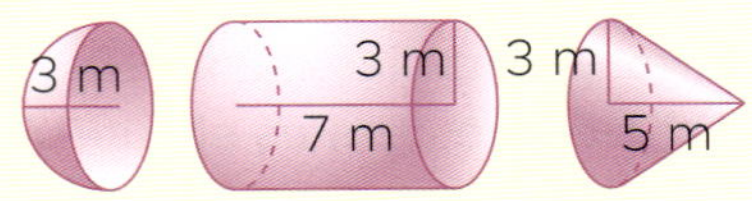


La generatriz del cono mide $g = \sqrt{5^2 + 3^2} = \sqrt{34}$ m.

$$A = \underbrace{\frac{4\pi \cdot R^2}{2}}_{A_{\text{semisfera}}} + \underbrace{2\pi \cdot R \cdot H}_{A_{L\ \text{cilindro}}} + \underbrace{\pi \cdot R \cdot g}_{A_{L\ \text{cono}}} = 2\pi \cdot 9 + 2\pi \cdot 3 \cdot 7 + \pi \cdot 3 \cdot \sqrt{34} \approx 243{,}45 \ \text{m}^2$$

Para hallar el volumen, se suman los de los tres cuerpos que lo forman:

$$V = \underbrace{\frac{1}{2} \cdot \frac{4}{3}\pi \cdot R^3}_{V_{\text{semisfera}}} + \underbrace{\pi \cdot R^2 \cdot H}_{V_{\text{cilindro}}} + \underbrace{\frac{\pi \cdot R^2 \cdot h}{3}}_{V_{\text{cono}}} = \frac{2}{3}\pi \cdot 27 + \pi \cdot 9 \cdot 7 + \frac{\pi \cdot 9 \cdot 5}{3} = 96\pi \approx 301{,}59 \text{m}^3$$

**33** Calcula el volumen de un dado de ocho caras, sabiendo que tiene forma de octaedro regular con 2,8 cm de altura y 1,6 cm de arista.

**34** Una pieza de metal se debe fundir con la forma y medidas que se muestran en la figura.

**a.** ¿Qué volumen de material se debe fundir para fabricar 100 piezas de estas características?

**b.** Cada pieza tiene un recubrimiento especial para evitar daños. Si cada centímetro cuadrado de recubrimiento tiene un coste de 0,25 €, ¿cuál es el coste de aplicar el recubrimiento a las 100 piezas requeridas?

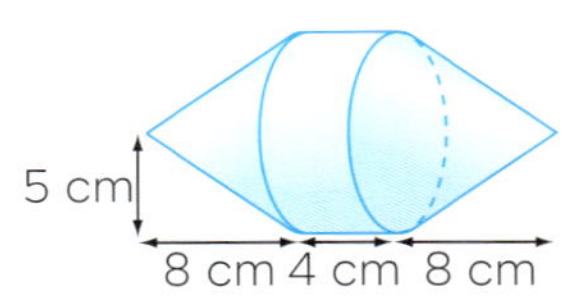


**35** Para la gestión de residuos, un ayuntamiento diseña contenedores públicos de residuos plásticos y envases para colocar en distintos puntos de la ciudad. Los contenedores están formados por un cubo que permanecerá soterrado y un cilindro exterior como en la figura.

**a.** Calcula el área total del contenedor.

**b.** Calcula su volumen.

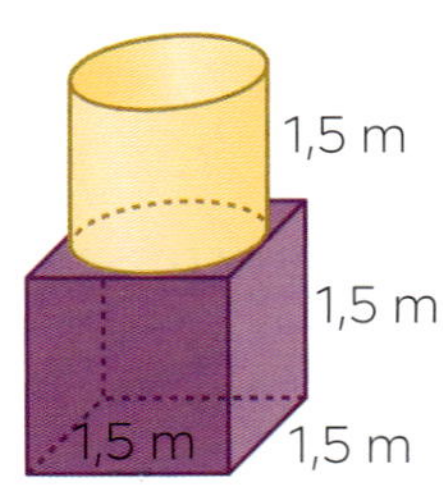

**36** El depósito del agua de una cafetera tiene la forma que se observa en la imagen.

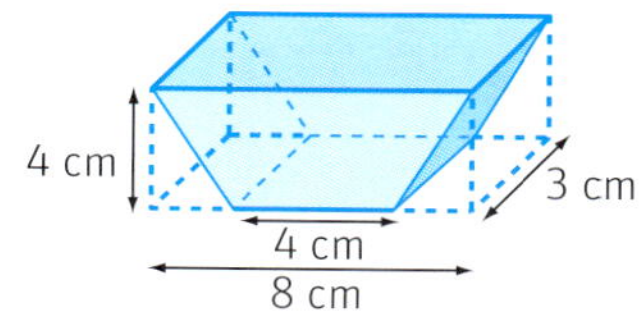


**a.** Identifica el tipo de poliedro que es. ¿Cuál es el volumen de agua que puede contener?

**b.** Si un metro cúbico equivale a 1000 litros, ¿cuántos litros de agua puede contener el depósito?

**37** En un juego de mesa las piezas que se usan tienen la forma que se observa, un cono que tiene su base inscrita en una de las caras de un cubo. ¿Cuál es el volumen de material que se necesitará si el juego se compone de un total de 20 piezas?

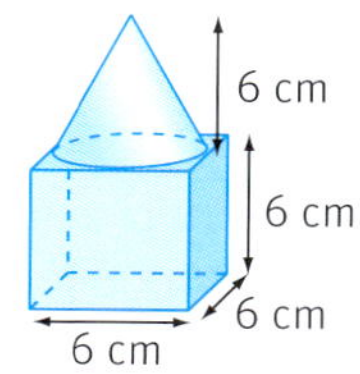


**38** 
## Actividad resuelta

**Para el diseño de un juguete, se necesita que una máquina industrial corte un cubo de 8 cm de arista por los planos que unen los puntos medios de sus aristas adyacentes para obtener el cuboctaedro de la figura. ¿Cuánto material se requiere para fabricar cada pieza? ¿Cuál es su volumen?**

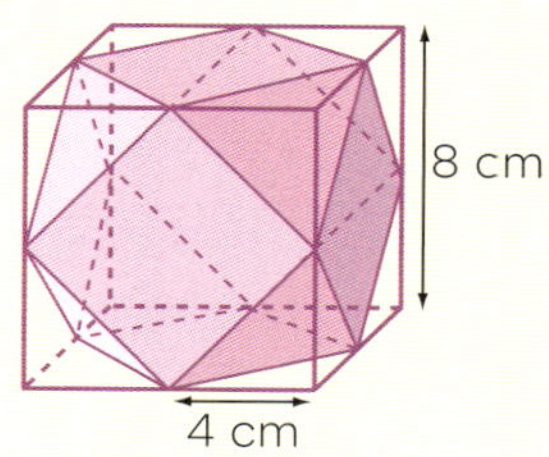


El cuboctaedro de la figura es un poliedro formado por seis cuadrados de lado $\sqrt{4^2+4^2}=\sqrt{32}$ y por ocho triángulos equiláteros también de $\sqrt{32}$ cm de lado.

La altura de los triángulos es: $h=\sqrt{\left(\sqrt{32}\right)^2-\left(\dfrac{\sqrt{32}}{2}\right)^2}=2\sqrt{6}$ cm

El área del cuboctaedro es la suma de las áreas de los polígonos que lo forman:

$$A=6\cdot\left(\sqrt{32}\right)^2+8\cdot\frac{\sqrt{32}\cdot 2\sqrt{6}}{2}=192+64\sqrt{3}\approx 303{,}85\ \text{cm}^2$$

Para hallar el volumen del cuboctaedro se resta al volumen del cubo inicial, $V_{cubo}=8^3$, la suma de los volúmenes de las ocho pirámides triangulares que se suprimen.

Para calcular el volumen de algunos cuerpos es más sencillo completarlos hasta formar cuerpos de volumen conocido y restar el sobrante.

La distancia entre el centro del triángulo equilátero y un vértice es $\dfrac{2}{3}h$.

Por tanto, la altura de la pirámide es: $H=\sqrt{4^2-\left(\dfrac{2}{3}2\sqrt{6}\right)^2}=\sqrt{16-\dfrac{16}{9}\cdot 6}=\dfrac{4\sqrt{3}}{3}$ cm

$$V_{pirámide}=\frac{A_B\cdot H}{3}=\frac{\sqrt{32}\cdot 2\sqrt{6}}{2}\cdot\frac{4\sqrt{3}}{3}\cdot\frac{1}{3}=\frac{32}{3}\ \text{cm}^3\Rightarrow V=8^3-8\cdot\frac{32}{3}\approx 426{,}67\ \text{cm}^3$$

**39** Se quiere cortar un cubo de madera de 12 cm de arista para obtener un tetraedro como el de la figura. Sabiendo que cada pirámide triangular cortada tiene una sexta parte del volumen del cubo, calcula, haciendo todos los pasos necesarios, el volumen del tetraedro resultante.

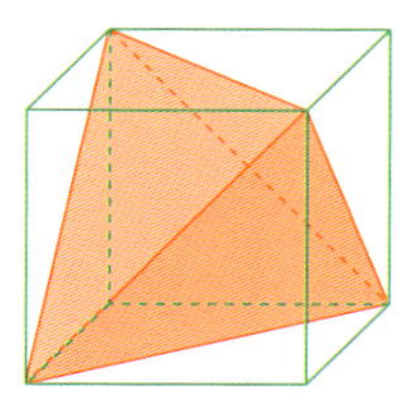

**40** Una ciudad quiere colocar papeleras con el diseño de la figura. Estas papeleras consisten en cubos de metal de 0,80 m de lado y un hueco con forma de cono inscrito en el mismo.

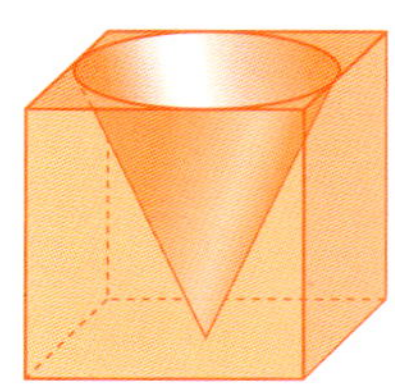

**a.** ¿Qué volumen tiene la pieza que forma la papelera?

**b.** Con 3 $m^3$ de material para fundir, ¿cuántas papeleras como máximo se pueden construir?

# 4 ¿Qué tipo de simetrías existen en cuerpos geométricos?

## Simetrías en el espacio

**41** **Al colocar media esfera junto a un espejo, se puede apreciar la imagen de la esfera completa. Indica los cuerpos geométricos que se observarán al colocar frente al espejo las siguientes figuras.**

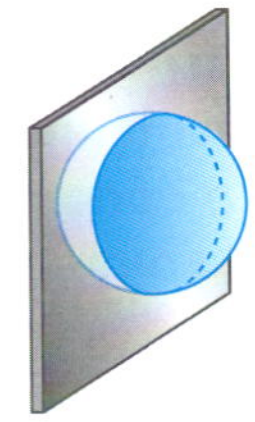

**a.** Una pirámide de base cuadrada cuyas caras laterales son triángulos equiláteros.

**b.** Un cubo de 5 cm de arista.

**c.** Un ortoedro de $6 \times 6 \times 3$ cm, si se coloca una de las caras cuadradas.

En el espacio se distinguen tres tipos de simetrías: respecto de un punto, respecto de una recta y respecto de un plano.

**Simetría central (respecto de un punto)**

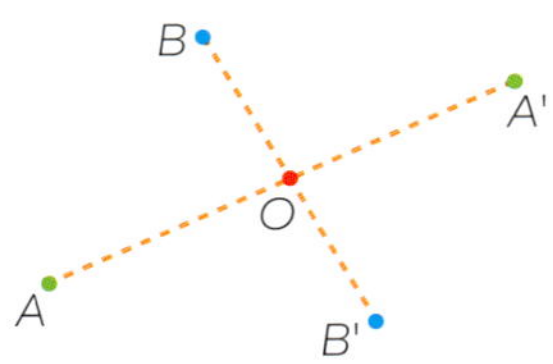


Un punto, *O*, es **centro de simetría** de un cuerpo geométrico, si el homólogo de cualquier punto del cuerpo, en la simetría central de centro *O*, pertenece también al cuerpo.

**Simetría axial (respecto de una recta)**

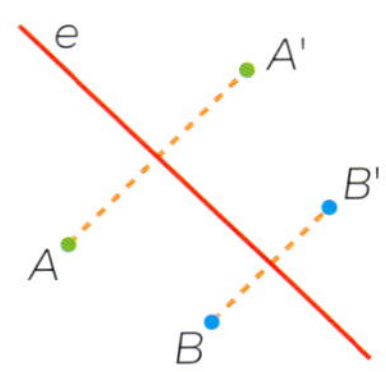


Una recta, *e*, es **eje de simetría** de un cuerpo geométrico, si el homólogo de cualquier punto del cuerpo, en la simetría axial de eje *e*, pertenece también al cuerpo.

**Simetría especular (respecto de un plano)**

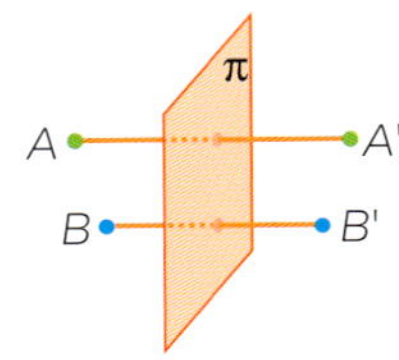


Un plano, $\pi$, es **plano de simetría** de un cuerpo geométrico, si el homólogo de cualquier punto del cuerpo, en la simetría especular de plano $\pi$, pertenece también al cuerpo.

### Ejemplo

El cubo es un cuerpo que posee, entre otras, estas simetrías:

**Simetría central**

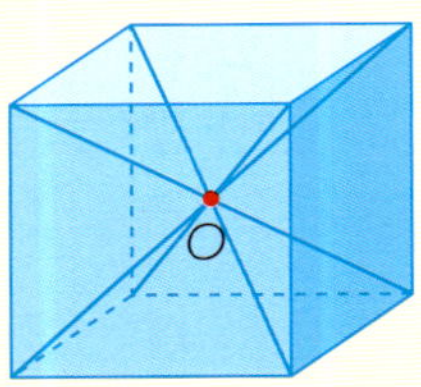


El punto *O*, donde se cortan las diagonales del cubo, es un centro de simetría.

**Simetría axial**

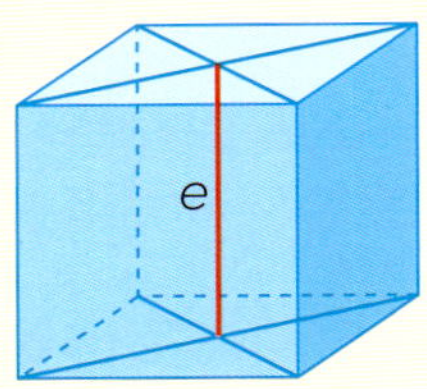


La recta *e*, que une los puntos medios de dos caras opuestas del cubo, es un eje de simetría.

**Simetría especular**

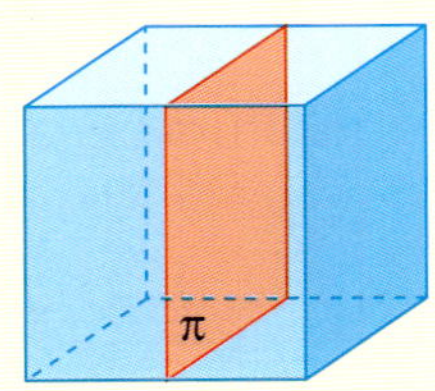


El plano $\pi$, paralelo a dos caras opuestas del cubo y equidistante de ellas, es un plano de simetría.

**42** **Indica , si existen, un centro, un eje y un plano de simetría en las siguientes figuras.**

**a**

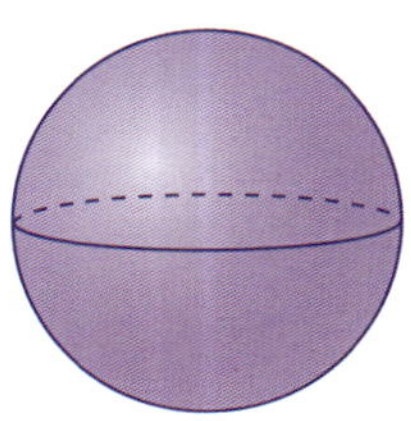

**b**

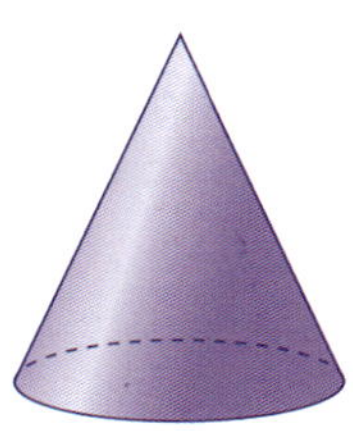

**c**

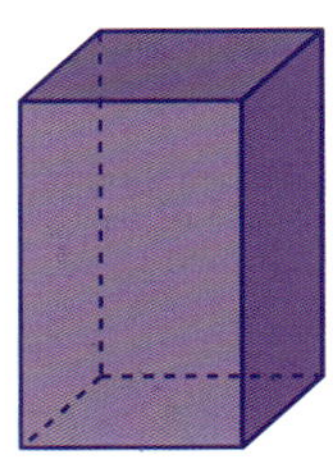

> Todos los ejes y todos los planos de simetría de un cuerpo geométrico contienen al centro de simetría. Todos los planos de simetría contienen algún eje de simetría.

MAT-TIC **Sigue practicando simetrías con el interactivo** de GeoGebra. Simetrías en el cubo.

# 5 ¿Cómo determinamos la posición en la esfera terrestre?

## El globo terráqueo

**43** Observando el globo terráqueo, ¿crees que podrías determinar la posición en su superficie, de forma exacta, con coordenadas cartesianas igual que hacemos en el plano? ¿Por qué?
¿Se te ocurre algún otro modo de determinar la posición?

La forma de la Tierra se denomina geoide y es muy aproximada a una esfera levemente achatada.

La Tierra realiza un movimiento de rotación sobre su eje y los extremos del dicho eje son el polo norte y el polo sur.

Además del ecuador, existen paralelos de especial interés: el trópico de Cáncer, el trópico de Capricornio y los círculos polares Ártico y Antártico.

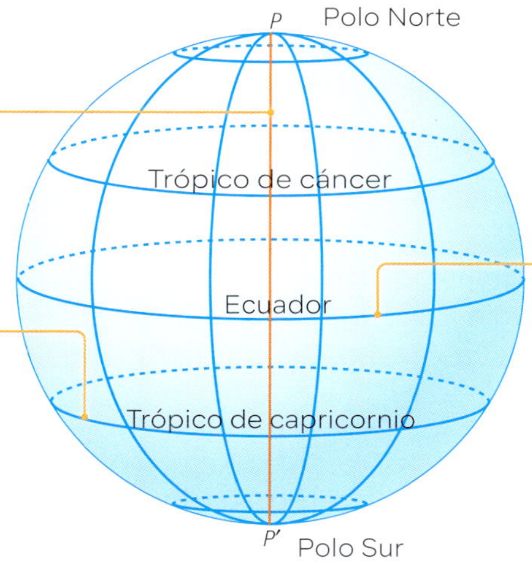


Cualquier plano perpendicular al eje de rotación de la Tierra determina en su superficie esférica una circunferencia denominada paralelo terrestre.

La circunferencia máxima en el plano perpendicular al eje de rotación es el ecuador terrestre. Es el único paralelo que es circunferencia máxima.

Elementos geométricos de la esfera terrestre:

| | |
|---|---|
| **Zona** | Es la parte de la superficie terrestre comprendida entre dos paralelos.<br>• Zona intertropical: comprendida entre los dos trópicos.<br>• Zonas templadas: comprendidas entre los trópicos y los círculos polares. |
| **Casquetes** | Es la parte de la superficie terrestre determinada por un paralelo.<br>Los casquetes polares están determinados por los círculos polares. |
| **Hemisferios** | El plano del ecuador divide a la esfera terrestre en dos partes llamadas hemisferios.<br>• El hemisferio norte o boreal contiene al polo norte.<br>• El hemisferio sur o austral contiene al polo sur. |
| **Huso** | Es cada una de las partes de la superficie esférica limitada por dos meridianos terrestres. El ángulo correspondiente a un huso es el determinado por los planos que contienen a los meridianos. |
| **Husos horarios** | La esfera terrestre se divide en 24 husos horarios de 15° de amplitud (ya que $24 \cdot 15° = 360°$).<br>• El huso de referencia, huso 0, es el que tiene como meridiano central el meridiano de Greenwich.<br>• Dos puntos de la Tierra tienen la misma hora local cuando pertenecen al mismo huso horario (salvo excepciones).<br>• La hora de cualquier punto terrestre es la del meridiano de Greenwich sumándole o restándole las horas correspondientes al huso al que pertenecen. |

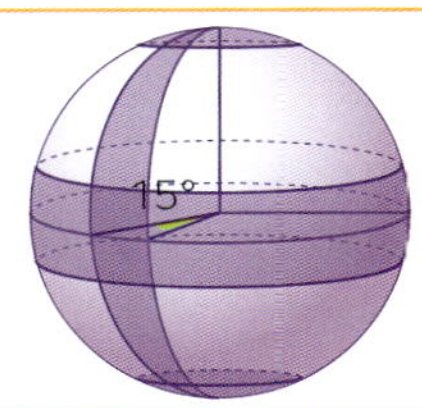


### Ejemplo

Londres pertenece al huso 0 y Nueva York, al huso –5.

- Cuando en Londres son las 12 horas del mediodía, en Nueva York son las 7 horas de la mañana.
- Cuando en Nueva York es la 1 de la madrugada, en Londres son las 6 horas de la mañana.

**44** Si Brasil pertenece al huso –3 y España al huso 1, ¿qué hora es en Brasil en la medianoche de España?

## Coordenadas geográficas

Para situar los puntos de la superficie terrestre, se utiliza un sistema de referencia parecido al cartesiano. Los elementos que lo forman son los siguientes.

- Como eje horizontal se utiliza el ecuador.
- Como eje vertical se utiliza el meridiano de Greenwich.
- El origen es la intersección del ecuador con el meridiano de Greenwich.
- La unidad de medida es el grado sexagesimal.

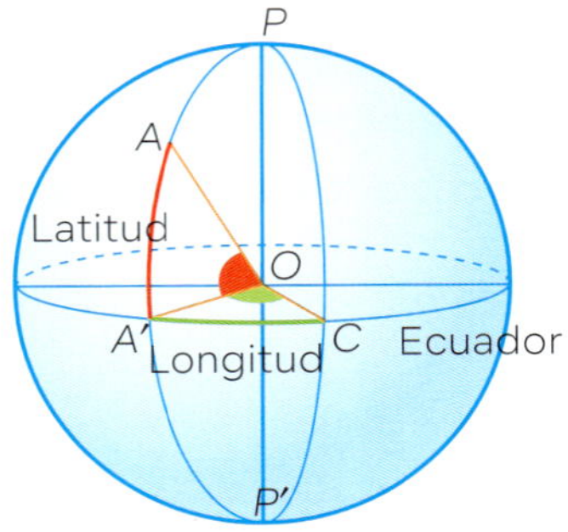


Salvo para los polos, por cada punto de la Tierra pasa un único meridiano y paralelo. De esta forma, cada punto tendrá un par de coordenadas geográficas que se denominan longitud y latitud geográficas.

- **Longitud geográfica** (meridianos)

  La longitud de un punto *A* es la medida angular del arco determinado en el ecuador por el meridiano de Greenwich y el meridiano del lugar. La longitud se mide de 0° a 180° en dirección este y de 0° a 180° en dirección oeste. Todos los puntos de un meridiano terrestre tienen la misma longitud geográfica.

- **Latitud geográfica** (paralelos)

  La latitud de un punto *A* es la medida angular del arco determinado en el meridiano del lugar por el punto y el ecuador. La latitud se mide de 0° a 90° en dirección norte y de 0° a 90° en dirección sur. Todos los puntos de un paralelo terrestre tienen la misma latitud geográfica.

### 45 Actividad resuelta

**Dos puntos de la esfera terrestre están situados en el mismo meridiano y sus latitudes son de 52° N y 25° S. Calcula la distancia que los separa suponiendo que la Tierra es una esfera de radio 6 371 km.**

La diferencia de latitudes determina un ángulo de:

52° − (−25°) = 77°

La distancia mínima entre los puntos *A* y *B* se mide sobre la circunferencia máxima correspondiente al meridiano de esos dos puntos y, por tanto, se corresponde con la longitud de un arco de amplitud 77° en una circunferencia de radio 6 371 km.

$$L = \frac{\pi \cdot R \cdot 77}{180} = \frac{\pi \cdot 6371 \cdot 77}{180} = 8562 \text{ km}$$

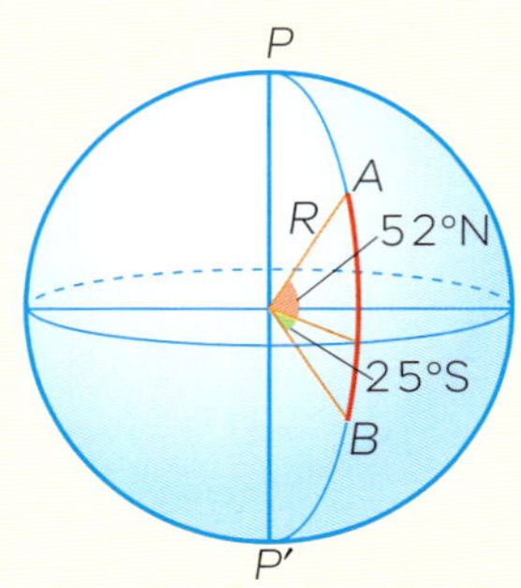


**46** **Dos puntos de la esfera terrestre están situados en el mismo meridiano y sus latitudes son de 40° 20' N y 32° 10' N. Calcula la distancia que los separa.**

**47** **El radio medio de la Tierra es de 6 371 km.**

a. Calcula la longitud del ecuador, la superficie y el volumen de la Tierra.

b. Halla la superficie de los dos casquetes polares, sabiendo que estos son el resultado de cortar la superficie terrestre por un plano a 5 843 km de distancia del centro de la Tierra.

**48** **Calcula el radio de los paralelos terrestres pertenecientes a planos que distan del centro de la Tierra:**

a. 1000 km.

b. la mitad del radio terrestre (6371 km).

**49** **CREAMOS JUNTOS un mapa del mundo en grupos de cuatro con todos los meridianos y sus zonas horarias.**

# NUESTRO RETO

## Aplasta tus envases

### Estima en cuánto se reduce el número de bolsas de basura que llenas aplastando los *briks* antes de tirarlos

Formad grupos de 4 y seguid estos pasos para completar el reto.

**Paso 1**

**Comienza con unos datos**

Debeis medir las tres dimensiones de un *brik* y del cubo de basura donde arrojas este tipo de envases y anótalarlas.

Investigad también los materiales de los que están hechos estos envases además del cartón.

**Paso 2**

**Cálculo de volúmenes**

- Calculad el volumen del *brik* (sin aplastar) y del cubo de basura utilizando las medidas que habéis apuntado. Aprovechad para comparar ese volumen con la capacidad que el envase declara. A continuación, calculad cuántos *briks* sin aplastar caben en ese cubo, y cuántos caben aplastados, suponiendo que un *brik* aplastado ocupa aproximadamente un 40 % menos del volumen del que ocupa sin aplastar.
- Teniendo en cuenta los resultados obtenidos, haced una estimación del número total de bolsas de basura que tirarías durante una semana a los contenedores en cada uno de los dos supuestos.

**Paso 3**

**Saca tus conclusiones**

Debatid los resultados obtenidos en tu investigación dentro del grupo, teniendo especial cuidado en la entonación.

Haced una prueba en clase. Id echando en una bolsa los *briks* que llevéis a clase sin aplastar y en otra echad solo envases aplastados. Fijaos en cuánto se tarda en llenar cada una de ellas.

Reflexionad y debatid sobre otro tipo de iniciativas que sean simples y produzcan un impacto importante en el reciclado prestando atención a la entonación al hablar.

**¿Cómo te ha ido el reto?** Entra y haz tu valoración

# EN RESUMEN

## POLIEDROS

### Tipos de poliedro

#### Prisma

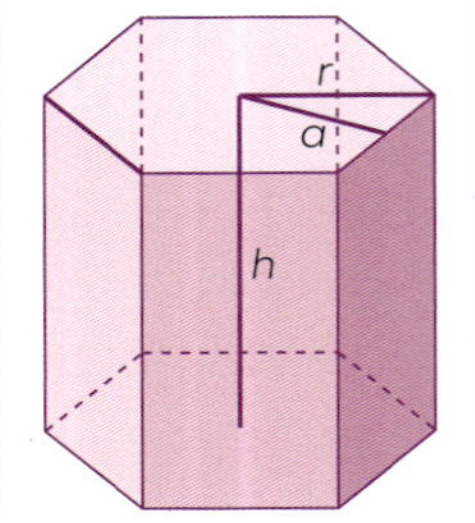


#### Pirámide

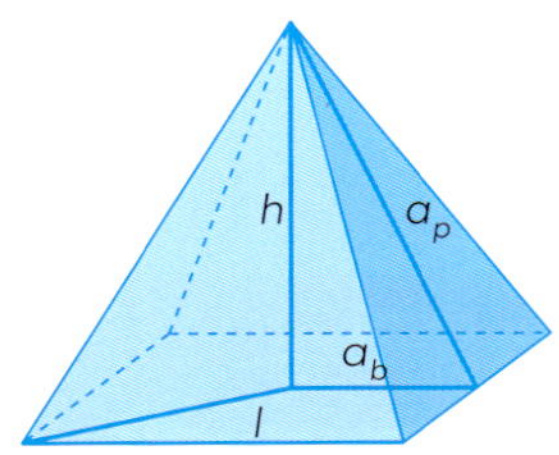


#### Poliedros regulares

Tetraedro

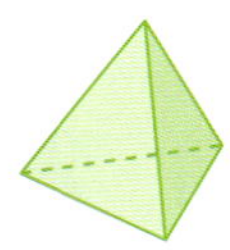

Cubo

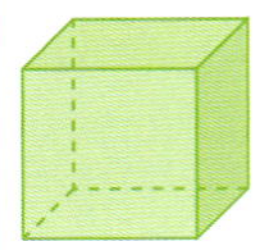

Octaedro

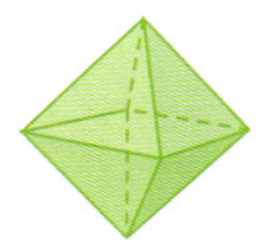

Dodecaedro

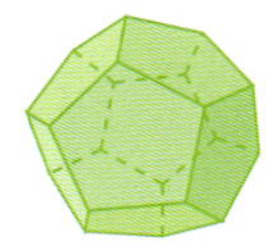

Icosaedro

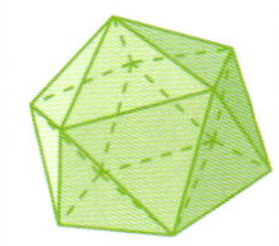

## CUERPOS DE REVOLUCIÓN

### Cilindro

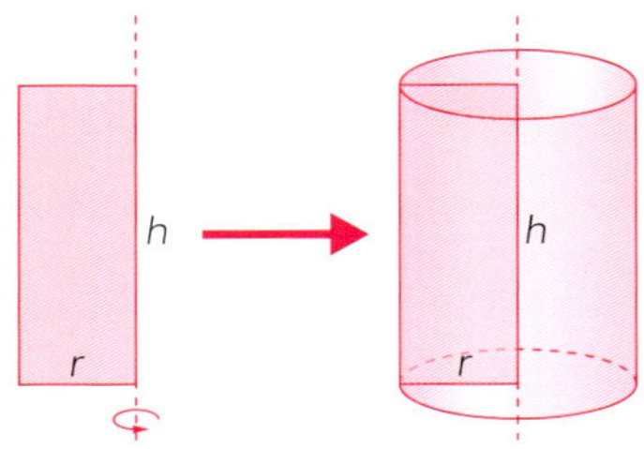


### Cono

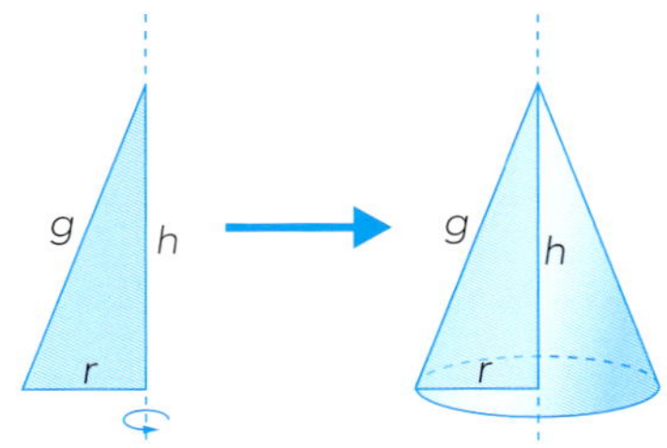


### Esfera

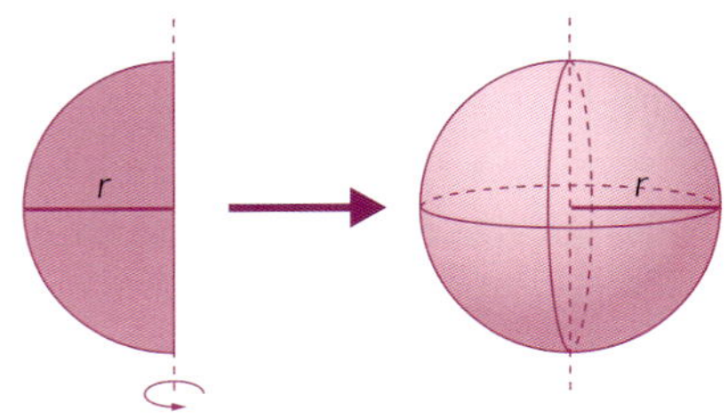


## ÁREAS Y VOLÚMENES DE LOS CUERPOS GEOMÉTRICOS

### Prisma

$$A_T = p\cdot(h+a_b)$$

$$V = \frac{p\cdot a_b\cdot h}{2}$$

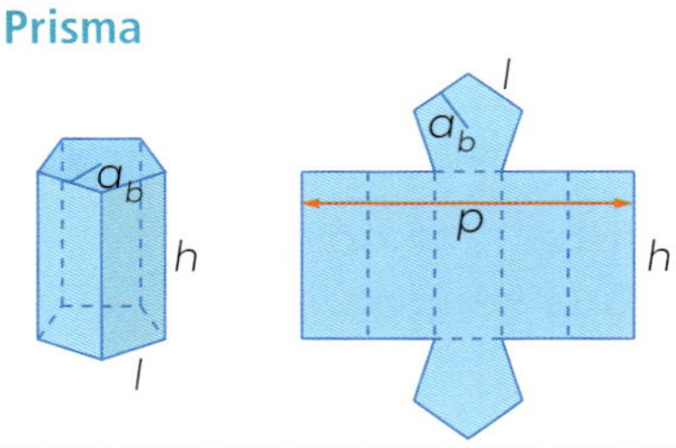


### Pirámide

$$A_T = \frac{1}{2}p\cdot(a_p+a_b)$$

$$V = \frac{p\cdot a_b\cdot h}{6}$$

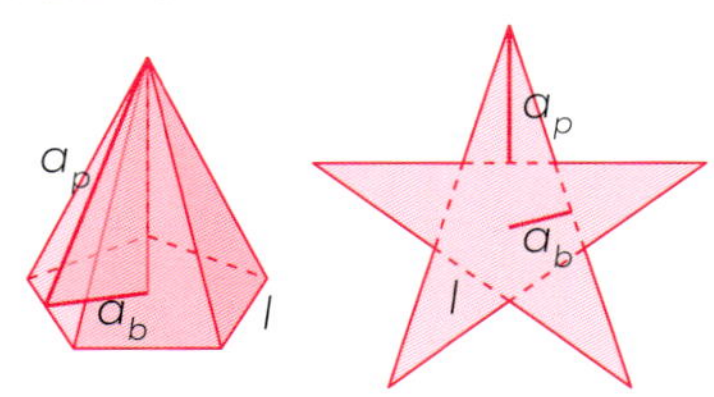


### Cilindro

$$A_T = 2\pi r\cdot(h+r)$$

$$V = \pi r^2\cdot h$$

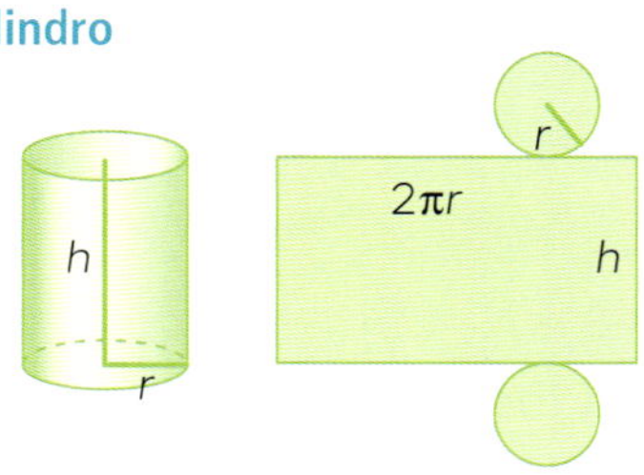


### Cono

$$A_T = \pi r\cdot(g+r)$$

$$V = \frac{\pi\cdot r^2\cdot h}{3}$$

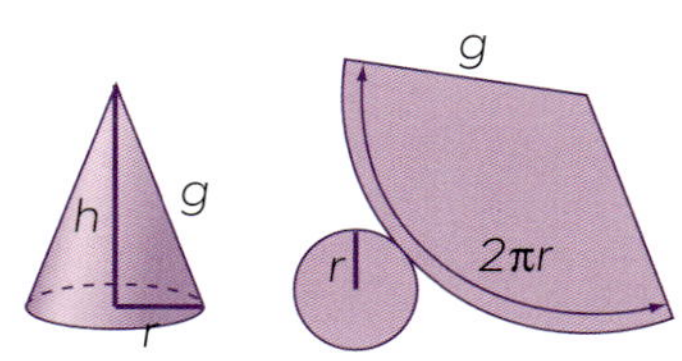


### Esfera

$$A = 4\pi\cdot R^2$$

$$V = \frac{4}{3}\pi\cdot R^3$$

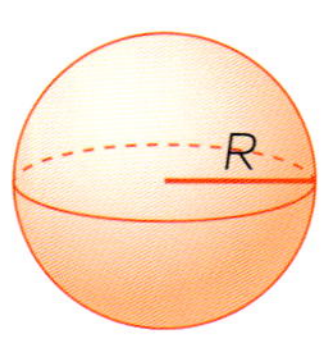


### Zona esférica

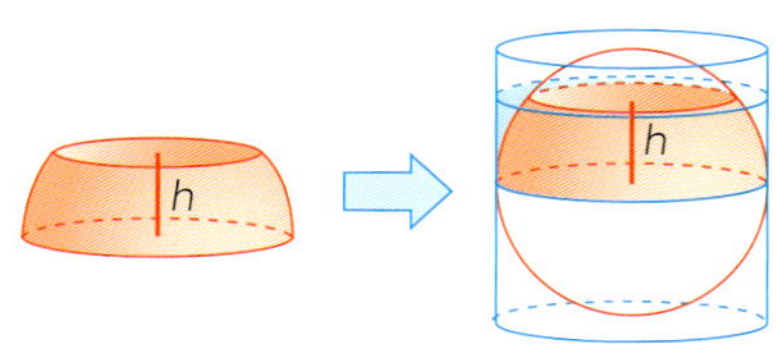


### Casquete esférico

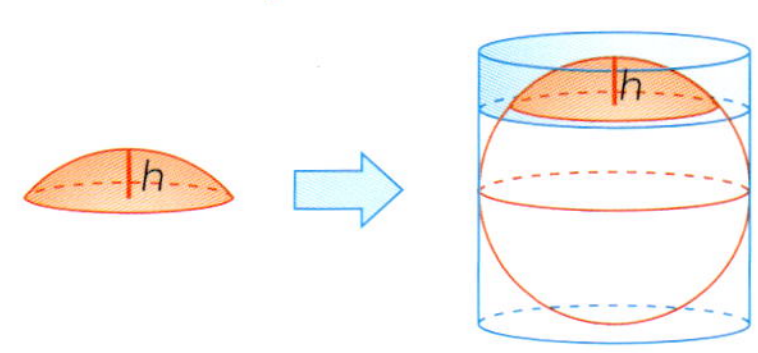


$$A = (2\pi R)\cdot h = 2\pi\cdot R\cdot h$$

# PRACTICAMOS

## Actividades

**1** **Aprendo a pensar.** Organiza en un mapa mental los conceptos que has aprendido.

**2** Observa el cubo de la figura.

**a.** ¿Existen dos aristas secantes que no sean perpendiculares?

**b.** Demuestra que las aristas *EF* y *BC* son perpendiculares.

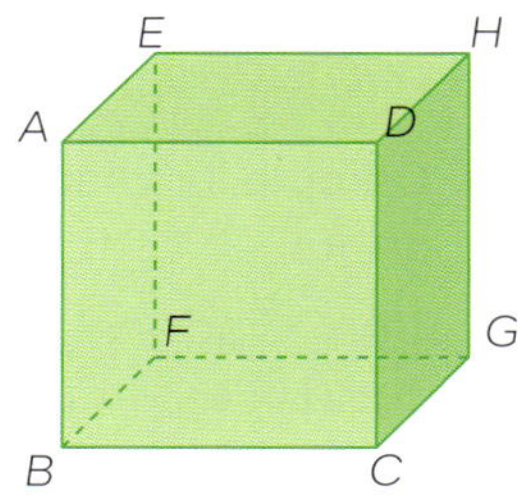


**3** ¿Cuáles de los siguientes cuerpos son poliedros? Indica en tal caso si son o no regulares.

**a**

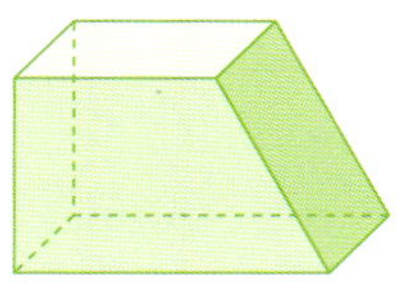

**b**

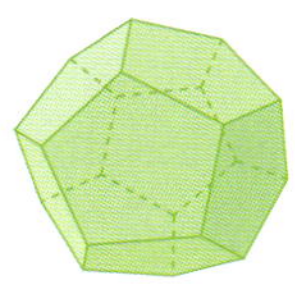

**4** Comprueba que se cumple la fórmula de Euler para cada uno de los siguientes poliedros.

**a.** Pirámide triangular **b.** Prisma octogonal

**5** Un poliedro regular tiene doce aristas y seis vértices. Calcula el número de caras y di qué poliedro es.

**6** Un prisma convexo tiene doce aristas y ocho vértices.

**a.** Calcula el número de caras.

**b.** Si todas sus caras son romboides, ¿qué tipo de prisma es?

**7** Observa el siguiente cuerpo.

**a.** ¿Cómo está formado?

**b.** Estudia si se cumple la fórmula de Euler.

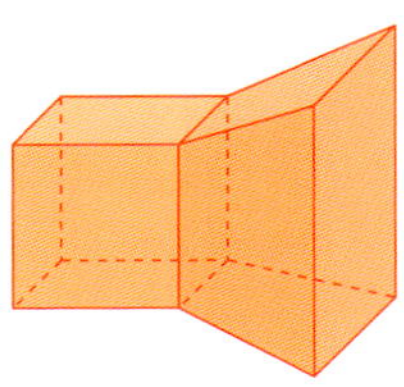

**8** ¿Se puede obtener un poliedro regular uniendo dos pirámides cuadrangulares por sus bases?

**9** Halla el área y el volumen de estos cuerpos geométricos.

**a.** Un prisma regular de 22 m de altura cuya base es un cuadrado de 16 m de lado.

**b.** Un cilindro de 15 cm de radio de la base y altura igual al perímetro de la base.

**10** ¿Qué relación existe entre el área y el volumen de un cono y el área y el volumen de otro cono cuya altura y radio miden la mitad que las del cono inicial?

**11** **Actividad resuelta**

Dibuja un desarrollo plano del cuerpo geométrico de la figura y calcula su área si $DB = DC = DA = 6$ cm.

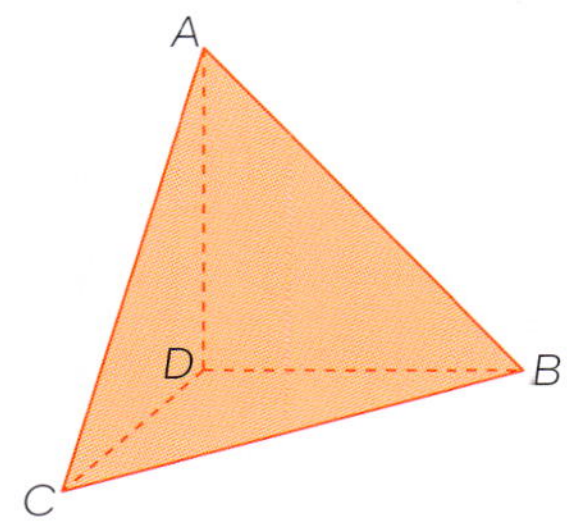


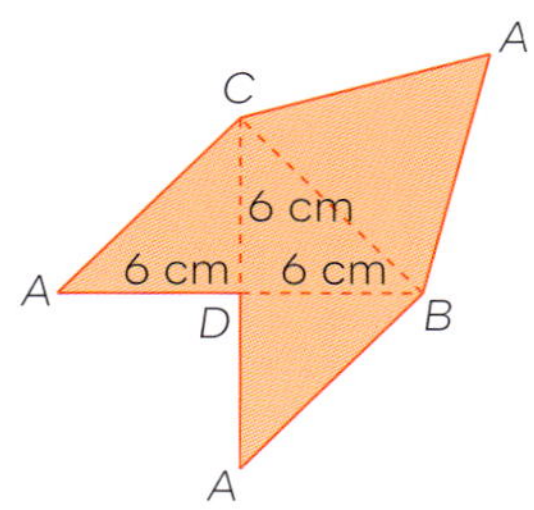


Es una pirámide triangular cuya base es un triángulo rectángulo isósceles con catetos de 6 cm de longitud, dos caras laterales que son dos triángulos iguales a la base y otra cara lateral que es un triángulo equilátero con medidas:

$$CB = \sqrt{6^2 + 6^2} = \sqrt{72} \text{ cm}$$

$$h = \sqrt{\left(\sqrt{72}\right)^2 - \left(\frac{\sqrt{72}}{2}\right)^2} = \sqrt{54} \text{ cm}$$

$$A = 3 \cdot \frac{6 \cdot 6}{2} + \frac{\sqrt{72}\sqrt{54}}{2} = 54 + 18\sqrt{3} \approx 85{,}18 \text{ cm}^2$$

**12** Dibuja el desarrollo plano de los siguientes cuerpos geométricos y calcula su área total.

**a.** Un cubo de 5 cm de arista.

**b.** Un ortoedro de dimensiones $3 \times 3 \times 6$ cm.

**c.** Una pirámide regular de 5 cm de arista lateral y cuya base es un triángulo equilátero de 3 cm de lado.

**13** Para cada una de estas figuras, dibuja su desarrollo plano y calcula su área y su volumen.

**a**

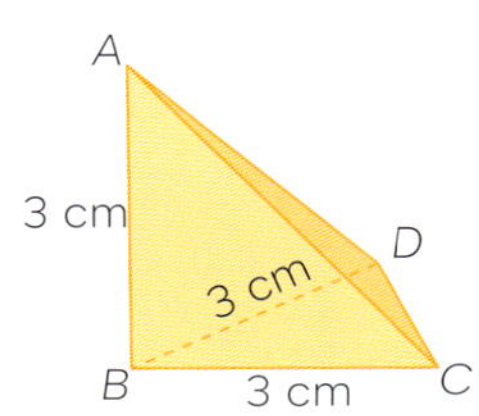


**b**

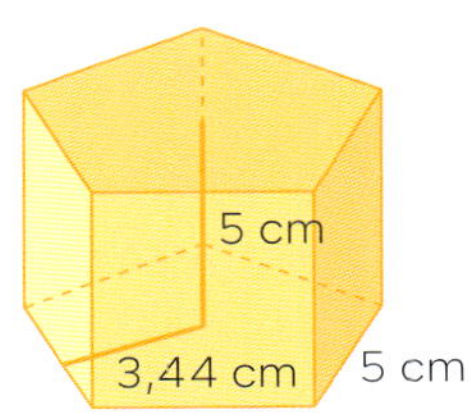

14 Describe los cuerpos de revolución, con sus elementos, que se obtienen al girar las siguientes figuras.

**a.** Un triángulo equilátero de 5 cm de lado que gira alrededor de su altura.

**b.** Un semicírculo de radio 10 cm que gira alrededor de su diámetro.

15 Dibuja en cada caso la figura plana y el eje sobre el cual gira para generar cada uno de estos cuerpos.

16 ¿Cuál es el volumen limitado por dos esferas concéntricas si sus radios miden 10 cm y 15 cm?

## 17 Actividad resuelta

**Una esfera tiene un radio de 15 cm. Calcula el área de un huso esférico de amplitud 60° y el volumen de la cuña esférica que determina.**

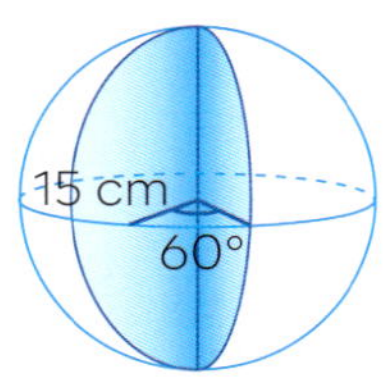


La esfera completa tiene una amplitud de 360°, por lo que un huso de 60° supone $\frac{60}{360} = \frac{1}{6}$ de la esfera.

El área es:

$$A_{huso} = \frac{1}{6} \cdot A_{esfera} = \frac{1}{6} \cdot 4\pi \cdot 15^2 \approx 471{,}24 \text{ cm}^2$$

El volumen es:

$$V_{cuña} = \frac{1}{6} \cdot V_{esfera} = \frac{1}{6} \cdot \frac{4}{3} \pi \cdot 15^3 \approx 2356{,}19 \text{ cm}^3$$

18 Dada una esfera de 40 cm de radio, halla el área del huso esférico de 40° de amplitud y el volumen de la cuña esférica que determina.

19 El volumen de una cuña esférica de amplitud 90° es 450 m³. Halla el área y volumen de la esfera correspondiente.

20 Dos puntos del meridiano en el que se encuentra Nueva York tienen latitudes de 40° N y 85° N. ¿Cuál es su distancia? (Radio de la Tierra: 6 371 km)

21 Dos puntos del meridiano de Greenwich tienen latitudes de 40° S y 30° N. ¿Cuál es su distancia?

22 Dos puntos del ecuador tienen longitudes 40° O y 50° O. ¿Cuál es su distancia?

## 23 Actividad resuelta

**Calcula la diagonal de un cubo de *a* cm de arista.**

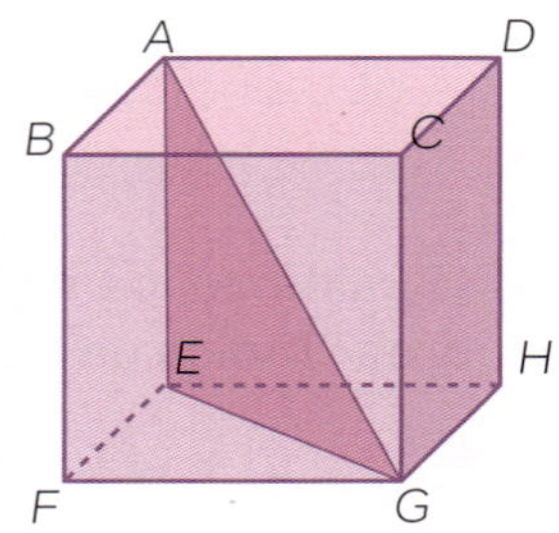


Una diagonal de un cubo es cualquier segmento que une dos puntos que no pertenecen a una misma cara. Por ejemplo, el segmento *AG*. Su medida se puede hallar considerando el triángulo rectángulo *AEG* cuyos catetos miden $AE = a$ y $EG = \sqrt{a^2 + a^2} = a\sqrt{2}$.

$$AG = \sqrt{AE^2 + EG^2} = \sqrt{a^2 + 2a^2} = \sqrt{3a^2} = a\sqrt{3} \text{ cm}$$

24 Halla las diagonales de los ortoedros con estas dimensiones:

**a.** $a = 5$ cm, $b = 4$ cm, $c = 10$ cm

**b.** $a = 50$ mm, $b = 45$ mm, $c = 10$ mm

**c.** $a = 9$ m, $b = 12$ m, $c = 36$ m

25 Señala, si existen, un centro, un eje y un plano de simetría en cada uno de los siguientes cuerpos.

**a**

**b**

26 Calcula el área del cuerpo geométrico que se muestra en la figura.

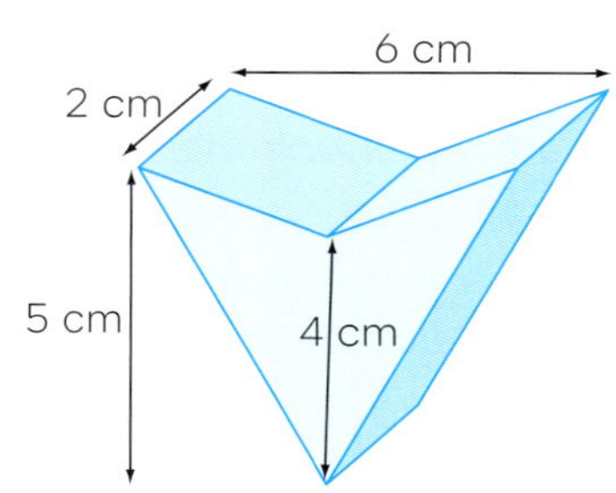

**27** Calcula el volumen de las siguientes figuras.

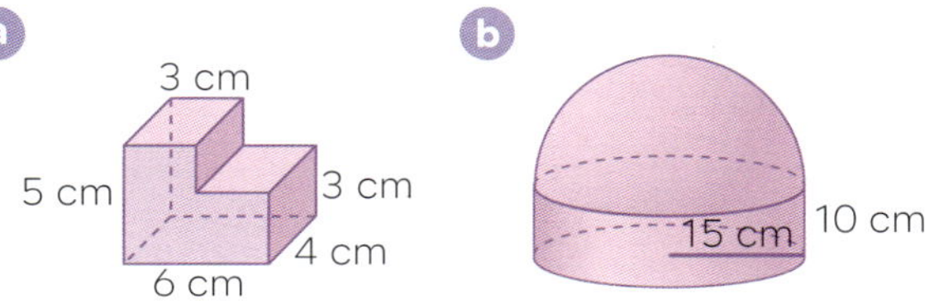


## Problemas

**28** ¿Qué cuerpo geométrico determinan los centros de las seis caras de un cubo? ¿Y los centros de las cuatro caras de un tetraedro regular? ¿Y los centros de las ocho caras de un octaedro regular? ¿Qué propiedad observas?

**29** Calcula el área de un tronco de cono, sabiendo que este se obtuvo al cortar por la mitad de su altura un cono de radio 21 cm y altura 56 cm.

**30** Si el radio de la Tierra mide 6 371 km, ¿cuál es el área de cada uno de sus 24 husos horarios? ¿Y el volumen de las correspondientes cuñas esféricas?

**31** Para construir una caja sin tapa, se corta un cuadrado de 5 cm de lado en cada una de las esquinas de una cartulina de dimensiones $50 \times 30$ cm.

a. ¿Cuál es el volumen de la caja?

b. Si cortamos 8 cm de cada esquina, ¿el volumen será mayor o menor?

**32** La tuerca de la figura está limitada por un prisma hexagonal regular y un cilindro de 0,5 cm de radio de la base.

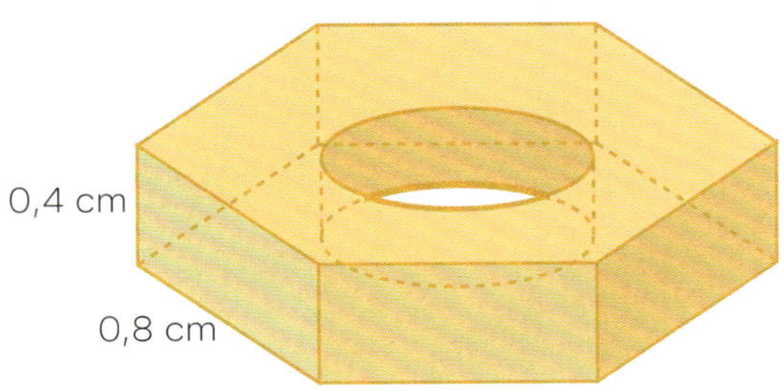


Calcula la masa de metal necesaria para construirla si dicho metal tiene una densidad de 8 g/cm$^3$.

## Comprueba lo que has aprendido

**1** En el siguiente cuerpo geométrico, señala:

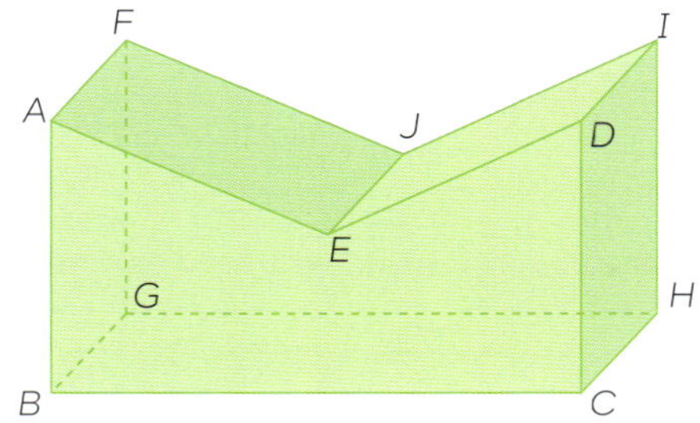


a. Dos caras paralelas y dos perpendiculares.

b. Dos caras secantes no perpendiculares y la arista donde se cortan.

c. Dos aristas perpendiculares secantes y el punto donde se cortan.

d. Dos aristas que no sean paralelas ni perpendiculares.

**2** La diagonal de un cubo mide $\sqrt{48}$ cm. Calcula el área total, el volumen y la diagonal de una de sus caras.

**3** Dibuja el desarrollo de un prisma regular de 78 cm$^2$ de área sabiendo que su base es un cuadrado de 3 cm de lado. Calcula su volumen.

**4** Calcula el área lateral, el área total y el volumen de esta pirámide recta de base cuadrada. Dibuja su desarrollo plano.

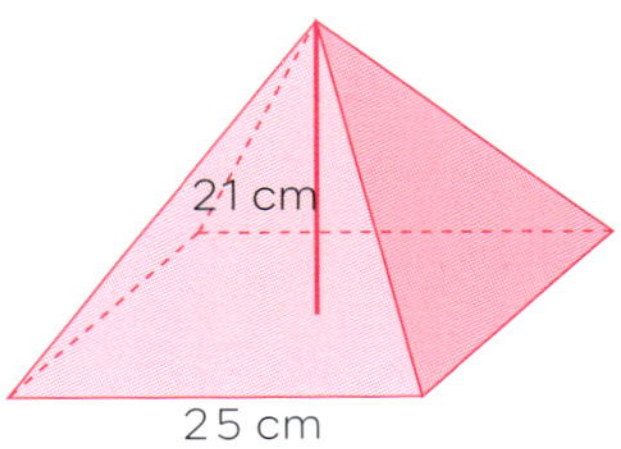


**5** Un cono tiene una generatriz de 10 cm y un área lateral de $60\pi$ cm$^2$. Calcula su área total y su volumen.

**6** El área de una semiesfera es de $50\pi$ cm$^2$. Calcula el radio y el volumen de la esfera completa.

**7** Indica, si existen, un centro de simetría, un eje de simetría y un plano de simetría en un dodecaedro regular.

**8** La localidad de Pola de Siero (Asturias) tiene unas coordenadas geográficas de 43° 24' N y 5° 39' O y la de Jarandilla de la Vera (Cáceres) de 40° 8' N y 5° 39' O. Calcula la distancia que las separa. (Radio de la Tierra: 6 371 km)

Mis competencias | Autoevaluación

# Bloque 3 SENTIDO ALGEBRAICO

3.1. Investigando patrones

3.2. Álgebra: el lenguaje de las matemáticas

3.3. Igualdades que resuelven problemas

3.4. Funciones: modelos para estudiar la realidad

# 3.1 Investigando patrones

¡EMPEZAMOS!

## LA MAYORÍA DE LOS CULTIVOS ALIMENTARIOS DEPENDEN DE LAS ABEJAS Y OTROS POLINIZADORES

- ¿Has visto el vídeo? ¿Eras consciente del importante papel que juegan las abejas en nuestra alimentación?
- ¿Sabías que la población de abejas está en peligro?
- Cita algunas de las amenazas a las que se enfrentan las abejas.

## ¡VAMOS A APRENDER!

1. Mantener el nivel de ruido.
2. Reconocer patrones numéricos y utilizarlos para hacer predicciones.
3. Hallar el término general y la ley de recurrencia de una sucesión y aplicarlos para calcular términos.
4. Hallar el término general y la suma de *n* términos de una progresión aritmética o geométrica.
5. Planificar los pasos intermedios para resolver un problema.
6. Concienciar a los demás sobre la importancia de proteger a las abejas.

## NUESTRO RETO

### Abejas arquitectas

En equipo, vais a investigar sobre el patrón de construcción de los panales de abejas y a diseñar un texto expositivo científico de concienciación. *Save the bees!*

¡Vamos allá!

# 1 ¿Reconocer patrones nos permite hacer predicciones?

## Patrones numéricos

1 MAT-TIC En la programación de aplicaciones o videojuegos, una de las aptitudes más necesarias es la capacidad para reconocer patrones. Ponte a prueba con los siguientes patrones. ¿Cuántos círculos tendrá la figura siguiente en cada apartado?

Comprueba el resultado y aprende más sobre los números poligonales con el interactivo de GeoGebra *Números Poligonales*.

a.

b.

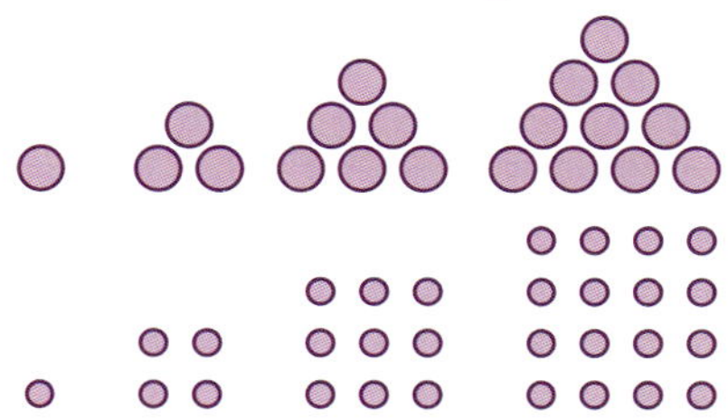

c.

d.

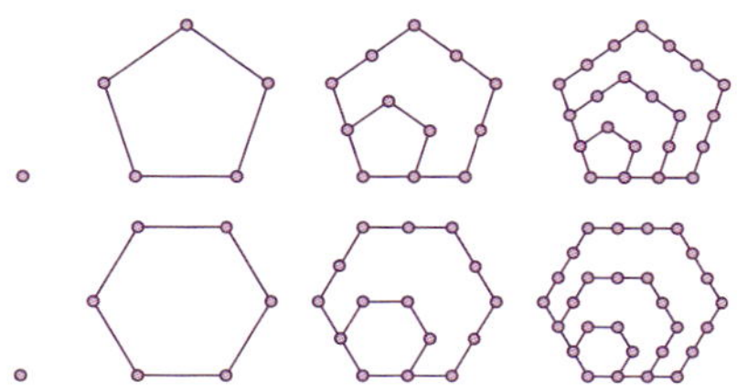

Cuando una secuencia de números sigue un **patrón**, si se conocen algunos términos se pueden obtener los siguientes.

2 **Actividad resuelta**

**Observa la secuencia construida con cerillas.**

**¿La relación entre el número de cuadrados y el número de cerillas sigue algún patrón? Utilízalo para calcular el número de cerillas necesarias para formar una figura con 100 cuadrados.**

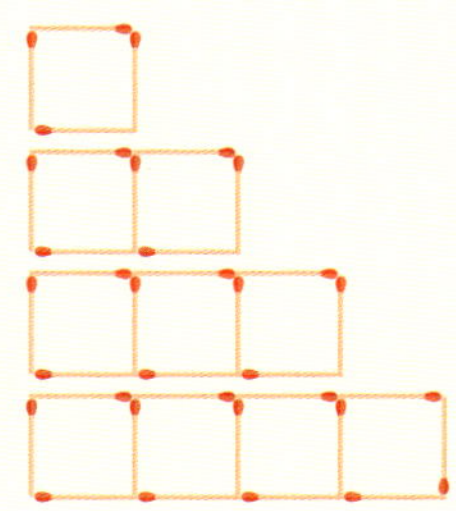

Organizamos los números de los cuadrados y los de las cerillas en una tabla para observar la relación que existe entre ellos.

| N.º de cuadrados | 1 | 2 | 3 | 4 |
|---|---|---|---|---|
| N.º de cerillas | 4 | 7 | 10 | 13 |

Para añadir un nuevo cuadrado se necesitan tres cerillas más. Así, para construir la figura con cuatro cuadrados se han utilizado cuatro cerillas para el cuadrado inicial y tres cerillas por cada uno de los tres cuadrados restantes, es decir, $4 + 3 \cdot 3 = 13$ cerillas.

Del mismo modo, para construir la figura de 100 cuadrados se usarán cuatro cerillas para el inicial y tres cerillas por cada uno de los noventa y nueve cuadrados restantes, es decir, $4 + 3 \cdot 99 = 301$ cerillas.

3 ¿Cuántas cerillas se necesitan para formar la figura 30 de la secuencia dada?

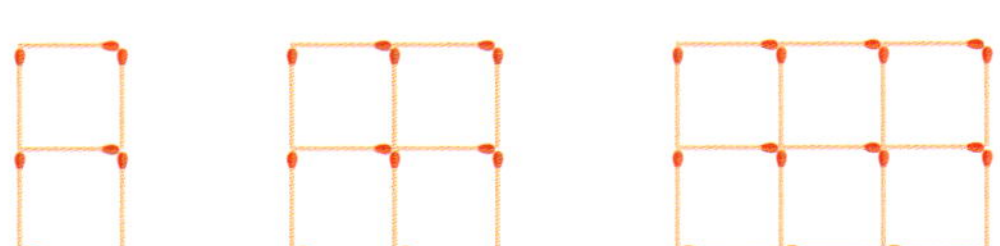

1 2 3

4 Halla el término indicado en cada caso.

a. 6.° de la secuencia 1, 5, 9, ...

b. 11.° de la secuencia 5, 10, 15, ...

c. 27.° de la secuencia 9, 12, 15, ...

d. 45.° de la secuencia 3, 10, 17, ...

e. 21.° de la secuencia 11, 6, 1, ...

f. 17.° de la secuencia 19, 12, 5, ...

5 ¿Cuántas cerillas se necesitarán para construir una torre con 55 cerillas en la base?

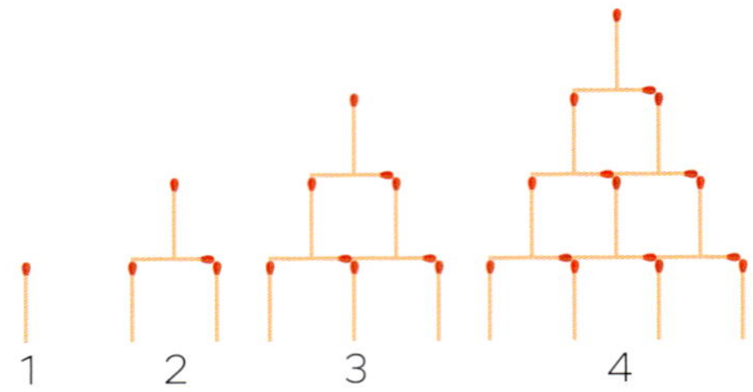


6 Matilde está investigando el patrón de construcción de los triángulos de la secuencia. ¿Cuántos palillos necesitará para formar el triángulo número 100?

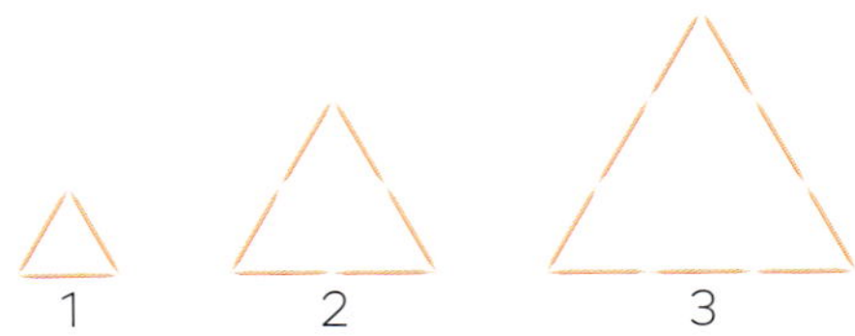


7 Escribe el término indicado en cada una de las siguientes secuencias.

**a.** 8.° de la secuencia 12, 17, 22, 27, ...

**b.** 19.° de la secuencia 2, 6, 18, 54, ...

**c.** 32.° de la secuencia 1, 7, 13, 19, ...

**d.** 21.° de la secuencia 80, 70, 60, 50, ...

**e.** 14.° de la secuencia 2, 5, 10, 17, ...

**f.** 43.° de la secuencia 16, 19, 22, 25, ...

8 ¿Cuántos cuadrados amarillos y cuántos cuadrados azules habrá en la figura número 30 de esta secuencia?

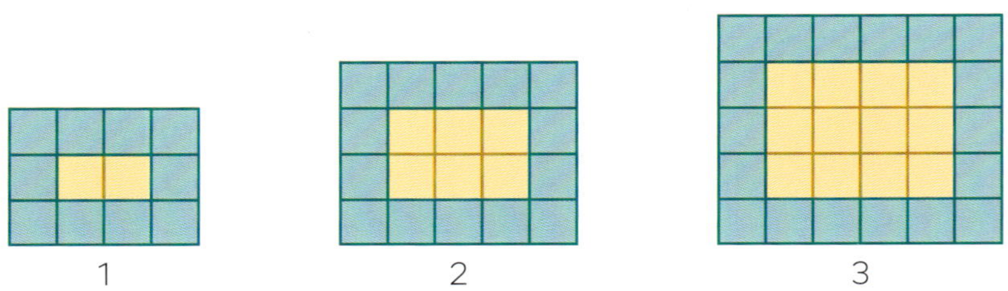


9 ¿Cuántos cuadrados se necesitarán para construir una torre con 10 pisos?

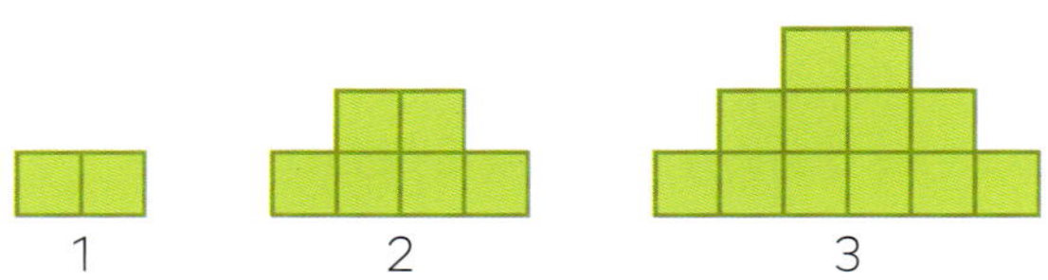


10 Un grupo de biólogos está estudiando el desarrollo de distintas especies protegidas de plantas, para lo que van anotando el número de hojas según las semanas de vida.

| | 1.ª semana | 2.ª semana | 3.ª semana | 4.ª semana | 5.ª semana |
|---|---|---|---|---|---|
| Planta A | 1 | 3 | 5 | 7 | 9 |
| Planta B | 2 | 5 | 10 | 17 | 26 |
| Planta C | 1 | 3 | 7 | 7 | 16 |
| Planta D | 3 | 12 | 27 | 48 | 75 |

**a.** Observa, para cada planta, la relación entre el número de la semana y el número de hojas. ¿En qué plantas esta relación sigue un patrón? Explícalo.

**b.** Indica, en los casos en que sea posible, los datos de las semanas sexta y séptima.

# 2 ¿Cómo expresamos un patrón en lenguaje matemático?

## Sucesiones. Término general

11 Dada esta lista infinita de números:
5, 7, 9, 11, 13, 15...

**a.** Completa la tabla.

**b.** ¿Qué término habría en la posición $n$?

| Posición | 1.ª | 2.ª | 3.ª | 4.ª | 5.ª | 6.ª |
|---|---|---|---|---|---|---|
| Término | 5 | ●●● | ●●● | ●●● | ●●● | ●●● |

Una **sucesión** es una lista ordenada de números que pueden seguir un patrón. Cada uno de los números que la forma se llama **término.**

El **término general** de una sucesión es una expresión algebraica que nos permite calcular cualquier término a partir de la posición que ocupa. No todas las sucesiones tienen término general.

$a_1, a_2, a_3, a_4, ..., a_n$ → $a_n$: término general → $n$: posición enésima

### 12 Actividad resuelta

**Halla los 3 primeros términos y el término vigésimo de la sucesión $a_n = \frac{n-2}{n+1}$.**

Para los tres primeros términos hay que sustituir $n$ por 1, 2 y 3, y para el vigésimo, por 20.

$a_1 = \frac{1-2}{1+1} = -\frac{1}{2}$ $\quad a_2 = \frac{2-2}{2+1} = 0$ $\quad a_3 = \frac{3-2}{3+1} = \frac{1}{4}$ $\quad a_{20} = \frac{20-2}{20+1} = \frac{18}{21} = \frac{6}{7}$

13 **Calcula los 3 primeros términos y el término décimo de estas sucesiones.**

**a.** $a_n = n^2 - 3n$ **b.** $b_n = n - \frac{24}{n}$ **c.** $c_n = (-1)^n$ **d.** $d_n = 5n - 3$ **e.** $e_n = \frac{n+1}{2n}$

## TALLER

### Sucesiones con la hoja de cálculo

Calcula los 20 primeros términos de la sucesión $a_n = n^3 + n + 1$.

PASO 1 Crea una columna para las posiciones y otra para el término general.

PASO 2 Introduce en la celda A2 el número 1 y escribe: =A2+1

| | A | B |
|---|---|---|
| 1 | *n* | *an* |
| 2 | 1 | |
| 3 | =A2+1 | |
| 4 | | |

PASO 3 En la celda B2 escribe: =A2^3+A2+1

| | A | B |
|---|---|---|
| 1 | *n* | *an* |
| 2 | 1 | =A2^3+A2+1 |
| 3 | 2 | |
| 4 | | |

PASO 4 Arrastra hacia abajo las celdas A3 y B2 para copiarlas hasta la fila 21.

| | | |
|---|---|---|
| 1 | *n* | *an* |
| 2 | 1 | 3 |
| 3 | 2 | 11 |
| 4 | 3 | 31 |
| 5 | 4 | 69 |
| 6 | 5 | 131 |
| 7 | 6 | 223 |
| 8 | 7 | 351 |
| 9 | 8 | 521 |
| 10 | 9 | 739 |
| 11 | 10 | 1011 |
| 12 | 11 | 1343 |
| 13 | 12 | 1741 |
| 14 | 13 | 2211 |
| 15 | 14 | 2759 |
| 16 | 15 | 3391 |
| 17 | 16 | 4113 |
| 18 | 17 | 4931 |
| 19 | 18 | 5851 |
| 20 | 19 | 6879 |
| 21 | 20 | 8021 |

14 Halla con la hoja de cálculo los 50 primeros términos de estas sucesiones.

a. $a_n = \dfrac{n^2+1}{3n^3+n}$

b. $b_n = (-2)^n \cdot n$

c. $c_n = n \cdot (n+1)^2$

15 **Actividad resuelta**

**Halla el término general de la siguiente sucesión: 1, 4, 7, 10, 13, ...**

Para encontrar la relación entre los términos y su posición puede ser útil hacer una tabla.

| Posición | 1.ª | 2.ª | 3.ª | 4.ª | 5.ª |
|---|---|---|---|---|---|
| Término | 1 | 4 | 7 | 10 | 13 |

Observamos que cada término se obtiene multiplicando su posición por 3 y restando 2.

| Posición | 1.ª | 2.ª | 3.ª | 4.ª | 5.ª |
|---|---|---|---|---|---|
| Término | $1 = 3 \cdot 1 - 2$ | $4 = 3 \cdot 2 - 2$ | $7 = 3 \cdot 3 - 2$ | $10 = 3 \cdot 4 - 2$ | $13 = 3 \cdot 5 - 2$ |

El término general de la sucesión es, por tanto, $a_n = 3n - 2$.

16 Encuentra el término general de estas sucesiones.

a. $(a_n) = (6, 11, 16, 21, ...)$

b. $(b_n) = (1, 4, 9, 16, ...)$

c. $(c_n) = (2, 6, 12, 20, ...)$

d. $(d_n) = (1, 2, 4, 8, ...)$

e. $(e_n) = (1, 3, 5, 7, ...)$

f. $(f_n) = \left(\dfrac{1}{3}, \dfrac{1}{5}, \dfrac{1}{7}, \dfrac{1}{9}, ...\right)$

17 Halla el término general y el término decimoquinto de las siguientes sucesiones.

a. $(a_n) = (30, 27, 24, 21, ...)$

b. $(b_n) = (1, 8, 27, 64, ...)$

c. $(c_n) = (-1, 1, 3, 5, ...)$

d. $(d_n) = (2; 1; 0{,}5; 0{,}25; ...)$

18 Un apicultor está investigando con un nuevo tipo de panales lineales. Para construirlos, va colocando hexágonos de referencia, alrededor de los cuales las abejas van construyendo sus celdas.

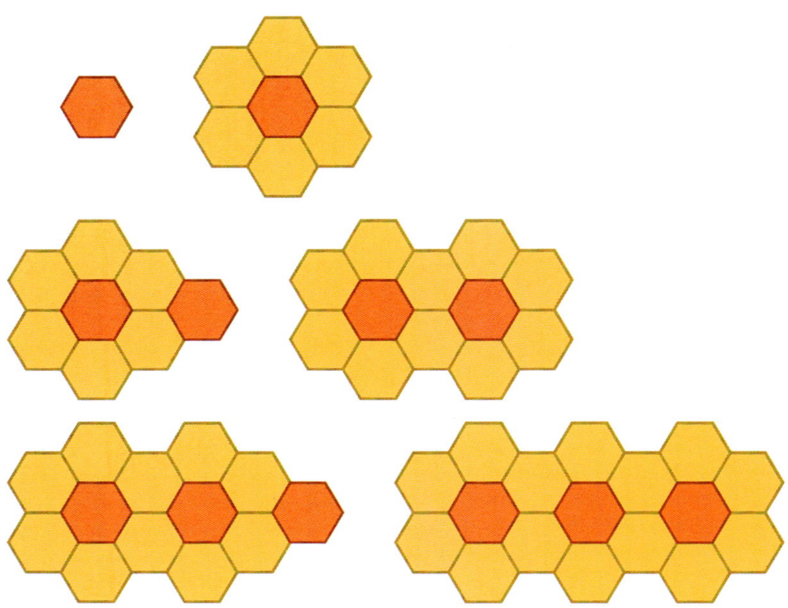

¿Cuántas celdas construirán las abejas si el apicultor coloca 50 hexágonos?

## Ley de recurrencia

Una **ley de recurrencia** es una expresión algebraica que permite calcular un término a partir de los anteriores.

**19** **Actividad resuelta**

**Calcula los 5 primeros términos de la sucesión definida mediante la ley de recurrencia siguiente:**

$$a_1 = 1, a_2 = 3, a_n = a_{n-1} \cdot a_{n-2}$$

Interpretando el lenguaje algebraico, sabemos que el primer término es 1, el segundo es 3 y a partir del tercero cada término es el producto de los dos anteriores. Por tanto, la sucesión es: 1, 3, 3, 9, 27, ...

**20** Calcula los 6 primeros términos de las siguientes sucesiones definidas por recurrencia.

**a.** $a_1 = 6, a_n = a_{n-1} + n$

**b.** $b_1 = 2, b_2 = 3, b_n = b_{n-1} + b_{n-2}$

**21** **Actividad resuelta**

**Encuentra la ley de recurrencia de la siguiente sucesión en función de los tres términos anteriores:**

$$(a_n) = (1, 2, 3, 6, 11, 20, 37, ...)$$

Podemos observar que cada término, a partir del cuarto, se obtiene sumando los tres anteriores:

$6 = 3 + 2 + 1$ $\quad 11 = 6 + 3 + 2$ $\quad 20 = 11 + 6 + 3$ $\quad 37 = 20 + 11 + 6$

Por tanto, la ley de recurrencia para $n > 3$ es: $a_n = a_{n-1} + a_{n-2} + a_{n-3}$

**22** Encuentra la ley de recurrencia de las siguientes sucesiones en función de los dos términos anteriores.

**a.** $(a_n) = (5, 9, 4, -5, -9, -4, 5, ...)$ para $n > 2$

**b.** $(b_n) = (1, 4, 6, 14, 26, 54, 106, ...)$ para $n > 2$

**c.** $(c_n) = (1, 3, -1, 7, -9, 23, -41, ...)$ para $n > 2$

**23** El primer término de una sucesión es $a_1 = 5$ y a partir del segundo término se cumple que $a_n = 2a_{n-1} - 3$.

**a.** Escribe los 6 primeros términos de la sucesión.

**b.** Comprueba que el término general de la sucesión es $a_n = 2^n + 3$.

**c.** ¿Qué ventaja ofrece el término general frente a la ley de recurrencia?

**24** **CREAMOS JUNTOS.** En muchas especies de plantas el crecimiento de las hojas sigue el patrón que se observa en la imagen, correspondiente a la llamada sucesión de Fibonacci.

**a.** Explicad en qué consiste el patrón y escribid los 10 primeros términos de la sucesión de Fibonacci.

**b.** Escribid la ley de recurrencia de la sucesión.

**c.** Buscad otros ejemplos de la sucesión de Fibonacci en la naturaleza.

**d.** Preparad una forma creativa y visual de compartir lo aprendido con los compañeros.

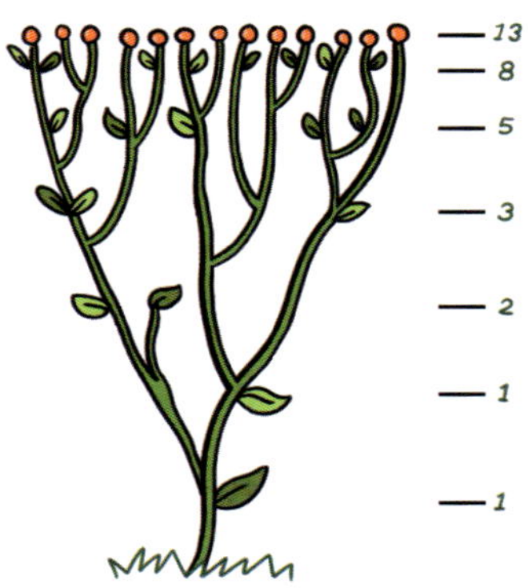


¿Qué es lo que más te ha llamado la atención de lo aprendido hoy?

# 3 ¿Y si el patrón consiste en sumar un número?

## Progresiones aritméticas

25 Tenemos una sucesión en la que cada término se obtiene sumando al anterior un número $d$. Con ayuda del esquema, completa en tu cuaderno las igualdades sustituyendo el símbolo ● por los números adecuados.

$a_1 \xrightarrow{+d} a_2 \xrightarrow{+d} a_3 \xrightarrow{+d} a_4 \; \dots \; a_n$

$a_2 = a_1 + \bullet \cdot d$

$a_3 = a_1 + \bullet \cdot d$

$a_4 = a_1 + \bullet \cdot d$

...

$a_n = a_1 + \bullet \cdot d$

Una **progresión aritmética** es una sucesión en la que cada término se obtiene sumando al anterior un número fijo ***d*** llamado **diferencia**, que puede ser positivo o negativo.

El **término general** de una progresión aritmética cuyo primer término es $a_1$ y cuya diferencia es $d$ viene dado por la siguiente expresión:

$$a_n = a_1 + (n - 1) \cdot d$$

La **diferencia** entre dos términos consecutivos es constante.

$a_2 - a_1 = d$

$a_3 - a_2 = d$

...

$a_n - a_{n-1} = d$

### 26 Actividad resuelta

**Halla el término general de la sucesión $(a_n) = (10, 8, 6, 4, \dots)$ y calcula el vigésimo término.**

Se trata de una progresión aritmética con $a_1 = 10$ y diferencia $d = -2$.

Aplicamos la fórmula y simplificamos la expresión quitando paréntesis y operando.

$$a_n = 10 + (n - 1) \cdot (-2) \Rightarrow a_n = 10 - 2n + 2 \Rightarrow a_n = -2n + 12$$

Para calcular el vigésimo término se sustituye $n$ por 20: $a_{20} = -2 \cdot 20 + 12 = -28$

27 **Halla el término general de estas sucesiones y calcula el décimo término.**

a. $(a_n) = (7, 10, 13, 16, \dots)$ b. $(b_n) = (9, 5, 1, -3, \dots)$ c. $(c_n) = (-8, -6, -4, -2, \dots)$

28 **El alquiler de un coche cuesta 6 € la primera hora y 2 € más cada nueva hora.**

a. ¿Cuál es el precio del alquiler durante siete horas?

b. ¿Cuál es la fórmula que da el precio total del alquiler de $n$ horas?

### 29 Actividad resuelta

**Calcula cuántos términos tiene la secuencia de números 3, 7, 11, ..., 539.**

La secuencia es una progresión aritmética. Para averiguar el número de términos, hay que hallar la posición $n$ del término 539. Para ello, se halla el término general y se plantea una ecuación para despejar $n$.

$a_n = 3 + (n - 1) \cdot 4 \Rightarrow a_n = 4n - 1 \Rightarrow 539 = 4n - 1 \Rightarrow 4n = 540 \Rightarrow n = 135$. Tiene 135 números.

30 **Halla cuántos términos tiene la siguiente secuencia de números:**

1, 4, 7, ..., 964

¿Cómo podrías demostrar que tu respuesta es correcta?

31 **Carmen se ha propuesto ahorrar. Tiene 58,40 €, y quiere aumentar esa cantidad en 5,50 € cada mes. ¿Cuántos meses tardará Carmen en reunir 200 €?**

## Suma de términos de una progresión aritmética

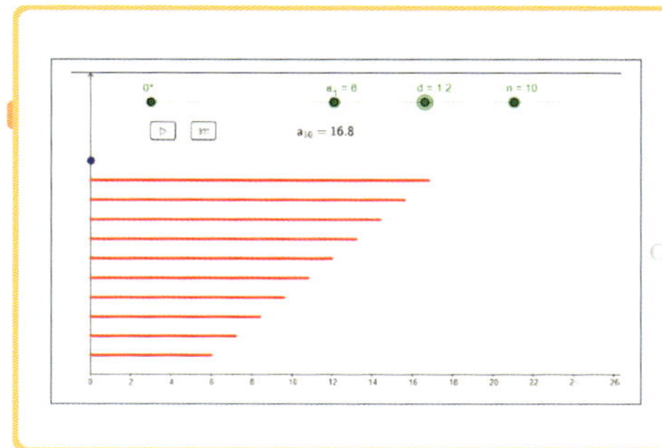

32 MAT-TIC Observa con el interactivo de GeoGebra *Sumas largas* una forma de sumar los términos de una progresión aritmética. ¿En qué regularidad de las progresiones aritméticas se basa?

La **suma de los *n* primeros términos** de una progresión aritmética es:

$$S_n = \frac{(a_1 + a_n) \cdot n}{2}$$

### 33 Actividad resuelta

**Halla la suma de los 15 primeros términos de la siguiente progresión aritmética:**

$$(a_n) = (2, 5, 8, 11, 14, 17, ...)$$

Tenemos que utilizar la fórmula de la suma de $n$ términos para el caso $n = 15$.

$$S_{15} = \frac{(a_1 + a_{15}) \cdot 15}{2}$$

Necesitamos calcular el término $a_{15}$, para lo cual sustituimos $n = 15$ en la fórmula del término general.

$$a_{15} = a_1 + 14 \cdot d = 2 + 14 \cdot 3 = 44$$

Sustituyendo en la fórmula obtenemos:

$$S_{15} = \frac{(a_1 + a_{15}) \cdot 15}{2} = \frac{(2 + 44) \cdot 15}{2} = 345$$

34 Calcula la suma de los 20 primeros términos de las siguientes progresiones aritméticas.

a. $(a_n) = (3, 7, 11, 15, 19, 23, ...)$

b. $(b_n) = (10, 8, 6, 4, 2, 0, ...)$

c. $(c_n) = (-5, -3, -1, 1, 3, 5, ...)$

d. $(d_n) = \left(\frac{1}{5}, \frac{7}{10}, \frac{6}{5}, \frac{17}{10}, \frac{11}{5}, ...\right)$

35 Calcula la suma de los 25 primeros términos de las siguientes progresiones aritméticas dadas por su término general.

a. $a_n = 12 - 3n$

b. $b_n = \frac{1}{5} + 2n$

c. $c_n = 7 + 5n$

d. $d_n = \frac{3n}{4} + 1$

36 Un contrato anual consiste en un sueldo de 1200 € el primer mes, que se irá incrementando en 50 € cada año que pasa. ¿Cuál será el sueldo al cabo de 10 años de trabajo?

37 En su primer día de entrenamiento, una ciclista ha recorrido 15 km. Si aumenta 1 km su ruta todos los días, ¿cuántos kilómetros recorrerá en total al cabo de los 20 primeros días?

38 En un proyecto de reforestación se van a plantar inicialmente 200 árboles y 5 árboles más cada mes. ¿Cuántos árboles se habrán plantado en total al cabo de $n$ meses?

39 Una butaca de la primera fila de una sala de conciertos cuesta 95 €. A partir de ahí, el precio de la butaca baja 6 € por fila a medida que esta se aleja del escenario. Sabiendo que la sala tiene 10 filas y cada una de ellas tiene 20 butacas, ¿cuál es la recaudación máxima que puede conseguirse?

# 4 ¿Y si el patrón consiste en multiplicar por un número?

## Progresiones geométricas

40 Tenemos una sucesión en la que en cada término se obtiene multiplicando el anterior por un número $r$. Con ayuda del esquema, completa las igualdades sustituyendo los símbolos ● por los exponentes adecuados.

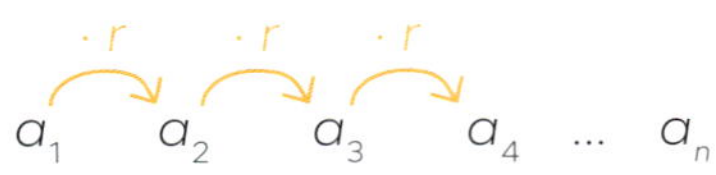


$a_2 = a_1 \cdot r^{\bullet}$

$a_3 = a_1 \cdot r^{\bullet}$

$a_4 = a_1 \cdot r^{\bullet}$

…

$a_n = a_1 \cdot r^{\bullet}$

La **razón** entre dos términos consecutivos es constante.

$\frac{a_2}{a_1} = r \quad \frac{a_3}{a_2} = r \quad \frac{a_4}{a_3} = r$

$\frac{a_n}{a_{n-1}} = r$

Una **progresión geométrica** es una sucesión en la que cada término se obtiene multiplicando el anterior por un número fijo $r$ llamado **razón**.

El **término general** de una progresión geométrica cuyo primer término es $a_1$ y cuya razón es $r$ viene dado por la siguiente expresión:

$$a_n = a_1 \cdot r^{n-1}$$

### 41 Actividad resuelta

**Halla el término general y calcula el undécimo término de la sucesión:**

**$(a_n) = (2, 6, 18, 54, 162, …)$**

Se trata de una progresión geométrica de primer término $a_1 = 2$ y razón $r = 3$.

Aplicando la fórmula se obtiene su término general: $a_n = 2 \cdot 3^{n-1}$

Para calcular el undécimo término se sustituye $n$ por 11: $a_1 = 2 \cdot 3^{10} = 118\,098$

42 ¿Qué ocurre con los términos de una progresión geométrica si la razón es negativa? ¿Y si es un número positivo menor que 1? ¿Y si es un número negativo y menor que 1?

43 Halla el término general de estas sucesiones y calcula el vigésimo término.

**a.** $(a_n) = (3, 12, 48, …)$

**b.** $(b_n) = (1, –5, 25, …)$

**c.** $(c_n) = (90, 30, 10, …)$

**d.** $(d_n) = \left(\frac{1}{4}, \frac{1}{8}, \frac{1}{16}, …\right)$

44 Halla el término general de estas sucesiones y calcula el décimo término.

**a.** $a_1 = 8$; $r = 1{,}1$

**b.** $b_1 = 0{,}00001$; $r = 2$

**c.** $c_1 = \frac{5}{6}$; $r = 4$

**d.** $d_1 = 800$; $r = 0{,}02$

45 Una bacteria tarda un segundo en dividirse en dos bacterias exactamente iguales. Si se empieza con una bacteria, ¿cuántas habrá después de un minuto? ¿Y después de 15 minutos?

46 Los biólogos que trabajan en la conservación de la biodiversidad de un territorio han comprobado que la situación de una especie es crítica, ya que su población disminuye un 8 % cada año.

Si actualmente hay censados 200 000 ejemplares, ¿cuántos años tardará la población en reducirse a la mitad si no se toman medidas?

## Suma de términos de una progresión geométrica

La **suma de los $n$ primeros términos** de una progresión geométrica es:

$$S_n = \frac{a_n \cdot r - a_1}{r-1}$$

### 47 Actividad resuelta

**Halla la suma de los 15 primeros términos de la siguiente progresión geométrica:**

$$(a_n) = (5, 10, 20, 40, ...)$$

Para calcular la suma de los 15 primeros términos hay que hallar $a_{15}$.

$$a_{15} = a_1 \cdot r^{14} = 5 \cdot 2^{14} = 81\,920$$

Por tanto: $S_{15} = \frac{a_{15} \cdot r - a_1}{r-1} = \frac{81\,920 \cdot 2 - 5}{2-1} = 163\,835$

**48** Calcula la suma de los 10 primeros términos de las siguientes sucesiones.

**a.** $(a_n) = (0{,}001;\ 0{,}003;\ 0{,}009;\ ...)$

**b.** $(b_n) = (1, 4, 16, 64, ...)$

**c.** $(c_n) = \left(1, \frac{1}{5}, \frac{1}{25}, \frac{1}{125}, ...\right)$

**d.** $(d_n) = \left(-1, -\frac{1}{2}, -\frac{1}{4}, -\frac{1}{8}, ...\right)$

**49** **Aprendo a pensar.** Planifica los pasos intermedios para resolver el problema. Cuenta una leyenda de la India que Sissa inventó el ajedrez por encargo de un brahmán y le pidió como recompensa un grano de trigo por la primera casilla del tablero, dos por la segunda, cuatro por la tercera, y así sucesivamente hasta llegar a la casilla 64. ¿A cuántos granos de trigo ascendía la recompensa?

**50** Considera la siguiente suma con infinitos sumandos.

$$1 + \frac{1}{2} + \frac{1}{4} + \frac{1}{8} + \frac{1}{16} + \frac{1}{32} + ...$$

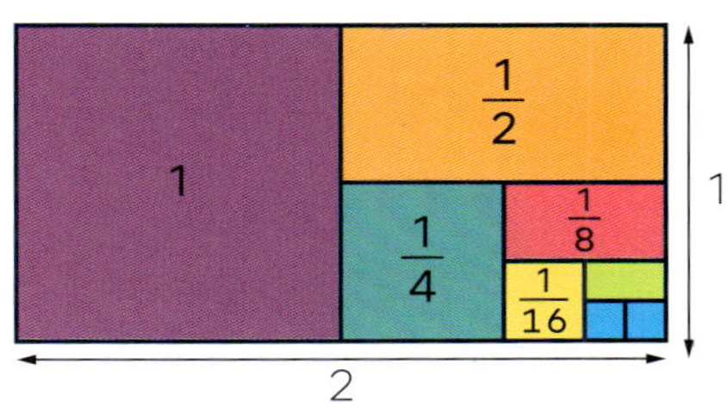


**a.** Utiliza la calculadora para conjeturar cuánto vale dicha suma.

**b.** El dibujo permite deducir el resultado de la suma. Explícalo.

Si la razón $r$ de una progresión cumple $|r| < 1$, la **suma de sus infinitos términos** es:

$$S = \frac{a_1}{1-r}$$

**51** ¿Por qué solo se pueden sumar los infinitos términos de una progresión geométrica si la razón geométrica cumple $|r| < 1$?

**52** Calcula estas sumas infinitas.

**a.** $1 + \frac{1}{4} + \frac{1}{16} + \frac{1}{64} + ...$

**b.** $0{,}1 + 0{,}01 + 0{,}001 + 0{,}0001 + ...$

**c.** $\frac{1}{5} + \frac{1}{25} + \frac{1}{125} + \frac{1}{625} + ...$

**d.** $5 + \frac{5}{2} + \frac{5}{4} + \frac{5}{8} + ...$

# NUESTRO RETO Abejas arquitectas

## Estudiad el patrón de construcción de los panales de abejas

### Paso 1

**Investigación sobre el patrón**

Los panales son verdaderas obras maestras de arquitectura. Su diseño, además de atractivo, es el más eficiente para aprovechar al máximo el valioso material de construcción: la cera.

- ¿Qué forma tiene cada una de las celdas? Investigad sobre la relación entre esta forma y la eficiencia en la construcción.
- Añadid un paso más al proceso de construcción de la imagen.
- Al construir la segunda celda, ¿cuántas paredes de la primera celda se aprovechan? Al construir la tercera celda, ¿cuántas paredes de las celdas anteriores se aprovechan? ¿Y al construir la cuarta?
- Escribid la sucesión formada por el número total de paredes de cera en cada paso. ¿Cuál es el patrón? ¿Qué tipo de sucesión es?

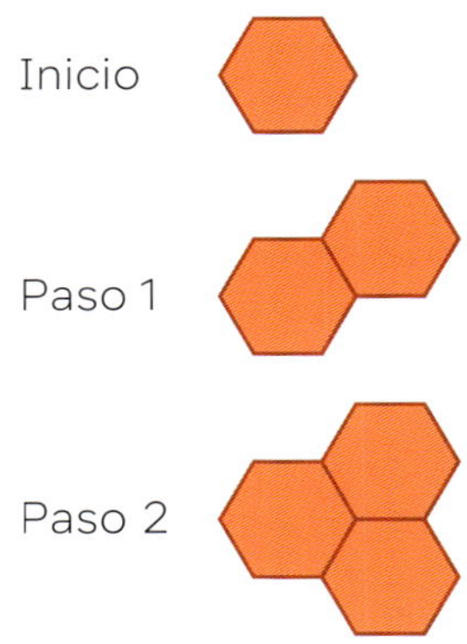


### Paso 2

**Aplicamos el patrón para resolver un problema**

Una colmena puede llegar a tener hasta 80 000 celdas. ¿Cuántas paredes de cera tienen que construir las abejas en ese caso?

### Paso 3

**Concienciamos a los demás**

Buscad información sobre la importancia de las abejas para los ecosistemas terrestres y qué podemos hacer nosotros para protegerlas. Elaborad un texto expositivo científico, siguiendo las pautas que se facilitan en el documento descargable.

**¿Cómo te ha ido el reto?** Entra y haz tu valoración

# EN RESUMEN

## Sucesiones

- Una **sucesión** es una lista ordenada de números que pueden seguir un patrón.
- Cada uno de los números que forman una sucesión se llama **término**.
- El **término general** de una sucesión es una expresión algebraica que nos permite calcular cualquier término a partir de la posición que ocupa. No todas las sucesiones tienen término general.

$a_1, a_2, a_3, a_4, \ldots, a_n$ → $a_n$: término general → $n$: posición enésima

- Una **ley de recurrencia** es una expresión algebraica que permite calcular un término a partir de los anteriores.

## Progresiones aritméticas

- Una **progresión aritmética** es una sucesión en la que cada término se obtiene sumando al anterior un número fijo ***d*** llamado **diferencia**.

$$a_1 \xrightarrow{+d} a_2 \xrightarrow{+d} a_3 \xrightarrow{+d} a_4 \; \ldots \; a_n$$

- El **término general** de una progresión aritmética de primer término $a_1$ y diferencia $d$ es:

$$a_n = a_1 + (n-1) \cdot d$$

- La **suma de los *n* primeros términos** de una progresión aritmética es:

$$S_n = \frac{(a_1 + a_n) \cdot n}{2}$$

## Progresiones geométricas

- Una progresión **geométrica** es una sucesión en la que cada término se obtiene multiplicando el anterior por un número fijo ***r*** llamado **razón**.

$$a_1 \xrightarrow{\cdot r} a_2 \xrightarrow{\cdot r} a_3 \xrightarrow{\cdot r} a_4 \; \ldots \; a_n$$

- El **término general** de una progresión geométrica de primer término $a_1$ y razón $r$ es:

$$a_n = a_1 \cdot r^{n-1}$$

- La **suma de los *n* primeros términos** de una progresión geométrica es:

$$S_n = \frac{a_n \cdot r - a_1}{r - 1}$$

- Si $|r| < 1$, la **suma de los infinitos términos** es:

$$S = \frac{a_1}{1 - r}$$

## PRACTICAMOS

### Actividades

1 **Aprendo a pensar.** Organiza en un mapa mental los conceptos que has aprendido.

2 Escribe los 3 términos siguientes de estas sucesiones. Explica qué patrón has reconocido y utilizado para calcularlos.

a. 1, 3, 6, 10, 15, ...

b. $\frac{1}{3}, \frac{1}{6}, \frac{1}{12}, \frac{1}{24}, \ldots$

c. 10, 1, –8, –17, ...

d. $\frac{7}{5}, \frac{2}{5}, \frac{1}{15}, \frac{-1}{10}, \ldots$

3 Escribe el término general y los 5 primeros términos de las siguientes sucesiones.

a. A cada número natural le corresponde su cubo más dos unidades.

b. A cada número natural le corresponde el cuadrado de su anterior.

c. A cada número natural le corresponde su cubo menos su cuadrado.

4 Dada la progresión –15, –13, –11, –9, ...

a. ¿Qué número ocupa la posición 77?

b. ¿Qué posición ocupa el número 77?

5 En la progresión $\frac{1}{128}, \frac{1}{64}, \frac{1}{32}, \frac{1}{16}, \ldots$

¿Qué término ocupa la duodécima posición?

6 Calcula la suma de:

a. Los 20 primeros múltiplos de 3.

b. Los 30 primeros múltiplos de 5.

c. Los 13 primeros números que acaban en 13.

d. Los 100 primeros números naturales.

e. Las 20 primeras potencias de 2.

f. Las 20 primeras potencias de $\frac{1}{2}$.

g. Las potencias de 3 con exponentes del 2 al 5.

7 Los ángulos de un cuadriátero forman una progresión aritmética. Calcúlalos sabiendo que al menos uno de ellos mide 30°.

### 8 Actividad resuelta

**Calcula la fracción generatriz de $2,\widehat{5}$ utilizando progresiones geométricas.**

Descomponemos el número en unidades, décimas, centésimas, etc.

$$2,\widehat{5} = 2,5555\ldots = 2 + \overbrace{0,5 + 0,05 + 0,005 + \ldots}^{S}$$

$S$ es la suma de los infinitos términos de una progresión geométrica con $a_1 = 0,5$ y $r = 0,1$.

Por tanto: $S = \frac{a_1}{1-r} = \frac{0,5}{1-0,1} = \frac{0,5}{0,9} = \frac{5}{9}$

Así pues, se puede escribir el número como:

$$2,\widehat{5} = 2 + \frac{5}{9} = \frac{23}{9}$$

9 Calcula la fracción generatriz utilizando progresiones geométricas.

a. $1,\widehat{8}$ b. $2,\widehat{1}$ c. $0,\widehat{34}$

### 10 Actividad resuelta

**En una progresión aritmética $a_1 = 1$ y $d = 5$. ¿Cuántos términos hacen falta para que la suma sea 2205?**

Buscamos el valor de $n$ para que se cumpla:

$$S_n = \frac{(a_1 + a_n) \cdot n}{2} = 2205$$

Sustituimos $a_1 = 1$ y $a_n = 1 + (n-1) \cdot 5 = 5n - 4$, para obtener una ecuación de la que despejar $n$.

$$S_n = \frac{(a_1 + a_n) \cdot n}{2} = \frac{(1 + 5n - 4) \cdot n}{2} = \frac{(5n - 3) \cdot n}{2} = 2205$$

$$(5n-3) \cdot n = 4410 \Rightarrow 5n^2 - 3n - 4410 = 0$$

$$n = \frac{3 \pm \sqrt{3^2 + 4 \cdot 5 \cdot 4410}}{2 \cdot 5} \Rightarrow \begin{cases} n = 30 \\ n = -29,4 \end{cases}$$

Se descarta la solución negativa, por lo tanto hay que sumar los treinta primeros términos.

11 En una progresión aritmética $a_1 = 2$ y $d = 3$. ¿Cuántos términos hacen falta para que la suma sea 1107?

## Problemas

12 Una estudiante de 3.° de ESO se propone el 1 de mayo repasar Matemáticas durante todo el mes, haciendo cada día dos ejercicios más que el día anterior. Si el primer día empezó haciendo un ejercicio, ¿cuántos ejercicios le tocará hacer el 15 de mayo?

13 En 1937 el matemático alemán Lothar Collatz estudió la siguiente sucesión:

A. El primer término es cualquier número entero positivo.
- Si el número es par, el siguiente se obtiene dividiendo entre 2.
- Si el número es impar, el siguiente se obtiene multiplicando por 3 y sumando 1.

B. Se continúa la sucesión aplicando esas dos leyes.

Collatz conjeturó que, sea cual sea el primer término de esta sucesión, siempre se llega al 1. Hasta ahora nadie ha sido capaz de refutar ni demostrar esa afirmación, por eso se conoce con el nombre de Conjetura de Collatz.

a. Toma como primer término $a_1 = 7$ y escribe la sucesión hasta que llegues al 1. ¿Cuántos pasos has dado?

b. ¿Y si el primer término es 6?

c. Comprueba que si se llega a un 1, la sucesión entra en el bucle 4, 2, 1, 4, 2, 1.

14 Santos está construyendo una escalera con palitos, tal y como muestra la secuencia. ¿Cuántos palitos necesitará para formar una escalera con 148 escalones?

15 El valor de una vivienda de 150 000 € se deprecia un 2,5 % cada año. ¿Cuál será su precio después de 5 años?

16 Raquel ha comprado los muebles del salón a plazos. El primer mes pagó 18,50 €, el segundo mes, 21 €, el tercer mes, 23,50 € etc. Si el último mes pagó 61 €, calcula el precio total.

17 Juanje dedica su tiempo libre a hacer construcciones con palillos siguiendo la pauta que ves en la secuencia:

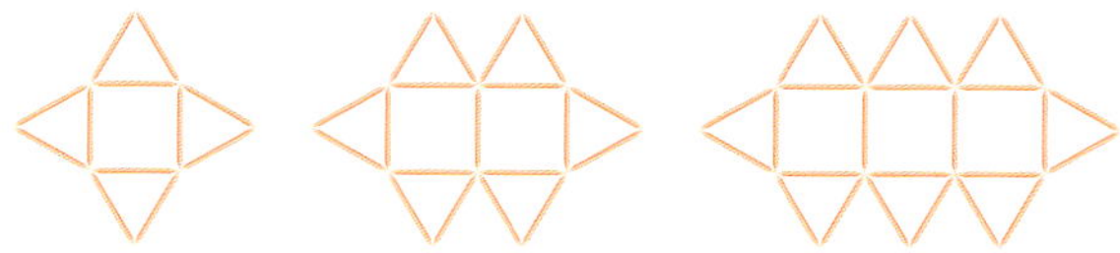

a. Escribe los 4 primeros términos de la sucesión que describe el número de palillos empleados en cada figura.

b. Encuentra el término general de la sucesión.

c. El récord de Juanje es una figura con 52 cuadrados. ¿Cuántos palillos usó para esa figura?

18 El tendero de mi barrio apila las latas de melocotones en los estantes como se muestra en la figura, colocando en la cima una única lata y por debajo de ella dos latas más en cada fila.

Si la fila de la base tiene 17 latas, ¿cuántas latas se han apilado en total?

19 En un triángulo rectángulo, las medidas de los lados forman una progresión aritmética de diferencia $d = \frac{10}{3}$ cm. Calcula su perímetro sabiendo que el cateto menor mide 10 cm.

20 Para tu primer trabajo, te ofrecen estos dos contratos.

| Contrato A | Contrato B |
|---|---|
| Salario anual de 15 000 € el primer año que se aumentará en 540 € cada año. | 12 000 € el primer año aumentado en un 6 % cada año posterior. |

a. Utilizando la hoja de cálculo halla los sueldos de los 15 primeros años.

b. Estudia qué contrato es mejor según los años transcurridos.

**21** Para diseñar la *R* de su nuevo logo, la empresa *Recicla* utiliza barritas fabricadas con basura reciclada siguiendo la pauta que se ve en la imagen.

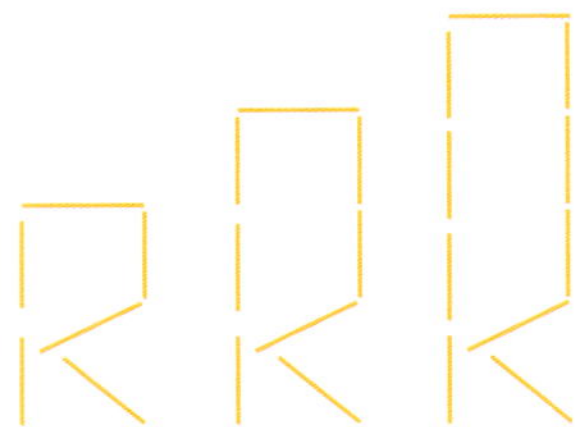

Quieren continuar diseñando erres cada vez más estilizadas, que irán colocando semanalmente en su sede.

a. ¿Cuántas barritas necesitarán para diseñar las erres cuarta y quinta?

b. ¿Cuántas barritas se precisarán para construir la erre de la semana número 52?

**22** La encargada de un negocio decide repartir 736 € en bonificaciones entre sus trabajadores. El empleado con más responsabilidad recibe 134 € y a partir de él, la bonificación se va reduciendo en una cantidad fija para el resto de los empleados, de modo que el último recibe 50 €.

a. ¿Cuántos empleados hay en la tienda?

b. ¿Cuánto recibirá el segundo empleado con más responsabilidad?

**23** Un depósito contiene 3000 L de agua, pero está algo deteriorado y cada día pierde por las grietas el 4 % del contenido. Se va a reparar dentro de 15 días. ¿Cuánta agua contendrá el depósito ese día?

**24** En las inversiones a interés simple los intereses se calculan exclusivamente sobre el capital inicial, es decir, no se acumulan al capital para calcular los siguientes intereses. Así pues, un capital de 100 € colocado a un interés simple del 2 % generará unos intereses anuales de 2 €, tanto el primer año como en los sucesivos.

Se coloca un capital de 20 000 € al 6 % anual.

a. Escribe la sucesión formada por el capital obtenido en los 4 primeros años. ¿Qué tipo de sucesión es?

b. Halla el término general de la sucesión y aplícalo para calcular el capital obtenido al cabo de 7 años.

**25** En el banco me han explicado que, si ingreso una cantidad de dinero a un interés compuesto del 0,8 % mensual, cada mes me ingresan unos intereses del 0,8 %, es decir, el 0,8 % del dinero que tenga en la cuenta en ese momento.

Si he ingresado 2000 €:

a. Realiza un estudio de cuánto tendré en la cuenta los 4 primeros meses.

b. ¿De qué tipo es la sucesión que se va formando?

c. Encuentra el término general.

d. ¿Cuánto dinero tendré en la cuenta al cabo de un año?

**26** Una constructora dedicada a la construcción de escaleras sabe que el primer peldaño cuesta a razón de 2 € cada metro cuadrado (€/m$^2$) y el sexto a 486 €/m$^2$. Quiere poner precio a los peldaños intermedios y baraja dos opciones.

a. Calcula cuál será el precio de los peldaños intermedios si este aumenta siempre una cantidad fija al pasar de un peldaño a su inmediato superior.

b. ¿Y cuál será su precio si este se multiplica por una constante a medida que los peldaños van aumentando?

**27** En el año 1986 se vio el cometa Halley desde la Tierra, a la que se acerca cada 76 años. Era la cuarta vez que nos visitaba desde que el astrónomo Halley lo descubrió.

a. ¿En qué año se descubrió?

b. ¿Cuándo será visto en el siglo XXI?

**28** En un triángulo cuyos ángulos están en progresión aritmética, ¿puedes asegurar que siempre tendrá un ángulo de 60°?

29 Las longitudes de los lados de un polígono están en progresión aritmética. El lado más corto mide 2 cm, y el más largo, 24,5 cm. Si su perímetro mide 212 cm:

a. ¿Cuántos lados tiene el polígono?

b. ¿Cuánto mide el siguiente lado más largo?

30 La federación de tenis ha realizado un estudio sobre la evolución del número de federados y ha llegado a estas dos conclusiones:

> 1.ª El 75 % de los federados renuevan su inscripción anual.
> 2.ª Cada año se apuntan 200 nuevos federados.

a. Si este año hay 4000 federados, calcula cómo varía el número de federados en los próximos cinco años.

b. Encuentra su ley de recurrencia.

31 Comenzamos a dibujar una espiral de esta manera: primero trazamos una semicircunferencia de radio 1 m; a continuación de la anterior, otra de radio $\frac{1}{2}$ m; después una de radio $\frac{1}{4}$ m, y así sucesivamente.

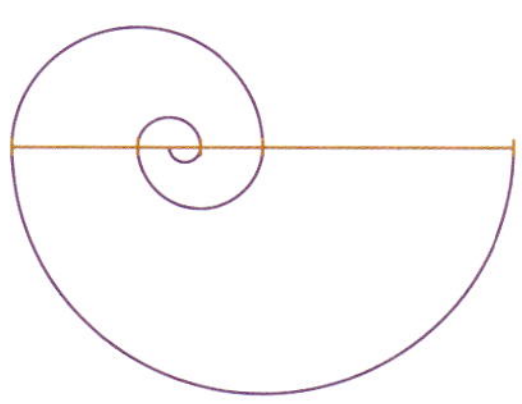

Si pudiéramos continuar indefinidamente con ese proceso ¿qué longitud tendría esta espiral?

32 Dividimos un cuadrado y coloreamos de verde algunas regiones como indica la figura.

Si el proceso continuara indefinidamente, ¿qué fracción del cuadrado original quedaría verde?

## Comprueba lo que has aprendido

1 Explica el patrón que siguen estas sucesiones y escribe 3 términos más.

a. 3, −4, 5, −6, 7, −8, ...

b. 9, 16, 25, 36, 49, ...

c. $\frac{2}{11}, \frac{4}{22}, \frac{6}{33}, \frac{8}{44}, \ldots$

2 Calcula el término que ocupa la posición 50 en esta sucesión.

$$a_n = \frac{n-1}{n^2}$$

3 Escribe la ley de recurrencia de esta sucesión: 10, 20, 30, 50, 80, ...

4 Se consideran las siguientes sucesiones

$(a_n) = (5, 10, 20, \ldots)$ $(d_n) = (120, 60, 30, \ldots)$

$(b_n) = (8, 18, 28, \ldots)$ $(e_n) = (1, -3, 9, -27, \ldots)$

$(c_n) = (13, 10, 7, 4, \ldots)$ $(f_n) = \left(\frac{1}{2}, 1, \frac{3}{2}, 2, \frac{5}{2}, \ldots\right)$

a. Razona si son progresiones aritméticas o geométricas.

b. Halla su término general.

c. Halla la suma de los 10 primeros términos.

5 Una empresa de pocería cobra 250 € por abrir el agujero y, a partir de ahí, incrementa en 80 € por cada metro excavado.

a. Escribe los primeros 4 términos de la sucesión de precios según los metros alcanzados.

b. ¿Qué precio tendrá la excavación de un pozo de 10 m de profundidad?

6 El sueldo de un trabajador es inicialmente de 1250 € mensuales y cada año se incrementa en 40 €. ¿Cuánto ganará en los 10 próximos años?

7 A las 9 de la mañana una persona envía un mensaje a tres contactos. Media hora después, cada uno de estos tres contactos envía el mensaje a otros tres,, y así sucesivamente. ¿Cuántas personas habrán recibido el mensaje cuando sean las 9 de la noche?

Mis competencias Autoevaluación

# 3.2 Álgebra: el lenguaje de las matemáticas

## ¡EMPEZAMOS!

Los empleos verdes ayudan a reducir el consumo de energía, de materias primas y de agua mediante estrategias de eficiencia, a descarbonizar la economía y a reducir las emisiones de gases de efecto invernadero, a disminuir o evitar por completo todas las formas de desechos y de contaminación, y a proteger y restablecer los ecosistemas y la biodiversidad.

Fuente: *Negocios y empleos verdes*, Programa Empleaverde

- Piensa en una profesión que te gustaría desempeñar en el futuro. ¿Qué mejoras se podrían hacer en su sector para que fuera más respetuoso con el medio ambiente?
- Reflexiona sobre tus hábitos de consumo. ¿Crees que influyen en los perfiles de ofertas de empleo que existen?

## ¡VAMOS A APRENDER!

1. Prestar ayuda cuando alguien la necesita.
2. Identificar los elementos de las expresiones algebraicas y en particular los de monomios y polinomios.
3. Sumar, restar, multiplicar y dividir polinomios.
4. Aplicar las identidades notables para desarrollar expresiones.
5. Factorizar polinomios utilizando distintas técnicas.
6. Organizar la información utilizando un mapa mental.
7. Reflexionar sobre la importancia de las condiciones justas en el empleo.

## NUESTRO RETO

### Empléate en verde

Vas a aplicar tus conocimientos de álgebra en el contexto de la agricultura ecológica y a explorar otras posibilidades profesionales en el entorno rural. ¿Te atreves a soñar en verde?

¡Vamos allá!

# 1 ¿Cómo expresamos relaciones en lenguaje matemático?

## Expresiones algebraicas

**1** **Asocia cada enunciado con su traducción al lenguaje algebraico e indica en cada caso el significado de la variable $x$.**

**A.** Mi edad dentro de siete años si ahora tengo el doble que mi hermana.
**B.** La suma de un número y su inverso.
**C.** El perímetro de un rectángulo si su altura excede en 7 unidades al doble de la base.
**D.** El resultado de sumar 14 unidades a un número y multiplicar el resultado por 6.

**I.** $6(x+14)$
**II.** $6x+14$
**III.** $2x+7$
**IV.** $x+\dfrac{1}{x}$

Una **expresión algebraica** es una expresión matemática en la que intervienen letras y números relacionados mediante operaciones aritméticas.

- Las letras se llaman **variables** y representan cantidades desconocidas.
- El **valor numérico** de una expresión algebraica es el resultado obtenido al sustituir las variables por números y operar.

### Ejemplo

A la derecha mostramos una expresión algebraica de una sola variable.

$$A(x)=\frac{2x^2+3}{x}$$

Nombre de la expresión algebraica: $A$
Variable: $x$

Su valor numérico para $x=-1$ es: $A(-1)=\dfrac{2\cdot(-1)^2+3}{-1}=\dfrac{2+3}{-1}=-5$

**2** **Escribe expresiones algebraicas para los siguientes enunciados.**

**a.** Cinco números consecutivos.
**b.** La suma de un número y su tercera parte.
**c.** La diferencia entre un número y su mitad.
**d.** El triple de un número más el número al cuadrado.
**e.** La mitad de un número más el doble de su raíz cuadrada.
**f.** La media aritmética de las calificaciones obtenidas en tres evaluaciones.

**3** **Calcula los siguientes valores numéricos.**

**a.** $A(x)=-9x+7$, para $x=-2$
**b.** $B(x,y)=\dfrac{2xy+y^2}{y+2x^3}$, para $x=y=-2$
**c.** $C(x)=3x^2-2x+5$, para $x=-\dfrac{2}{5}$
**d.** $D(x,y)=\dfrac{\sqrt{x+y}}{x^2+2y}$, para $x=-2$, $y=11$

**4** **Por realizar un trabajo, Almudena ha ganado 12 € más que Elena y Teresa ha ganado el doble que Almudena.**

**a.** Expresa en lenguaje algebraico cuánto han ganado entre las tres.
**b.** Si Elena ha ganado 58 €, ¿cuánto han ganado Teresa y Almudena?

¿Qué conceptos de las expresiones algebraicas estás aplicando?

5 Comprueba si las siguientes expresiones algebraicas se corresponden con el enunciado y corrige las erróneas.

a. 15 unidades menos que el triple de un número. $3(x-15)$

b. El producto de tres números impares consecutivos. $x(x+2)(x+4)$

c. El cuádruple de la diferencia entre un número y su cubo. $4x-x^3$

d. La diagonal de un rectángulo cuyos lados miden uno el doble que el otro. $\sqrt{5}x$

6 **Actividad resuelta**

**Encuentra la expresión algebraica que determina el área de la figura y calcula su valor numérico para $a = 36$ cm, $b = 35$ cm, $c = 44$ cm y $d = 29$ cm.**

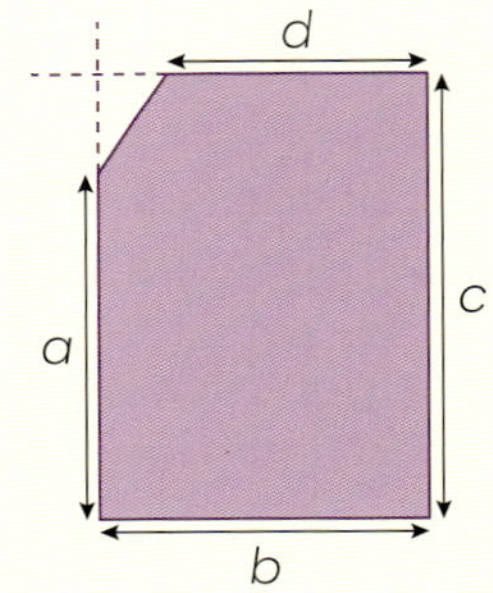


El área es la diferencia entre el área del rectángulo de lados $b$ y $c$ y el área del triángulo rectángulo de la esquina.

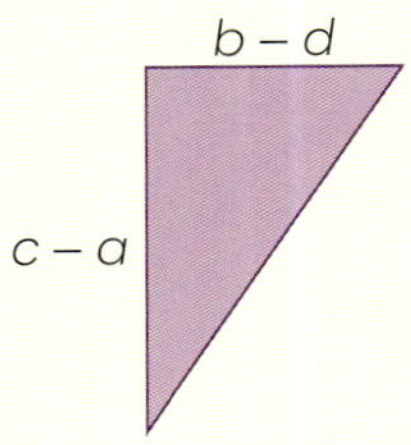


Por tanto, el área de la figura es: $A = b \cdot c - \frac{(c-a)(b-d)}{2}$

Y su valor numérico para los datos dados es:

$$A = 35 \cdot 44 - \frac{(44-36)(35-29)}{2} = 1516\ \text{cm}^2$$

7 **Observa el cuadrilátero de la figura.**

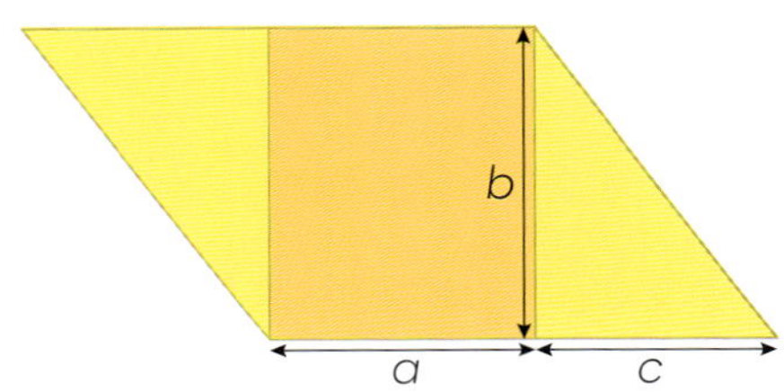


a. Escribe la expresión algebraica que determina su perímetro.

b. Escribe la expresión algebraica que determina su área.

c. Calcula los valores numéricos del perímetro y del área cuando las medidas son $a = 10$ cm, $b = 12$ cm y $c = 9$ cm.

8 **Para ciertos valores de $a$ y $b$, el valor numérico de la expresión algebraica $P(a,b) = 2a^2b$ es igual a 6. ¿Cuáles son esos valores? ¿Hay más de una posibilidad? Justifica tu respuesta.**

9 **La ley tributaria de un país determina que los ciudadanos paguen de forma progresiva los impuestos correspondientes a su renta, es decir, que, cuánto más ganen, mayor porcentaje de su renta deberán pagar. La tabla recoge los porcentajes correspondientes a los primeros tramos de renta.**

| Renta anual | Porcentaje |
|---|---|
| De 0 a 12 450 € | 19 % |
| De 12 451 a 20 200 € | 24 % |
| De 20 201 a 35 200 € | 30 % |

a. ¿Cuál de estas expresiones numéricas indica los impuestos que debe pagar una persona que ha ganado 19 500 € un determinado año? Calcúlalos.

A. $19\,500 \cdot 0{,}24$ B. $12\,450 \cdot 0{,}19 + (19\,500 - 12\,450) \cdot 0{,}24$

b. Expresa en lenguaje algebraico los impuestos que deberá pagar una persona que gana una cantidad $x$ comprendida entre 20 201 y 35 200 €.

10 **En economía se utilizan expresiones algebraicas para modelizar variables como, por ejemplo, la tasa de paro (porcentaje de desempleo). Supongamos que en una provincia, en el período de 2020 a 2023, dicha tasa se rige por la expresión algebraica $T(x) = \frac{12x^2+612}{5x+34}$, donde $x$ representa la última cifra del año correspondiente, por ejemplo, $x = 0$ para 2020.**

a. Calcula la tasa de paro para los años 2020, 2021, 2022 y 2023 e indica si se espera que dicha tasa crezca o decrezca.

b. Si se ampliara la expresión para los años 2024 y 2025, ¿qué ocurriría?

# 2 ¿Qué expresiones algebraicas tienen más aplicaciones?

## Monomios

**11** A partir de la información del dibujo escribe expresiones algebraicas $A(x)$ y $B(x, y)$ que representen los siguientes conceptos.

- $A(x)$: precio de $x$ cajas de bolígrafos azules.
- $B(x, y)$: precio de $x$ cajas de bolígrafos azules e $y$ cajas de bolígrafos rojos.

¿Qué diferencias matemáticas observas en estas expresiones?

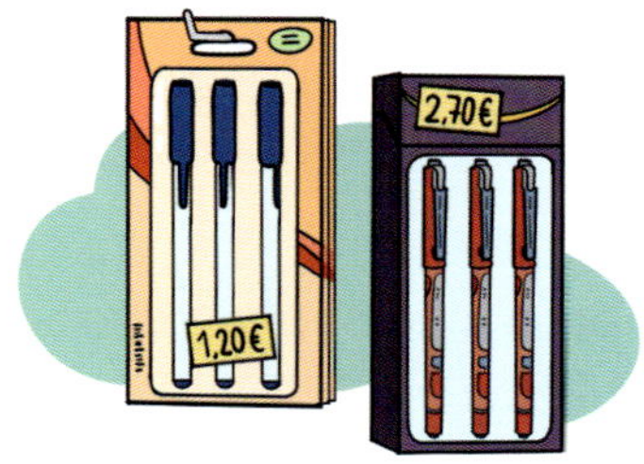


Un **monomio** es una expresión algebraica formada por el producto de un número real y una o varias variables elevadas a **exponentes naturales**.

- El número real se llama **coeficiente**.
- La parte formada por las variables y sus exponentes se llama **parte literal**.
- El **grado** de un monomio es la suma de los exponentes de las variables.

### Ejemplo

Esta expresión es un monomio: $5\,x^4y^3$

Coeficiente: $5$ — Parte literal: $x^4y^3$

Grado: $4 + 3 = 7$

**12** ¿Cuáles de las siguientes expresiones son monomios?

**a.** $A(x, y) = -3x^5y^2$

**b.** $B(x, y) = 2\sqrt{xy}$

**c.** $C(x, y) = 2x^2y^{-2}$

**d.** $D(x) = -7$

**e.** $E(x) = \dfrac{2}{5}x$

**f.** $F(x, y) = -\dfrac{1}{\sqrt{2}}x^2y^2$

**13** Completa la siguiente tabla.

| Monomio | Coeficiente | Parte literal | Grado |
|---|---|---|---|
| $-13x^3y^2$ | ••• | ••• | ••• |
| $\dfrac{13}{10}xy^3$ | ••• | ••• | ••• |
| $-\dfrac{4}{7}x^6y$ | ••• | ••• | ••• |

Dos **monomios** son **semejantes** si tienen la misma parte literal.

### Ejemplo

Los monomios $A(x, z) = -12x^2z$ y $B(x, z) = 7x^2z$ son semejantes, tienen la misma parte literal, $x^2z$.

**14** Indica si los siguientes monomios son semejantes o no.

**a.** $-9x^4y^2 \quad 2x^4y^2$

**b.** $\dfrac{4}{5}x^3y \quad -x^3y$

**c.** $11xy \quad -4x^2y^2$

**d.** $-7x^2y^2 \quad -7xy^2$

**15** Si dos monomios tienen el mismo grado, ¿significa que son semejantes? Justifica tu respuesta.

16 **Expresa mediante monomios las siguientes cantidades.**

**a.** El área de un suelo formado por $x$ baldosas rectangulares de medidas $30 \times 20$ cm. ¿Y si las medidas son $a \times b$ cm?

**b.** El coste total del alquiler de 10 autocares, si en cada autocar viajan $x$ jóvenes que pagan $y$ € cada uno.

## Polinomios

Un **polinomio** es una expresión algebraica formada por la suma de varios monomios no semejantes que se llaman **términos**. Los polinomios formados por dos monomios se llaman binomios, y los formados por tres monomios, trinomios.

- El monomio de mayor grado se llama **término principal**, y su coeficiente, **coeficiente principal.**
- El **grado** del polinomio es el grado del término principal.
- El monomio que no tiene parte literal se llama **término independiente**.
- Los polinomios suelen escribirse con sus términos **ordenados** de mayor a menor grado.

### Ejemplo

La siguiente expresión algebraica es un trinomio porque está formado por tres términos: $-5x^3$, $3x^2$, $-1$. Su grado es 3 por ser el mayor de los grados de los términos.

Coeficiente principal → $-5$    Término independiente → $-1$

$$P(x) = -5x^3 + 3x^2 - 1$$

Término principal → $-5x^3$

17 **Indica cuáles de estas expresiones son polinomios.**

**a.** $\dfrac{2+x}{3}$    **b.** $-5x^2 + \dfrac{1}{4}x - 1$    **c.** $3x + 1$    **d.** $\dfrac{5}{x^2} + \dfrac{1}{x} - 2$

18 **Completa la siguiente tabla.**

| Polinomio | Términos | Grado | Término principal | Coeficiente principal | Término independiente |
|---|---|---|---|---|---|
| $P(x) = x^5 - 7x + 1$ | ••• | ••• | ••• | ••• | ••• |
| $Q(x) = 5 - 4x^3$ | ••• | ••• | ••• | ••• | ••• |
| $R(x) = -2x^2 + 9x$ | ••• | ••• | ••• | ••• | ••• |

19 **Calcula el valor numérico del polinomio $P(x) = 7x^4 + 3x^3 + x$ para $x = 2$.**

20 **En el acuerdo firmado por la dirección y los trabajadores de una empresa, se determina que el número de jornadas de trabajo al año baje en un 4 % y que las horas de trabajo de cada jornada bajen en un octavo. Suponiendo que antes del acuerdo se trabajaban $x$ días al año y en cada uno de ellos se trabajaban $y$ horas:**

**a.** Escribe un monomio que determine las horas que se trabajarán al año con este acuerdo. ¿Cuál es el coeficiente de este monomio? ¿Y el grado?

**b.** Indica las horas que se trabajarán al año, una vez establecido el convenio, si antes se trabajaban 8 horas al día y 200 días de trabajo en el año.

# 3 ¿Cómo se opera con monomios y polinomios?

## Operaciones con monomios

21 Obtén las expresiones algebraicas del perímetro y el área del rectángulo de la figura.

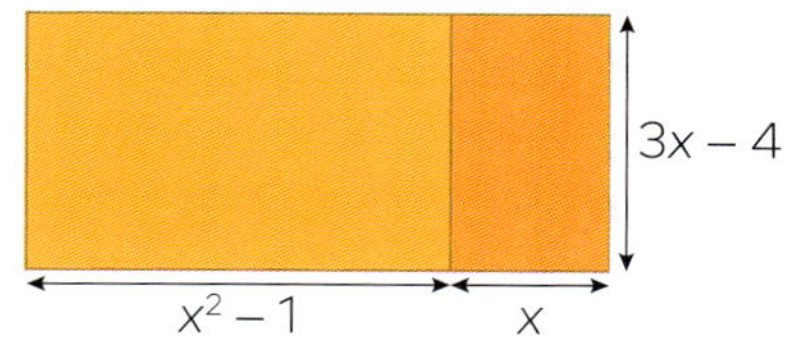


| | |
|---|---|
| La **suma y resta de monomios semejantes** se puede reducir, ya que la parte literal se puede extraer como factor común. Así, se suman o restan sus coeficientes y se escribe la parte literal. | **Ejemplo:** $A(x) = 2x^2$, $B(x) = -x^2$ <br> $A(x) + B(x) = 2x^2 - x^2 = (2-1)x^2 = x^2$ <br> $A(x) - B(x) = 2x^2 - (-x^2) = (2+1)x^2 = 3x^2$ |
| La **suma o resta de monomios no semejantes** no se puede reducir, por lo que tiene que dejarse indicada. | **Ejemplo:** $A(x,y) = 2x^2y$, $B(x,y) = -xy^2$ <br> $A(x,y) + B(x,y) = 2x^2y - xy^2$ <br> $A(x,y) - B(x,y) = 2x^2y - (-xy^2) = 2x^2y + xy^2$ |
| Para **multiplicar un número real por un monomio** se multiplica el número por el coeficiente del monomio y se escribe la misma parte literal. | **Ejemplo:** $A(x,y) = 5x^2y$ <br> $-3 \cdot A(x,y) = -3 \cdot 5x^2y = -15x^2y$ |
| Para **multiplicar dos monomios** se multiplican los coeficientes por un lado, y las variables, por otro, aplicando la propiedad del producto de potencias de la misma base. | **Ejemplo:** $A(x,y) = -3x^2y^2$, $B(x,y) = 4x^3y$ <br> $A(x,y) \cdot B(x,y) = -3x^2y^2 \cdot 4x^3y = (-3 \cdot 4) \cdot x^2 \cdot x^3 \cdot y^2 \cdot y = -12x^5y^3$ |
| Para calcular la **potencia de un monomio**, se elevan el coeficiente y cada una de las variables al exponente y se aplica la propiedad de la potencia de una potencia. | **Ejemplo:** $A(x,y) = -3x^2y^3$ <br> $[A(x,y)]^3 = (-3)^3 \cdot (x^2)^3 \cdot (y^3)^3 = -27x^6y^9$ |

22 Calcula las siguientes operaciones con monomios.

**a.** $3x^2 + 4x^2$ **b.** $-\frac{3}{5}x^3 + x^3$ **c.** $\frac{2}{3}x - \frac{5}{4}x$ **d.** $5x^2 + 2x$

23 Resuelve las siguientes operaciones con monomios.

**a.** $2x^2 \cdot \frac{1}{2}x^2$ **b.** $-\frac{3x^2}{5} \cdot \frac{2x^3}{3}$ **c.** $(-x^3)^4$ **d.** $\left(\frac{2}{3}x^3\right)^3$

24 Dados $A(x) = -2x$, $B(x) = \frac{1}{3}x^2$ y $C(x) = -x^2$, calcula:

**a.** $A(x) + 2B(x) - C(x)$ **b.** $3B(x) - \frac{1}{2}C(x)$ **c.** $A(x) \cdot B(x) \cdot C(x)$ **d.** $[A(x)]^2 - B(x) - C(x)$

25 Comprueba las siguientes operaciones con monomios y corrige las incorrectas.

**a.** $xy^2 + \frac{x^2y}{2} - 4x^2y = -\frac{5}{2}x^2y$

**b.** $\frac{2x^3y^2}{3} - \frac{x^2y}{4} = \frac{x^5y^3}{6}$

**c.** $5x - 3x^2 + 2x + x = 7x - 3x^2$

**d.** $\frac{3x^3y^2}{5} + \frac{2x^3y^2}{5} = x^3y^2$

## Operaciones con polinomios

| | |
|---|---|
| Para **sumar o restar polinomios**, se suman o restan los monomios semejantes que los forman. | **Ejemplo:** $P(x) = -3x^2 + 5x - 2$, $Q(x) = 5x^3 - x^2 - 3$<br>$P(x) + Q(x) = -3x^2 + 5x - 2 + 5x^3 - x^2 - 3 = = 5x^3 - 4x^2 + 5x - 5$<br>$P(x) - Q(x) = -3x^2 + 5x - 2 - (5x^3 - x^2 - 3) =$<br>$= -3x^2 + 5x - 2 - 5x^3 + x^2 + 3 =$<br>$= -5x^3 - 2x^2 + 5x + 1$ |
| Para **multiplicar un número real por un polinomio**, se multiplica el número por cada uno de los monomios que forman el polinomio. | **Ejemplo:** $P(x, y) = 3x^4 - 5xy$<br>$2 \cdot P(x, y) = 2 \cdot (3x^4 - 5xy) = 6x^4 - 10xy$ |
| Para **multiplicar polinomios**, se multiplica cada monomio del primer polinomio por cada monomio del segundo y se reducen los monomios semejantes. | **Ejemplo:** $P(x) = 4x^2 - 2x$, $Q(x) = x^2 - 2$<br>$P(x) \cdot Q(x) = (4x^2 - 2x) \cdot (x^2 - 2) =$<br>$= 4x^2 \cdot x^2 + 4x^2 \cdot (-2) - 2x \cdot x^2 - 2x \cdot (-2) =$<br>$= 4x^4 - 8x^2 - 2x^3 + 4x = 4x^4 - 2x^3 - 8x^2 + 4x$ |

**26** Si $P(x) = x^3 - x^2 - 2x + 2$ y $Q(x) = 2x^3 - 3x^2 + x - 1$, calcula:

**a.** $P(x) + Q(x)$ **b.** $P(x) - Q(x)$ **c.** $2P(x) + 4Q(x)$

**27** MAT-TIC La multiplicación de polinomios se basa en la propiedad distributiva. Aprende su interpretación gráfica con el interactivo de GeoGebra *Trabaja los productos con polinomios.*

**28** **CONTRASTAMOS JUNTOS.** Realiza las siguientes multiplicaciones de polinomios.

**a.** $2x^2 \cdot (4x^2 + 2x - 3)$ **b.** $(2x - 3) \cdot (x^2 + 2x)$ **c.** $(3x^2 + 2x) \cdot (x^2 - 2x + 5)$

### 29 Actividad resuelta

Extrae factor común en el polinomio $P(x, y) = 3x^4y - 6x^2y + 12x^3y^2$.

El factor común es $3x^2y$, por tanto: $P(x, y) = 3x^2y \cdot (x^2 - 2 + 4xy) = 3x^2y \cdot (x^2 + 4xy - 2)$

**30** Extrae factor común en las expresiones siguientes.

**a.** $5x^4 - 4x^2 + 12x$ **b.** $14x^2y^2 - 7x^3y^2 + 21x^2y$ **c.** $\frac{5}{2}xy^3 - \frac{7}{2}xy^2 + \frac{1}{2}xy$

**31** Dados los polinomios $P(x) = 2x - 3x^2$, $Q(x, y) = 2xy^2 - 6y$ y $R(x, y) = 4x^2y + 2xy - 3y$, calcula su producto y, a continuación, extrae factor común en el resultado. Comprueba los resultados con una calculadora algebraica (en el documento descargable tienes un ejemplo).

**a.** $P(x) \cdot Q(x, y)$ **b.** $P(x) \cdot R(x, y)$ **c.** $Q(x, y) \cdot R(x, y)$

**32** Una fábrica de bicicletas ha calculado que los costes de fabricar $x$ bicicletas, con $80 < x < 120$, viene dado por $C(x) = 25\,000 + 150x$, y el precio por unidad al que se pueden vender las $x$ unidades producidas viene dado por $P(x) = 600 - 2x$.

**a.** Escribe un polinomio que exprese los ingresos que obtiene la empresa si vende las $x$ unidades producidas.

**b.** Escribe un polinomio que exprese los beneficios de la empresa en ese caso. Recuerda: beneficios = ingresos − costes.

# 4 ¿Hay fórmulas que facilitan algunas operaciones?

## Identidades notables

**33** Deduce las identidades notables a partir de las imágenes, relacionando el área de la figura en el primer miembro de la igualdad con las de las figuras en el segundo miembro.

**a.** Cuadrado de una suma

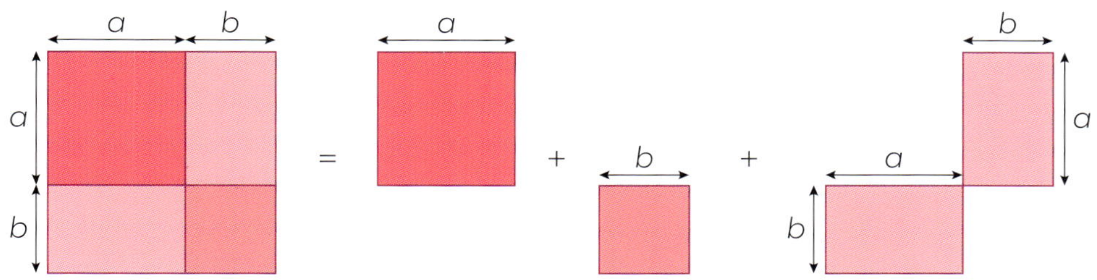


**b.** Cuadrado de una diferencia

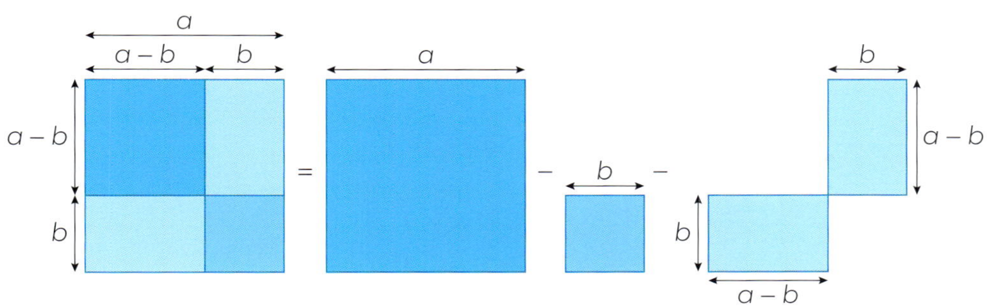


**c.** Producto de una suma por una diferencia

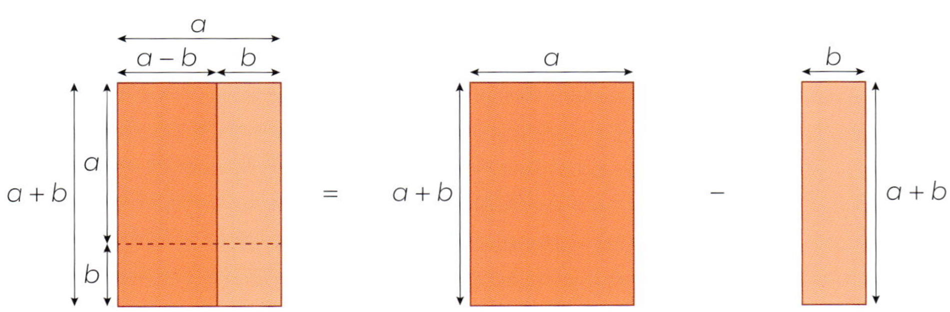


**34** MAT-TIC Practica con la demostración del cuadrado de la suma con el interactivo de GeoGebra.

Las **identidades notables** son expresiones que aparecen en álgebra con frecuencia y que nos permiten transformar productos en sumas o restas, y viceversa.

- **Cuadrado de una suma**

  $(a+b)^2=(a+b)\cdot(a+b)=a\cdot a+a\cdot b+b\cdot a+b\cdot b=a^2+2ab+b^2$ → $(a+b)^2=a^2+2ab+b^2$

- **Cuadrado de una diferencia**

  $(a-b)^2=(a-b)\cdot(a-b)=a\cdot a-a\cdot b-b\cdot a+b\cdot b=a^2-2ab+b^2$ → $(a-b)^2=a^2-2ab+b^2$

- **Producto de una suma por una diferencia**

  $(a+b)\cdot(a-b)=a\cdot a-a\cdot b+b\cdot a-b\cdot b=a^2-b^2$ → $(a+b)\cdot(a-b)=a^2-b^2$

¿Qué sabías ya sobre este tema?

## 35 Actividad resuelta

**Desarrolla estas expresiones utilizando las identidades notables.**

a. $(3x^2+2x)^2$ b. $\left(\frac{1}{2}x^2-x\right)^2$ c. $\left(\frac{2}{3}x^2+\frac{1}{2}x\right)\cdot\left(\frac{2}{3}x^2-\frac{1}{2}x\right)$

Para poder utilizar las fórmulas vistas, identificamos *a* y *b* en cada expresión.

a. $(\underbrace{3x^2}_{a}+\underbrace{2x}_{b})^2=\underbrace{(3x^2)^2}_{a^2}+\underbrace{2\cdot 3x^2\cdot 2x}_{2ab}+\underbrace{(2x)^2}_{b^2}=9x^4+12x^3+4x^2$

b. $\left(\underbrace{\frac{1}{2}x^2}_{a}-\underbrace{x}_{b}\right)^2=\underbrace{\left(\frac{1}{2}x^2\right)^2}_{a^2}-\underbrace{2\cdot\frac{1}{2}x^2\cdot x}_{2ab}+\underbrace{x^2}_{b^2}=\frac{1}{4}x^4-x^3+x^2$

c. $\left(\underbrace{\frac{2}{3}x^2}_{a}+\underbrace{\frac{1}{2}x}_{b}\right)\left(\underbrace{\frac{2}{3}x^2}_{a}-\underbrace{\frac{1}{2}x}_{b}\right)=\underbrace{\left(\frac{2}{3}x^2\right)^2}_{a^2}-\underbrace{\left(\frac{1}{2}x\right)^2}_{b^2}=\frac{4}{9}x^4-\frac{1}{4}x^2$

**36** Desarrolla estas expresiones utilizando las identidades notables.

a. $(x^3+2x)^2$

b. $(2x^3-5)^2$

c. $(5x+6)\cdot(5x-6)$

d. $\left(\frac{3}{7}x^2-\frac{7}{3}x\right)^2$

e. $\left(\frac{2}{5}x+\frac{1}{4}\right)^2$

f. $\left(\frac{12x}{5}-6x^2\right)\cdot\left(\frac{12x}{5}+6x^2\right)$

g. $\left(xy+2x^2y\right)^2$

h. $\left(\frac{2xy}{3}-\frac{y^2}{6}\right)\cdot\left(\frac{2xy}{3}+\frac{y^2}{6}\right)$

i. $\left(-2xy+3x^2\right)^2$

j. $\left(2-5x^2y^2\right)^2$

k. $\left(\frac{2}{3}x+\frac{xy}{4}\right)^2$

l. $\left(-3xy^2+2x^2y\right)^2$

## 37 Actividad resuelta

**Expresa los siguientes polinomios mediante productos.**

a. $4x^2+4x+1$ b. $x^2-6x+9$ c. $9x^2-1$

Tratamos de reconocer si los polinomios se corresponden con el desarrollo de alguna identidad notable.

a. $4x^2+4x+1$ es el desarrollo del cuadrado de la suma $(2x+1)$, ya que $4x^2$ es el cuadrado de $2x$, 1 es el cuadrado de 1, y $4x$ es el doble del producto de los dos sumandos, $4x=2\cdot 2x\cdot 1$, y aparece sumando. Por tanto: $4x^2+4x+1=(2x+1)^2$

b. $x^2-6x+9$ es el desarrollo del cuadrado de la resta $(x-3)$, ya que $x^2$ es el cuadrado de $x$, 9 es el cuadrado de 3, y $6x$ es el doble del producto $x\cdot 3$, y aparece restando. Por tanto: $x^2-6x+9=(x-3)^2$

c. $9x^2-1$ es una diferencia de cuadrados, ya que $9x^2$ es el cuadrado de $3x$ y 1 es el cuadrado de 1. Por tanto: $9x^2-1=(3x+1)\cdot(3x-1)$

**38** Expresa los siguientes polinomios mediante productos.

a. $9x^2+y^2+6xy$

b. $x^2-14x+49$

c. $4x^2-9$

d. $16x^2-25$

e. $25y^2+100y+100$

f. $x^4+12x^2+36$

g. $4x^6-24x^3+36$

h. $\frac{1}{4}x^2-9$

i. $\frac{4}{9}x^6-\frac{25}{16}$

# 5 ¿Cómo se dividen polinomios?

## División de polinomios

**39** El lado de un rectángulo es $3x - 1$ y su área es $9x^2 - 1$. ¿Qué operación habría que realizar para hallar el otro lado?

Para **dividir dos monomios** se dividen sus coeficientes por un lado, y cada una de sus variables por otro, utilizando la propiedad del cociente de potencias de la misma base.

### Ejemplo

$$\frac{6x^2y^3}{3x^3y} = \frac{6}{3} \cdot \frac{x^2}{x^3} \cdot \frac{y^3}{y} = 2 \cdot \frac{1}{x} \cdot y^2 = \frac{2y^2}{x}$$

El resultado no es un monomio. Por tanto, $6x^2y^3$ no es divisible por $3x^3y$.

¿Cuál es la condición para que un monomio sea divisible por otro?

**40** Divide los siguientes monomios e indica si el resultado es o no un monomio.

**a.** $\dfrac{-24x^4}{3x^2}$ **b.** $\dfrac{-45x^2t^4}{10x^2t^3}$ **c.** $\dfrac{-12x^3y^2}{4xy}$ **d.** $\dfrac{9x^5y^2}{3x^2y^3}$ **e.** $\dfrac{8a^3b^2}{4a^4b}$

Para **dividir un polinomio entre un monomio** dividimos cada término entre el monomio.

### Ejemplo

$$\frac{2x^4 - 12x^3 - 9x^2}{3x^2} = \frac{2x^4}{3x^2} - \frac{12x^3}{3x^2} - \frac{9x^2}{3x^2} = \frac{2}{3}x^2 - 4x - 3$$

Por tanto, $2x^4 - 12x^3 - 9x^2$ es divisible por $3x^2$.

**41** Realiza las divisiones e indica si el resultado es un polinomio.

**a.** $(12x^5 + 2x^3 - x^2) : 4x^2$ **b.** $(10x^3 + 2x^2 - 4) : 2x^4$

### DIVISIÓN DE POLINOMIOS

Realiza la división $(4x^3 + 2x^2 + 5) : (2x^2 - 3x + 2)$.

#### Paso 1

Escribimos los polinomios ordenados de mayor a menor grado, dejando un hueco si falta algún término en el dividendo.

$$4x^3 + 2x^2 \qquad + 5 \;\; \underline{|\,2x^2 - 3x + 2}$$

#### Paso 2

Dividimos el primer término del dividendo entre el primero del divisor.

$$\begin{array}{llll|l} 4x^3 & +2x^2 & & +5 & 2x^2 - 3x + 2 \\ \hline & & & & 2x \end{array}$$

#### Paso 3

Multiplicamos el cociente obtenido por el divisor, cambiamos el signo y lo sumamos al dividendo.

$$\begin{array}{rrrr|l} \cancel{4x^3} & +2x^2 & & +5 & 2x^2 - 3x + 2 \\ \hline -\cancel{4x^3} & +6x^2 & -4x & & 2x \\ \hline & 8x^2 & -4x & +5 & \end{array}$$

#### Paso 4

Repetimos el proceso hasta que el grado del resto sea menor que el del divisor.

$$\begin{array}{rrrr|l} \cancel{4x^3} & +2x^2 & & +5 & 2x^2 - 3x + 2 \\ \hline -\cancel{4x^3} & +6x^2 & -4x & & 2x + 4 \\ \hline & \cancel{8x^2} & -4x & +5 & \\ & -\cancel{8x^2} & +12x & -8 & \\ \hline & & 8x & -3 & \end{array}$$

**42** **Realiza las siguientes divisiones y después comprueba el resultado con una calculadora algebraica (en el documento descargable tienes un ejemplo).**

**a.** $(3x^4 - 7x^3 + 12x^2 + 7) : (3x^2 - x + 1)$

**b.** $(x^4 + 3x^3 + 4x^2 - x - 1) : (x^2 + 1)$

**c.** $(25x^5 + 15x^2 - 4x - 3) : (5x^2 - 2)$

**d.** $(6x^3 + 4x^2 + 3x + 2) : (2x^2 + 1)$

Al igual que la división de números reales, la **división de polinomios** cumple la **propiedad fundamental** Dividendo = Divisor · Cociente + Resto. Por tanto, se puede expresar del siguiente modo:

$$\frac{D(x)}{d(x)} = C(x) + \frac{R(x)}{d(x)}$$

## Ejemplo

Observa cómo aplicamos la propiedad fundamental para expresar la división.

$$\begin{array}{rrrr|l}
\cancel{2x^4} & -3x^3 & -23x^2 & +17 & 2x^2+3x-4 \\
-\cancel{2x^4} & -3x^3 & +4x^2 & & x^2-3x-5 \\
\hline
 & -\cancel{6x^3} & -19x^2 & +17 & \\
 & +\cancel{6x^3} & +9x^2 & -12x & \\
\hline
 & & -\cancel{10x^2} & -12x+17 & \\
 & & +\cancel{10x^2} & +15x-20 & \\
\hline
 & & & 3x-3 &
\end{array}$$

$$\frac{D(x)}{d(x)} = C(x) + \frac{R(x)}{d(x)} \Rightarrow \frac{2x^4 - 3x^3 - 23x^2 + 17}{2x^2 + 3x - 4} = x^2 - 3x - 5 + \frac{3x - 3}{2x^2 + 3x - 4}$$

**43** **Expresa las divisiones como la suma de un polinomio y una fracción.**

**a.** $(6x^3 - x^2 - 25x + 15) : (2x^2 + 3x - 4)$

**b.** $(x^4 + 5x^3 - 2x^2 + 17x - 18) : (x^2 + 4)$

**c.** $(3x^3 - 2x^2 + x + 18) : (x + 4)$

**d.** $(x^4 - 3x^2) : (x^2 - 4)$

Si una **división** es **exacta**, el dividendo puede escribirse como un producto de dos factores, ya que, como el resto es cero, se cumple: **Dividendo = Divisor · Cociente**.

## Ejemplo

Podemos comprobar que la división $(6x^3 + 7x^2 + 12x - 5) : (2x^2 + 3x + 5)$ es exacta, siendo su cociente $3x - 1$. Por tanto, aplicando Dividendo = Divisor · Cociente, tenemos:

$$6x^3 + 7x^2 + 12x - 5 = (2x^2 + 3x + 5) \cdot (3x - 1)$$

**44** **Comprueba que los siguientes polinomios son múltiplos de $P(x) = 2x^2 + x - 3$ y escríbelos como producto de dos polinomios de modo que uno de ellos sea $P(x)$.**

**a.** $A(x) = 2x^3 + 9x^2 + x - 12$

**b.** $B(x) = -4x^2 - 2x + 6$

**c.** $C(x) = 2x^3 - 5x^2 - 6x + 9$

**45** **En una zona turística, el número de trabajadores empleados en los hoteles durante el año viene dado por $N(t) = -14t^2 + 82t - 68$, siendo $t = 1, 2, 3$ o $4$ dependiendo del trimestre.**

**a.** Calcula el número de trabajadores empleados en los hoteles en cada trimestre.

**b.** Si el número de hoteles abiertos en la zona para cada trimestre viene dado por $H(t) = 2t - 2$ y todos los hoteles tienen aproximadamente la misma capacidad, ¿se puede escribir mediante un polinomio el número medio de trabajadores empleados en cada hotel para cada trimestre? ¿Para qué trimestre no tiene sentido la expresión obtenida?

## Regla de Ruffini

La **regla de Ruffini** es un algoritmo que se puede utilizar para dividir un polinomio $P(x)$ cualquiera entre un binomio de la forma $(x - a)$.

Al dividir un polinomio ocurre que:

- El grado del cociente es una unidad menor que el grado del dividendo.
- El resto será siempre un polinomio de grado cero, es decir, un número $R$.
- El resultado se puede expresar como: $\frac{P(x)}{Q(x)} = C(x) + \frac{R}{Q(x)}$

### DIVISIÓN POR RUFFINI

**Para dividir $P(x) = 2x^3 + 3x^2 + 5$ entre $Q(x) = x + 2$ se siguen los siguientes pasos:**

#### Paso 1

Se escriben los coeficientes del dividendo y el valor $a$, en este caso $a = -2$. Si falta algún término del dividendo se escribe un 0 en su lugar. Después, se baja el primer coeficiente.

Coeficientes del dividendo →

| | | | | |
|---|---|---|---|---|
| | 2 | 3 | 0 | 5 |
| $a$ → −2 | | | | |

→

| | | | | |
|---|---|---|---|---|
| | 2 | 3 | 0 | 5 |
| −2 | ↓ | | | |
| | 2 | | | |

#### Paso 2

Se multiplica por el valor de $a$, colocando el resultado debajo del siguiente coeficiente y se suma.

| | | | | |
|---|---|---|---|---|
| | 2 | 3 | 0 | 5 |
| −2 | | −4 | | |
| | 2 | | | |

→

| | | | | |
|---|---|---|---|---|
| | 2 | 3 | 0 | 5 |
| −2 | | −4 | | |
| | 2 | −1 | | |

#### Paso 3

Se repite la misma operación para cada coeficiente.

| | | | | |
|---|---|---|---|---|
| | 2 | 3 | 0 | 5 |
| −2 | | −4 | 2 | |
| | 2 | −1 | | |

→

| | | | | |
|---|---|---|---|---|
| | 2 | 3 | 0 | 5 |
| −2 | | −4 | 2 | |
| | 2 | −1 | 2 | |

#### Paso 4

Cuando el proceso anterior finaliza, se identifican el cociente y el resto.

| | | | | |
|---|---|---|---|---|
| | 2 | 3 | 0 | 5 |
| −2 | | −4 | 2 | −4 |
| | 2 | −1 | 2 | 1 |

Coeficientes del cociente: 2, −1, 2 — Resto: 1

El cociente es $C(x) = 2x^2 - x + 2$.

El resto es $R = 1$.

La división puede escribirse como:

$$\frac{2x^3 + 3x^2 + 5}{x + 2} = 2x^2 - x + 2 + \frac{1}{x + 2}$$

**46** **Calcula el cociente y el resto de las siguientes divisiones aplicando la regla de Ruffini.**

a. $(3x^2 - 4x + 5) : (x - 3)$

b. $(x^5 - x^3 + x^2 - 2x) : (x + 3)$

c. $(2x^3 - 3x^2 + 2x - 3) : (x + 2)$

d. $(x^5 + 3x^4 - 5x^3 + x^2 - 1) : (x + 1)$

e. $(2x^4 - 3x + 2) : (x - 2)$

f. $(x^6 - x^4 + 2x^2) : (x - 1)$

## 47 Actividad resuelta

**Utiliza la regla de Ruffini para realizar la siguiente división de polinomios.**

$$\left(2x^4+\frac{1}{2}x^3-9x^2+\frac{1}{3}x-3\right):(x-2)$$

En este caso, algunos de los coeficientes son fracciones y $a=2$. →

$$\begin{array}{c|ccccc} & 2 & \frac{1}{2} & -9 & \frac{1}{3} & -3 \\ 2 & & 4 & 9 & 0 & \frac{2}{3} \\ \hline & 2 & \frac{9}{2} & 0 & \frac{1}{3} & -\frac{7}{3} \end{array}$$

El cociente y el resto son: → $C(x)=2x^3+\frac{9}{2}x^2+\frac{1}{3}$ y $R=-\frac{7}{3}$

**48** Calcula el cociente y el resto de las siguientes divisiones aplicando la regla de Ruffini.

**a.** $\left(x^2+\frac{1}{2}x+2\right):(x-2)$

**b.** $\left(x^3+\frac{1}{3}x^2+2x+1\right):(x+3)$

**c.** $\left(\frac{1}{2}x^3-\frac{1}{3}x+1\right):(x-1)$

**d.** $(x^5-x^3+2x^2-3x-1):(x-3)$

**49** Comprueba que las siguientes divisiones son exactas.

**a.** $(2x^3-3x^2-5x+6):(x-2)$

**b.** $(x^4+x^3-x^2+3x+2):(x+2)$

**c.** $(2x^4-5x^3-7x-6):(x-3)$

**d.** $\left(x^3-2x^2+\frac{1}{12}x-\frac{1}{6}\right):(x-2)$

## 50 Actividad resuelta

**Calcula el valor de $k$ para que la siguiente división de polinomios sea exacta.**

$$\frac{2x^3-3x^2+x+k}{x+2}$$

La división será exacta cuando el resto sea nulo.

Para obtener el resto de la división, se aplica la regla de Ruffini:

$$\begin{array}{c|cccc} & 2 & -3 & 1 & k \\ -2 & & -4 & 14 & -30 \\ \hline & 2 & -7 & 15 & k-30 \end{array}$$

Igualando a cero el resto, se obtiene el valor de $k$:

$$k-30=0 \Rightarrow k=30$$

**51** Calcula el valor de $k$ para que las siguientes divisiones sean exactas.

**a.** $(-2x^2-x-k):(x-2)$

**b.** $(x^3-2x^2+3x+k):(x+2)$

**c.** $(x^4-x^3-x-k):(x+3)$

**d.** $(4x^3-23x^2+17x+k):(x-5)$

**e.** $\left(x^3+\frac{1}{2}x^2-\frac{1}{2}x+k\right):(x-2)$

**f.** $\left(\frac{1}{2}x^2+\frac{1}{6}x-\frac{k}{2}\right):\left(x+\frac{1}{2}\right)$

# 6 ¿Podemos expresar los polinomios como productos?

## Teorema del resto

El **resto**, $R$, de dividir un polinomio $P(x)$ entre un binomio $(x - a)$ coincide con el valor numérico del polinomio en $x = a$, es decir,

$$R = P(a)$$

### Ejemplo

Al dividir el polinomio $P(x) = 2x^2 + 2x - 3$ entre el binomio $Q(x) = x - 3$, se obtiene el cociente $C(x) = 2x + 8$ y el resto $R = 21$.

| | | | | |
|---|---|---|---|---|
| | | 2 | 2 | −3 |
| | 3 | | 6 | 24 |
| Coeficientes del cociente → | | 2 | 8 | 21 ← Resto |

Al sustituir $x$ por 3 en $P(x)$ se obtiene:

$P(3) = 2 \cdot 3^2 + 2 \cdot 3 - 3 = 2 \cdot 9 + 6 - 3 = 18 + 6 - 3 = 21$

Se observa que el resto de la división coincide con el valor numérico del polinomio.

Para demostrar el teorema del resto utilizamos la propiedad de la división,
$P(x) = d(x) \cdot C(x) + R$,
en este caso,
$P(x) = (x - a) \cdot C(x) + R$
Al sustituir $x = a$:
$P(a) = (a - a) \cdot C(a) + R$
$P(a) = R$

**52** **Sin realizar la división, calcula el valor del resto.**

a. $(3x^2 - 4x + 3) : (x - 1)$

b. $(2x^3 - x^2 - 2x + 8) : (x + 1)$

c. $(x^4 - 3x^3 - x + 10) : (x - 2)$

**¿Cuáles de las divisiones anteriores son exactas?**

**53** **Actividad resuelta**

**Calcula el valor de $k$ para que el polinomio $P(x) = x^3 - x^2 + kx - 2$ sea divisible por $x + 2$.**

El polinomio $P(x)$ es divisible por $x + 2$ si el resto de la división es 0.

Aplicando el teorema del resto, se cumple que $P(-2) = 0$.

$$P(-2) = (-2)^3 - (-2)^2 + k \cdot (-2) - 2 = -8 - 4 - 2k - 2 = -2k - 14 = 0 \Rightarrow k = \frac{14}{-2} = -7$$

Es decir, el polinomio $P(x) = x^3 - x^2 - 7x - 2$ es divisible por $x + 2$.

**54** **Calcula el valor de $k$ para que el polinomio $P(x)$ sea divisible por el binomio que se indica.**

a. $P(x) = 2x^2 - 3x + k$, divisible por $x - 3$

b. $P(x) = x^3 - 2x^2 + x + k$, divisible por $x + 3$

c. $P(x) = x^5 - x^3 + k$, divisible por $x - 2$

**55** **Calcula el valor de $k$ para que el resto de la división $\left(\frac{1}{3}x^3 - x^2 - 2x - 2k\right) : (x + 2)$ valga $\frac{8}{3}$.**

**56** **¿Cuáles son los restos de las siguientes divisiones?**

a. $\dfrac{x^{10} - 2}{x + 3}$

b. $\dfrac{x^{17} - x^{10} + x^5}{x + 1}$

## Teorema del factor

**57** Observa el polinomio $x^2 - 6x - 9$.
¿Serías capaz de expresarlo como una multiplicación de polinomios?
En caso afirmativo, ¿cómo llamarías a cada uno de esos términos?
Inténtalo también con el polinomio $x^3 - 9x^2 + 27x - 27$.

Si $P(a) = 0$, entonces el polinomio $P(x)$ es divisible por $(x - a)$, es decir $(x - a)$ es un **factor** de $P(x)$.

Utilizando el teorema del resto:
Si $P(a) = 0$, el resto de la división $P(x) : (x - a)$ es nulo.
Entonces $P(x)$ se puede expresar:
$$P(x) = (x - a) \cdot C(x)$$

### Ejemplo

Comprobamos que el binomio $x + 2$ es un factor de $P(x) = x^3 + 2x^2 - 3x - 6$.
Para ello, solo es necesario calcular $P(-2)$ y comprobar que vale 0:
$P(-2) = (-2)^3 + 2 \cdot (-2)^2 - 3 \cdot (-2) - 6 = -8 + 8 + 6 - 6 = 0$

**58** Indica en cuáles de los siguientes polinomios $x + 3$ es uno de sus factores.

**a.** $P(x) = 2x^2 + x - 12$
**b.** $Q(x) = 2x^2 + x - 15$
**c.** $R(x) = 2x^3 + 6x^2 - 5x - 12$
**d.** $S(x) = 2x^3 + 6x^2 + 5x + 15$

**59** Sin realizar la división, comprueba si el polinomio $P(x) = 3x^3 + 8x^2 - 9x + 28$ tiene el binomio $x + 4$ como factor.

**60** Comprueba si estos binomios son factores del polinomio $P(x) = x^3 - 2x^2 - x - 2$.

**a.** $x - 2$
**b.** $x + 2$
**c.** $x + 1$
**d.** $x - 1$
**e.** $x - 3$
**f.** $x + 3$

## Raíces de un polinomio

Se dice que $x = a$ es una raíz del polinomio $P(x)$, si el valor numérico de $P(x)$ para $x = a$ es nulo, es decir, $x = a$ es raíz de $P(x)$ si $P(a) = 0$.

Un **polinomio de grado** $n$ puede tener, como máximo, $n$ raíces reales, iguales o distintas.

### Ejemplo

¿Los valores $x = 2$ y $x = -1$ son raíces de $P(x) = x^4 - 3x^3 + 5x - 2$?
Para determinarlo se calcula el valor numérico del polinomio en $x = 2$ y $x = -1$.

- $P(2) = 2^4 - 3 \cdot 2^3 + 5 \cdot 2 - 2 = 16 - 3 \cdot 8 + 10 - 2 = 16 - 24 + 10 - 2 = 0 \Rightarrow$
  $\Rightarrow x = 2$ es raíz de $P(x)$.
- $P(-1) = (-1)^4 - 3 \cdot (-1)^3 + 5 \cdot (-1) - 2 = 1 - 3 \cdot (-1) + 5 \cdot (-1) - 2 = -3 \Rightarrow$
  $\Rightarrow x = -1$ no es raíz de $P(x)$.

**61** Comprueba si los valores que se indican son raíces de los siguientes polinomios.

**a.** $P(x) = x^2 - 4x$ $\quad x = 2$
**b.** $P(x) = 3x^3 + 8x^2 - 5x - 6$ $\quad x = -3$
**c.** $P(x) = x^5 - x^3 - 2x + 2$ $\quad x = 1$
**d.** $P(x) = x^2 - 5x + 6$ $\quad x = 3$
**e.** $P(x) = x^4 - 2x^3 + x^2 + x - 1$ $\quad x = 1$
**f.** $P(x) = 4x^3 - 6x^2 - 3x + 1$ $\quad x = 0$

**62** Indica cuántas raíces reales como máximo puede tener el siguiente polinomio.

$$P(x) = x^3 + 5x^5 - 8x + 15$$

## Factorización

Un polinomio es **irreducible** si no se puede escribir como producto de dos o más polinomios de grado menor.

**Factorizar** un polinomio es expresarlo como producto de polinomios irreducibles.

Para factorizar un polinomio se calculan sus raíces reales. Dichas raíces proporcionan los factores tal y como indica el teorema del factor.

### Ejemplo

Para factorizar el polinomio $P(x) = x^3 - 2x^2 - 7x - 4$:

- Si hay raíces enteras estarán entre los divisores de $-4$: $\{\pm 1, \pm 2$ y $\pm 4\}$. Con el teorema del resto se comprueba si cada uno de los valores es o no raíz y, en caso de serlo, se aplica la regla de Ruffini para encontrar la factorización.
- Si $x = 1$ es raíz de $P(x)$, por el teorema del resto debe ser $P(1) = 0$. Por tanto:

$$P(1) = 1^3 - 2 \cdot 1^2 - 7 \cdot 1 - 4 = -12$$

Como el resultado no es cero, $x = 1$ no es una raíz ni $x - 1$ un factor de $P(x)$.

- Para comprobar si $x = -1$ es una raíz, se procede del mismo modo:

$$P(-1) = (-1)^3 - 2(-1)^2 - 7(-1) - 4 = -1 - 2 + 7 - 4 = 0$$

Al obtener cero, resulta que $x = -1$ es una raíz del polinomio y, en consecuencia, $x + 1$ es un factor de $P(x)$.

Para factorizar se divide por Ruffini:

| | | | | |
|---|---|---|---|---|
| | 1 | –2 | –7 | –4 |
| –1 | | –1 | 3 | 4 |
| | 1 | –3 | –4 | 0 |

Por tanto: $P(x) = (x + 1)(x^2 - 3x - 4)$

- Para descomponer el factor $x^2 - 3x - 4$, se podría repetir el proceso anterior o, simplemente, resolver la ecuación de segundo grado $x^2 - 3x - 4 = 0$

$$x = \frac{-b \pm \sqrt{b^2 - 4ac}}{2a} = \frac{-(-3) \pm \sqrt{(-3)^2 - 4 \cdot 1 \cdot (-4)}}{2 \cdot 1} =$$

$$= \frac{3 \pm \sqrt{9 + 16}}{2} = \frac{3 \pm 5}{2} \Rightarrow \begin{cases} x = 4 \\ x = -1 \end{cases}$$

Las raíces son $-1$ y 4 y así, resulta que $(x^2 - 3x - 4) = (x + 1)(x - 4)$.

De esta forma se factoriza completamente $P(x)$:

$$P(x) = x^3 - 2x^2 - 7x - 4 = (x + 1)(x^2 - 3x - 4) = (x + 1)^2(x - 4)$$

Hay que destacar que la raíz $x = -1$ de $P(x)$ es una raíz doble.

Las posibles raíces enteras de un polinomio son divisores de su término independiente.
El teorema del resto y la regla de Ruffini permiten encontrarlas.

Los polinomios sin raíces reales son irreducibles.

Las raíces de los polinomios de segundo grado se pueden calcular igualando el polinomio a cero y resolviendo la ecuación.

El factor asociado a una raíz puede aparecer más de una vez en la factorización de un polinomio. Se habla entonces de raíz doble, triple…

**63** Calcula las raíces enteras de los polinomios siguientes.

a. $P(x) = x^2 - x - 12$

b. $Q(x) = x^3 + x^2 - 17x + 15$

c. $R(x) = x^3 + 7x^2 + 2x - 40$

d. $S(x) = x^5 - 3x^4 - 2x^3 + x^2 - x + 4$

**64** Utiliza la regla de Ruffini para factorizar estos polinomios.

a. $P(x) = x^3 - 6x^2 + 11x - 6$

b. $Q(x) = x^3 + 4x^2 + x - 6$

c. $R(x) = x^3 - 7x + 6$

d. $S(x) = x^4 - 1$

## 65 Actividad resuelta

**Factoriza estos polinomios extrayendo el factor común.**

**a.** $P(x) = x^4 + 3x^2$ **b.** $Q(x) = 2x^4 + 4x^3$

**a.** $P(x) = x^4 + 3x^2 = x^2(x^2 + 3)$ **b.** $Q(x) = 2x^4 + 4x^3 = 2x^3(x + 2)$

Cuando todos los términos de un polinomio poseen un factor común, se puede comenzar a factorizar extrayendo dicho factor común.

**66** **Extrae el factor común para factorizar los siguientes polinomios.**

**a.** $P(x) = x^3 - x^2$

**b.** $Q(x) = -x^3 + 3x^2$

**c.** $R(x) = -2x^3 - 8x$

**d.** $S(x) = 6x^4 - 8x^3$

## 67 Actividad resuelta

**Factoriza los polinomios utilizando una identidad notable.**

**a.** $P(x) = x^2 - 10x + 25$ **b.** $Q(x) = x^2 - 16$

**a.** $P(x) = x^2 - 10x + 25 = (x - 5)^2$ **b.** $Q(x) = x^2 - 16 = (x - 4)(x + 4)$

A veces, el polinomio a factorizar es el desarrollo de una identidad notable.

**68** **Usa las identidades notables y factoriza los polinomios siguientes.**

**a.** $P(x) = 4x^2 - 16x + 16$ **b.** $Q(x) = -x^2 + \frac{4}{9}$ **c.** $R(x) = 9x^2 + 6x + 1$ **d.** $S(x) = \frac{1}{4}x^2 + x + 1$

## 69 Actividad resuelta

**Factoriza el polinomio $P(x) = x^3 - 3x - 2$.**

Un polinomio de grado 3 tiene como máximo 3 raíces reales, aunque alguna de ellas puede estar repetida.

Las posibles raíces enteras deben estar entre los números ±1 y ±2, que son los divisores del término independiente.

| | | | | |
|---|---|---|---|---|
| | 1 | 0 | –3 | –2 |
| –1 | | –1 | 1 | 2 |
| | 1 | –1 | –2 | 0 |
| –1 | | –1 | 2 | |
| | 1 | –2 | 0 | |

El polinomio tiene tres raíces reales: –1, –1 y 2. Dos de ellas son iguales, por tanto, $x = 1$ es una raíz doble.

La factorización queda así: $P(x) = (x + 1)^2(x - 2)$

**70** **Factoriza los polinomios que aparecen a continuación.**

**a.** $P(x) = x^3 - 3x^2 + 4$

**b.** $Q(x) = x^4 + 4x^3 + 4x^2$

**c.** $R(x) = x^4 - 2x^2 + 1$

**d.** $S(x) = x^4 + 5x^3 + 3x^2 - 9x$

**71** **Sin hacer cálculos, explica razonadamente si las siguientes afirmaciones son verdaderas o falsas.**

**a.** –3 no es una raíz de $P(x) = x^{33} + 2x^{22} - 8x + 1$.

**b.** $P(x) = x^7 + 5x^4 + 3$ tiene 9 raíces.

**c.** $P(x) = x^5 + 2x^2 + 2$ tiene 5 raíces enteras.

**d.** Todo divisor del término independiente es raíz entera del polinomio.

**NUESTRO RETO**

# Empléate en verde

## Aprende sobre empleos verdes en el entorno rural

### Paso 1

**Aplica tus conocimientos de álgebra**

La familia de Juan ha decidido mudarse a su pueblo natal para montar una pequeña explotación agrícola ecológica. Ayúdales a iniciar su objetivo.

El dibujo muestra el diseño de su explotación agrícola. Necesitan dividir el terreno en dos zonas, una dedicada al cultivo y otra dedicada a almacenes, maquinaria y al tratamiento de residuos.

¿Cómo deben hacerlo?

- Juan dice que es suficiente con que el valor de $x$ sea 1,3 hm. ¿Sería una buena decisión?
- Expresa el área de cada zona en función de $x$.
- Si $x = 3$ hm, ¿qué porcentaje del área representa cada zona con respecto al total?

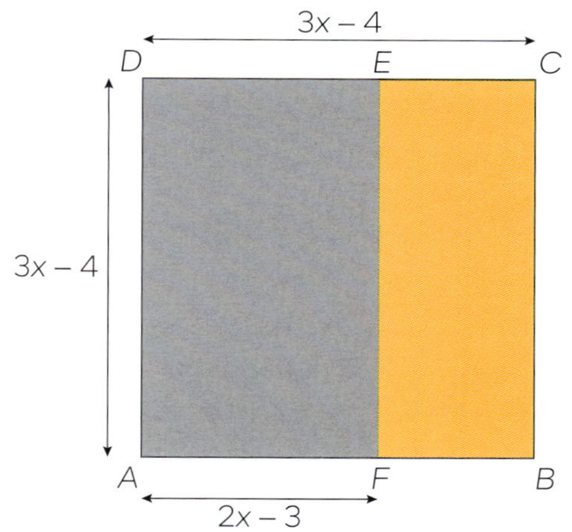


### Paso 2

**Investiga y comparte**

Imagina que tienes la oportunidad de poner en marcha un negocio en un entorno rural.

Elabora una ficha basándote en los siguientes puntos y comparte después con la clase, practicando la lectura en voz alta.

- ¿Qué oportunidades de empleo verde existen en el medio rural?
- ¿Qué tipo de negocio elegirías? ¿Por qué?
- ¿Qué ventajas crees que tiene vivir en un pueblo? ¿Y desventajas?

**¿Cómo te ha ido el reto?** Entra y haz tu valoración

# EN RESUMEN

## Monomios

Un **monomio** es una expresión algebraica formada por el producto de un número real y una o varias variables elevadas a exponentes naturales.

Coeficiente — Parte literal

$5\,x^4y^3$

Grado: $4 + 3 = 7$

Dos monomios son semejantes si tienen la misma parte literal.

## Polinomios

Un **polinomio** es una expresión algebraica formada por la suma de varios monomios no semejantes que se llaman **términos**.

Coeficiente principal — Término independiente

$P(x) = -5x^3 + 3x^2 - 1$

Término principal

## Suma y resta

Para **sumar** o **restar polinomios**, se suman o restan los monomios semejantes que los forman.

$$(-3x^2 + 5x - 2) + (5x^3 - x^2 - 3) =$$
$$= 5x^3 - 4x^2 + 5x - 5$$

$$(-3x^2 + 5x - 2) - (5x^3 - x^2 - 3) =$$
$$= -3x^2 + 5x - 2 - 5x^3 + x^2 + 3 =$$
$$= -5x^3 - 2x^2 + 5x + 1$$

## Multiplicación

Para **multiplicar polinomios**, se multiplica cada monomio del primer polinomio por cada monomio del segundo y se reducen los monomios semejantes.

$$(4x^2 - 2x) \cdot (x^2 - 2) =$$
$$= 4x^2 \cdot x^2 + 4x^2 \cdot (-2) - 2x \cdot x^2 - 2x \cdot (-2) =$$
$$= 4x^4 - 8x^2 - 2x^3 + 4x = 4x^4 - 2x^3 - 8x^2 + 4x$$

## Identidades notables

| Cuadrado de una suma | Cuadrado de una diferencia | Suma por diferencia |
|---|---|---|
| $(a+b)^2 = a^2 + 2ab + b^2$ | $(a-b)^2 = a^2 - 2ab + b^2$ | $(a+b)(a-b) = a^2 - b^2$ |

## División de polinomios

$$\begin{array}{rrrr|l}
\cancel{6x^3} & +7x^2 & +12x & -5 & 2x^2-3x+2 \\
\cancel{-6x^3} & +9x^2 & -6x & & 3x+8 \\ \hline
 & \cancel{16x^2} & +6x & -5 & \\
 & \cancel{-16x^2} & +24x & -16 & \\ \hline
 & & 30x & -21 &
\end{array}$$

$D(x) = 6x^3 + 7x^2 + 12x - 5$ $\quad C(x) = 3x + 8$

$d(x) = 2x^2 - 3x + 2$ $\quad R(x) = 30x - 21$

## Regla de Ruffini

Las divisiones de la forma $P(x) : (x - a)$ se pueden realizar con la regla de Ruffini.

Coeficientes del dividendo

| $a$ | | | | |
|---|---|---|---|---|
| | 1 | −2 | −7 | −4 |
| −1 | | −1 | 3 | 4 |
| | 1 | −3 | −4 | 0 |

Coeficientes del cociente — Resto

## Factorización

**Factorizar** un polinomio consiste en descomponerlo en producto de polinomios irreducibles.

Para $P(x) = x^3 - 3x^2 - 13x + 15$ con raíces 1, −3 y 5: $P(x) = (x - 1)(x + 3)(x - 5)$

# PRACTICAMOS

## Actividades

1 **Mapa mental.** Organiza en un mapa mental los conceptos que has aprendido.

2 Escribe en lenguaje algebraico.

a. Tres números consecutivos si el menor es $x$.

b. Tres números consecutivos si el mediano es $x$.

c. Tres números consecutivos si el mayor es $x$.

3 Escribe expresiones algebraicas para:

a. El perímetro de un cuadrado cuya diagonal mide $x$.

b. La diagonal de un rectángulo cuyos lados son uno el doble del otro, siendo $a$ el menor.

c. La diagonal de un rectángulo cuyos lados son uno el doble del otro, siendo $a$ el mayor.

4 Halla el valor numérico de las expresiones para el valor de la variable que se indica.

a. $A(x) = 2x - 3$, para $x = -2$

b. $B(x) = \dfrac{x}{1+x}$, para $x = -3$

c. $C(x) = \dfrac{1+\frac{1}{x}}{1-\frac{1}{x}}$, para $x = -\dfrac{2}{3}$

d. $D(x) = \dfrac{x^3}{1+x^2}$, para $x = \dfrac{1}{3}$

5 Calcula el valor numérico de las expresiones algebraicas para los valores de las variables.

a. $A(x,y) = \dfrac{x^2+y^2}{2xy}$, para $x = 2$, $y = 3$

b. $B(x,y) = \dfrac{x+2\sqrt{y}}{2y\sqrt{x}}$, para $x = 9$, $y = 4$

c. $C(x,y) = \dfrac{2xy-y^2}{2xy^3}$, para $x = 4$, $y = -1$

6 Indica si las siguientes expresiones son monomios, polinomios o ninguna de las dos cosas y señala sus elementos principales.

a. $-2x^2 + 3$

b. $\dfrac{x}{2}$

c. $5x^2y + 2xy$

d. $\dfrac{1}{x} \cdot y$

e. $-2x^2 + \dfrac{1}{2}\sqrt{x}$

f. $-2t^2 + tx + 3$

## 7 Actividad resuelta

Escribe el polinomio de segundo grado para la variable $x$ que verifica las tres condiciones.

- Su coeficiente principal es 1.
- No tiene término de primer grado.
- Su término independiente es –2.

El coeficiente principal es el coeficiente del término de mayor grado, que en este caso es el de segundo grado. Por tanto, el término principal es $x^2$.

Como no tiene término de primer grado y el término independiente, el que no tiene variable, es –2, el polinomio que buscamos es:

$$P(x) = x^2 - 2$$

8 Escribe el polinomio de segundo grado para la variable $x$ que verifica estas condiciones.

- Su coeficiente principal es $\dfrac{1}{2}$.
- No tiene término independiente.
- El coeficiente del término de primer grado es –3.

9 Encuentra un polinomio de tercer grado para la variable $x$ que cumpla estas cuatro condiciones.

- No tiene término independiente.
- No tiene término de primer grado.
- El coeficiente principal es la unidad.
- El valor numérico para $x = 1$ es 2.

10 Considera todos los triángulos rectángulos en los que las medidas de sus catetos se diferencian en tres unidades. Llama $x$ al cateto menor y escribe las expresiones algebraicas que se piden.

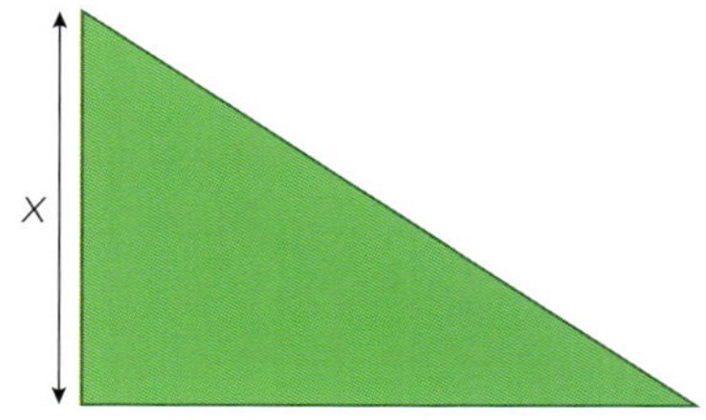


a. La medida del otro cateto.

b. El área del triángulo.

c. La medida de la hipotenusa.

d. El perímetro del triángulo.

**11** Dado el monomio $Q(x, y, z) = -5x^2y^3z$, escribe dos monomios no semejantes a él, pero con el mismo grado.

**12** Escribe la expresión algebraica que representa el perímetro de esta figura.

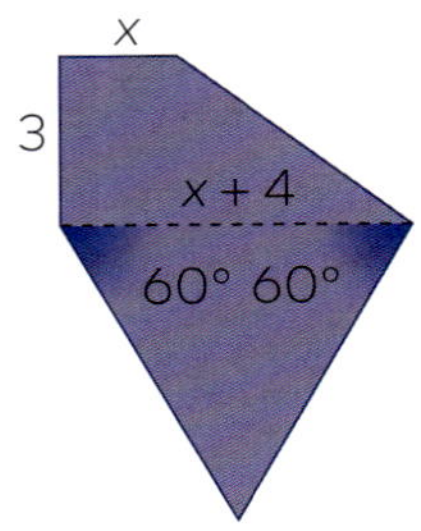


**13** Realiza las operaciones que se indican, con los monomios $A(x, y)$, $B(x)$ y $C(y)$.

$A(x, y) = -2xy \qquad B(x) = \frac{1}{3}x^2 \qquad C(y) = -\frac{1}{2}y^2$

**a.** $5A(x, y) \cdot 3B(x) \cdot [-2C(y)]$

**b.** $[B(x)]^2$

**c.** $[A(x)]^2 + 3B(x) - C(y)$

**14** Realiza las siguientes operaciones.

**a.** $-2x^2 \cdot (4x^2 + 2)$

**b.** $(2x^3 + x - 1) \cdot (-3x^2 + 4)$

**c.** $\frac{2x}{3} \cdot \left(\frac{1}{2}x^2 - 3x\right)$

**15** Escribe la expresión algebraica del área de esta figura.

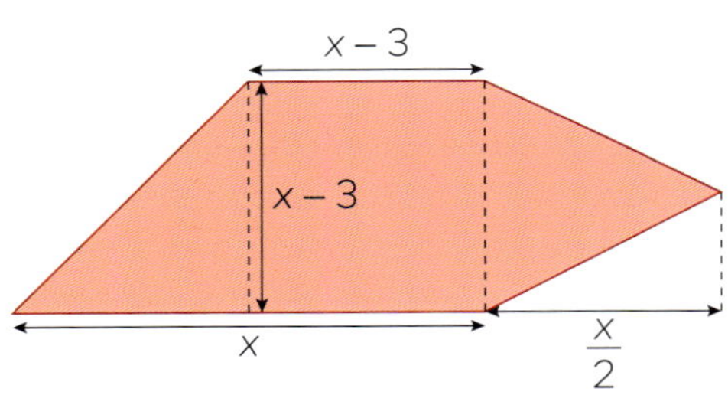


**16** Realiza las operaciones que se indican, con los polinomios $A(x)$, $B(x)$ y $C(x)$.

$A(x) = -2x^3 + 2x^2 - 2x - 3$

$B(x) = 2x^3 - 5x + 2$

$C(x) = -x^3 + 2x^2 + 1$

**a.** $A(x) + B(x) + C(x)$

**b.** $-A(x) - B(x) + C(x)$

**c.** $2A(x) + B(x) - C(x)$

**d.** $\frac{1}{2}A(x) + \frac{1}{4}B(x) - C(x)$

**17** Realiza las operaciones que se indican, con los polinomios $A(x, y)$, $B(x, y)$ y $C(x, y)$.

$A(x, y) = -2xy^2 + 2xy$

$B(x, y) = 3xy^2 - 5y$

$C(x, y) = -xy + 5y$

**a.** $-2A(x, y) + B(x, y) + 3C(x, y)$

**b.** $\frac{1}{2}A(x, y) + B(x, y) - \frac{1}{4}C(x, y)$

**c.** $A(x, y) \cdot [-2B(x, y)]$

**d.** $-2A(x, y) \cdot C(x, y)$

**18** Indica si las siguientes afirmaciones son verdaderas o falsas. Justifica tu respuesta.

**a.** El grado de una suma de polinomios es la suma de sus grados.

**b.** El grado del polinomio producto es siempre la suma de los grados de los polinomios factores.

**19** Extrae factor común en cada una de las siguientes expresiones.

**a.** $2t^2 - 4t$

**b.** $2a^2b - 3b^2a$

**c.** $\frac{1}{2}x^2y^3 - \frac{1}{2}x$

**d.** $4z^2s - 14zs^2$

**e.** $a^2b - \frac{1}{3}ab + \frac{1}{6}ab^3$

**f.** $x^2y^2z^2 - 3xy^2z^2$

**g.** $\frac{1}{4}x^2y - \frac{1}{2}xy^2$

**h.** $\frac{2}{5}z^2t - \frac{1}{10}zt^2$

**20** Expresa el área de cada figura mediante un polinomio.

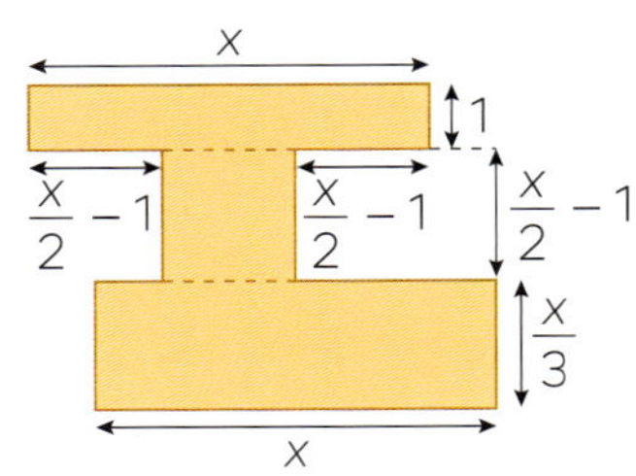


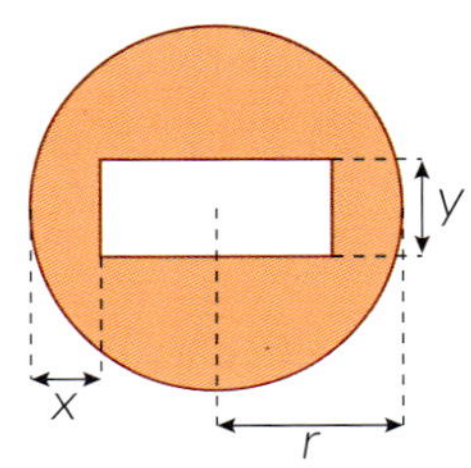


**21** Desarrolla las siguientes expresiones utilizando las identidades notables.

**a.** $(2x - 3)^2$

**b.** $(3x - 1) \cdot (3x + 1)$

**c.** $(5x + 2)^2$

**d.** $\left(\frac{1}{2}x + 2\right)^2$

**e.** $(xy - 2x)^2$

**f.** $(5xy + 1)^2$

**g.** $\left(-\frac{3}{5}xy^2 + 2x^2y\right)^2$

**h.** $(3x^2y - x^2) \cdot (3x^2y + x^2)$

22 Si $P(x) = 2x^2 - 3x + 5$ y $Q(x) = x^2 - 4$, calcula:

a. $P(x) \cdot Q(x)$
b. $[Q(x)]^2$
c. $[P(x)]^2$
d. $[P(x)]^2 + P(x) \cdot Q(x)$

23 Expresa de forma algebraica la suma de las áreas de los cuadrados más oscuros.

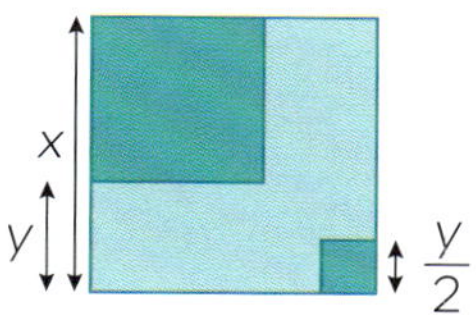


24 Comprueba estas igualdades y corrige las que sean incorrectas.

a. $(x-2x^2)^2 = x^2 - 4x^3 - 4x^4$
b. $\left(\frac{x}{5}+3\right)^2 = \frac{x^2}{25}+\frac{6x}{5}+9$
c. $(y - y^2) \cdot (y + y^2) = y^2 - y^4$
d. $\left(\frac{x}{2}-\frac{y}{4}\right)^2 = \frac{x^4}{4}-\frac{y^2}{16}$

25 Escribe las siguientes expresiones como potencias de un binomio.

a. $25x^2 - 10x + 1$
b. $4x^2 - 20x + 25$
c. $\frac{1}{4}x^2 - 3x + 9$
d. $16x^2 + 24x + 9$
e. $36x^2 + 12x + 1$
f. $\frac{1}{16}x^2 + \frac{1}{3}x + \frac{4}{9}$
g. $1 + a^4b^4 - 2a^2b^2$
h. $\frac{x^2y^2}{4} + \frac{x^2}{4} + \frac{x^2y^4}{16}$

26 Escribe estas expresiones como productos de dos binomios.

a. $x^2 - 4$
b. $x^2 - y^2$
c. $4x^2 - 1$
d. $\frac{4}{9}x^6 - \frac{25}{16}$
e. $4x^2y^2 - x^2$
f. $4a^2 - 9a^4b^2$

27 Las siguientes expresiones son desarrollos de identidades notables. Halla los coeficientes que faltan y escribe las identidades correspondientes.

a. $\bullet\, x^2 - 24x + 16$
b. $4y^2 + 20y + \bullet$
c. $x^2y^2 + \bullet\, xy + 9$
d. $9x^2y^2 - \bullet$

28 **Actividad resuelta**

**Simplifica la siguiente expresión algebraica.**
**$(2x^2 + 3)^2 + 3 \cdot (2x^2 - 3)^2 + 4 \cdot (2x^2 - 3) \cdot (2x^2 + 3)$**

Siguiendo la jerarquía de las operaciones, calculamos primero las potencias y, a continuación, los productos, para lo cual aplicamos las identidades notables. Después operamos y simplificamos.

$(2x^2 + 3)^2 + 3 \cdot (2x^2 - 3)^2 + 4 \cdot (2x^2 - 3) \cdot (2x^2 + 3) =$
$= 4x^4 + 12x^2 + 9 + 3 \cdot (4x^4 - 12x^2 + 9) + 4 \cdot (4x^4 - 9) =$
$= 4x^4 + 12x^2 + 9 + 12x^4 - 36x^2 + 27 + 16x^4 - 36 =$
$= 32x^4 - 24x^2$

29 Simplifica las siguientes expresiones.

a. $4 \cdot (3x - 1)^2 - 4 \cdot (3x + 1)^2 + 2 \cdot (2x + 1) \cdot (2x - 1)$
b. $(x + xy)^2 - (x - xy)^2 - (x + xy) \cdot (x - xy)$
c. $2 \cdot (xy - x)^2 - 3 \cdot (y + xy)^2 - 4 \cdot (x - y) \cdot (x + y)$

30 Realiza las divisiones siguientes.

a. $(6x^3 - 3x^2 - 21x + 10) : (2x^2 + 3x - 1)$
b. $(8x^3 + 18x^2 + x + 14) : (2x + 5)$
c. $(3x^4 + 4x^3 + 6x^2 + 14x - 4) : (-x^2 + 3)$

31 Relaciona los cocientes y restos con el dividendo y el divisor.

| Dividendo | Divisor | Cociente | Resto |
|---|---|---|---|
| $x^3 - 2x^2 + 2x - 3$ | $x - 3$ | $x - 4$ | $12$ |
| | $x^2 + 2x - 5$ | $-x + 5$ | $19x - 13$ |
| | $-x^2 - 3x + 2$ | $x^2 + x + 5$ | $15x - 23$ |

32 Calcula el cociente y el resto de las siguientes divisiones.

a. $(6x^2 - x + 1) : (x - 3)$
b. $(x^3 - 3x^2 + 2x - 3) : (x + 1)$
c. $(2x^4 + x^2 - 3x + 2) : (x - 2)$
d. $(-x^3 + x^2 - 2x - 5) : (x + 3)$

33 Factoriza los siguientes polinomios.

a. $P(x) = x^2 + 8x + 7$
b. $Q(x) = 2x^3 - x^2 - 11x + 10$
c. $R(x) = x^4 - 2x^3 - 11x^2 + 12x + 36$
d. $S(x) = x^4 - 6x^3 + 10x^2 - 6x + 9$

## Problemas

34 Carmen tiene el doble de edad que su prima Luisa, que es cinco años menor que su hermano Javier. Expresa de forma algebraica las edades de cada uno, en función de una sola variable, $x$.

35 Considera un rectángulo de base 20 m y altura 12 m. Escribe la expresión algebraica del área de un nuevo rectángulo, obtenido al aumentar la base en $x$ metros y disminuir su altura en $y$ metros.

36 La única llave que abre la puerta secreta es la del cuadrado de un binomio. ¿Cuál es?

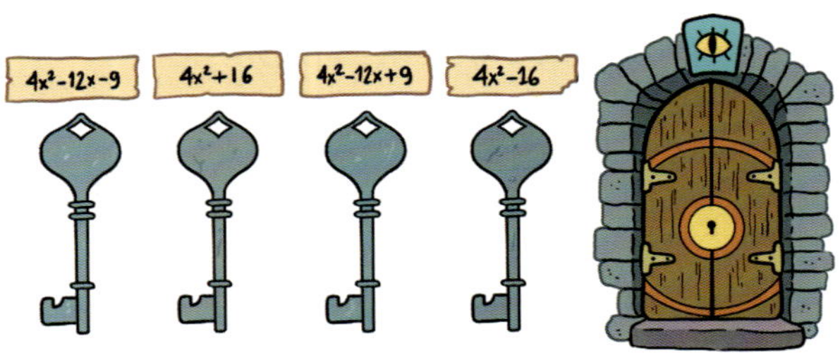


37 El área de un triángulo de lados $a$, $b$ y $c$ se puede calcular mediante esta fórmula:

$$A=\frac{1}{4}\sqrt{(a+b-c)(a-b+c)(-a+b+c)(a+b+c)}$$

a. Escribe la expresión algebraica del área de un triángulo equilátero.

b. Escribe la expresión algebraica del área de un triángulo isósceles.

38 Observa el siguiente pentágono irregular.

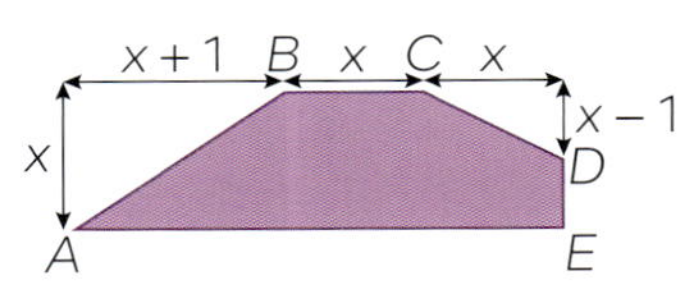


a. Escribe, mediante una expresión algebraica, el área del pentágono.

b. Calcula el valor del área si $x = 3$ cm.

39 Calcula, en función de $x$, el área $A(x)$ del rectángulo y las longitudes $B(x)$ y $C(x)$.

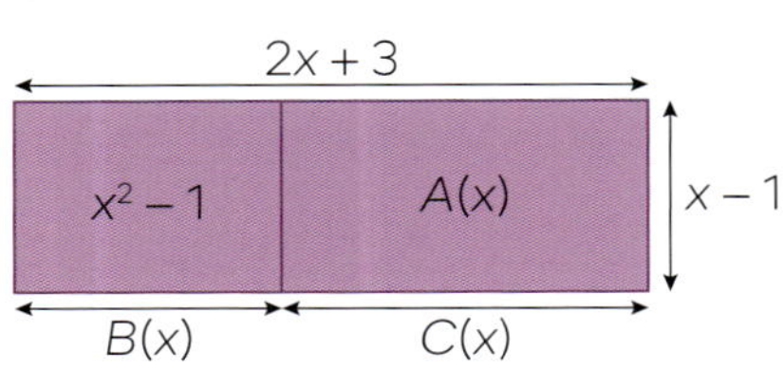


40 La altura que alcanza un cohete en metros viene dada por la expresión $h(t) = 50t - 4t^2$, donde $t$ es el tiempo en segundos. ¿Qué altura alcanzará el cohete al cabo de 1, 3, 5 y 8 segundos? Interpreta los resultados.

41 El polinomio $e(t)$ expresa la distancia en kilómetros que recorre un móvil en función del tiempo $t$, medido en minutos.

$$e(t)=\frac{1}{200}t^3-\frac{1}{5}t^2+\frac{7}{2}t$$

a. Calcula cuántos kilómetros ha recorrido el móvil en 10 y en 30 minutos.

b. Halla los kilómetros recorridos durante la segunda hora de trayecto.

42 En un concurso hay que responder 25 preguntas. Cada una tiene 5 posibles respuestas, pero solo una de ellas es correcta. Por cada respuesta acertada se ganan 5 puntos; si la respuesta es incorrecta se pierde 1 punto, y si se deja en blanco, se gana 1 punto.

a. Escribe la expresión algebraica que determina la puntuación utilizando dos variables.

b. Si solo se pueden dejar 3 preguntas en blanco, ¿cuál es la mejor estrategia para obtener más de 80 puntos?

43 Para la pista de tenis de la figura calcula las áreas que se piden.

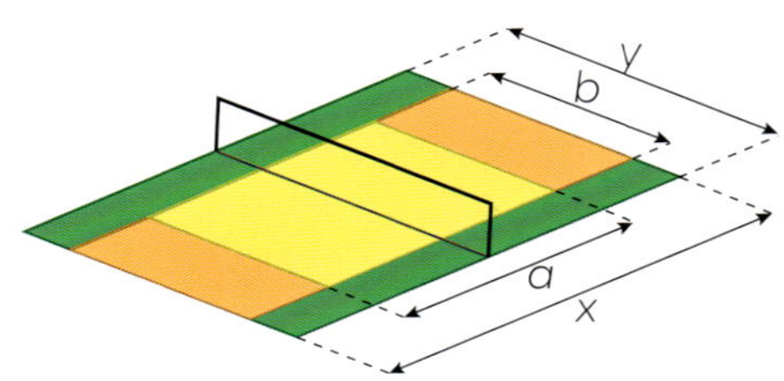


a. Zona amarilla

b. Zona naranja

c. Zona verde

d. Toda la pista

**44** **Observa el cuadrado de la figura y expresa de forma algebraica:**

a. El área de la zona gris.

b. El área de la zona rosa.

c. La diferencia entre las dos áreas.

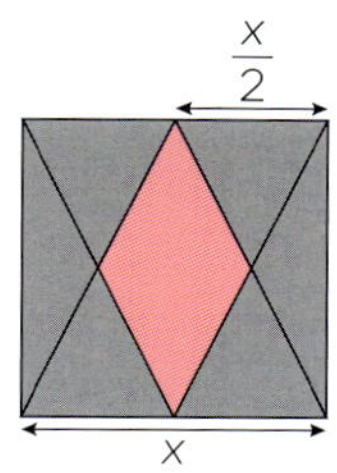


**45** **Se quiere construir la estantería de la figura.**

a. Para formar un solo cubo, con base pero sin cara superior, ¿cuántas láminas y anclajes son necesarios?

b. Busca una fórmula que dé las láminas necesarias para formar una torre de $x$ cubos de altura y otra que dé los anclajes necesarios.

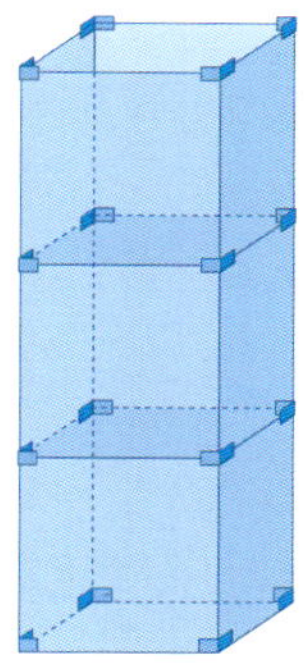

**46** **El área de la base de un ortoedro mide $x^2 + 3x + 2$, siendo uno de sus lados $x + 2$ tal como muestra la figura. El volumen del cuerpo es $x^3 + 3x^2 + 2x$.**

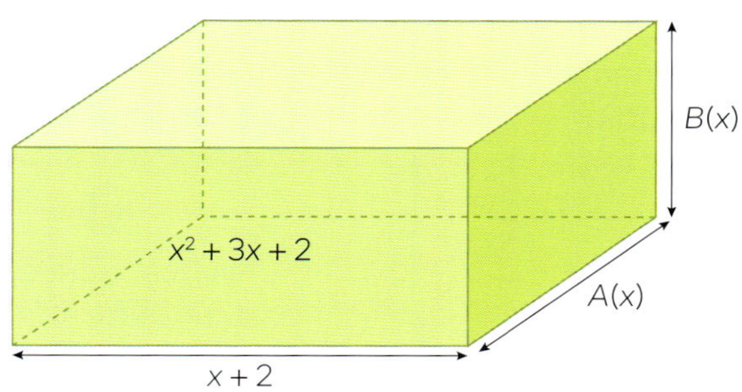


a. Calcula las medidas de las aristas $A(x)$ y $B(x)$.

b. La siguiente figura muestra el desarrollo plano del ortoedro anterior. Escribe las expresiones algebraicas que corresponden a las longitudes (1), (2), (3) y (4).

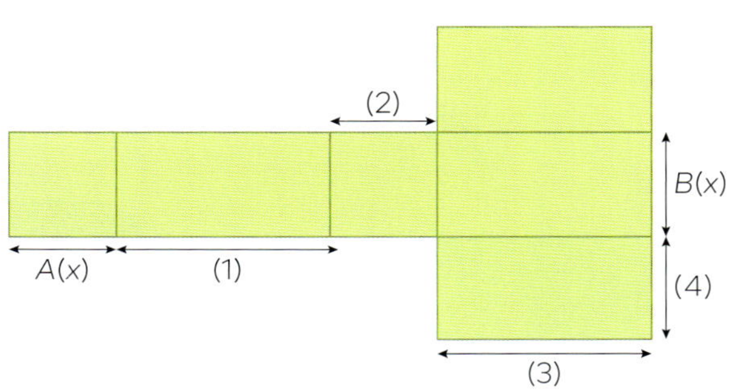


## Comprueba lo que has aprendido

**1** **Pablo tiene dos años más que Andrés, y Lola, la mitad de años que Pablo. Halla:**

a. La suma de las tres edades, suponiendo que Pablo tiene $x$ años.

b. La suma de las tres edades, suponiendo que Lola tiene $x$ años.

c. La suma de las edades de las tres personas dentro de diez años, suponiendo que Andrés tiene en la actualidad $x$ años.

**2** **Escribe las expresiones algebraicas que determinan el perímetro y el área de la figura y halla los valores numéricos para $x = 20$ e $y = 7$.**

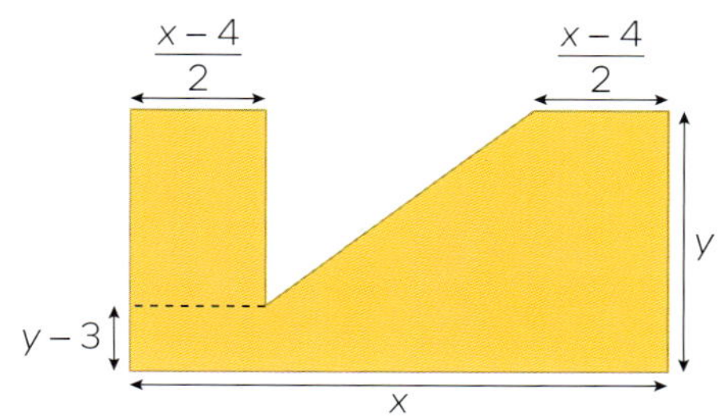


**3** **Dados los polinomios $P(x) = 5x^4 - 3x^2 + 1$, $Q(x) = x^2 + 3x - 5$ y $R(x) = 4x^3 + 6$, calcula:**

a. $2P(x) + 3Q(x)$

b. $P(x) - Q(x)$

c. $P(x) \cdot R(x)$

d. $2Q(x) \cdot R(x) - P(x)$

**4** **Extrae factor común en los polinomios.**

a. $-6x^6 + 4x^4 + 2x^2$

b. $3x^2y - 12xy^2$

**5** **Aplica las identidades notables para desarrollar las siguientes expresiones.**

a. $(2x - 5)^2$

b. $\left(5x^2 + \frac{3}{2}\right) \cdot \left(5x^2 - \frac{3}{2}\right)$

**6** **Realiza las siguientes divisiones por el método más conveniente.**

a. $(2x^3 - 7x^2 + 3x - 5) : (x^2 + 2x - 5)$

b. $(2x^3 - 5x^2 + 4x - 2) : (x + 3)$

**7** **Factoriza los siguientes polinomios.**

a. $P(x) = 2x^3 + 7x^2 + 2x - 3$

b. $Q(x) = x^4 - x^2$

c. $R(x) = x^3 + x^2 - 9x - 9$

Mis competencias | Autoevaluación

# 3.3 Igualdades que resuelven problemas

## ¡EMPEZAMOS!

### Mujeres STEM. Historia y futuro

Aunque hubo pioneras, la primera mujer que se matriculó oficialmente en una universidad española fue María Helena Masera Ribas. Estudio Medicina en 1872. En 1926, Carmen Martínez Sancho, primera doctora española en Matemáticas, se licenciaba en Ciencias Exactas.

Hoy en día las mujeres son mayoría en la universidad. Según los últimos datos del INE, el 55,7 % del alumnado universitario es femenino. En las carreras técnicas, por el contrario, solo suponen el 29 %, y en algunos estudios como Informática representan menos del 12 % de las matriculadas. Matemáticas es una de las carreras STEM donde más paridad se observa.

- ¿Conoces el significado de carrera STEM?
- ¿Por qué crees que hay menos mujeres en las carreras STEM? Debate con tus compañeros.

## ¡VAMOS A APRENDER!

1. Ayudar dando pistas.
2. Resolver ecuaciones polinómicas de primer y segundo grado y aplicarlas para resolver problemas.
3. Resolver ecuaciones polinómicas de grado superior que pueden reducirse a ecuaciones de segundo grado.
4. Resolver sistemas de ecuaciones lineales y aplicarlos para resolver problemas.
5. Clasificar ecuaciones partiendo de lo general y llegando a lo particular.
6. Reflexionar sobre la igualdad de oportunidades entre los hombres y las mujeres.

## NUESTRO RETO

### Pon en órbita números e incógnitas

Vas a aprender sobre el papel clave de las mujeres en los primeros viajes espaciales tripulados y a resolver ecuaciones para conocer algunos detalles sobre ellos.

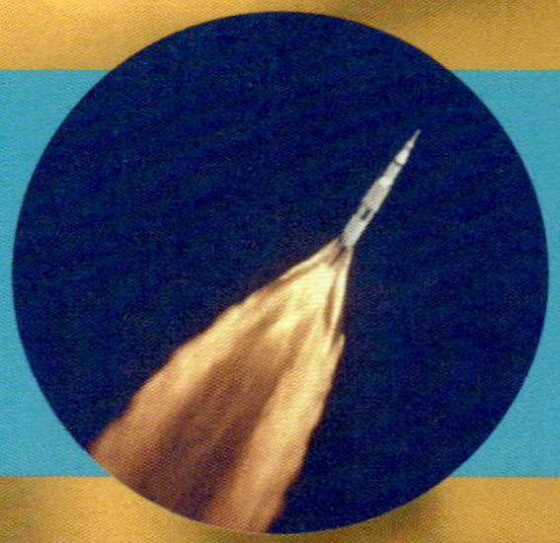

¡Vamos allá!

# 1 ¿Cómo se piensa en matemáticas?

## Ecuaciones. Soluciones de una ecuación

1 Piensa un número del 1 al 10 y sigue las instrucciones de la pizarra.

- Multiplícalo por 2.
- Súmale 4.
- Calcula la mitad del resultado.
- Réstale 2.

¿Has obtenido el número que pensaste? ¿Funciona con cualquier número? ¿Por qué? Escribe los pasos en lenguaje algebraico.

Una **ecuación** es una igualdad entre dos expresiones algebraicas. Las letras que intervienen en la ecuación se llaman **incógnitas**.

### Ejemplos

- $(3x + 1)(2x - 2) = 2x$ y $x^2 + 1 = 3x$ son ecuaciones con una incógnita.
- $x + 3y - 5 = 4y$ y $x^3 + y - z^2 = 8$ son ecuaciones con 2 y 3 incógnitas, respectivamente.
- $x(x - 1) + 3$ no es una ecuación, ya que no es una igualdad.

### 2 Actividad resuelta

Expresa como ecuaciones los siguientes enunciados.

**a.** La suma de dos números consecutivos es 91.

**b.** El área de un rectángulo cuyas dimensiones son una el doble de la otra es 32 cm².

**a.** Dos números consecutivos pueden ser $x$ y $x + 1$. Por tanto, $x + (x + 1) = 91$.

**b.** Si $x$ es el lado menor, $2x$ es el mayor y $32 = x \cdot 2x$.

3 Expresa mediante ecuaciones los siguientes enunciados.

**a.** La suma de dos números pares consecutivos es 234.

**b.** El área de un triángulo cuya altura es la mitad de la base es 40 cm².

Una **solución de una ecuación** es cualquier número real que, sustituido en las incógnitas, hace que se cumpla la igualdad. Una ecuación puede tener una, ninguna, varias o infinitas soluciones.

### Ejemplos

- $(x + 3)(x + 1) + (x + 2)(5x + 1) = 26$ tiene como solución $x = 1$, ya que, si sustituimos $x$ por 1, se cumple la igualdad: $(1 + 3)(1 + 1) + (1 + 2)(5 \cdot 1 + 1) = 26 \Rightarrow 4 \cdot 2 + 3 \cdot 6 = 26 \Rightarrow 26 = 26$
- $x^2 = -3$ no tiene solución real, ya que cualquier número real elevado al cuadrado da un resultado positivo o cero.
- $2x = 4x - 2x$ tiene infinitas soluciones, ya que cualquier valor de $x$ cumple la igualdad.

**4** Comprueba, en cada caso, si los valores de $x$ propuestos son soluciones de las ecuaciones.

a. $3x - 5(2x - 1) = -2x + 10$ $\quad x = -1$

b. $2(3x-1) - \dfrac{x-1}{3} = 3x - 7$ $\quad x = -2$

c. $x - \dfrac{2(x-2)}{3} = 5(-x+1)$ $\quad x = -\dfrac{1}{3}$

d. $6x^2 = x + 1$ $\quad x = \dfrac{1}{2}$

## Ecuaciones equivalentes. Reglas de la suma y del producto

Dos **ecuaciones** son **equivalentes** si tienen las mismas soluciones.

### Ejemplos

Las ecuaciones $2x + 1 = 13$ y $3x - 1 = 17$ son equivalentes, ya que ambas tienen una única solución que es $x = 6$.

Para obtener ecuaciones equivalentes podemos usar las **reglas de la suma y del producto.**

| Regla de la suma | Regla del producto |
|---|---|
| Si se suma un mismo número o expresión algebraica a los dos miembros de una ecuación se obtiene una ecuación equivalente. | Si se multiplican o dividen los dos miembros de una ecuación por un mismo número o expresión algebraica distinta de cero, se obtiene una ecuación equivalente. |
| **Ejemplo:** $2(x-3) + 3 = 5$ Si sumamos $-3$ en los dos miembros: $2(x-3) + 3 - 3 = 5 - 3$ obtenemos la ecuación equivalente: $2(x-3) = 2$ | **Ejemplo:** $\dfrac{x+2}{3} = x^2$ Si multiplicamos por 3 en los dos miembros: $3 \cdot \left(\dfrac{x+2}{3}\right) = 3 \cdot x^2$ obtenemos la ecuación equivalente: $x + 2 = 3x^2$ |

**5** Escribe ecuaciones equivalentes a $2(3x - 3) + 2x - 5 = 2x + 4$.

a. Sumando en los dos miembros el número 5.

b. Restando en los dos miembros el número 4.

c. Multiplicando cada miembro por el número $-1$.

d. Dividiendo cada miembro por el número 2.

**6** Escribe dos ecuaciones equivalentes a las dadas aplicando las reglas de la suma y del producto. Comprueba que la solución dada es también solución de las nuevas ecuaciones.

a. $3(x - 2) = 8 + x$ $\quad$ solución: $x = 7$

b. $-x - 5(3 + 2x) = 7$ $\quad$ solución: $x = -2$

c. $3(2x - 4) + 2x = 4x$ $\quad$ solución: $x = 3$

d. $5(2x + 3) - 3x = 2(3x + 1)$ $\quad$ solución: $x = -13$

**7** Aplica la regla de la suma o la regla del producto de modo que se obtengan directamente las soluciones de estas ecuaciones.

a. $x + 2 = 15$ $\quad$ b. $x - 7 = 2$ $\quad$ c. $4x = 48$ $\quad$ d. $10x = 130$

# 2 ¿Sabes resolver ecuaciones de primer grado?

## Ecuaciones de primer grado

8 Relaciona las balanzas con las reglas de la suma y el producto.

Una **ecuación de primer grado** es la que puede escribirse con un polinomio de primer grado en cada miembro. Puede tener una solución, infinitas soluciones o no tener solución.

### 9 Actividad resuelta

Resuelve la ecuación $2(3x - 5) - 2x = 3x - (2x - 3)$.

**1.º** Aplicamos la propiedad distributiva para quitar los paréntesis.

$$6x - 10 - 2x = 3x - 2x + 3 \Rightarrow 4x - 10 = x + 3$$

**2.º** Aplicamos la regla de la suma para agrupar los términos en $x$ en un miembro, y los números, en otro: $4x - 10 = x + 3 \Rightarrow 4x - x = 3 + 10 \Rightarrow 3x = 13$

**3.º** Aplicamos la regla del producto para despejar la incógnita: $3x = 13 \Rightarrow x = \frac{13}{3}$

10 Resuelve las siguientes ecuaciones.

a. $3(3x - 5) + 3(2x - 6) = 42$

b. $2(-3x + 3) - 3(x + 5) = x + 11$

c. $-(-2x - 1) - (x + 3) = x + 16$

d. $(5 - 2x)(x + 4) = 6x - 2x^2$

### 11 Actividad resuelta

Resuelve la ecuación $\frac{x-4}{3} - \frac{2x-1}{6} = 2\left(-x + \frac{53}{12}\right)$.

**1.º** Quitamos los paréntesis aplicando la propiedad distributiva.

$$\frac{x-4}{3} - \frac{2x-1}{6} = -2x + \frac{53}{6}$$

**2.º** Quitamos los denominadores multiplicando todos los términos por el m.c.m.

$$6\left(\frac{x-4}{3}\right) - 6\left(\frac{2x-1}{6}\right) = 6(-2x) + 6 \cdot \frac{53}{6} \Rightarrow 2(x-4) - (2x-1) = -12x + 53$$

**3.º** Resolvemos la ecuación obtenida.

$$2(x-4) - (2x-1) = -12x + 53 \Rightarrow 2x - 8 - 2x + 1 = -12x + 53 \Rightarrow 12x = 60 \Rightarrow x = \frac{60}{12} = 5$$

(En el documento se explica cómo resolver ecuaciones con una calculadora algebraica).

12 Resuelve las ecuaciones y comprueba tus soluciones con una calculadora algebraica.

a. $3x - 2 = \frac{3}{2}x$

b. $\frac{x-3}{2} - \frac{x-1}{8} = \frac{1}{8}$

c. $3\left(\frac{x+3}{5}\right) - \frac{x}{15} = -\frac{69}{15}$

d. $\frac{1}{2}x + \frac{3}{4} = 5 - \frac{3}{4}x$

e. $\frac{x}{3} - \frac{2x-1}{6} = 2\left(-x + \frac{53}{12}\right)$

f. $4(x-3) + \frac{x}{2} = -(x-4) + 1$

## RESOLUCIÓN DE PROBLEMAS MEDIANTE ECUACIONES

Calcula dos números enteros consecutivos tales que el doble del primero más el triple del segundo sea 218.

### Paso 1

**Identificamos los datos y las incógnitas.**

Si llamamos $x$ al primer número, el segundo será $x + 1$.

### Paso 2

**Planteamos una ecuación.**

Traduciendo el enunciado al lenguaje algebraico tenemos: $2x + 3(x + 1) = 218$

### Paso 3

**Resolvemos la ecuación y damos la solución.**

$2x + 3x + 3 = 218 \Rightarrow 5x = 215 \Rightarrow x = 43$

Los números son 43 y 44.

### Paso 4

**Comprobamos la solución.**

La solución es correcta, ya que 43 y 44 son números enteros consecutivos y $2 \cdot 43 + 3 \cdot 44 = 218$.

**13** Halla dos números enteros consecutivos tales que el triple del primero menos el doble del segundo sea 119.

**14** Halla tres números enteros consecutivos tales que el doble del primero más el segundo más la quinta parte del tercero dé como resultado 155.

**15** El número de abejas que hay en una colmena es el cuádruple del que hay en la colmena vecina. Si en total hay 62 500 abejas, ¿cuántas hay en cada colmena?

**16** En un grupo de 28 estudiantes hay el doble de americanos que de africanos y el doble de europeos que de americanos. ¿Cuántos estudiantes hay de cada continente?

**17** Andrea, Bartolomé y Carlos trabajan por horas. Andrea gana 10 € menos que Bartolomé, mientras que Carlos gana 15 € más que Bartolomé. Si entre los tres ganan 74 € por hora, ¿cuánto gana cada uno de ellos?

**18** Encuentra un valor de la incógnita tal que la balanza:

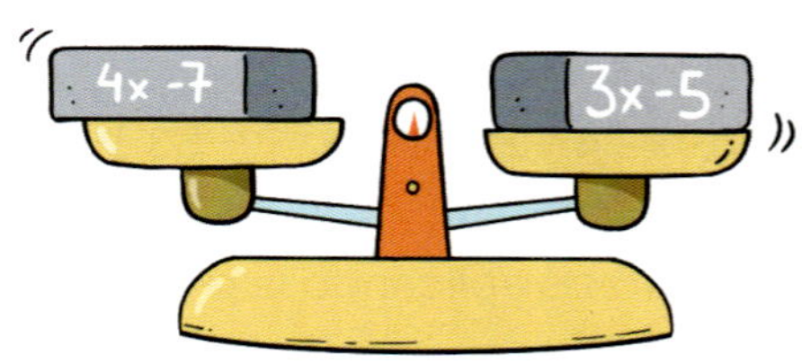


**a.** Se incline a la derecha.
**b.** Se incline a la izquierda.
**c.** Consiga el equilibrio.
**d.** Tenga en el platillo derecho el doble de peso que en el izquierdo.

**19** La media aritmética de los aciertos obtenidos por los 40 estudiantes de un instituto en una prueba de matemáticas de 100 preguntas fue de 62,75. Los chicos obtuvieron en total 1550 aciertos.

**a.** Calcula el número de aciertos que tuvieron las chicas. ¿Puedes estimar, sin hacer cuentas, qué grupo, el de las chicas o el de los chicos obtuvo una media superior?
**b.** Si se sabe, además, que los chicos obtuvieron una media de 62 aciertos, calcula el número de chicas y de chicos que forman el grupo.

**20** Una empresa acuerda con los trabajadores eliminar la brecha existente entre los salarios de los hombres y mujeres con una misma cualificación profesional.

El sueldo medio actual es de 30 000 € anuales para los hombres, y de 25 000€ anuales, para las mujeres. El sueldo de los hombres se aumentará un 2 % en cada uno de los dos próximos años y el de las mujeres se aumentará el porcentaje necesario para que los sueldos se equiparen.

¿Cuál será el porcentaje de subida del sueldo en las mujeres en cada uno de los dos próximos años?

# 3 ¿Y si las ecuaciones son de segundo grado?

## Ecuaciones de segundo grado completas

**21** Maika quiere poner una huerta en el jardín de su casa.

Para ello, cuenta con una zona rectangular inicial con un metro menos de ancho que de largo. Si dobla el largo de esta zona y, además, le quita 2 m al ancho, obtiene otro rectángulo con la misma área.

**a.** Escribe una ecuación para averiguar las medidas de las dos zonas.

**b.** Opera y simplifica todo lo posible. ¿Qué tipo de ecuación es? ¿Sabrías resolverla?

Una **ecuación** polinómica es **de segundo grado** con una incógnita cuando se puede obtener una ecuación equivalente con la **forma canónica**:

$$ax^2 + bx + c = 0 \text{ con } a \neq 0$$

- Si $b \neq 0$ y $c \neq 0$, la ecuación es **completa**.
- Si $b = 0$ o $c = 0$ la ecuación es **incompleta**.

**22** Indica cuáles de las siguientes ecuaciones son de segundo grado. Si lo son, exprésalas en forma canónica y clasifícalas en completas e incompletas.

**a.** $2x^2 - 3x + 5 = -x^2 + x - 3$

**b.** $2x(x - 3) - 2x^2 = x^2 - x(1 + x)$

**c.** $3x(x - 3) - 2(2x - 5) = -13x$

**d.** $4x(x + 5) - (x - 1)(x + 3) = 3$

Las **soluciones** de la ecuación de segundo grado completa $ax^2 + bx + c = 0$ se obtienen mediante la siguiente fórmula:

$$x = \frac{-b \pm \sqrt{b^2 - 4ac}}{2a}$$

El signo ± de la fórmula indica que, en general, existen dos soluciones distintas:

$$x = \frac{-b + \sqrt{b^2 - 4ac}}{2a} \qquad x = \frac{-b - \sqrt{b^2 - 4ac}}{2a}$$

### Ejemplos

En la ecuación $-x^2 - 2x + 35 = 0$, los coeficientes son $a = -1$, $b = -2$ y $c = 35$ y, por tanto:

$$x = \frac{-b \pm \sqrt{b^2 - 4ac}}{2a} = \frac{-(-2) \pm \sqrt{(-2)^2 - 4 \cdot (-1) \cdot 35}}{2(-1)} = \frac{2 \pm \sqrt{4 + 140}}{-2} = \frac{2 \pm 12}{-2} \Rightarrow \begin{cases} x = \frac{2+12}{-2} = \frac{14}{-2} = -7 \\ x = \frac{2-12}{-2} = \frac{-10}{-2} = 5 \end{cases}$$

Las soluciones de la ecuación son $x = -7$ y $x = 5$.

**23** Resuelve las siguientes ecuaciones de segundo grado completas.

**a.** $x^2 - 10x + 21 = 0$

**b.** $2x^2 - 7x + 6 = 0$

**c.** $-x^2 + 2x + 3 = 0$

**d.** $8x^2 + 2x - 1 = 0$

**e.** $-3x^2 - x + 10 = 0$

**f.** $2x^2 - 3x - 2 = 0$

**g.** $-10x^2 - 7x + 132 = 0$

**h.** $3x^2 - 13x + 4 = 0$

¿Te resulta complicada la ecuación si hay coeficientes negativos?

## 24 Actividad resuelta

**Resuelve la ecuación $2x(x-3)-x^2=(2x-3)(-x-6)$.**

Operamos para obtener la forma canónica, simplificamos y resolvemos con la fórmula.

$2x^2-6x-x^2=-2x^2-12x+3x+18 \Rightarrow 3x^2+3x-18=0 \Rightarrow x^2+x-6=0$

$$x=\frac{-1\pm\sqrt{1+24}}{2}=\frac{-1\pm 5}{2}=\begin{cases} x=2 \\ x=-3 \end{cases}$$

**25 Resuelve las siguientes ecuaciones.**

a. $3x(x-5)+(2x-3)(x-3)=77$

b. $(2x-3)(3x-1)-(x+3)(x-2)=6x$

c. $2(x-2)^2-(2x-5)(2x+5)=4x+1$

d. $2x(-x+5)-x(3x-2)=3x^2-8$

El **número de soluciones** de la ecuación de segundo grado $ax^2+bx+c=0$ depende del signo del discriminante de la ecuación: $\Delta = b^2-4ac$

- $\Delta > 0 \Rightarrow$ La ecuación tiene **dos soluciones** reales diferentes.
- $\Delta = 0 \Rightarrow$ La ecuación tiene **una única solución** real. Decimos que es una **solución doble**.
- $\Delta < 0 \Rightarrow$ La ecuación no tiene **ninguna solución** real.

## Ejemplos

- En la ecuación $2x^2-11x-6=0$, el discriminante es $\Delta=11^2-4\cdot 2\cdot(-6)=169>0$.
  La ecuación tiene dos soluciones reales diferentes.
- En la ecuación $4x^2-12x+9=0$, el discriminante es $\Delta=12^2-4\cdot 4\cdot 9=144-144=0$.
  La ecuación tiene una solución doble.
- En la ecuación $3x^2+2x+1=0$, el discriminante es $\Delta=2^2-4\cdot 3\cdot 1=-8<0$.
  La ecuación no tiene solución real.

**26 Indica el número de soluciones de las ecuaciones sin resolverlas.**

a. $4x^2-20x+25=0$ b. $x^2-5x+12=0$ c. $-2x^2-3x+5=0$ d. $x^2-14x+49=0$

**27 Explica por qué el signo del discriminante determina el número de soluciones.**

# Ecuaciones de segundo grado incompletas

| Resolución de ecuaciones de segundo grado incompletas | |
|---|---|
| Las ecuaciones de la forma $ax^2+bx=0$ se resuelven extrayendo factor común e igualando a 0 cada factor.<br><br>**Ejemplo:**<br>$2x^2-12x=0 \Rightarrow 2x(x-6)=0 \Rightarrow \begin{cases} 2x=0 \Rightarrow x=0 \\ x-6=0 \Rightarrow x=6 \end{cases}$<br>Las soluciones son $x=0$ y $x=6$. | Las ecuaciones de la forma $ax^2+c=0$ se resuelven despejando $x^2$. Las soluciones, si existen, son las dos raíces cuadradas, la positiva y la negativa.<br><br>**Ejemplo:**<br>$3x^2-48=0 \Rightarrow 3x^2=48 \Rightarrow$<br>$\Rightarrow x^2=\frac{48}{3}=16 \Rightarrow x=\pm\sqrt{16}=\pm 4$<br>Las soluciones son $x=4$ y $x=-4$. |

¿Has entendido bien estos procedimientos?

**28 Resuelve las siguientes ecuaciones de segundo grado incompletas.**

a. $4x^2=0$ b. $5x^2-13=0$ c. $10x^2-90=0$ d. $-12x^2+8x=0$

29 Expresa en forma canónica y resuelve las siguientes ecuaciones.

a. $8x^2 - 9x - 2 = x^2 + x - 2$

b. $5x^2 - 2x - 10 = -2x + 10$

c. $6x^2 - 2x + 5 = 4x + 5$

d. $9(x^2 + 2x - 1) - 12x = 40 + 6x$

30 **Actividad resuelta**

**El cateto mayor de un triángulo rectángulo mide 4 cm menos que la hipotenusa y 4 cm más que el cateto menor. Calcula la medida de los tres lados.**

Si el cateto menor es $x$, el mayor es $x + 4$, y la hipotenusa, $x + 8$.

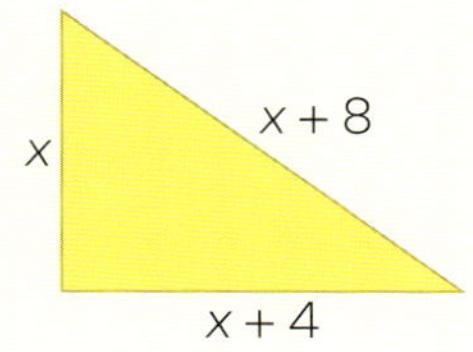


Como el triángulo es rectángulo, se cumple el teorema de Pitágoras: $(x + 8)^2 = x^2 + (x + 4)^2$

Operamos para escribir la ecuación en la forma canónica, aplicando la identidad notable del cuadrado de la suma.

$(x + 8)^2 = x^2 + (x + 4)^2 \Rightarrow x^2 + 16x + 64 = x^2 + x^2 + 8x + 16 \Rightarrow -x^2 + 8x + 48 = 0 \Rightarrow$

$$\Rightarrow x = \frac{-8 \pm \sqrt{8^2 - 4\cdot(-1)\cdot 48}}{2\cdot(-1)} = \frac{-8 \pm \sqrt{64 + 192}}{-2} = \frac{-8 \pm \sqrt{256}}{-2} \Rightarrow \begin{cases} x = \dfrac{-8+16}{-2} = -4 \\ x = \dfrac{-8-16}{-2} = 12 \end{cases}$$

Como la medida del cateto tiene que ser positiva, la primera solución no tiene sentido. Por tanto, los lados miden 12 cm, 16 cm y 20 cm.

Podemos comprobar que, efectivamente, $12^2 + 16^2 = 20^2$.

31 Calcula las longitudes de los lados de un triángulo rectángulo si son tres números naturales consecutivos.

32 La base de un rectángulo mide $x$ cm, y la altura, $x - 1$ cm. Si el área del rectángulo es igual a 6 cm², ¿cuánto mide la base?

33 El perímetro de un rectángulo es de 46 m. Si se suman 2 m a la longitud del lado mayor y se restan 2 m a la longitud del lado menor, el área del nuevo rectángulo es 26 m² menor que la del rectángulo inicial.

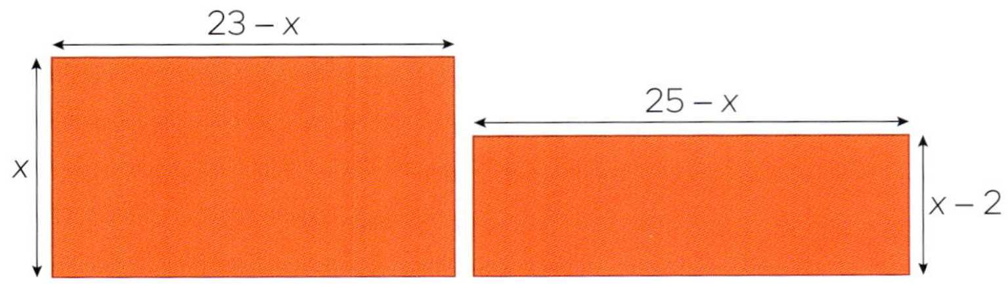


¿Cuánto miden los lados del rectángulo inicial?

34 El maquinista de un tren que se mueve con una velocidad de 44 m/s acciona el freno y el tren se para tras recorrer 242 m. La ecuación que refleja esa frenada es:

$$e = 44t - 2t^2$$

donde $e$ es el espacio recorrido en metros, y $t$, el tiempo en segundos.

a. ¿Cuánto tiempo tarda el tren en pararse?

b. Si se parase recorriendo la mitad del espacio, ¿tardaría la mitad del tiempo?

35 Manuel lanza una pelota verticalmente hacia arriba con una velocidad de 23 m/s. La ecuación que describe la altura ($h$) en metros de la pelota a lo largo del tiempo (t) en segundos es:

$$h = 23t - 5t^2$$

Calcula el tiempo que tarda en subir y volver a caer al suelo ($h = 0$).

# 4 ¿Y si el grado es mayor que 2?

## Ecuaciones de tercer y cuarto grado

**36** El profesor de Ana ha iniciado la clase diciendo:

–¡Hoy vamos a resolver esta ecuación de grado 1000!

Les ha dado una pista:

–Fijaos en que el polinomio no tiene término independiente.

Después de pensar un poco, Ana ha dicho:

–Las soluciones son $x = 0$ y $x = 1$.

¿Cómo lo ha hecho?

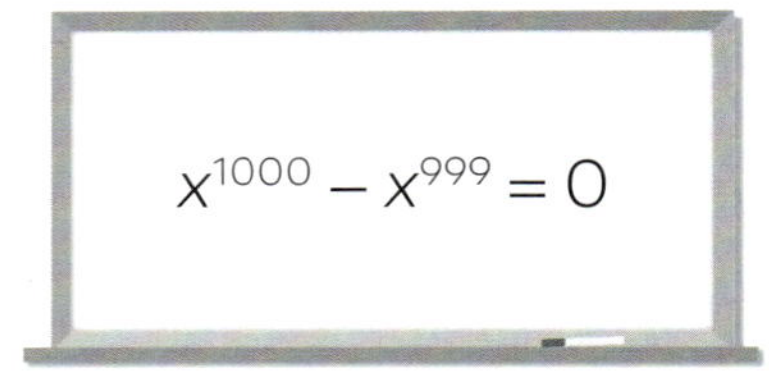


Una **ecuación** con una variable es **de tercer o cuarto grado** cuando sus miembros se pueden reducir a polinomios de tercer o cuarto grado. La forma general es:

- Ecuación de **tercer grado**: $ax^3 + bx^2 + cx + d = 0$
- Ecuación de **cuarto grado**: $ax^4 + bx^3 + cx^2 + dx + e = 0$

### 37 Actividad resuelta

**Resuelve la siguiente ecuación: $3x^3 + 7x^2 + 2x = 0$**

Las ecuaciones de tercer grado en una variable sin término independiente pueden resolverse extrayendo factor común.

**1.º** Extraemos factor común: $3x^3 + 7x^2 + 2x = 0 \Rightarrow x(3x^2 + 7x + 2) = 0$

**2.º** Sabemos que si un producto de varios factores es igual a cero, al menos uno de ellos debe ser igual a cero. Por tanto, calculamos los valores que anulan cada factor.

$$\begin{cases} x = 0 \\ 3x^2 + 7x + 2 = 0 \Rightarrow x = \dfrac{-7 \pm \sqrt{49 - 24}}{6} = \dfrac{-7 \pm 5}{6} \Rightarrow \begin{cases} x = -\dfrac{1}{3} \\ x = -2 \end{cases} \end{cases}$$

Las soluciones son $x = 0$, $x = -\dfrac{1}{3}$ y $x = -2$.

**38** Resuelve las siguientes ecuaciones

**a.** $x^3 - 2x^2 - 3x = 0$ **c.** $x^3 - 4x^2 + 4x = 0$ **e.** $x^4 - 2x^2 = 0$

**b.** $5x^3 - 6x^2 + x = 0$ **d.** $x^3 - 4x = 0$ **f.** $x^4 - 2x^3 - 3x^2 = 0$

### 39 Actividad resuelta

**Resuelve la siguiente ecuación: $2x(x - 3)(x^2 - 4) = 0$**

Un producto de varios factores es cero si al menos uno de los factores es cero, por tanto basta con igualar a 0 cada uno de los factores y resolver las ecuaciones.

$$2x(x-3)(x^2-4) = 0 \Rightarrow \begin{cases} 2x = 0 \Rightarrow x = 0 \\ x - 3 = 0 \Rightarrow x = 3 \\ x^2 - 4 = 0 \Rightarrow x^2 = 4;\ x = \pm 2 \end{cases}$$

Las soluciones de la ecuación son $x = 0$, $x = 3$, $x = 2$, $x = -2$.

**40** Resuelve las siguientes ecuaciones.

**a.** $(x + 5)(x - 1)(x - 3) = 0$ **b.** $(x^2 - 5x + 4)(x + 4) = 0$ **c.** $(2x + 1)(3x - 1)(2x^2 - 8) = 0$

## Ecuaciones bicuadradas

Las **ecuaciones bicuadradas** son ecuaciones de cuarto grado reducibles a la forma:

$$ax^4 + bx^2 + c = 0$$

Las ecuaciones bicuadradas tienen **como máximo cuatro soluciones** reales iguales o distintas.

### RESOLUCIÓN DE ECUACIONES BICUADRADAS

Resuelve la ecuación bicuadrada $x^4 - 2x^2 - 3 = 0$

**Paso 1**

Hacemos el cambio de variable:

$$x^2 = t$$

En consecuencia: $x^4 = t^2$

Introduciendo estos cambios en la ecuación obtenemos:

$$t^2 - 2t - 3 = 0$$

Esta es una ecuación de segundo grado en la incógnita $t$ que podemos resolver con las técnicas estudiadas.

**Paso 2**

Resolvemos la ecuación de 2.º grado.

$$t = \frac{2 \pm \sqrt{16}}{2} = \frac{2 \pm 4}{2} \Rightarrow \begin{cases} t = 3 \\ t = -1 \end{cases}$$

**Paso 3**

Deshacemos el cambio de variable.

$x^2 = 3 \Rightarrow x = \pm\sqrt{3}$

$x^2 = -1 \Rightarrow x = \pm\sqrt{-1} \Rightarrow$ No tiene solución real.

Las soluciones son $x = \sqrt{3}$, $x = -\sqrt{3}$.

**41** Resuelve las siguientes ecuaciones bicuadradas.

a. $x^4 - 5x^2 + 4 = 0$
b. $x^4 + 8x^2 - 9 = 0$
c. $x^4 - 10x^2 + 9 = 0$
d. $x^4 - 2x^2 + 1 = 0$
e. $4x^4 - 37x^2 + 9 = 0$
f. $4x^4 - 5x^2 + 1 = 0$
g. $x^4 - x^2 - 20 = 0$
h. $x^4 - 11x^2 + 18 = 0$
i. $x^4 - x^2 - 6 = 0$
j. $x^4 - 7x^2 + 10 = 0$

**42** Opera para escribir las siguientes ecuaciones en la forma $ax^4 + bx^2 + c = 0$ y resuélvelas. Comprueba los resultados con una calculadora algebraica.

a. $x(x^3 - 6x + 1) = x - 8$
b. $x^4 + 3x^2 + 15 = x^2(2x^2 + 5)$
c. $x^4 + (2x + 1)^2 = 22x^2 + 4x - 80$
d. $2x(2x^3 + 1) + (x - 1)^2 = 14x^2 - 2$

**43** Halla todos los números que cumplan las siguientes condiciones.

a. La suma de su cuarta potencia y su cuadrado es 2.
b. La diferencia entre su cuarta potencia y el triple de su cuadrado es 4.
c. El doble de su cuadrado es igual a la suma de su cuarta potencia más 1.

**44** Resuelve las siguientes ecuaciones, que, a pesar de no ser bicuadradas, pueden resolverse por un método similar.

a. $x^6 - 2x^3 + 1 = 0$
b. $x^8 - 17x^4 + 16 = 0$
c. $x^{10} - 5x^5 + 4 = 0$
d. $3x^{12} + x^6 - 4 = 0$

**45** **Aprendo a pensar.** Clasifica las ecuaciones estudiadas con un mapa conceptual descendente: ecuaciones de primer grado, de segundo grado (completas e incompletas) y ecuaciones de grado superior (de tercer grado sin término independiente, factorizadas y bicuadradas). Añade un ejemplo de cada tipo con su resolución.

# 5 ¿Qué hacemos cuando hay dos incógnitas?

## Sistemas de ecuaciones lineales

**46** Busca parejas de números que sumen 10. ¿Cuántas hay? ¿En cuántas de ellas los números se diferencian en 4?

Un **sistema de dos ecuaciones lineales con dos incógnitas** está formado por dos ecuaciones de la forma:

$$\begin{cases} ax+by=e \\ cx+dy=f \end{cases}$$

Un par de números son **solución del sistema** cuando verifican las dos ecuaciones a la vez.

- *$x$ e $y$ son las incógnitas.*
- *$a$, $b$, $c$, $d$ son los coeficientes.*
- *$e$, $f$ son los términos independientes.*

### Ejemplos

El par de valores ($x=2$, $y=1$) es solución del sistema $\begin{cases} 2x+y=5 \\ x-3y=-1 \end{cases}$, porque $\begin{cases} 2\cdot 2+1=5 \\ 2-3\cdot 1=-1 \end{cases}$.

**47** Comprueba si el par de valores que se indica es solución o no del sistema.

**a.** $\begin{cases} -3x+2y=8 \\ 4x+2y=10 \end{cases}$ ($x=-2$, $y=1$)  **b.** $\begin{cases} 3x-2y=-2 \\ 4x+y=3 \end{cases}$ ($x=0$, $y=1$)

## Número de soluciones de un sistema de ecuaciones lineales

Un sistema de ecuaciones puede tener una única solución, infinitas soluciones o no tener solución.

**Sistemas compatibles**

**Sistema compatible determinado**: tiene una única solución.

- Cumple: $\dfrac{a}{c} \neq \dfrac{b}{d}$
- La representación gráfica es un par de rectas secantes.
- El punto de intersección indica la solución del sistema.

**Ejemplo:**

$\begin{cases} 3x+2y=1 \\ 2x-y=-4 \end{cases}$

$\dfrac{3}{2} \neq \dfrac{2}{-1}$

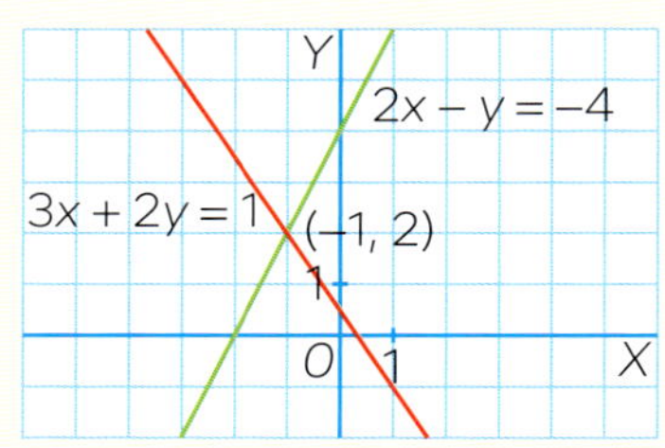


**Sistema compatible indeterminado**: tiene infinitas soluciones.

- Cumple: $\dfrac{a}{c} = \dfrac{b}{d} = \dfrac{e}{f}$
- La representación gráfica es un par de rectas coincidentes.
- Cada uno de los infinitos puntos de las rectas indica una solución.

**Ejemplo:**

$\begin{cases} 3x+2y=1 \\ 6x+4y=2 \end{cases}$

$\dfrac{3}{6} = \dfrac{2}{4} = \dfrac{1}{2}$

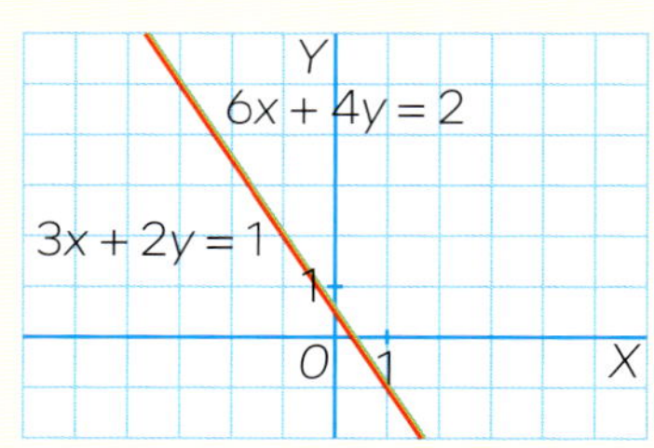


**Sistema incompatible**: no tiene solución.

- Cumple: $\dfrac{a}{c} = \dfrac{b}{d} \neq \dfrac{e}{f}$
- La representación gráfica es un par de rectas paralelas.

**Ejemplo:**

$\begin{cases} 3x+2y=1 \\ 6x+4y=10 \end{cases}$

$\dfrac{3}{6} = \dfrac{2}{4} \neq \dfrac{1}{10}$

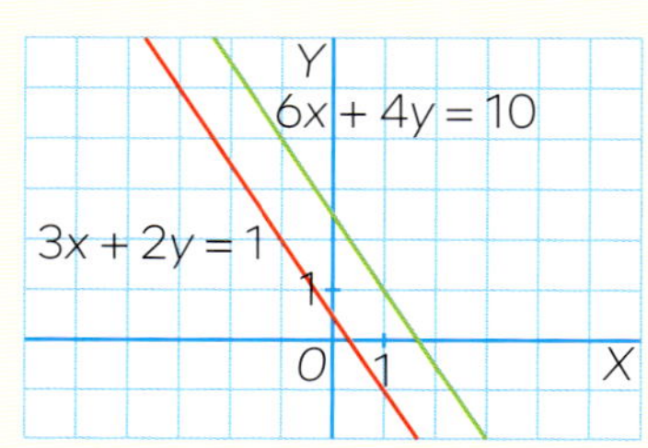

48 Clasifica los sistemas según el número de soluciones que tengan. Indica la solución en aquellos en que sea única.

a 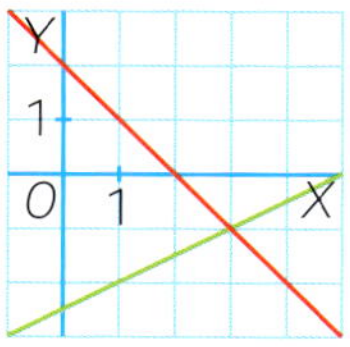


b 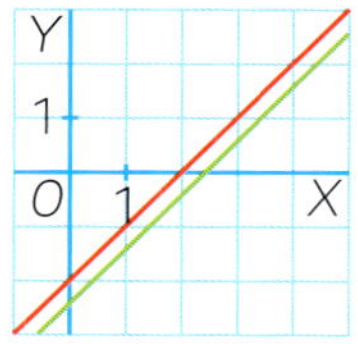


c 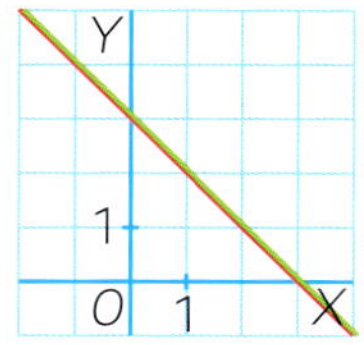


d 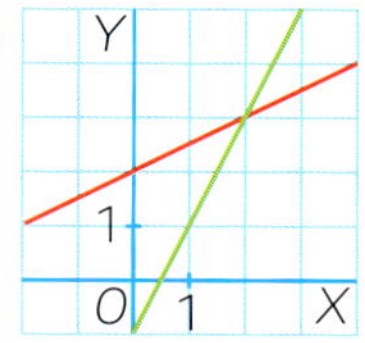


49 Clasifica los sistemas en función del número de soluciones que tengan.

a. $\begin{cases} 2x+y=10 \\ -3x-2y=-16 \end{cases}$

b. $\begin{cases} 2x-4y=-2 \\ -x+2y=5 \end{cases}$

c. $\begin{cases} 2x-5y=34 \\ -4x+3y=-26 \end{cases}$

d. $\begin{cases} x+3y=-1 \\ -3x-9y=3 \end{cases}$

e. $\begin{cases} -3x+4y=-19 \\ 6x-8y=19 \end{cases}$

f. $\begin{cases} 3x-4y=-11 \\ x-\frac{4}{3}y=-\frac{11}{3} \end{cases}$

## 50 Actividad resuelta

**Determina gráficamente el número de soluciones de este sistema y, si la tiene, halla la solución.** $\begin{cases} -2x+y=7 \\ x-y=-5 \end{cases}$

Para representar el sistema lineal, representamos cada ecuación por separado. Podemos ayudarnos de tablas de valores.

| **x** | **y = 7 + 2x** |
|---|---|
| –2 | 3 |
| –1 | 5 |
| 0 | 7 |

| **x** | **y = x + 5** |
|---|---|
| –1 | 4 |
| 0 | 5 |
| 1 | 6 |

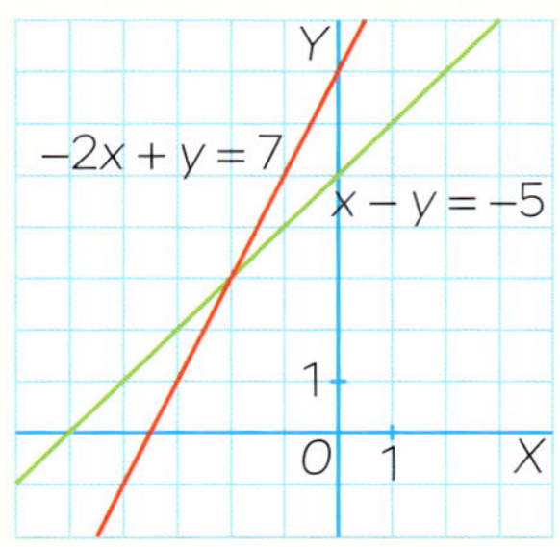


Las rectas son secantes y, por tanto, el sistema es compatible determinado.

Las coordenadas del punto de intersección nos dan la solución del sistema:

$$(x=-2,\ y=3)$$

51 **ENTRENAMOS JUNTOS.** Representa los siguientes sistemas e indica su solución.

a. $\begin{cases} x+2y=-4 \\ -3x-y=2 \end{cases}$

b. $\begin{cases} 3x+2y=1 \\ x+\frac{2}{3}y=\frac{1}{3} \end{cases}$

c. $\begin{cases} -\frac{1}{2}x+4y=2 \\ x-\frac{3}{4}y=\frac{13}{4} \end{cases}$

d. $\begin{cases} x+4y=5 \\ -2x-8y=-10 \end{cases}$

e. $\begin{cases} 2x+4y=6 \\ \frac{1}{2}x+y=\frac{3}{2} \end{cases}$

f. $\begin{cases} 3x-2y=4 \\ -2x-y=9 \end{cases}$

52 MAT-TIC Practica con el interactivo de GeoGebra *Resuelve sistemas gráficamente.*

**53** Escribe la solución de cada uno de los siguientes sistemas de ecuaciones.

**a**

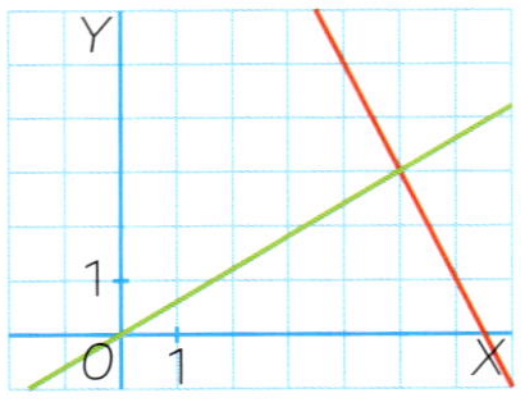


**b**

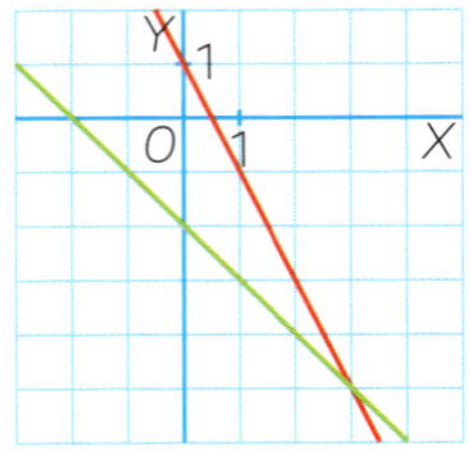


**c**

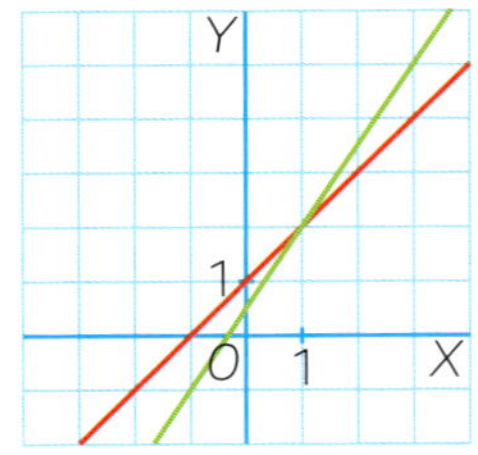


**54** Es el noveno cumpleaños de Sara y su padre Julio le quiere hacer un regalo. A Sara le gustan mucho los camiones y las muñecas. En la juguetería, Julio ve las siguientes ofertas.

**A**

**B**

**a.** Escribe ecuaciones para cada una de las ofertas, siendo $x$ el precio de una muñeca, e $y$, el de un camión. ¿Cómo son las ecuaciones?

**b.** Representa gráficamente el sistema que has obtenido en el apartado anterior. ¿Cómo son las rectas?

**c.** ¿Qué puedes decir sobre las ofertas?

## Sistemas equivalentes

Dos **sistemas de ecuaciones** son **equivalentes** si tienen las mismas soluciones.

Para obtener sistemas equivalentes se pueden hacer, entre otras, estas operaciones:

- Sumar o restar un número a los dos miembros de una de las ecuaciones.
- Multiplicar o dividir una de las dos ecuaciones por un número distinto de 0.
- Cambiar una ecuación por la suma de las dos ecuaciones.

### Ejemplos

- Al multiplicar en $\begin{cases} 2x-4y=2 \\ 4x+6y=18 \end{cases}$, la primera ecuación por (–3) y dividir la segunda entre 2, se obtiene $\begin{cases} -6x+12y=-6 \\ 2x+3y=9 \end{cases}$, que es un sistema equivalente al inicial.

  Se puede comprobar que ambos sistemas tienen como solución ($x=3$, $y=1$).

- En $\begin{cases} 3x+5y=-21 \\ -3x+8y=-5 \end{cases}$, al sustituir la segunda ecuación por la suma de ambas, se obtiene el sistema equivalente $\begin{cases} 3x+5y=-21 \\ 13y=-26 \end{cases}$. La solución de ambos sistemas es: $\left(x=-\frac{11}{3}, y=-2\right)$

**55** En cada caso, construye dos sistemas de ecuaciones equivalentes al sistema de ecuaciones dado e indica cómo los obtienes.

**a.** $\begin{cases} -2x+3y=-7 \\ 5x+2y=-11 \end{cases}$

**b.** $\begin{cases} x+y=-3 \\ 2x+y=1 \end{cases}$

**c.** $\begin{cases} 2x-3y=0 \\ -4x+6y=5 \end{cases}$

# 6 ¿Y si aprendemos métodos diferentes para resolver sistemas?

## Método de sustitución

**56** En el sistema de la pizarra, despeja la incógnita *y* de la primera ecuación y sustituye la expresión obtenida en la segunda ecuación. ¿Qué tipo de ecuación obtienes?

$$\begin{cases} 2x+y=2 \\ 3x+2y=5 \end{cases}$$

### MÉTODO DE SUSTITUCIÓN

Resuelve por sustitución el sistema de ecuaciones: $\begin{cases} 4x+3y=10 \\ 2x-5y=18 \end{cases}$

**Paso 1**

Despejamos una incógnita de una de las ecuaciones.

$$\begin{cases} 4x+3y=10 \Rightarrow 4x=10-3y \Rightarrow x=\dfrac{10-3y}{4} \\ 2x-5y=18 \end{cases}$$

**Paso 2**

Sustituimos la expresión obtenida en la otra ecuación.

$$2x-5y=18 \Rightarrow 2\left(\frac{10-3y}{4}\right)-5y=18$$

**Paso 3**

Resolvemos la ecuación obtenida.

$$2\left(\frac{10-3y}{4}\right)-5y=18 \Rightarrow \frac{20-6y}{4}-5y=18 \Rightarrow$$
$$\Rightarrow 20-6y-20y=72 \Rightarrow -26y=52 \Rightarrow y=-2$$

**Paso 4**

Sustituimos el valor obtenido en la expresión del paso 1 para obtener la otra incógnita.

$$x=\frac{10-3y}{4}=\frac{10-3\cdot(-2)}{4}=\frac{16}{4}=4$$

La solución es ($x=4$, $y=-2$).

**57** MAT-TIC Practica con el interactivo de GeoGebra *Resuelve sistemas por sustitución.*

**58** Resuelve estos sistemas por el método de sustitución.

a. $\begin{cases} 2x+y=8 \\ -4x+y=-22 \end{cases}$

b. $\begin{cases} 3x-2y=37 \\ -4x+5y=-19 \end{cases}$

c. $\begin{cases} 2x-6y=0 \\ 3x-4y=5 \end{cases}$

d. $\begin{cases} -x+2y=-7 \\ 4x-3y=18 \end{cases}$

e. $\begin{cases} 5x-4y=45 \\ -4x+5y=-45 \end{cases}$

f. $\begin{cases} 4x-y=4 \\ -12x+2y=-3 \end{cases}$

Si es posible, conviene elegir una incógnita de coeficiente 1 o −1 para evitar trabajar con denominadores.

**59** **Actividad resuelta**

Resuelve el sistema de ecuaciones: $\begin{cases} 2(3x-y)-2(x-5y)=-64 \\ \dfrac{3}{2}x-\dfrac{y}{3}=6 \end{cases}$

En primer lugar, quitamos paréntesis y denominadores y simplificamos las ecuaciones.

$$\begin{cases} 6x-2y-2x+10y=-64 \\ 6\cdot\dfrac{3}{2}x-6\cdot\dfrac{y}{3}=6\cdot 6 \end{cases} \Rightarrow \begin{cases} 4x+8y=-64 \\ 9x-2y=36 \end{cases} \Rightarrow \begin{cases} x+2y=-16 \\ 9x-2y=36 \end{cases}$$

Despejamos *x* de la primera ecuación, sustituimos en la segunda y resolvemos:

$x=-16-2y \Rightarrow 9(-16-2y)-2y=36 \Rightarrow -144-18y-2y=36 \Rightarrow -20y=180 \Rightarrow y=-9$

Calculamos el valor de la otra incógnita: $x=-16-2y=2$. La solución es ($x=2$, $y=-9$).

(En el documento se explica cómo resolver sistemas con una calculadora algebraica).

**60** Resuelve los siguientes sistemas de ecuaciones por sustitución. Comprueba las soluciones utilizando una calculadora algebraica.

a. $\begin{cases} 2(x+y)+x=4+2x \\ 3(x+3y)-4y=8 \end{cases}$

b. $\begin{cases} \dfrac{5x+3y}{4}=-4 \\ x-\dfrac{2}{7}y=-\dfrac{41}{7} \end{cases}$

c. $\begin{cases} 5+3(2x-y+9)=20+4(x+y) \\ 2(x+3y)-10=8+5x \end{cases}$

d. $\begin{cases} -3(3x-y)-2(y+x)=0 \\ -\dfrac{2x+y}{2}=\dfrac{x-3y}{3} \end{cases}$

## Método de igualación

**61** Observa la pizarra que hay a continuación. ¿Puedes explicar cómo se ha obtenido la ecuación que aparece recuadrada?

$$\begin{cases} y=3-2x \\ y=5+3x \end{cases} \Rightarrow \boxed{3-2x=5+3x}$$

### MÉTODO DE IGUALACIÓN

Resuelve por el método de igualación el sistema de ecuaciones $\begin{cases} 3x-2y=13 \\ 2x+4y=-2 \end{cases}$.

**Paso 1**

Elegimos una incógnita y la despejamos en ambas ecuaciones.

En este caso, elegimos despejar $x$.

$$\begin{cases} 3x-2y=13 \Rightarrow x=\dfrac{13+2y}{3} \\ 2x+4y=-2 \Rightarrow x=\dfrac{-2-4y}{2}=-1-2y \end{cases}$$

**Paso 2**

Igualamos las dos expresiones obtenidas para la incógnita.

$$\frac{13+2y}{3}=-1-2y$$

**Paso 3**

Resolvemos la ecuación obtenida.

$$\frac{13+2y}{3}=-1-2y \Rightarrow 13+2y=3(-1-2y) \Rightarrow$$

$$\Rightarrow 13+2y=-3-6y \Rightarrow 8y=-16 \Rightarrow y=-2$$

**Paso 4**

Sustituimos en una de las expresiones del paso 1 para hallar la otra incógnita.

$$x=\frac{13+2y}{3}=\frac{13+2\cdot(-2)}{3}=\frac{9}{3}=3$$

La solución es ($x=3$, $y=-2$).

**62** MAT-TIC Practica con el interactivo de GeoGebra *Resuelve sistemas por igualación.*

**63** Resuelve estos sistemas de ecuaciones por el método de igualación.

a. $\begin{cases} x+2y=-4 \\ x-3y=16 \end{cases}$

b. $\begin{cases} 2x-y=-7 \\ -5x+4y=22 \end{cases}$

c. $\begin{cases} 3x+y=-4 \\ -4x+y=3 \end{cases}$

d. $\begin{cases} x+7y=32 \\ 3x+2y=20 \end{cases}$

e. $\begin{cases} 3x-7y=114 \\ 4x-3y=76 \end{cases}$

f. $\begin{cases} 3x+8y=11 \\ -4x-3y=-7 \end{cases}$

¿En qué se parecen el método de igualación y el de sustitución? ¿Cuál prefieres?

**64** Resuelve los siguientes sistemas de ecuaciones por igualación. Comprueba las soluciones utilizando una calculadora algebraica.

**a.** $\begin{cases} 3(x-2y+1)=-3y \\ x+5y=2x+3y+3 \end{cases}$ **b.** $\begin{cases} 4x-y=3(x+y-3) \\ 3x+5y=-3x+2y \end{cases}$ **c.** $\begin{cases} x=3y \\ \dfrac{2x}{3}=\dfrac{7y}{5}+3 \end{cases}$ **d.** $\begin{cases} \dfrac{3x}{6}+\dfrac{y}{4}=1 \\ \dfrac{2x}{10}-\dfrac{y}{6}=\dfrac{14}{15} \end{cases}$

## Método de reducción

**65** Observa el sistema de ecuaciones de la pizarra. ¿Por qué número hay que multiplicar cada una de las ecuaciones para que los coeficientes de la incógnita *y* resulten números opuestos?

$$\begin{cases} 4x+2y=12 \\ 5x-3y=-7 \end{cases}$$

### MÉTODO DE REDUCCIÓN

Resuelve por el método de reducción el siguiente sistema de ecuaciones:

$$\begin{cases} 2x+3y=5 \\ 3x+2y=15 \end{cases}$$

#### Paso 1

**Multiplicamos las ecuaciones por los números adecuados para que los coeficientes de una de las incógnitas sean opuestos.**

En este caso elegimos la *y*, por lo que multiplicamos la primera ecuación por 2 y la segunda por –3:

$$\begin{cases} 2x+3y=5 \xrightarrow{\cdot 2} \\ 3x+2y=15 \xrightarrow{\cdot(-3)} \end{cases} \begin{cases} 4x+6y=10 \\ -9x-6y=-45 \end{cases}$$

#### Paso 2

**Sumamos las ecuaciones obtenidas.**

$$\begin{array}{rr} & 4x+6y=10 \\ + & -9x-6y=-45 \\ \hline & -5x \quad =-35 \end{array}$$

#### Paso 3

**Despejamos la incógnita de la ecuación de primer grado obtenida.** $-5x=-35 \Rightarrow x=7$

#### Paso 4

**Sustituimos en una de las ecuaciones iniciales para obtener la otra incógnita.**

$$2x+3y=5 \Rightarrow 2\cdot 7+3y=5 \Rightarrow y=-3$$

La solución es $(x=7, y=-3)$.

**66** MAT-TIC Practica con el interactivo de GeoGebra *Resuelve sistemas por reducción.*

**67** Resuelve estos sistemas de ecuaciones por el método de reducción.

**a.** $\begin{cases} 2x-3y=-1 \\ 3x+2y=5 \end{cases}$ **c.** $\begin{cases} -3x-4y=5 \\ -2x+3y=9 \end{cases}$ **e.** $\begin{cases} 4x+5y=-14 \\ -3x+7y=-11 \end{cases}$

**b.** $\begin{cases} 2x+y=10 \\ -3x-2y=-16 \end{cases}$ **d.** $\begin{cases} 3x+2y=10 \\ -2x-3y=-5 \end{cases}$ **f.** $\begin{cases} 3x-7y=-29 \\ 4x+y=13 \end{cases}$

**68** Utiliza el método que consideres más adecuado para resolver los siguientes sistemas de ecuaciones lineales.

**a.** $\begin{cases} -7x+2y=13 \\ 4x-2y=-10 \end{cases}$

**b.** $\begin{cases} 5x-y=9 \\ -6x+y=-10 \end{cases}$

**c.** $\begin{cases} 4x-2y=16 \\ -2x+4y=-14 \end{cases}$

**d.** $\begin{cases} 7x+y=9 \\ -12x+9y=-69 \end{cases}$

**e.** $\begin{cases} -4x+9y=-19 \\ 5x-9y=17 \end{cases}$

**f.** $\begin{cases} -x-2y=-5 \\ -5x-3y=3 \end{cases}$

¿Qué criterio sigues a la hora de elegir un método?

**69** Simplifica los siguientes sistemas de ecuaciones lineales y elige el método que consideres más adecuado para resolverlos. Comprueba el resultado con una calculadora algebraica.

**a.** $\begin{cases} 2(x+4)+2(y-3)=12 \\ 4(2x-3)-2(y+1)=6 \end{cases}$

**b.** $\begin{cases} 5(x+3y)-(y-2x)=-49 \\ -2(2x-y)+2y=-20 \end{cases}$

**c.** $\begin{cases} \dfrac{x}{3}-2y=-10 \\ 3x-\dfrac{y-4}{2}=17 \end{cases}$

**d.** $\begin{cases} \dfrac{2(x-2)}{3}-\dfrac{y+3}{9}=0 \\ \dfrac{3x}{8}+\dfrac{y}{2}=-\dfrac{3}{2} \end{cases}$

## RESOLUCIÓN DE PROBLEMAS MEDIANTE SISTEMAS DE ECUACIONES

El precio de una bebida es la mitad que el de un bocadillo. Si se compran 25 bebidas y 15 bocadillos se pagan 165 €. ¿Cuál es el precio de cada producto?

### Paso 1

**Elegir las incógnitas**

*x*: precio de una bebida

*y*: precio de un bocadillo

### Paso 2

**Plantear un sistema de ecuaciones**

$$\begin{cases} x=\dfrac{y}{2} \\ 25x+15y=165 \end{cases} \Rightarrow \begin{cases} 2x=y \\ 5x+3y=33 \end{cases}$$

### Paso 3

**Resolver el sistema**

Resolvemos por ejemplo por sustitución. En la primera ecuación ya tenemos la incógnita *y* despejada: $y=2x$, la sustituimos en la segunda ecuación y resolvemos.

$5x+3y=33 \Rightarrow 5x+3\cdot 2x=33 \Rightarrow 11x=33 \Rightarrow x=3 \Rightarrow y=2x=6$

### Paso 4

**Interpretar y comprobar la solución**

La bebida cuesta 3 €, y el bocadillo, 6 €.

Podemos comprobar que la solución es correcta, pues la bebida cuesta la mitad que el bocadillo y 25 bebidas y 15 bocadillos cuestan:

$$25x+15y=25\cdot 3+15\cdot 6=165\text{ €}$$

**70** En una papelería se han vendido 50 productos entre lápices y cuadernos. Si cada cuaderno cuesta 4 €, y cada lápiz, 0,50 € y se han recaudado 95 € en total, ¿cuántas unidades se han vendido de cada producto?

**71** Calcula dos números que cumplan estas dos condiciones.

- El doble del primero y el segundo suman 3.
- La diferencia entre el primero y dos veces el segundo es 4.

72 La suma del doble de un número más el cuádruple de otro es 114. Si al primer número se le suman 3 unidades y al segundo se le restan 3, los números que resultan son iguales. Calcula los dos números.

73 En la nueva Ley de Igualdad que aprueba el parlamento de un país, se determina que el porcentaje de diputados y diputadas no puede diferenciarse en más de un 10 %. El número de escaños de ese parlamento es de 360.

Calcula cuál es la mayor diferencia que admite la ley entre el número de diputados de uno y otro género.

74 Si tenemos 470 € en billetes de 50 y de 20 € y hay 16 billetes en total, ¿cuántos son de 50 y cuántos de 20?

75 En el almacén de una tienda de deportes hay guardados varios paquetes de pelotas de tenis. Hay paquetes de 3 pelotas y paquetes de 4 pelotas. En total, hay 27 paquetes y 96 pelotas. ¿Cuántos paquetes hay de cada clase?

76 Teresa quiere ver cuánto dinero tiene ahorrado y cuenta un total de 34 € en monedas de 1 € y de 0,50 €. En total hay 50 monedas, ¿cuántas hay de cada tipo?

77 Javier y Olga usan sus teléfonos móviles para escuchar música. En total, tienen grabadas 400 canciones. Si Javier borrara 25 canciones y se las pasara a Olga, tendría la tercera parte de canciones que ella. ¿Cuántas canciones tienen cada uno?

78 Calcula dos números tales que la suma del primero más el triple del segundo sea 85 y que la diferencia entre el cuádruple del primero y el doble del segundo sea 102.

79 Se está realizando un estudio sobre el tipo de familias que hay en una localidad. El grupo *A* es el de las familias formadas por una pareja y los hijos, el grupo *B*, el de las formadas por una mujer y sus hijos, y el grupo *C*, el de las formadas por un hombre y sus hijos. Se sabe que:

- Del total de familias, que es 4500, 540 son familias monoparentales.
- El porcentaje de las familias del grupo *B* supera al porcentaje de las del grupo *C* en 6 puntos.

Calcula el número de familias de cada grupo y los porcentajes que representan.

80 Ángeles y Luis buscan la forma de repartir de forma equitativa las tareas de la casa. Han decidido que Luis se encargue de poner la lavadora y planchar la ropa, y Ángeles de cocinar y lavar la vajilla. En la tabla se recogen los tiempos medios que se invierten en dichas tareas.

| Tarea | Tiempo medio (h) |
|---|---|
| Lavar y planchar la carga de una lavadora. | 1,5 |
| Cocinar y lavar la vajilla de una comida. | 1 |

La pareja ha echado las cuentas esta última semana y cree que, más o menos, han dedicado el mismo tiempo a esas tareas. Calcula el número de lavadoras y el número de comidas si el de comidas supera en dos al de lavadoras.

# NUESTRO RETO Pon en órbita números e incógnitas

## Aprende sobre los primeros viajes espaciales

### Paso 1

**Ponte en contexto**

La película *Figuras ocultas* (2016) hizo más conocida la historia de las científicas afroamericanas Katherine G. Johnson, Dorothy Vaughan y Mary Jackson que formaron parte del equipo de calculistas de la NASA. Este equipo estaba compuesto en su totalidad por mujeres. En una década, la de 1960, en la que las calculadoras y los ordenadores ni se parecían a los que conocemos, estas mujeres fueron verdaderas calculadoras humanas en la NASA.

Katherine Johnson destacó especialmente y ascendió al equipo de ingeniería iniciando una carrera brillante en la NASA. Busca información y escribe su biografía, siguiendo las pautas del documento descargable.

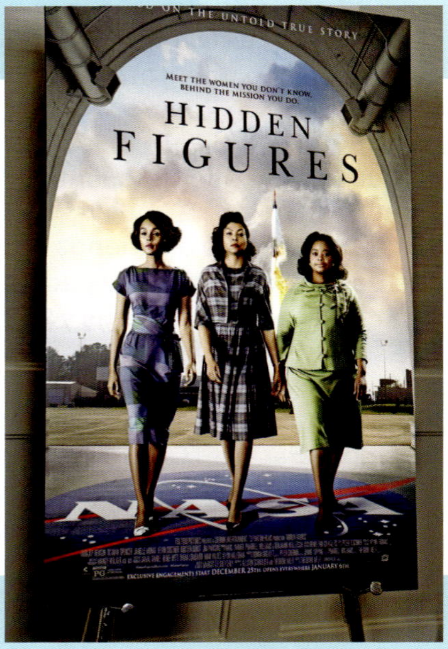


### Paso 2

**Haz tus cálculos**

Antes del viaje a la Luna, un gran éxito previo fue conseguir que John Glenn completara una órbita completa alrededor de la Tierra en 1962.

La velocidad orbital alrededor de la Tierra sigue la ecuación:

$$v_{orb}^2 = \frac{GM_T}{R_{orb}}$$

donde $G$ es la constante de gravitación universal, $M_T$, la masa de la Tierra, y $R_{orb}$, el radio de la órbita.

- La órbita de la nave de Glenn estaba situada a una distancia de 13 190 km del centro de la Tierra. ¿A qué distancia de la superficie de la tierra volaba?
- Calcula a qué velocidad orbital se produjo el vuelo.
- Sabiendo que el vuelo duró 4 h y 56 min, haz un cálculo aproximado de la distancia lineal que recorrió.

### Paso 3

**Saca conclusiones**

- ¿Te imaginas haber tenido que resolver los problemas anteriores sin calculadora?
- Investiga sobre el papel actual de la mujer en la NASA.

**¿Cómo te ha ido el reto?** Entra y haz tu valoración

# EN RESUMEN

## Ecuaciones

- Una **ecuación** es una igualdad entre dos expresiones algebraicas.
- Una **solución** de una ecuación es un número real que sustituido en las incógnitas hace que se cumpla la igualdad.

| Regla de la suma | Regla del producto |
|---|---|
| Si se suma un mismo número o expresión algebraica a los dos miembros de una ecuación se obtiene otra ecuación equivalente a la anterior. | Si se multiplican o dividen los dos miembros de una ecuación por un mismo número o expresión algebraica distinta de cero, se obtiene una ecuación equivalente a la anterior. |

## Ecuaciones de primer grado

- Las ecuaciones de primer grado se resuelven aplicando las reglas de la suma y del producto.

## Ecuaciones de segundo grado

- Pueden expresarse en la **forma canónica**, $ax^2 + bx + c = 0$ con $a \neq 0$.
- Si $b \neq 0$ y $c \neq 0$, la ecuación es **completa**. Se resuelve con la fórmula: $x = \frac{-b \pm \sqrt{b^2 - 4ac}}{2a}$
- La ecuación incompleta $ax^2 + bx = 0$ se resuelve extrayendo factor común e igualando a 0 cada factor.
- La ecuación incompleta $ax^2 + c = 0$ se resuelve despejando $x^2$. Las soluciones , si existen, son las dos raíces cuadradas, la positiva y la negativa.

## Ecuaciones de grado superior a dos

- Algunas ecuaciones de grado superior se pueden resolver **extrayendo factor común.**
- Las ecuaciones **bicuadradas**, $ax^4 + bx^2 + c = 0$, se resuelven como una de segundo grado completa haciendo el cambio de variable $t = x^2$.

## Sistemas de ecuaciones lineales

- Un **sistema de ecuaciones lineales** es un par de ecuaciones de la forma $\begin{cases} ax + by = e \\ cx + dy = f \end{cases}$.
- Sistemas **compatibles determinados**: tienen una única solución.

  Sistemas **compatibles indeterminados**: tienen infinitas soluciones.

  Sistemas **incompatibles**: no tienen ninguna solución.
- Existen tres métodos de resolución:

| Método de sustitución | Método de igualación | Método de reducción |
|---|---|---|
| Se despeja una incógnita de una ecuación y se sustituye en la otra ecuación. | Se despeja la misma incógnita en ambas ecuaciones y se igualan las expresiones obtenidas. | Se multiplican las ecuaciones por los números adecuados para que los coeficientes de una de las incógnitas sean opuestos y se suman las ecuaciones. |

# PRACTICAMOS

## Actividades

1 **Mapa mental.** Organiza en un mapa mental los conceptos que has aprendido.

2 Expresa mediante ecuaciones los siguientes enunciados.

a. El producto de dos números consecutivos es 342.

b. La suma de un número y su cuarta parte es 180.

c. El área de un rectángulo cuya altura es un tercio de la base es 48 cm².

d. El volumen de una pirámide de base cuadrada cuya altura mide el doble que el lado de la base es 18 cm³.

3 Resuelve las siguientes ecuaciones.

a. $3(x-1)+5x=-2x+27$

b. $\frac{x-1}{3}-\frac{x+4}{6}=x+\frac{2}{3}$

c. $2x(x-1)-4(x-3)=x+12$

d. $\frac{1}{2}x^2=\frac{1}{2}x+3$

4 Resuelve las ecuaciones siguientes.

a. $x^2-2x-3=0$

b. $8x^2-10x-3=0$

c. $x^2-2x+1=0$

d. $4x^2+12x+9=0$

e. $3x^2-20x-7=0$

f. $x(x-4)=6$

5 Resuelve estas ecuaciones.

a. $3x^2-48=0$

b. $2x^2-8x=0$

c. $20=5x^2$

d. $-x^2+15x=0$

e. $x^2+4=0$

f. $6x^2=x$

6 **Actividad resuelta**

**Resuelve la siguiente ecuación sin desarrollar el cuadrado: $(x+7)^2=225$**

Aplicamos la definición de raíz cuadrada.

$$x+7=\pm\sqrt{225}=\pm 15$$

$$\begin{cases} x+7=15 \Rightarrow x=8 \\ x+7=-15 \Rightarrow x=-22 \end{cases}$$

Las soluciones son $x=8$ y $x=22$.

7 Resuelve las siguientes ecuaciones sin desarrollar los cuadrados.

a. $(x+8)^2=100$

b. $(2x-2)^2=144$

c. $(3x+4)^2=361$

d. $(5x+2)^2=144$

8 Resuelve las siguientes ecuaciones sin hacer las multiplicaciones.

a. $(3-6x)(4x+3)=0$

b. $(2x-2)(3x+1)=0$

c. $\left(\frac{3}{2}x-3\right)(4x+5)=0$

d. $\left(3-\frac{3}{5}x\right)\left(-\frac{2}{3}x-\frac{1}{9}\right)=0$

e. $2x(x-6)(2x-3)=0$

f. $(x+6)(x^2-9)=0$

9 Expresa estas ecuaciones de segundo grado en la forma canónica y resuélvelas.

a. $2x(3x-5)+7x=63$

b. $2x(x-3)+5(x+1)=7-x$

c. $4x(2-x)+x=0$

d. $\frac{2x(x-1)}{3}-\frac{x-1}{6}=\frac{-1}{12}$

e. $\frac{x}{2}+3x(x-1)=38$

f. $\frac{x^2+x}{2}-\frac{2x^2-3x}{4}+x=0$

10 Sin resolverlas, indica el número de soluciones de las siguientes ecuaciones.

a. $2x^2+5x-3=0$

b. $3x^2+6x+17=0$

c. $9x^2+30x+25=0$

d. $-3x^2-6x+4=0$

e. $-\frac{1}{2}x^2=\frac{15}{4}$

f. $-3x^2=0$

11 **Actividad resuelta**

**Calcula los valores de $k$ para que la ecuación $4x^2+kx+9=0$ tenga una única solución.**

La ecuación de segundo grado tiene una única solución cuando su discriminante es igual a 0.

$\Delta=b^2-4ac=0 \Rightarrow k^2-4\cdot 4\cdot 9=0 \Rightarrow$

$\Rightarrow k^2=144 \Rightarrow k=\pm 12$

La ecuación tiene una única solución para los valores $k=12$ y $k=-12$.

12 Calcula el valor o valores de $k$ para que las ecuaciones tengan una única solución real.

**a.** $x^2+10x+k=0$
**b.** $kx^2+24x+16=0$
**c.** $9x^2+kx+16=0$
**d.** $kx^2+12x+11=0$

13 Resuelve estas ecuaciones.

**a.** $x^3+8x^2+12x=0$
**b.** $2x^3-16x^2+32x=0$

14 Utiliza un cambio de variable para resolver las siguientes ecuaciones.

**a.** $2x^4+5x^2+4=0$
**b.** $x^4-5x^2-36=0$
**c.** $3x^4-x^2+2=0$
**d.** $x^4+2x^2+1=0$

15 El departamento de física nuclear de una universidad está compuesto por $x$ mujeres e $y$ hombres, ¿qué significan estas ecuaciones?

**a.** $x+y=38$
**b.** $x=y$
**c.** $x-5=y$
**d.** $x=2y$

16 Relaciona cada sistema con su solución.

**I.** $\begin{cases} x-3y=13 \\ -x+2y=-9 \end{cases}$ **A.** $(x=1,\ y=-4)$

**II.** $\begin{cases} x+y=8 \\ 3x=30 \end{cases}$ **B.** $(x=-3,\ y=3)$

**III.** $\begin{cases} -5x+2y=21 \\ x+5y=12 \end{cases}$ **C.** $(x=10,\ y=-2)$

17 Clasifica los sistemas en función del número de soluciones.

**a.** $\begin{cases} 4x+6y=1 \\ 2x+3y=-1 \end{cases}$
**b.** $\begin{cases} x+y=16 \\ 10x+10y=160 \end{cases}$
**c.** $\begin{cases} 4x+y=1 \\ x-3y=-3 \end{cases}$
**d.** $\begin{cases} 3x+2y=1 \\ 5x-4y=-3 \end{cases}$

18 Resuelve gráficamente estos sistemas.

**a.** $\begin{cases} 2x+3y=16 \\ x-3y=-10 \end{cases}$
**b.** $\begin{cases} 2x+5y=-3 \\ -2x+3y=-5 \end{cases}$
**c.** $\begin{cases} 5x-y=-3 \\ 3x+4y=-11 \end{cases}$
**d.** $\begin{cases} -3x+2y=17 \\ 4x+5y=8 \end{cases}$

19 Clasifica los sistemas según el número de soluciones. Indica la solución de los que tengan una única solución.

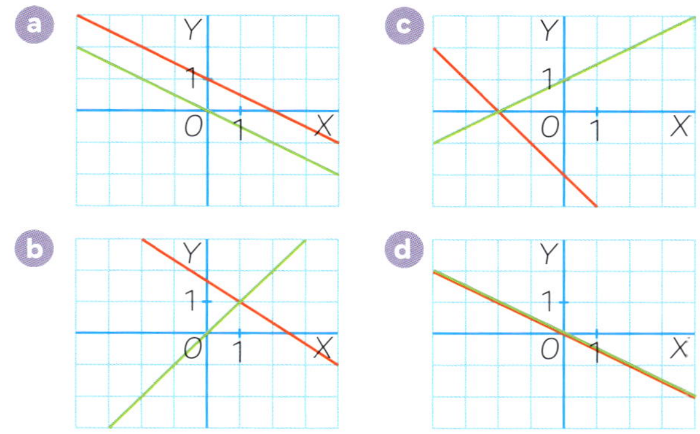


20 Resuelve los siguientes sistemas.

**a.** $\begin{cases} x+y=-5 \\ x-2y=7 \end{cases}$
**b.** $\begin{cases} 7x-3y=16 \\ x=y \end{cases}$
**c.** $\begin{cases} 5x-2y=24 \\ 4x+y=30 \end{cases}$
**d.** $\begin{cases} 4x+3y=-6 \\ 5x+3y=-9 \end{cases}$
**e.** $\begin{cases} 2x+5y=-6 \\ 2x+3y=0 \end{cases}$
**f.** $\begin{cases} 3x-5y=22 \\ 2x+3y=13 \end{cases}$

## Problemas

21 El lado menor de un rectángulo mide 4 cm menos que su lado mayor. Se sabe que el área es de 480 cm$^2$. Calcula las dimensiones y el perímetro del rectángulo.

22 La diferencia entre la estatura de Claudia y su hermano pequeño Javier es 0,25 m. La suma del doble de la estatura de Claudia más la estatura de Javier es 4,70 m. ¿Cuánto mide cada hermano?

23 La distancia entre la fuente y la estatua que hay en la esquina de este parque rectangular es 14,5 m. El lado mayor de este mide 1 m más que su lado menor.

Calcula la superficie del parque.

## 24 Actividad resuelta

**La edad de Eugenia es el triple que la edad de su hija Vera. Dentro de 12 años la edad de Eugenia será el doble que la de Vera. ¿Qué edad tiene cada una en la actualidad?**

Organizamos la información en una tabla.

| | Edad hoy | Edad dentro de 12 años |
|---|---|---|
| Eugenia | 3x | 3x + 12 |
| Vera | x | x + 12 |

Planteamos la ecuación:

$3x + 12 = 2(x + 12) \Rightarrow 3x + 12 = 2x + 24 \Rightarrow x = 12$

Vera tiene 12 años, y Eugenia, 36 años.

Comprobamos que, efectivamente, dentro de 12 años Eugenia tendrá 48 años, que es el doble de los 24 años que tendrá Vera.

25 La edad de Jorge es el triple que la que tiene su hijo. Hace diez años, sus edades sumaban 28 años. ¿Qué edad tiene cada uno?

26 Hace 6 años la edad de Pablo era el triple de la de Andrés y dentro de 6 años será el doble. ¿Qué edad tienen en la actualidad?

27 De un tanque de agua se gasta un octavo la primera semana del mes. En la segunda semana se gasta un tercio de lo que quedaba, y en la tercera, los últimos 7000 L. Si al comenzar el mes el tanque estaba totalmente lleno, ¿cuál es su capacidad?

28 Para excavar un túnel de 3,5 km se emplean cuatro meses. El primer mes se excava la mitad de lo que se excava en el segundo, pero el doble de lo que se excava en el tercero. El último mes se excava la cuarta parte de lo que se hizo en los tres anteriores. ¿Cuántos metros se excavan cada mes?

29 Un circuito de 110 km en bicicleta tiene cuatro etapas. En la segunda etapa se recorre el doble de kilómetros que en la primera, y en la tercera, la mitad de los recorridos en las dos primeras. Si en la cuarta etapa se recorren 20 km, ¿cuántos kilómetros tiene cada etapa?

## 30 Actividad resuelta

**Se dispone de un café de calidad extra a 9 €/kg y otro de calidad media a 7 €/kg. Se quieren obtener 20 kg de mezcla a 8,50 €/kg. ¿Cómo debe realizarse la mezcla?**

Organizamos la información en una tabla:

| | kg | € |
|---|---|---|
| Café de calidad extra | $x$ | $9x$ |
| Café de calidad media | $y$ | $7y$ |
| Mezcla | $x + y$ | $9x + 7y$ |

Planteamos el sistema.

$$\begin{cases} x + y = 20 \\ 9x + 7y = 20 \cdot 8{,}5 \end{cases} \Rightarrow \begin{cases} x + y = 20 \\ 9x + 7y = 170 \end{cases}$$

La solución es $x = 15$, $y = 5$.

Hay que poner en la mezcla 15 kg de café de calidad extra y 5 kg de café de calidad media.

Comprobamos que con esas cantidades tenemos 20 kg de mezcla a:

$$9 \cdot 15 + 7 \cdot 5 = 170\ €$$

31 Se quiere mezclar aceite de alta calidad, cuyo precio es 8 €/L, con aceite de calidad inferior, a 5 €/L, para obtener 12 L de mezcla que se venderá a 6,25 €/L. ¿Qué cantidad de aceite de cada tipo se necesita?

**32** Se mezcla detergente de precio 2,5 €/L con otro cuyo precio es de 2,7 €/L. Halla la cantidad de detergente de cada clase que se necesita para obtener 100 L de mezcla de 2,55 €/L.

**33** Una empresa va a construir un hotel con habitaciones simples y habitaciones dobles. Los propietarios han decidido que el número de habitaciones simples debe ser la mitad que el de habitaciones dobles. La superficie de cada habitación simple es de 12 $m^2$, y la de cada habitación doble, de 20 $m^2$. La superficie total del hotel es de 1202 $m^2$, de los que 630 $m^2$ corresponden a zonas comunes diferentes de las habitaciones. ¿Cuántas habitaciones se van a construir de cada tipo?

**34** Un hexágono verifica que tiene tres ángulos de la misma amplitud y que los otros tres también son iguales entre ellos, pero 30° mayores que los anteriores. Calcula la medida de los seis ángulos. Pista: observa en cuántos triángulos se puede dividir el polígono.

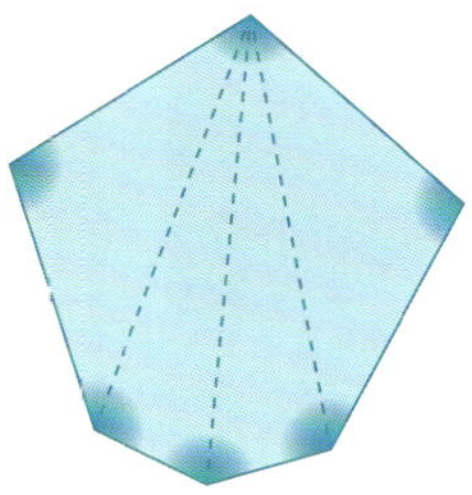

**35** Se llama distancia de frenado de un coche a la distancia que recorre desde que se pisa el freno hasta que queda totalmente parado. Esta distancia se puede calcular mediante la fórmula:

$$d=\frac{v}{5}+\frac{v^2}{150}$$

donde $d$ es la distancia de frenado en metros y $v$ es la velocidad que lleva el coche en kilómetros por hora.

**a.** Calcula la distancia de frenado de un coche que lleva una velocidad de 90 km/h.

**b.** Calcula la velocidad que lleva un coche cuya distancia de frenado es de 52,5 m.

**36** Un jurado literario está compuesto por 20 personas entre mujeres y hombres. Si se duplica el número de hombres en el jurado, hay 28 personas.

Averigua el número de mujeres y de hombres que lo componen.

## Comprueba lo que has aprendido

**1** Resuelve las siguientes ecuaciones de primer grado.

**a.** $2(x-3)+5(x+1)=x+29$

**b.** $\frac{5-x}{2}-\frac{x+3}{6}=\frac{9-x}{4}-\frac{6x+2}{16}$

**2** Resuelve estas ecuaciones de segundo grado.

**a.** $x^2+2x+15=0$

**b.** $3x^2+2x=0$

**c.** $x^2-12x+36=0$

**d.** $3x^2-9=0$

**3** Resuelve estas ecuaciones bicuadradas.

**a.** $9x^4-37x^2+4=0$

**b.** $x^4-2x^2+1=0$

**4** Resuelve las siguientes ecuaciones sin efectuar las multiplicaciones.

**a.** $x(x-2)(x+5)=0$

**b.** $(x+5)(x-3)^2=0$

**5** Resuelve cada sistema mediante el método que se indica.

**a.** $\begin{cases}2x-y=3\\3x+2y=1\end{cases}$ Gráficamente

**b.** $\begin{cases}-3x-2y=-8\\2x+3y=2\end{cases}$ Igualación

**c.** $\begin{cases}3x-2y=21\\4x+y=17\end{cases}$ Reducción

**d.** $\begin{cases}2x-3y=10\\3x+2y=2\end{cases}$ Sustitución

**6** En un taller en el que arreglan ruedas hay 10 vehículos entre coches y motos. El total de ruedas que tienen estos vehículos, sin contar las de repuesto, es 32. ¿Cuántos coches y cuántas motos hay? Resuelve el problema planteando un sistema de ecuaciones.

**7** Un alpinista lleva a cabo una travesía durante 4 días. El primer día recorre un tercio del trayecto, el segundo día, una quinta parte, el tercero avanza una sexta parte y el último día camina los 30 km finales.

¿Cuál fue la distancia total recorrida?

Mis competencias | Autoevaluación

# 3.4 Funciones: modelos para estudiar la realidad

## ¡EMPEZAMOS!

### Camino del autoconsumo

El autoconsumo eléctrico ayuda en la lucha contra el cambio climático reduciendo la huella de $CO_2$. También supone un ahorro en la factura eléctrica, mejora la gestión de la demanda eléctrica particular y, por si esto fuera poco, ayuda a la creación de puestos de trabajo verdes.

A finales de 2021, España alcanzó por primera vez los 1000 MW de autoconsumo eléctrico. El objetivo es llegar a los 9 GW en 2030.

- ¿Sabes en qué consiste el autoconsumo eléctrico?
- ¿Hay alguna instalación de autoconsumo en tu entorno?
- ¿Cuántas veces es mayor una energía de 9 GW que una de 1000 MW?

## ¡VAMOS A APRENDER!

1. Respetar el turno de palabra.
2. Identificar funciones y reconocer sus elementos.
3. Analizar gráficas de funciones estudiando sus propiedades.
4. Representar funciones lineales y cuadráticas y emplearlas para modelizar situaciones reales.
5. Reflexionar sobre nuestro proceso de aprendizaje.
6. Tomar conciencia de la importancia de ahorrar energía.

## NUESTRO RETO

### Tomando el sol

Vas a valorar la posibilidad de hacer una instalación solar de autoconsumo en una vivienda, ver si es posible ahorrar con ello, y cuánto se tardaría en que ese ahorro fuese efectivo.

## ¡Vamos allá!

# 1 ¿Qué tipo de relaciones son las funciones?

## Correspondencias y funciones

1 **Aprendo a pensar.** ¿Qué sabes sobre funciones? ¿Qué más crees que necesitas saber?

2 Se hace corresponder cada número de un conjunto inicial con su opuesto. ¿Cómo se podría representar esta correspondencia en el diagramas de Venn de la imagen?

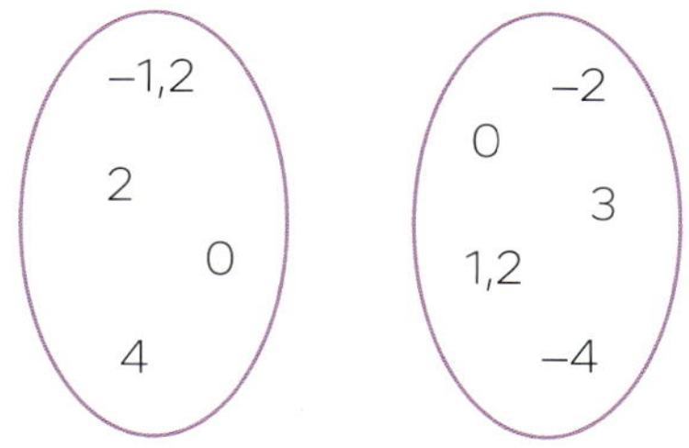


Una **correspondencia** es cualquier relación que se quiera establecer entre los elementos de dos conjuntos. El conjunto de partida se llama **conjunto inicial**, y el de llegada, **conjunto final**.

Una **función** es una **correspondencia** entre dos conjuntos en la que a cada elemento del conjunto inicial le corresponde un **único valor** del conjunto final.

- Los elementos del conjunto inicial forman la **variable independiente**.
- Los elementos del conjunto final forman la **variable dependiente** o **imagen**.

### Ejemplos

- El primer diagrama muestra la correspondencia entre un grupo de personas y los idiomas que estudian. Esta correspondencia **no es una función** porque a algunos elementos del conjunto inicial les corresponden varios elementos del conjunto final.

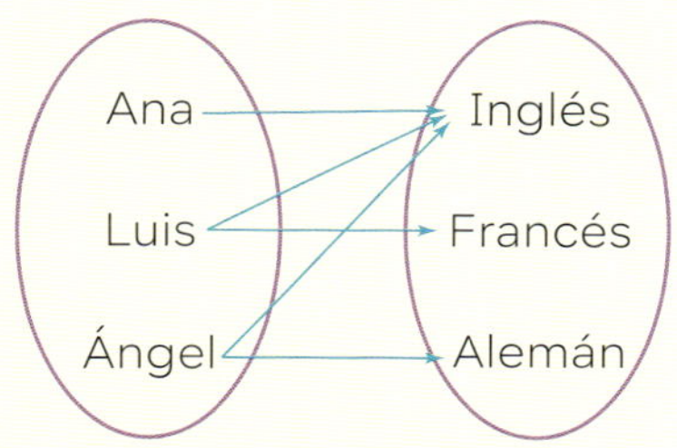


- El segundo diagrama muestra la correspondencia entre un número y su doble. Esta correspondencia **sí es una función**, porque a cada elemento del conjunto inicial le corresponde un único elemento del conjunto final. Los números del conjunto inicial forman la variable independiente, y los del final, la variable dependiente.

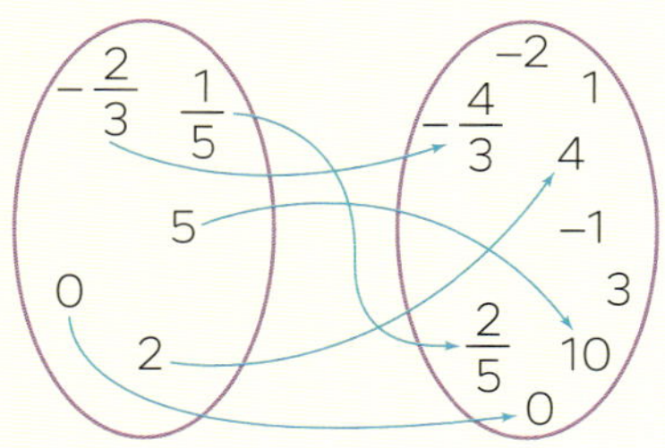


3 **Señala cuáles de estas correspondencias son funciones. En caso afirmativo, indica la variable dependiente e independiente.**

**a.** A cada número real le corresponde su mitad.

**b.** A cada ecuación de segundo grado le corresponden sus soluciones.

**c.** A cada profesor le corresponden sus alumnos.

**d.** A cada número le corresponden sus divisores.

Una **función** de una variable se puede expresar matemáticamente mediante:

- Una **fórmula** $y = f(x)$.
- Una **tabla de valores**, que pueden construirse dando valores a $x$ y sustituyéndolos en la fórmula para obtener los valores de $y$.
- Una **gráfica**, que es la representación en los ejes de coordenadas de los puntos $(x, y)$ donde $y = f(x)$.

## 4 Actividad resuelta

**El área de un cuadrado se expresa como $y = x^2$. Identifica las variables dependiente e independiente, construye una tabla de valores y traza la gráfica.**

El lado del cuadrado es la variable independiente, representada por $x$. El área es la variable dependiente, representada por $y$.

| Lado $x$ | Área $y = x^2$ | $(x, y)$ |
|---|---|---|
| 1 | 1 | (1, 1) |
| 2 | 4 | (2, 4) |
| 3 | 9 | (3, 9) |

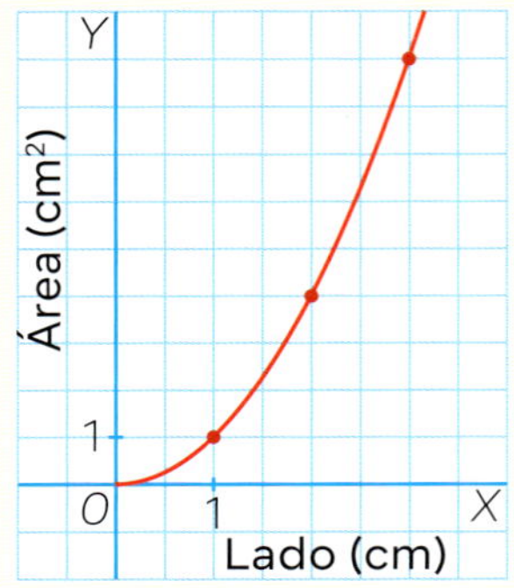


(En el documento descargable se explica cómo resolver el ejercicio con GeoGebra.)

**5** Representa las funciones dadas a partir de estas tablas.

a.

| $x$ | −2 | −1 | 0 | 1 | 2 | 5 |
|---|---|---|---|---|---|---|
| $y$ | −10 | −5 | 0 | 5 | 10 | 25 |

b.

| $x$ | −3 | −2 | −1 | 0 | 1 | 2 |
|---|---|---|---|---|---|---|
| $y$ | 8 | 3 | 0 | −1 | 0 | 3 |

**6** Calcula la fórmula y representa las funciones. Comprueba el resultado con GeoGebra.

a. El volumen de un cilindro en función de su altura, si la base tiene una superficie de 2 m².

b. La función que representa el beneficio de un producto si se vende a cuatro veces su coste.

## 7 Actividad resuelta

**Explica si cada una de las siguientes gráficas representa o no a una función.**

a

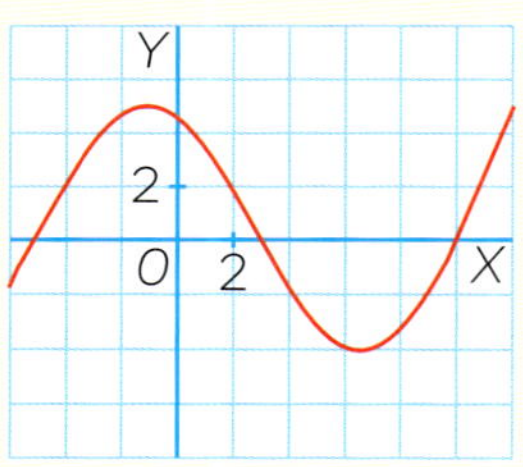


b

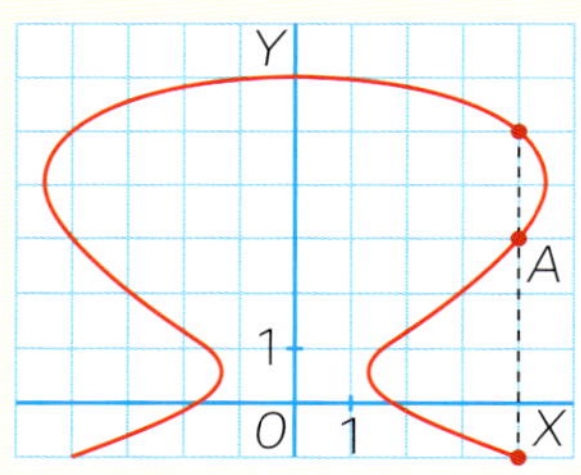


a. Sí es una función, porque a cada valor de $x$ le corresponde un único valor de $y$.

b. No es una función. Por ejemplo, al valor $x = 4$ le corresponden $y = -1$, $y = 3$ e $y = 5$.

**8** Indica si las siguientes gráficas representan funciones y explica por qué.

a

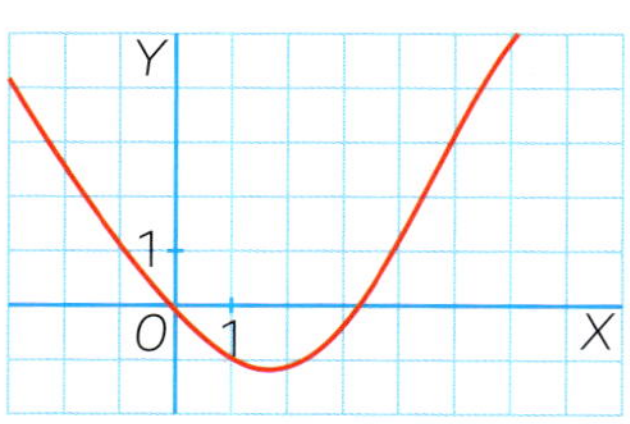


b

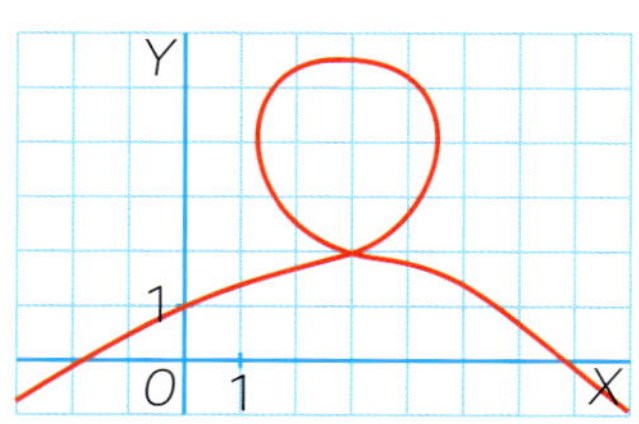

## Dominio y recorrido de una función

El **dominio** de una función es el conjunto de valores que puede tomar la variable independiente. Se puede representar por $D(f)$.

El **recorrido** de una función es el conjunto de los valores que toma la variable dependiente. Se puede representar por $R(f)$.

### Ejemplo

La siguiente gráfica representa la distancia a casa (variable dependiente) en función del tiempo (variable independiente) durante un viaje en coche.

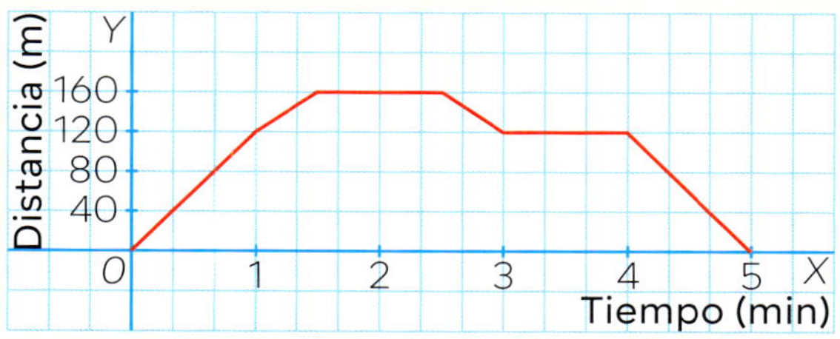


- El dominio es el conjunto de valores que toma el tiempo, es decir, el intervalo [0, 5].
- El recorrido es el conjunto de valores que toma la distancia, es decir, el intervalo [0, 160].

**9** **Oliver salió de excursión a las 10 a.m. Caminó un buen rato, paró a descansar en la orilla de un río, siguió su paseo y se detuvo a comer debajo de un abeto. Después, regresó a su casa.**

a. ¿Cuánto tiempo estuvo parado en la orilla del río?
b. ¿A qué distancia de su casa estaba el abeto?
c. ¿Cuánto tiempo estuvo comiendo?
d. ¿Cuántos kilómetros caminó en total Oliver?
e. ¿La gráfica pertenece a una función? ¿Por qué?
f. ¿Cuál es el dominio de la función?
g. ¿Cuál es su recorrido?

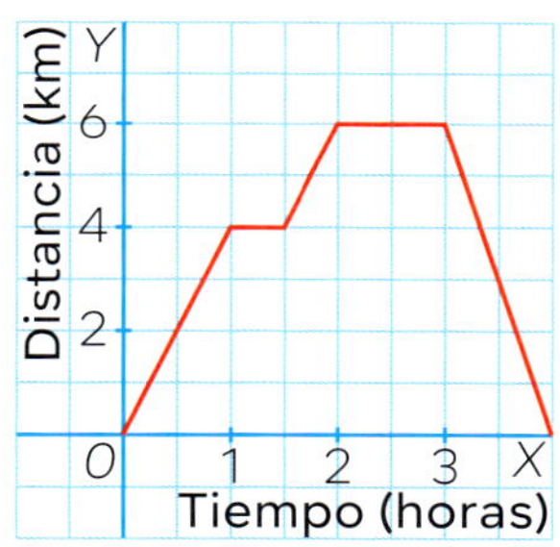


**10** **La tabla muestra las distancias recorridas por una corredora durante 12 segundos.**

| *t* (s) | 0 | 3 | 4 | 6 | 10 | 12 |
|---|---|---|---|---|---|---|
| *d* (m) | 0 | 21 | 28 | 42 | 70 | 84 |

**Escribe una fórmula que exprese la distancia recorrida en función del tiempo y representa gráficamente la función. ¿Cuál es su dominio y su recorrido?**

**11** **La dosis de un medicamento es 0,3 g por cada 2 kg de masa del paciente hasta un máximo de 15 g.**

a. ¿Cuántos gramos tiene que tomar un niño que pesa 10 kg? ¿Y de 30 kg? ¿Y una persona de 70 kg?
b. ¿A partir de qué peso se toma la dosis máxima?
c. Realiza una tabla de valores y representa la gráfica de la dosis en función del peso del paciente. ¿Cuál es el dominio? ¿Y el recorrido?

**12** **Una olla con agua a 10 °C se pone al fuego. La temperatura del agua comienza a aumentar de forma constante 8 °C por minuto hasta los 100 °C. Determina una función que modelice la situación. ¿Cuál es su dominio y su recorrido?**

**13** Julián tiene un contrato de electricidad en el que el precio del kWh depende de si es día laborable o fin de semana y del intervalo horario. Como quiere ahorrar, está cambiando sus hábitos para consumir menos en las horas en las que la electricidad es más cara.

Julián registra mensualmente la energía consumida, el precio de dicha energía y el precio total, que incluye el coste fijo por potencia contratada, el alquiler del contador y los impuestos.

**a.** Calcula, aproximando a los céntimos, el precio medio por kWh que ha pagado cada mes.

**b.** Haz una gráfica que muestre la evolución a lo largo de estos cuatro meses del precio medio pagado por kWh. Indica su dominio y recorrido.

**c.** La madre de Julián tiene un contrato con tarifa fija anual y paga 0,15 €/kWh durante todo el año. ¿Habría ahorrado Julián con esa tarifa?

| Mes | Consumo (kWh) | Precio por energía consumida (€) | Precio total (€) |
|---|---|---|---|
| 1 | 225 | 54,62 | 74,68 |
| 2 | 228 | 46,32 | 69,93 |
| 3 | 156 | 26,71 | 50,81 |
| 4 | 179 | 26,86 | 50,77 |

## Funciones definidas a trozos

Una **función definida a trozos** es una función que tiene fórmulas distintas en diferentes regiones del dominio.

### 14 Actividad resuelta

**Una empresa de mensajería cobra 2 € por paquete, más una cantidad que depende del peso como muestra la tabla. Escribe la función y represéntala.**

| Peso (g) | De 0 a 400 | Más de 400 |
|---|---|---|
| Precio (€/g) | 0,01 | 0,02 |

La función que nos da el precio dependiendo del peso es:

$$f(x)=\begin{cases}2+0{,}01x & \text{si } 0<x\leq 400\\ 2+0{,}02x & \text{si } x>400\end{cases}$$

Hacemos una tabla de valores para cada trozo. Usamos los valores de los extremos, 0 y 400, estén o no incluidos en el intervalo estudiado.

| $0<x\leq 400$ | |
|---|---|
| $x$ | $y=2+0{,}01x$ |
| 0 | 2 |
| 200 | 4 |
| 400 | 6 |

| $x>400$ | |
|---|---|
| $x$ | $y=2+0{,}02x$ |
| 400 | 10 |
| 600 | 14 |
| 800 | 18 |

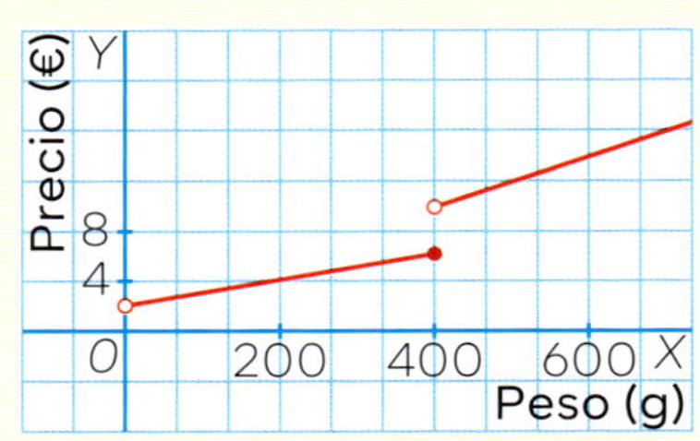


Como $x=0$ no pertenece al primer trozo, el punto (0, 2) se marca con un círculo "hueco".

Como $x=400$ pertenece al primer trozo, el punto (400, 6) se representa con un círculo "relleno", mientras que el punto (400, 10) se representa con un círculo "hueco".

(En el documento descargable se explica cómo representar funciones a trozos con GeoGebra).

**15** Representa las siguientes funciones a trozos y comprueba el resultado con GeoGebra.

**a.** $f(x)=\begin{cases}x+1 & \text{si } x\leq 1\\ -2x+3 & \text{si } x>1\end{cases}$

**b.** $f(x)=\begin{cases}-2x+5 & \text{si } x\leq 1\\ x+2 & \text{si } x>1\end{cases}$

**c.** $f(x)=\begin{cases}x+1 & \text{si } x\leq 1\\ 2 & \text{si } 1<x\leq 5\\ -x+6 & \text{si } x>5\end{cases}$

# 2 ¿Qué aspectos son importantes al analizar una gráfica?

## Continuidad

16 Observa las gráficas de las funciones.

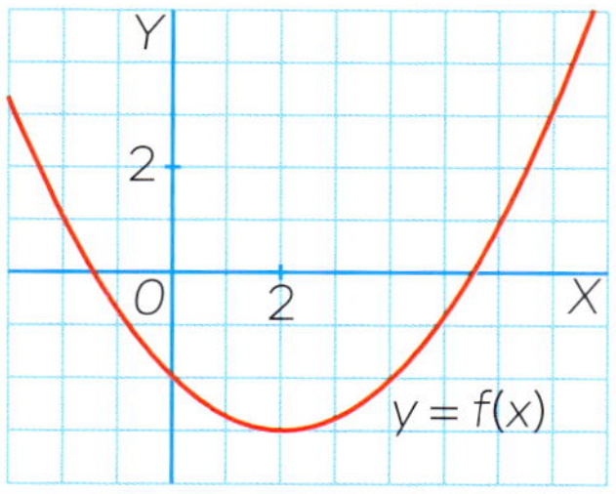


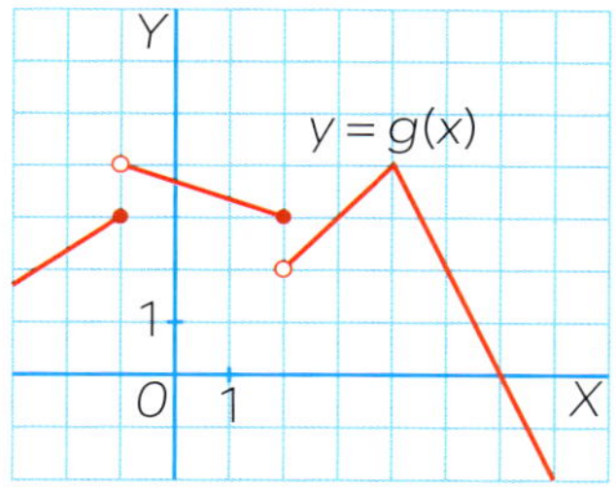


¿Se podrían dibujar sin levantar el lápiz del papel?

Una función es **continua** si su gráfica no tiene saltos ni interrupciones. Si una función no es continua, los valores de la variable independiente donde presenta saltos o interrupciones se llaman **discontinuidades**.

### Ejemplo

Vamos a estudiar la continuidad de las siguientes funciones.

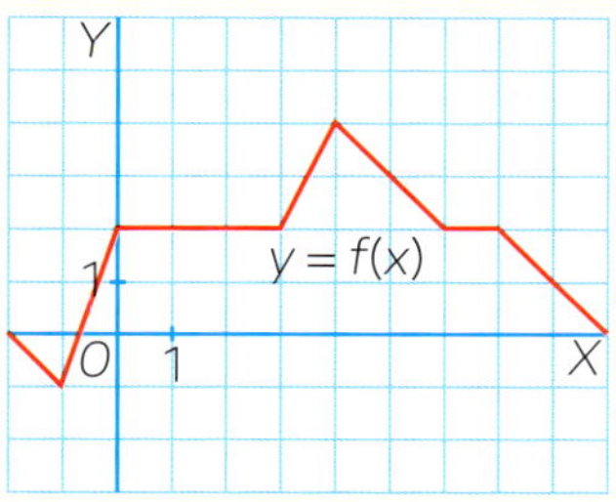


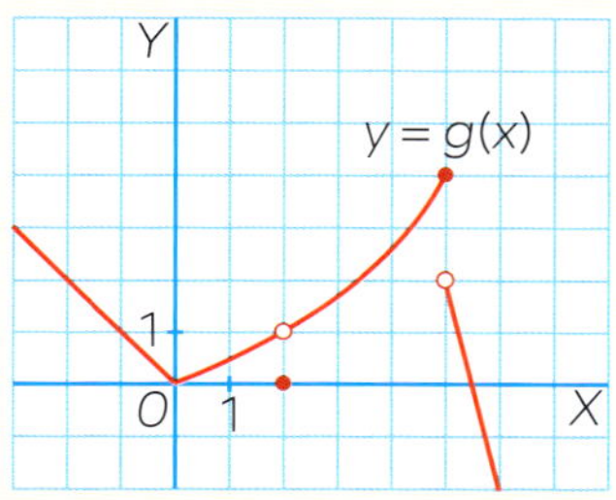


La función $f(x)$ es continua, su gráfica no tiene saltos ni interrupciones.

La función $g(x)$ no es continua. Presenta discontinuidades en $x = 2$ y en $x = 5$.

17 ¿Las siguientes funciones son continuas? Si no lo son, indica sus discontinuidades.

a
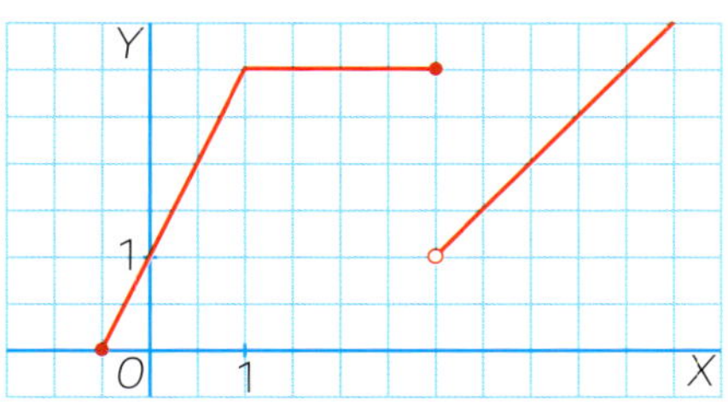


b
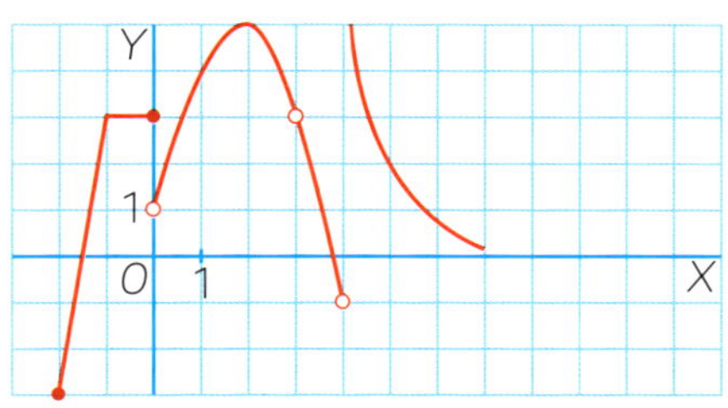


18 En una tarifa telefónica, los dos minutos iniciales cuestan 0,50 €. A partir de entonces, cada minuto o fracción cuesta 0,10 €. Representa gráficamente el precio en función del tiempo para los primeros 10 minutos de conversación, y, en caso de no ser una función continua, indica dónde presenta las discontinuidades.

19 Una compañía eléctrica ofrece la siguiente tarifa mensual, pensada para empresas que tienen que consumir mucha energía.

- Los primeros 200 kWh consumidos se cobran a 0,25 €/kWh.
- A partir de ahí, el precio es de 0,10 €/kWh.

Escribe la función que determina el precio en función del consumo, represéntala y estudia su continuidad.

## Periodicidad

Una función es **periódica** si sus valores se repiten cada cierto intervalo de la variable independiente. La longitud de dicho intervalo se llama **período**, y se representa por $T$.

$$f(x) = f(x + T)$$

### Ejemplo

La gráfica muestra la altura que alcanza la cabina de una noria en función del tiempo.

Podemos observar que:

- $f(1) = f(3) = f(5)$
- $f(0{,}5) = f(2{,}5) = f(4{,}5)$

Es decir, cada dos unidades de tiempo se repite el mismo valor de la altura.

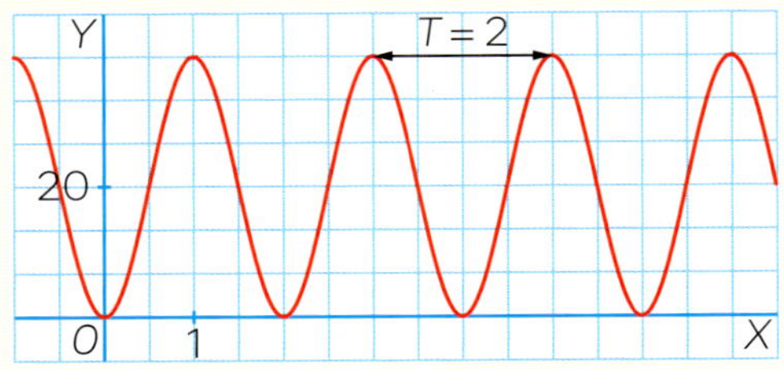


**20** Completa la gráfica hasta $x = 20$ si se sabe que su período es $T = 6$.

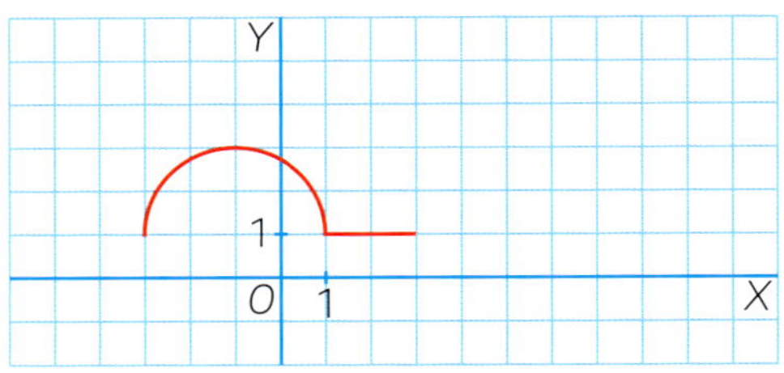


**21** Observa la gráfica de la siguiente función y contesta a las cuestiones.

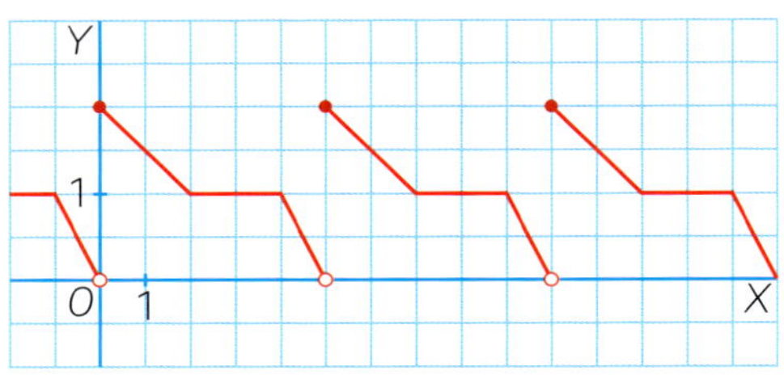


a. ¿Es periódica?

b. En caso afirmativo, ¿cuál es el período de la función?

c. Calcula $f(23)$, $f(-7)$ y $f(1342)$.

**22** La siguiente gráfica corresponde a una función periódica de período $T = 6$.

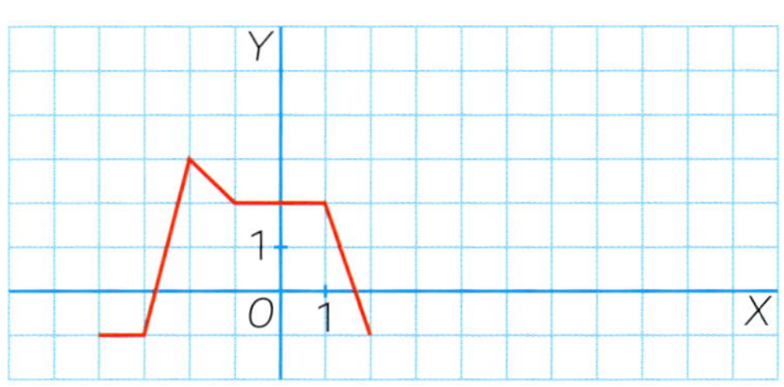


a. Representa otros dos períodos de la gráfica de la función.

b. ¿Cuál es el recorrido de la función?

c. Halla $f(1)$, $f(-2)$, $f(0)$, $f(27)$ y $f(-31)$.

d. ¿En qué puntos del intervalo [60, 70] el valor de la función es $y = -1$?

## Simetría

Una **función par** es una función que, para cualquier $x$ de su dominio, cumple $f(-x) = f(x)$.
Su gráfica es **simétrica respecto del eje de ordenadas**.
Una **función impar** es una función que, para cualquier $x$ de su dominio cumple $f(-x) = -f(x)$.
Su gráfica es **simétrica respecto del origen de coordenadas**.

### Ejemplos

En la siguiente gráfica observamos que $f(-1) = f(1)$, $f(-2) = f(2)$, ..., $f(-x) = f(x)$

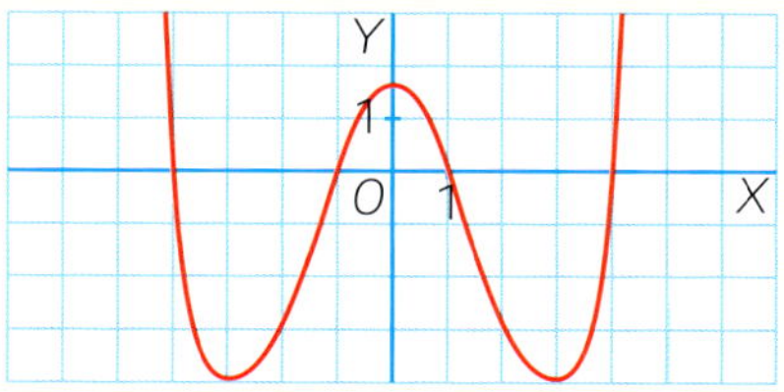


La función es par y su gráfica es simétrica respecto del eje *OY*.

En la siguiente gráfica observamos que $f(-1) = -f(1)$, $f(-2) = -f(2)$, ..., $f(-x) = -f(x)$

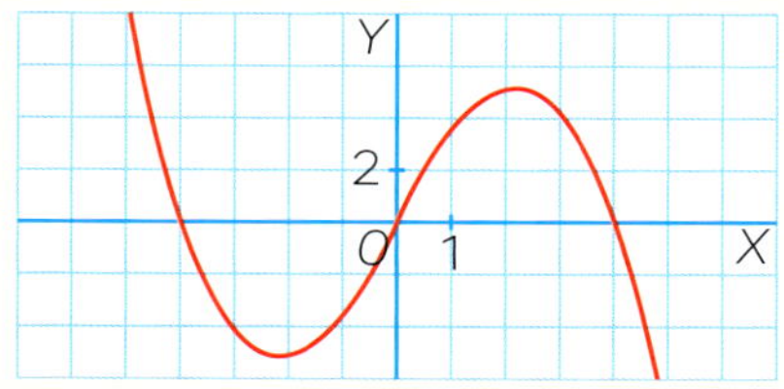


La función es impar y su gráfica es simétrica respecto del origen de coordenadas.

**23** **Indica si las gráficas corresponden a funciones pares o impares.**

**a**

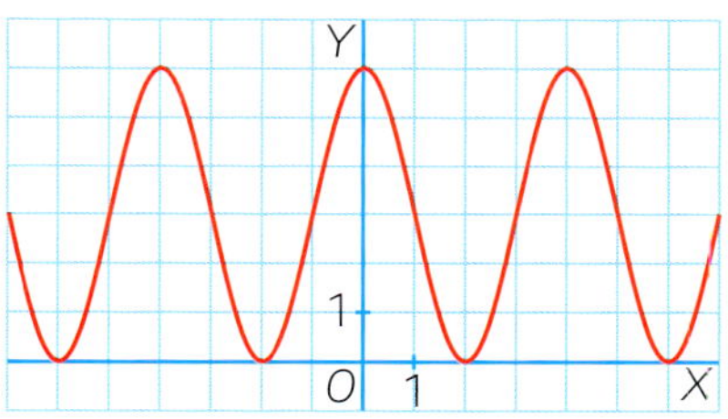


**b**

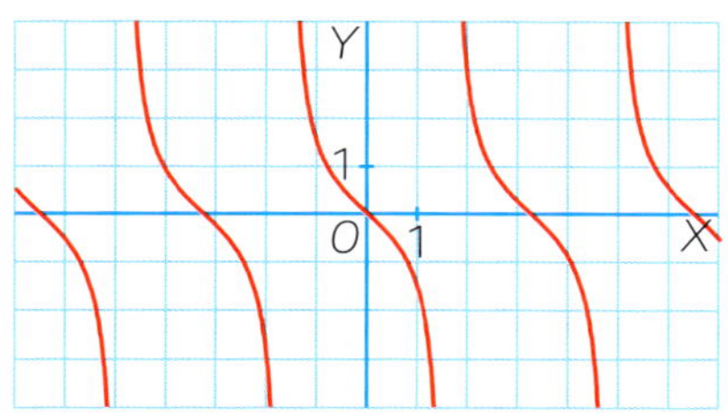


**24** **Completa las siguientes gráficas para que cada una de las funciones sea:**

**a** Par

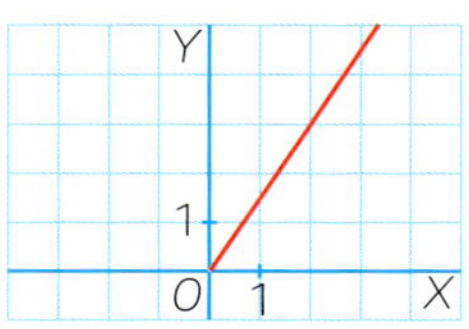


**b** Impar

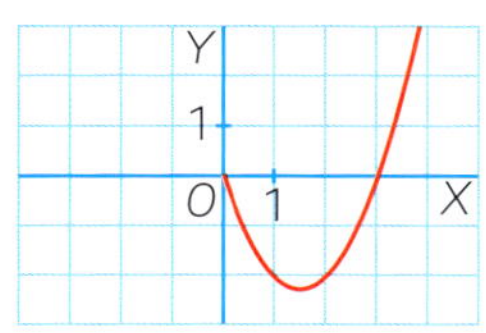


**25** **Actividad resuelta**

**Determina, sin representar las gráficas, si las funciones $f(x) = x^2 - 1$, $g(x) = x^5 + x$, $h(x) = x + 3$ son pares, impares o no son simétricas.**

- Para $f(x) = x^2 - 1$, tenemos que: $f(-x) = (-x)^2 - 1 = x^2 - 1 = f(x)$
  Es decir, $f(-x) = f(x)$, por tanto, $f$ es una función par.
- Para $g(x) = x^5 + x$, tenemos que: $g(-x) = (-x)^5 + (-x) = -x^5 - x = -(x^5 + x) = -g(x)$
  Es decir, $g(-x) = -g(x)$, por tanto, $g$ es una función impar.
- Para $h(x) = x + 3$, tenemos que: $h(-x) = -x + 3$
  La expresión no coincide ni con $h(x)$ ni con $-h(x)$, por tanto, $h$ no es simétrica.

**26** **Decide, sin representar las gráficas, si las funciones son pares, impares o no son simétricas.**

**a.** $f(x) = 3x^5 + 2x$ **b.** $g(x) = 2x^3 - 3x^2 - 4x$ **c.** $h(x) = x^2 + 2$

## Crecimiento y decrecimiento

Se llama **tasa de variación** de la función *f* en el intervalo [*a*, *b*] a la diferencia entre los valores que toma la función en *a* y en *b*:

$$TV\ f[a, b] = f(b) - f(a)$$

Una función es **creciente** si al aumentar los valores de la variable independiente, los valores de la variable dependiente aumentan o se mantienen.

En todos los intervalos [*a*, *b*] del dominio se cumple:

$$\boldsymbol{TV\ f[a, b] \geq 0}$$

**Ejemplo:**

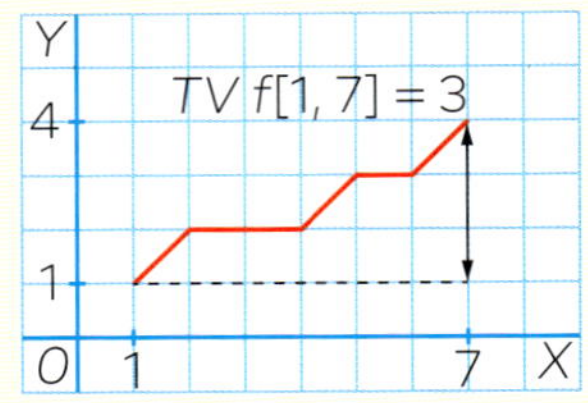


Una función es **decreciente** si al aumentar los valores de la variable independiente, los valores de la variable dependiente disminuyen o se mantienen.

En todos los intervalos [*a*, *b*] del dominio se cumple:

$$\boldsymbol{TV\ f[a, b] \leq 0}$$

**Ejemplo:**

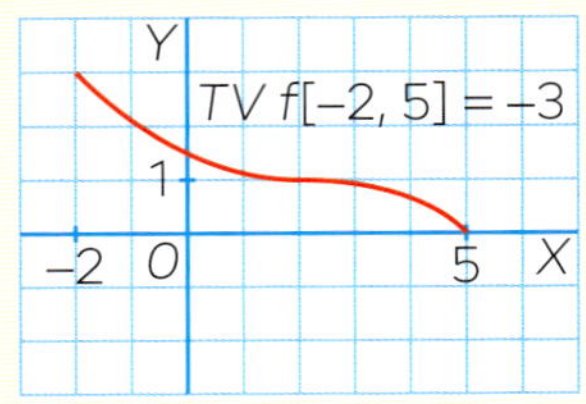


Una función es **constante** si al aumentar los valores de la variable independiente los valores de la variable dependiente no cambian.

En todos los intervalos [*a*, *b*] del dominio se cumple:

$$\boldsymbol{TV\ f[a, b] = 0}$$

**Ejemplo:**

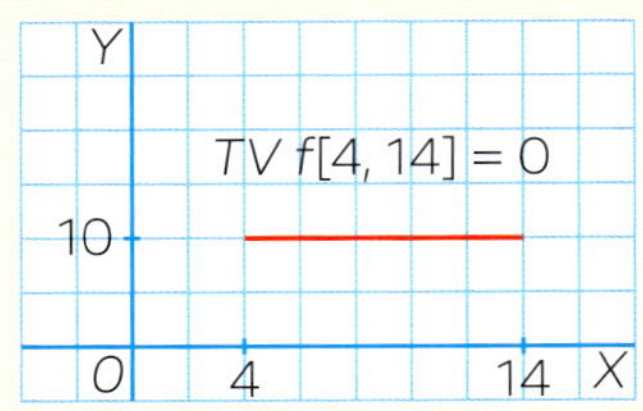


**27** El endocrino de Carlos está haciendo un seguimiento de su estatura, midiéndolo cada 15 días.

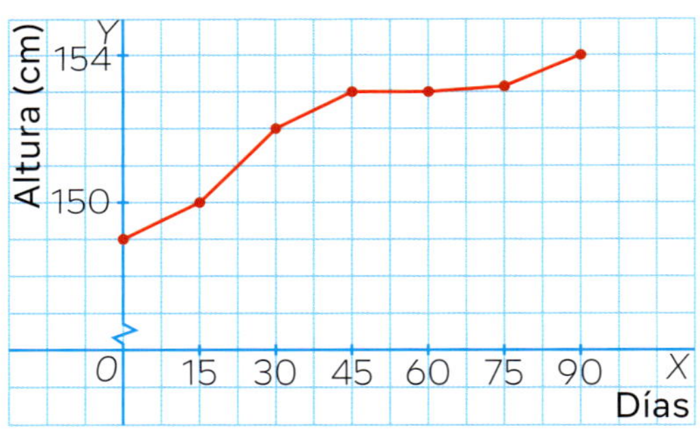


a. ¿La función es creciente o decreciente?

b. ¿Hay algún intervalo en que la altura se haya mantenido constante?

c. Utiliza las tasas de variación para calcular cuánto creció Carlos en los primeros 45 días y en el período completo de 90 días.

**28** ## Actividad resuelta

**Estudia los intervalos de crecimiento y decrecimiento de esta función:**

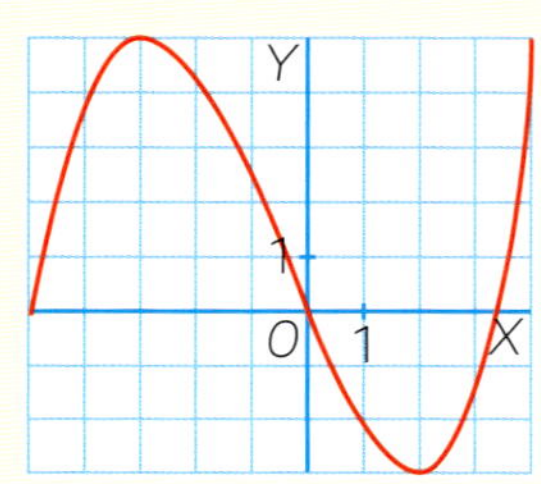


La función es decreciente entre $x = -3$ y $x = 2$, es decir, en el intervalo (−3, 2).

La función es creciente hasta $x = -3$, es decir, en $(-\infty, -3)$ y a partir de $x = 2$, es decir, en $(2, +\infty)$. Para expresar que es creciente en dos semirrectas utilizamos el símbolo de la unión de conjuntos ∪. Así, decimos que la función es creciente en $(-\infty, -3) \cup (2, +\infty)$.

**29** Estudia los intervalos de crecimiento y decrecimiento de estas funciones.

**a**

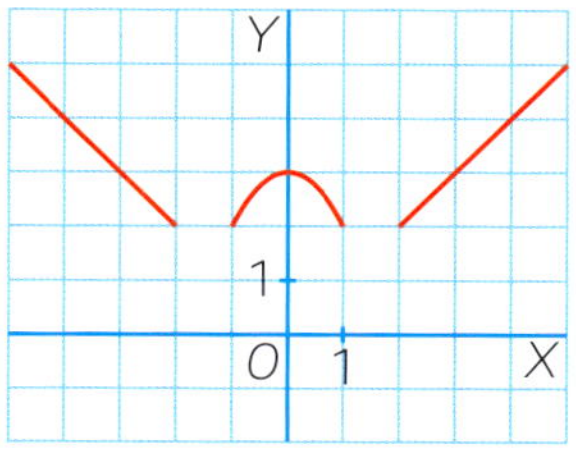


**b**

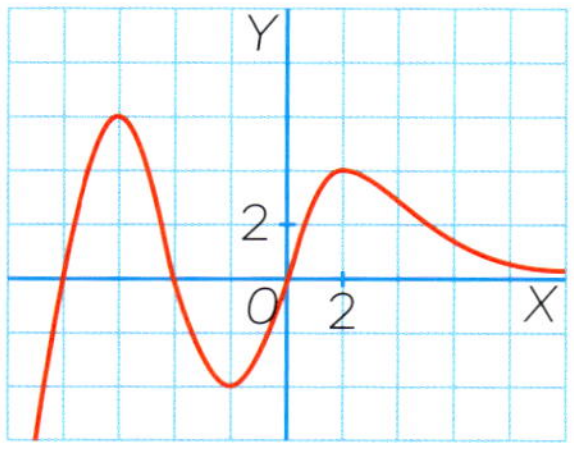


## Máximos y mínimos

Una función tiene un **máximo relativo** en $x = a$ si en ese valor la función cambia de creciente a decreciente. Si además $f(a)$ es el mayor valor que toma la función, decimos que la función tiene un **máximo absoluto** en $x = a$.

Una función tiene un **mínimo relativo** en $x = a$ si en ese valor la función cambia de decreciente a creciente. Si además $f(a)$ es el menor valor que toma la función, se dice que tiene un **mínimo absoluto** en $x = a$.

### Ejemplo

- La función de la gráfica es creciente en $(10, 50) \cup (80, +\infty)$ y decreciente en $(0, 10) \cup (50, 80)$.
- Tiene un máximo en $x = 50$, porque cambia de creciente a decreciente. Es un máximo relativo porque el valor de la función en ese punto no es el más alto del dominio.
- Tiene mínimos en $x = 10$ y $x = 80$ porque la función cambia de decreciente a creciente. El mínimo en $x = 10$ es relativo, y el mínimo en $x = 80$ es absoluto, porque en $x = 80$ la función toma el valor más bajo del dominio.

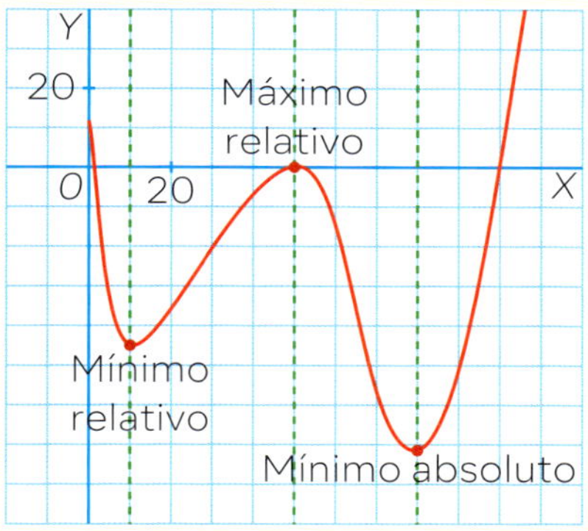


**30** Indica los intervalos de crecimiento y decrecimiento y las coordenadas de los máximos y mínimos absolutos y relativos de las siguientes funciones.

**a**

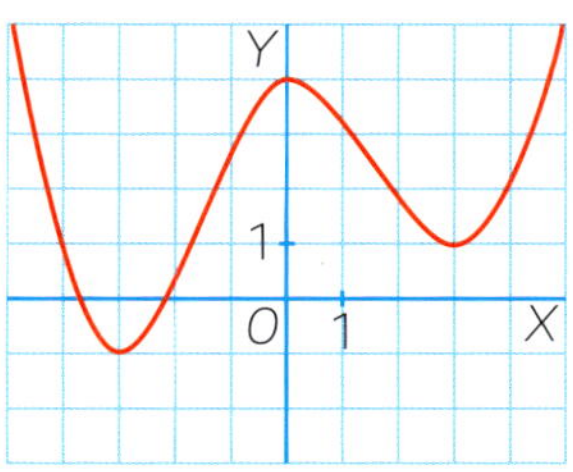


**b**

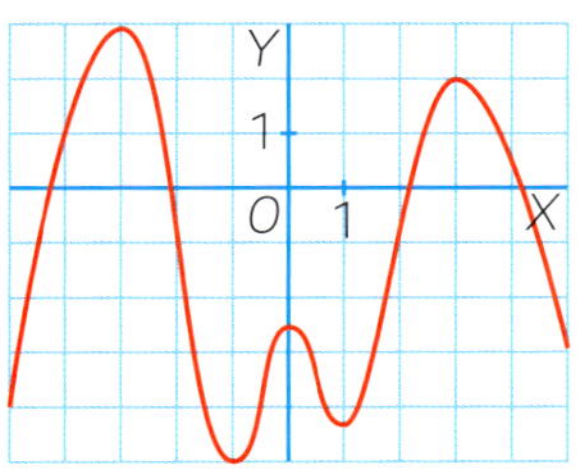


**31** La tabla muestra el precio medio anual de la electricidad en el mercado mayorista entre 2015 y 2021 (Fuente: OMIE).

| Año | 2015 | 2016 | 2017 | 2018 | 2019 | 2020 | 2021 |
|---|---|---|---|---|---|---|---|
| Precio (€/MWh) | 50 | 40 | 52 | 57 | 48 | 34 | 69 |

**a.** Representa gráficamente los datos.

**b.** Expresa mediante intervalos entre qué años el precio aumentó o disminuyó.

**c.** ¿Cuándo subió más, entre el 2014 y el 2015 o entre el 2020 y el 2021? Calcula las tasas de variación.

**d.** Localiza los máximos y mínimos de la gráfica.

¿Qué te ha aportado esta actividad?

# 3 ¿Qué funciones se representan gráficamente como rectas?

## Funciones Lineales

Una **función lineal** es una función de la forma $y = mx + n$. Su representación gráfica es una recta de **pendiente** $m$ y **ordenada en el origen** $n$.

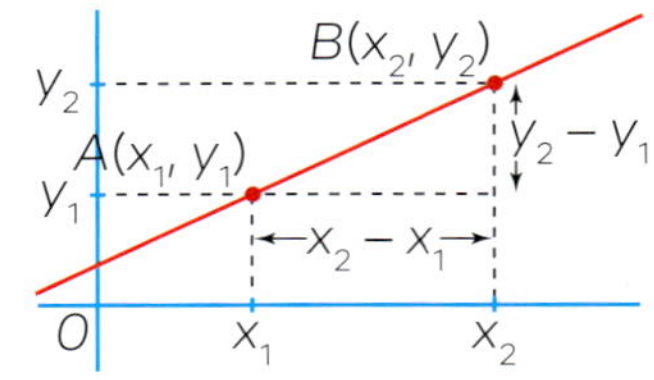


- La **pendiente** de una recta es una medida de su inclinación. Dados dos puntos de la recta $A(x_1, y_1)$ y $B(x_2, y_2)$, su pendiente es el cociente:

$$m = \frac{y_2 - y_1}{x_2 - x_1}$$

- El signo de la pendiente determina el crecimiento o decrecimiento.

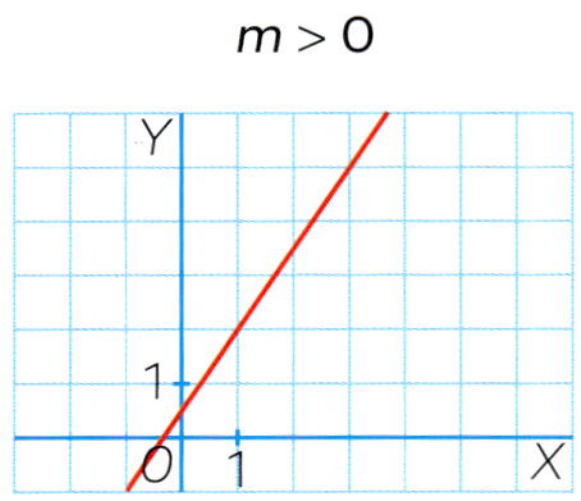


Función **creciente**

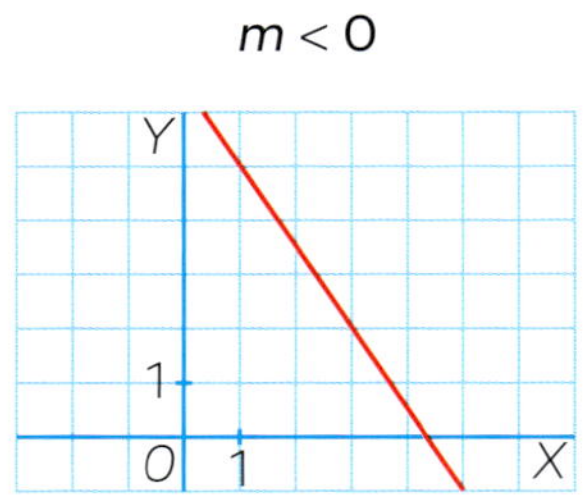


Función **decreciente**

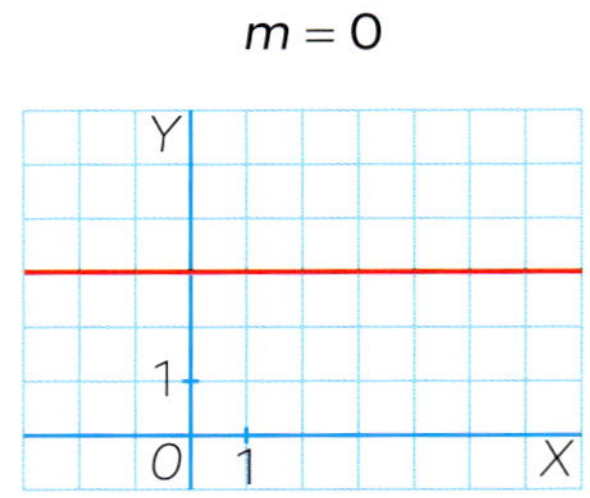


Función **constante**

- La **ordenada en el origen** indica que la recta corta al eje Y en el punto $(0, n)$.
- La función lineal $y = mx$ se llama **función de proporcionalidad directa**. La pendiente es la constante de proporcionalidad y la ordenada en el origen es 0, por lo que la recta pasa por el origen.

### Ejemplo

La función $y = -\frac{3}{2}x + 2$ es una función lineal.

- Su pendiente es $m = -\frac{3}{2}$. Como es negativa, la recta es decreciente, como podemos observar en la gráfica. También vemos el significado gráfico del cociente $m = \frac{y_2 - y_1}{x_2 - x_1}$.
- La ordenada en el origen es $n = 2$, vemos en la gráfica que la recta corta al eje Y en (0, 2).

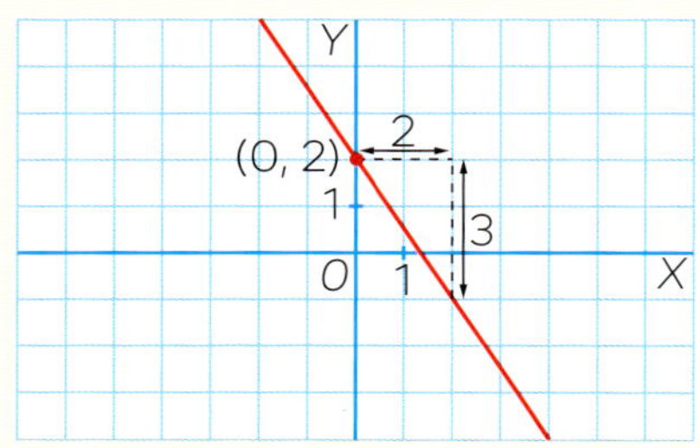


**32** Comprueba que la función $f(x) = 2(x + 3) - 5(x + 1)$ es lineal. Indica su pendiente y su ordenada en el origen y represéntala gráficamente.

**33** Busca la fórmula de las funciones lineales dadas por las siguientes tablas. ¿Cuáles son de proporcionalidad directa?

**a.**

| $x$ | −4 | 0 | 4 | 8 |
|---|---|---|---|---|
| $f(x)$ | −1 | 0 | 1 | 2 |

**b.**

| $x$ | −4 | 0 | 4 | 8 |
|---|---|---|---|---|
| $f(x)$ | 14 | 10 | 6 | 2 |

**c.**

| $x$ | −4 | 0 | 4 | 8 |
|---|---|---|---|---|
| $f(x)$ | 6 | 6 | 6 | 6 |

**d.**

| $x$ | −4 | 0 | 4 | 8 |
|---|---|---|---|---|
| $f(x)$ | −3 | 5 | 13 | 21 |

## 34 Actividad resuelta

**Calcula la pendiente de la recta que pasa por los puntos $A(1, 2)$ y $B(5, -1)$ e indica si es creciente o decreciente.**

Aplicamos la fórmula, tomando como $x_1$ e $y_1$ las coordenadas de $A$, y como $x_2$ e $y_2$ las de $B$.

$$m = \frac{y_2 - y_1}{x_2 - x_1} = \frac{-1-2}{5-1} = -\frac{3}{4} < 0$$

Como la pendiente es negativa, la recta es decreciente.

**35** Calcula la pendiente de la recta que pasa por los puntos $A(-1, 2)$ y $B(7, 3)$ e indica si es creciente o decreciente.

**36** Representa la recta que pasa por los puntos $A(1, 4)$ y $B(3, 0)$. ¿Cuál es su pendiente? ¿Es creciente?

**37** Jorge está entrenando los 200 metros libres de natación y ha recogido sus tiempos en la tabla.

| Tiempo (s) | 0 | 15 | 30 | 45 | 60 | 75 |
|---|---|---|---|---|---|---|
| Espacio recorrido (m) | 0 | 25 | 50 | 75 | 100 | 125 |

Expresa el espacio recorrido en función del tiempo. ¿Es una función lineal? ¿De qué tipo?

## 38 Actividad resuelta

**Una sala de cine ofrece un abono anual de 50 €. Con este abono, la entrada cuesta 5 €, mientras que sin estar abonado cuesta 9 €. ¿Cuántas veces hay que ir al cine en un año para que compense estar abonado?**

El gasto en un año en función del número de veces $x$ que vamos al cine es:

- Con abono: $y = 5x + 50$
- Sin abono: $y = 9x$

En la gráfica, vemos que a partir de un determinado valor de $x$ es más rentable estar abonado. Este valor es el punto de corte de las rectas, es decir, la solución del sistema de ecuaciones.

$$\begin{cases} y = 5x + 50 \\ y = 9x \end{cases} \Rightarrow 5x + 50 = 9x \Rightarrow 50 = 4x \Rightarrow x = \frac{50}{4} = 12{,}5$$

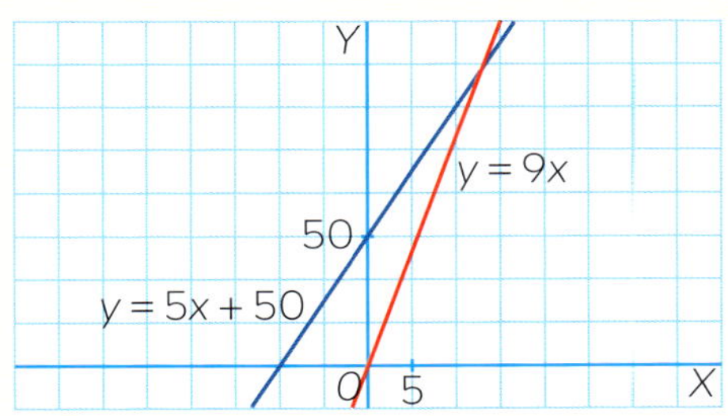


Si vamos al cine 13 o más veces al año sale más barato estar abonado.

**39** Julián va a hacer una reforma en su casa y considera las siguientes empresas.

Representa las funciones que permiten calcular el precio según las horas trabajadas. ¿Qué tiene que tener en cuenta Julián para elegir la empresa?

**40** MAT-TIC Compara tarifas lineales con los interactivos de GeoGebra *Compañías telefónicas*.

# 4 ¿Y si aprendemos distintas formas de expresar la ecuación de una recta?

## Ecuaciones de la recta

41 Inés tiene que ir de su casa al colegio pasando por el parque. Representa la trayectoria en una cuadrícula y dice que se describe con la ecuación $x - 3y + 3 = 0$. ¿Está en lo cierto?

Pista: Comprueba si las coordenadas de los puntos *A*, *B* y *C* verifican la ecuación.

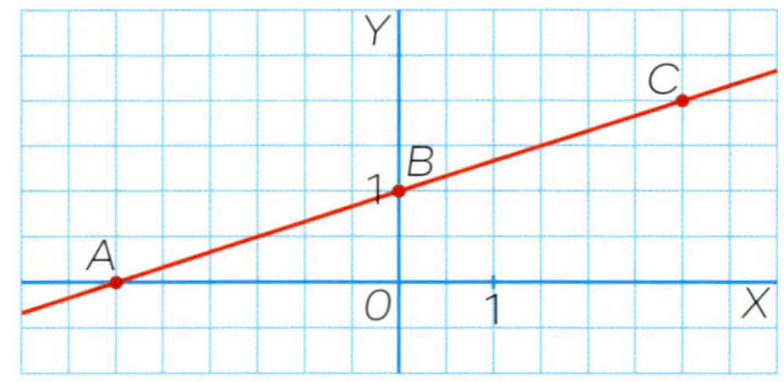


Una **ecuación de la recta** es una ecuación que cumplen las coordenadas *x* e *y* de todos los puntos de la recta.

### Ejemplo

Para comprobar si los puntos $A(-100, -199)$ y $B(2, 3)$ pertenecen a la recta $y = 2x + 1$, sustituimos las coordenadas de *A* y *B* en la ecuación y vemos si la verifican.

- $2 \cdot (-100) + 1 = -199 \Rightarrow$ El punto *A* pertenece a la recta.
- $2 \cdot 2 + 1 = 5 \neq 3 \Rightarrow$ El punto *B* no pertenece a la recta.

Para hallar un punto de la recta damos un valor cualquiera a *x* y lo sustituimos en la ecuación para hallar *y*.

- Si $x = 7 \Rightarrow y = 2 \cdot 7 + 1 = 15 \Rightarrow$ El punto (7, 15) pertenece a la recta.

42 Comprueba si los puntos $A(8, 3)$ y $B(-1, -5)$ pertenecen a la recta $y = 3x - 2$.

43 Halla tres puntos que pertenezcan a la recta $y = \frac{3}{2}x + 1$.

44 MAT-TIC Busca la ecuación de la recta variando la pendiente y la ordenada en el origen con el interactivo de GeoGebra *Analiza la ecuación de la recta.*

La **ecuación de una recta** puede escribirse de varias formas:

- **Ecuación explícita.** La ecuación explícita de la recta de pendiente *m* y ordenada en el origen *n* es:

$$y = mx + n$$

- **Ecuación de la recta que pasa por dos puntos.** La ecuación de la recta que pasa por los puntos $A(x_1, y_1)$ y $B(x_2, y_2)$ es:

$$\frac{y - y_1}{y_2 - y_1} = \frac{x - x_1}{x_2 - x_1}$$

- **Ecuación punto-pendiente.** La ecuación punto-pendiente de la recta que pasa por el punto $A(x_1, y_1)$ y tiene pendiente *m* es:

$$y - y_1 = m(x - x_1)$$

- **Ecuación general o implícita.** Es la ecuación de la recta escrita de la siguiente forma:

$$ax + by + c = 0$$

## 45 Actividad resuelta

**Escribe la ecuación general de las siguientes rectas.**

**a.** **Recta de pendiente $m=\frac{1}{2}$ y ordenada en el origen $n=-1$.**

**b.** **Recta que pasa por los puntos $A(2, -3)$ y $B(1, 5)$.**

**c.** **Recta de pendiente $m=-2$ que pasa por el punto $A(7, -4)$.**

**a.** Con la pendiente y la ordenada en el origen podemos escribir la ecuación explícita. Después quitamos denominadores, pasamos todo al primer miembro y reordenamos.

$$m=\frac{1}{2}, n=-1 \Rightarrow y=\frac{1}{2}x-1 \Rightarrow 2y=x-2 \Rightarrow x-2y-2=0$$

**b.** Podemos usar la ecuación de la recta que pasa por dos puntos. Después quitamos denominadores, pasamos al primer miembro y reordenamos.

$$\frac{y-(-3)}{5-(-3)}=\frac{x-2}{1-2} \Rightarrow \frac{y+3}{8}=\frac{x-2}{-1} \Rightarrow -y-3=8x-16 \Rightarrow 8x+y-13=0$$

**c.** Usamos la ecuación punto-pendiente, quitamos paréntesis y operamos.

$$y-(-4)=-2(x-7) \Rightarrow y+4=-2x+14 \Rightarrow 2x+y-10=0$$

**46** **En cada caso, escribe una ecuación de la recta que te resulte sencilla y después opera para obtener la ecuación general.**

**a.** Recta que pasa por los puntos $A(-1, -1)$ y $B(2, 3)$.

**b.** Recta que pasa por el punto $A(1, 5)$ y tiene pendiente $m=2$.

**c.** Recta que pasa por el punto $A\left(0, \frac{1}{6}\right)$ y tiene pendiente $m=\frac{1}{3}$.

## 47 Actividad resuelta

**Obtén la pendiente y la ordenada en el origen de la recta $\frac{y-3}{2}=\frac{x+1}{5}$.**

Operamos hasta despejar la variable $y$ para obtener la ecuación explícita .

$$\frac{y-3}{2}=\frac{x+1}{5} \Rightarrow 5y-15=2x+2 \Rightarrow 5y=2x+17 \Rightarrow y=\frac{2x+17}{5} \Rightarrow y=\frac{2}{5}x+\frac{17}{5}$$

Por tanto, la pendiente de la recta es $m=\frac{2}{5}$ y la ordenada en el origen es $n=\frac{17}{5}$.

**48** **Obtén la pendiente y la ordenada en el origen de las siguientes rectas.**

**a.** $\frac{y+1}{4}=\frac{x-2}{3}$ **b.** $3x+2y-3=0$ **c.** $y-3=5(x-4)$

**49** **Obtén la ecuación general de la recta que pasa por los puntos dados.**

**a.** $A(3, 0)$ y $B(0, 3)$ **b.** $A(2, -1)$ y $B(5, 2)$

**50** **Halla la ecuación general de las rectas que tienen la pendiente y pasan por el punto que se indica en cada apartado.**

**a.** $m=3$, $A(1, 7)$ **b.** $m=-3$, $B(0, 2)$

**51** **¿Cuál es la pendiente de la recta que tiene ordenada en el origen $n=-1$ y que pasa por el punto $A(2, 0)$?**

## Posiciones relativas de las rectas

**52** MAT-TIC Practica con el GeoGebra *Posiciones relativas de dos rectas.*

Dos rectas son **paralelas** si tienen la misma pendiente. En caso contrario son **secantes** y se cortan en un punto.

**53** **Actividad resuelta**

**Estudia las posiciones relativas de los siguientes pares de rectas.**

**a.** $\begin{cases} r: 5x+y-3=0 \\ s: 10x+2y=0 \end{cases}$ **b.** $\begin{cases} r: 2x+y-3=0 \\ s: y=x-6 \end{cases}$

**a.** $\begin{cases} r: 5x+y-3=0 \Rightarrow y=-5x+3 \Rightarrow m_r=-5 \\ s: 10x+2y=0 \Rightarrow y=-5x \Rightarrow m_s=-5 \end{cases}$

Como las pendientes son iguales, las rectas son paralelas.

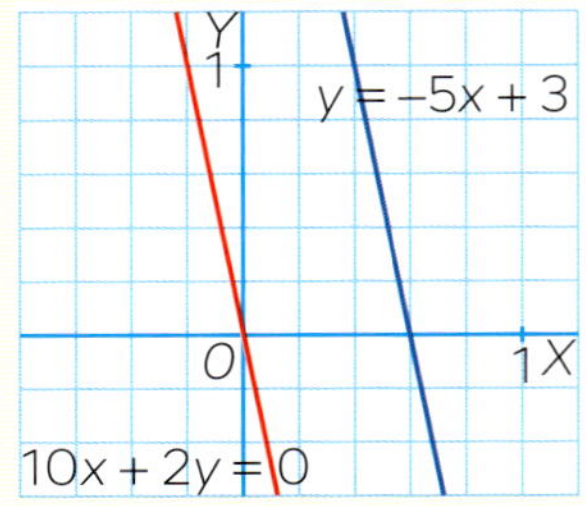


**b.** $\begin{cases} r: 2x+y-3=0 \Rightarrow y=-2x+3 \Rightarrow m_r=-2 \\ s: y=x-6 \Rightarrow m_s=1 \end{cases}$

Como las pendientes son distintas, las rectas son secantes.

El punto de corte es la solución del sistema:

$-2x+3=x-6 \Rightarrow x=3 \Rightarrow y=-3$

Las rectas se cortan en el punto (3, –3).

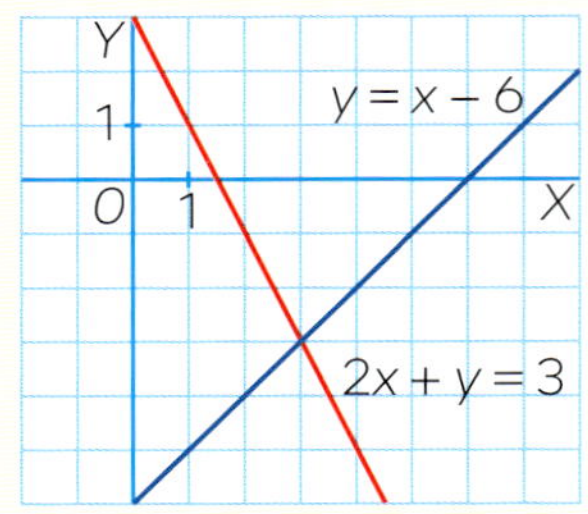


**54** **Indica si las rectas son paralelas o secantes, y en caso de ser secantes, halla el punto donde se cortan.**

**a.** $\begin{cases} r: -x+y=3 \\ s: 3x+2y=-4 \end{cases}$ **b.** $\begin{cases} r: 2x+y=5 \\ s: -6x-3y=9 \end{cases}$ **c.** $\begin{cases} r: -3x+6y=4 \\ s: 2x-4y=7 \end{cases}$ **d.** $\begin{cases} r: x+2y+1=0 \\ s: -4y=8 \end{cases}$

**55** **Actividad resuelta**

**Halla la ecuación general de la recta paralela a la recta $r$: $3x - y + 5 = 0$ que pasa por el punto $A(1, 7)$.**

Escribimos $r$ en forma explícita para obtener su pendiente: $y = 3x + 5 \Rightarrow m_r = 3$

La recta que buscamos es paralela a $r$, por lo que también tiene pendiente 3. Su ecuación explícita será de la forma: $y = 3x + n$

Para calcular $n$ sustituimos las coordenadas de $A$ en la ecuación: $7 = 3 \cdot 1 + n \Rightarrow n = 4$

La recta buscada es $y = 3x + 4$. La escribimos en forma general: $3x - y + 4 = 0$.

**56** **Halla las siguientes ecuaciones de rectas.**

**a.** Recta paralela a $r$: $x - 2y - 7 = 0$ que pasa por el punto $A(2, -3)$.

**b.** Recta paralela a $s$: $y + 3 = 0$ que pasa por el punto $B(-1, 0)$.

**57** **Dadas las rectas $r: y=\frac{1}{2}x+2$ , $s$: $y = -2x + 17$, $t$: $3x + 8y - 16 = 0$, halla la ecuación de la recta que pasa por el punto de corte de $r$ y $s$, y es paralela a $t$.**

**58** **Calcula $k$ para que se cumplan las condiciones indicadas.**

**a.** Que las rectas $r$: $2x - y + 1 = 0$ y $s$: $x + ky - 5 = 0$ sean paralelas.

**b.** Que las rectas $r$: $-x + 5y + 3 = 0$ y $s$: $kx + 2y - 5 = 0$ sean secantes.

# 5 ¿Y si la función es un polinomio de segundo grado?

## Funciones cuadráticas

**59** MAT-TIC **Comienza a familiarizarte con las funciones cuadráticas con el GeoGebra *Trabaja con los coeficientes de la función cuadrática.***

a. ¿Cómo se llama la curva?

b. ¿Tiene máximos o mínimos?

c. ¿Qué ocurre al modificar el deslizador $a$?

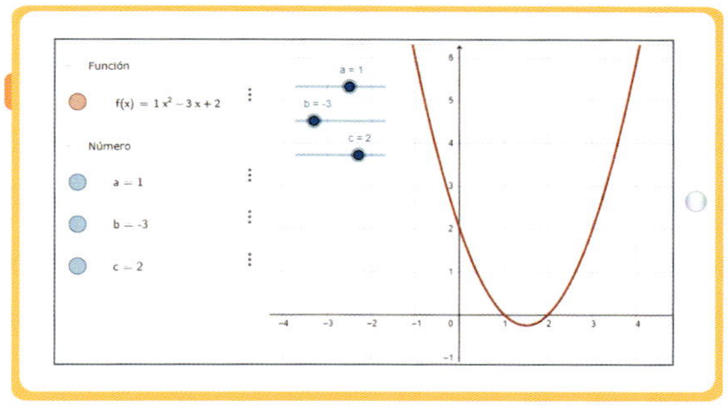


Las **funciones cuadráticas** son funciones de la forma $f(x) = ax^2 + bx + c$, donde los coeficientes $a$, $b$, y $c$ son números reales y $a \neq 0$.

- La gráfica de una función cuadrática es una curva que se llama **parábola**.
- Tienen siempre un máximo o un mínimo absoluto llamado **vértice** de la parábola.
- El **eje de simetría** de la parábola es la recta vertical que pasa por el vértice.
- Tienen **un único punto de corte con el eje de ordenadas**.
- Pueden tener **ninguno, uno o dos puntos de corte con el eje de abscisas**.

### Ejemplo

Las funciones $f(x) = x^2 - 6x + 11$ y $g(x) = -x^2 + 8x - 2$ son funciones cuadráticas. Al representar gráficamente estas funciones obtenemos las siguientes parábolas.

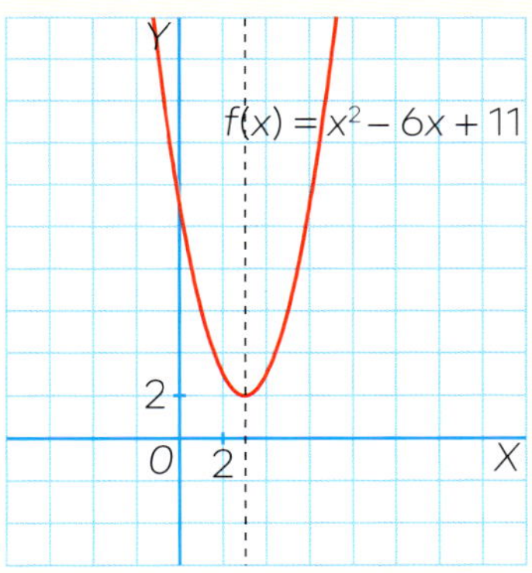


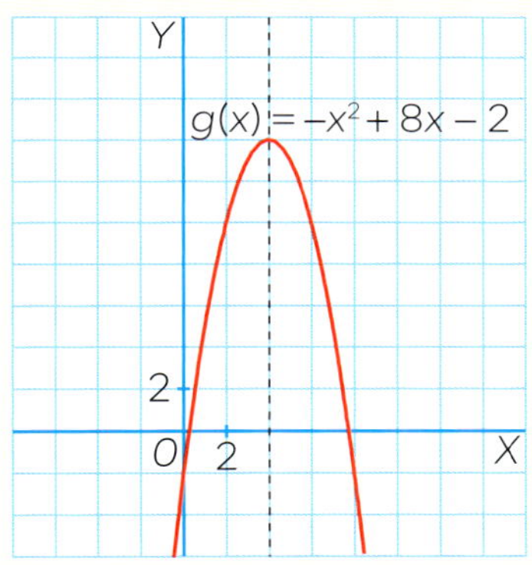


- La parábola se abre hacia arriba.
- Su vértice es un mínimo absoluto.
- Tiene un punto de corte con el eje $Y$.
- No tiene puntos de corte con el eje $X$.
- Es simétrica respecto a la recta vertical que pasa por su vértice.

- La parábola se abre hacia abajo.
- Su vértice es un máximo absoluto.
- Tiene un punto de corte con el eje $Y$.
- Tiene dos puntos de corte con el eje $X$.
- Es simétrica respecto a la recta vertical que pasa por su vértice.

**60** **Observa la gráfica y contesta a las cuestiones.**

a. ¿Corresponde a una función cuadrática? ¿Por qué?

b. ¿Su vértice es un máximo o un mínimo absoluto? ¿Observas algo especial en su posición?

c. ¿Cuántos puntos de corte con el eje de abscisas tiene?

d. ¿Qué relación existe entre la posición del vértice y el número de puntos de corte con el eje de abscisas?

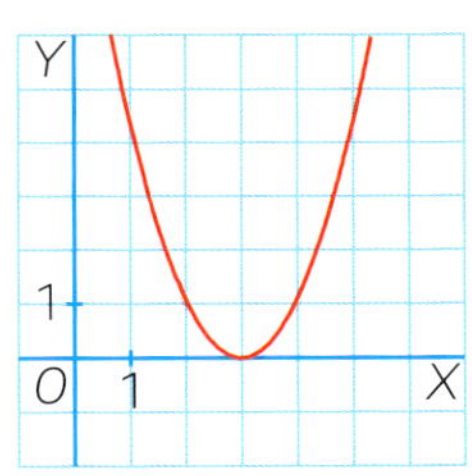

## 61 Actividad resuelta

**Observa la parábola y contesta a las preguntas.**

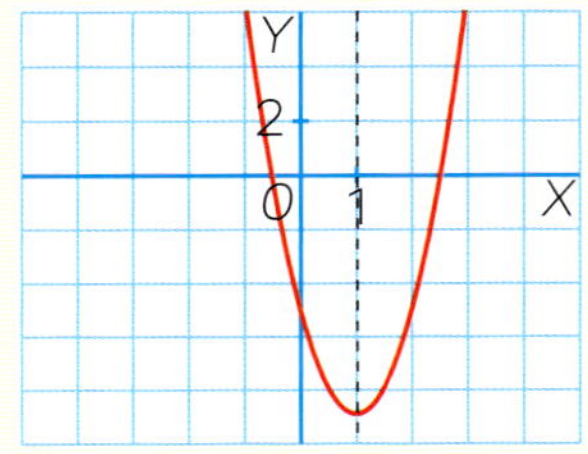


**a.** **¿Cuál es el vértice? ¿Es un máximo o un mínimo absoluto?**

**b.** **¿Corta al eje *X*? ¿En qué puntos?**

**c.** **¿Cuál es el punto de corte con el eje *Y*?**

**d.** **¿Cuál es la ecuación de su eje de simetría?**

**a.** El vértice es el punto (1, –9). Es un mínimo absoluto.

**b.** Tiene dos puntos de corte con el eje *X*: (–0,5; 0) y (2,5; 0)

**c.** El punto de corte con el eje *Y* es (0, –5).

**d.** La ecuación del eje de simetría es $x = 1$.

**62** Observa las gráficas y contesta a las preguntas para cada una de las funciones.

**a**

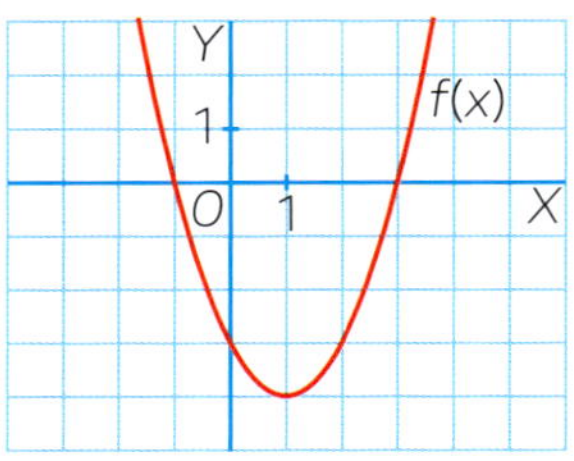


**b**

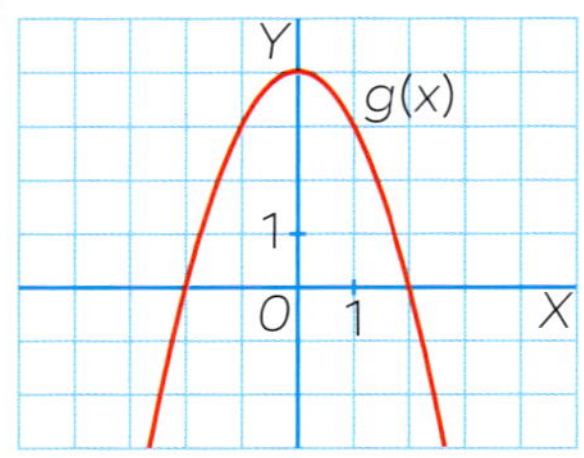


**a.** Escribe las coordenadas de los vértices. ¿Son máximos o mínimos absolutos?

**b.** ¿Tienen puntos de corte con el eje de abscisas? Indica sus coordenadas.

**c.** Indica las coordenadas del punto de corte con el eje de ordenadas.

**d.** Escribe la ecuación de los ejes de simetría.

## 63 Actividad resuelta

**Indica si los puntos $A(-1, 0)$ y $B(-2, 11)$ pertenecen a la gráfica de la función $f(x) = x^2 - 2x + 3$.**

Un punto pertenece a la gráfica de una función si sus coordenadas cumplen la ecuación de la función.

$A(-1, 0) \Rightarrow (-1)^2 - 2 \cdot (-1) + 3 = 6 \neq 0 \Rightarrow$ El punto *A* no pertenece a la parábola.

$B(-2, 11) \Rightarrow (-2)^2 - 2 \cdot (-2) + 3 = 11 \Rightarrow$ El punto *B* pertenece a la parábola.

**64** Indica si los puntos $A(-1, 0)$, $B(-2, 2)$ y $C(4, 20)$ pertenecen a estas parábolas.

**a.** $y = x^2 - 2x - 3$

**b.** $y = x^2 + 5x + 6$

**c.** $y = -x^2 + 7x + 8$

**d.** $y = x^2 + x$

## 65 Actividad resuelta

**Calcula *b* en la función $f(x) = x^2 + bx + 8$, si el punto $A(3, -2)$ pertenece a su gráfica.**

Las coordenadas de *A* deben cumplir la ecuación de la función.

$-2 = 3^2 + b \cdot 3 + 8 \Rightarrow -2 = 9 + 3b + 8 \Rightarrow 3b = -19 \Rightarrow b = -\dfrac{19}{3}$

La función es $f(x) = x^2 - \dfrac{19}{3}x + 8$.

**66** Calcula *c* en la función $f(x) = x^2 - 5x + c$, si el punto $A(-1, 7)$ pertenece a su gráfica.

## Estudio analítico de la parábola

El estudio analítico de la parábola permite determinar sus características principales y dibujar su gráfica.

- **Sentido de las ramas y carácter del vértice**. Depende del signo de $a$.
  - Si $a > 0$ las ramas se abren hacia arriba y el vértice es un mínimo absoluto.
  - Si $a < 0$, las ramas se abren hacia abajo y el vértice es un máximo absoluto.
- **Vértice**. El vértice de una parábola se encuentra en el punto cuya abscisa es la siguiente:

$$x = -\frac{b}{2a}$$

  Para hallar la ordenada se sustituye esta abscisa en la ecuación de la parábola.
- **Eje de simetría**. La ecuación del eje de simetría es la recta vertical que pasa por el vértice. Su ecuación es: $x = -\frac{b}{2a}$
- **Punto de corte con el eje Y**. Es el punto de abscisa 0. Sustituyendo $x = 0$ en la ecuación de la función $y = ax^2 + bx + c$, vemos que el punto de corte con el eje $Y$ es **(0, c)**.
- **Puntos de corte con el eje X**. Son los puntos con ordenada $y = 0$. Su abscisa se obtiene resolviendo la ecuación $ax^2 + bx + c = 0$. Dependiendo del signo del discriminante habrá dos, uno o ningún punto de corte.

### Ejemplo

Dada la parábola $y = 2x^2 - 6x + 4$ podemos hacer el estudio analítico a partir de los coeficientes y determinar lo siguiente.

- Como $a = 2 > 0$, la parábola tiene las ramas abiertas hacia arriba y el vértice es el mínimo absoluto de la función.
- Las coordenadas del vértice son:

$$x = -\frac{b}{2a} = -\frac{-6}{2 \cdot 2} = \frac{6}{4} = \frac{3}{2} \qquad y = f\left(\frac{3}{2}\right) = 2 \cdot \left(\frac{3}{2}\right)^2 - 6 \cdot \frac{3}{2} + 4 = \frac{9}{2} - 9 + 4 = -\frac{1}{2}$$

  Por tanto el vértice de la parábola es el punto $V\left(\frac{3}{2}, -\frac{1}{2}\right)$.
- La ecuación del eje de simetría es $x = \frac{3}{2}$.
- El punto de corte con el eje $Y$ es $A(0, 4)$.
- Para hallar los puntos de corte con el eje $X$ resolvemos la ecuación $y = 0$.

$$2x^2 - 6x + 4 = 0 \Rightarrow x^2 - 3x + 2 = 0 \Rightarrow x = \frac{-(-3) \pm \sqrt{(-3)^2 - 4 \cdot 1 \cdot 2}}{2 \cdot 1} = \frac{3 \pm \sqrt{1}}{2} = \begin{cases} x = 2 \\ x = 1 \end{cases}$$

  Hay dos puntos de corte con el eje $X$: $B(1, 0)$ y $C(2, 0)$.

Si es necesario podemos obtener más puntos dando valores a $x$ y sustituyendo en la fórmula para calcular el correspondiente valor de $y$. Por cada punto conocido podemos dibujar también su simétrico. A partir de todos los datos obtenidos podemos dibujar la gráfica.

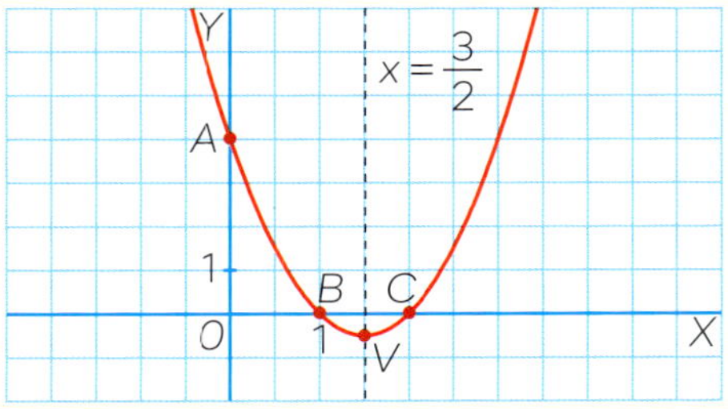


¿Qué sabías ya de las funciones cuadráticas y qué has aprendido nuevo?

**67** Indica el sentido de las ramas y si el vértice es un máximo o un mínimo absoluto.

a. $y = (4 - x)^2 - (2x + 1)^2$

b. $y = (5 - x)^2$

c. $y = (3 - x)(x + 1)$

d. $y = 9(x + 1)^2 - x^2$

**68** Calcula las coordenadas del vértice de estas parábolas.

a. $y = (x - 1)^2 - 1$

b. $y = x^2 + 4x + 1$

c. $y = x - x^2$

d. $y = 3x^2 - 18x$

**69** Calcula el vértice y el eje de simetría de las siguientes parábolas. ¿El vértice es un máximo o un mínimo?

a. $y = x^2 - 2x + 3$

b. $y = x^2 - 5x + 4$

c. $y = x^2 + 6x + 1$

d. $y = x^2 + x$

**70** ## Actividad resuelta

**El eje de simetría de una parábola es $x = 1$. Si sabemos que pasa por el punto $P(-2, 2)$, ¿por qué otro punto pasa?**

La parábola pasa también por el punto simétrico de $P$ respecto de la recta $x = 1$. Este punto es el que está a la misma distancia de dicha recta que $P$ y también a la misma distancia del eje $X$, es decir, que tiene la misma ordenada: el punto $P'(4, 2)$.

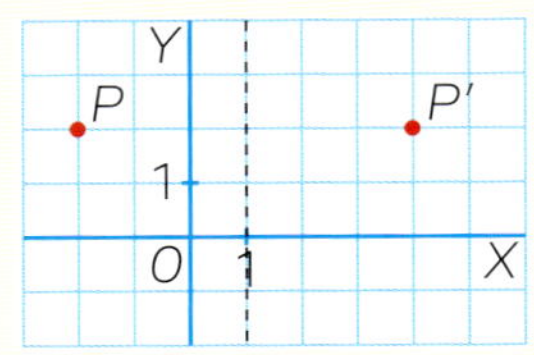


**71** El eje de simetría de una parábola es $x = 2$. Si el punto $(0, 5)$ pertenece a la parábola, halla su simétrico.

**72** La gráfica de una función cuadrática pasa por los puntos $(-1, 3)$ y $(-5, 3)$. ¿Cuál es su eje de simetría?

**73** Calcula los puntos de corte con los ejes de las siguientes parábolas.

a. $y = 2(x - 1)^2 + 5$

b. $y = x^2 - 20x + 21$

c. $y = x^2 - 4x$

d. $y = -x^2 + 6x$

**74** Observa estas parábolas y contesta a las cuestiones sobre cada una de ellas.

a

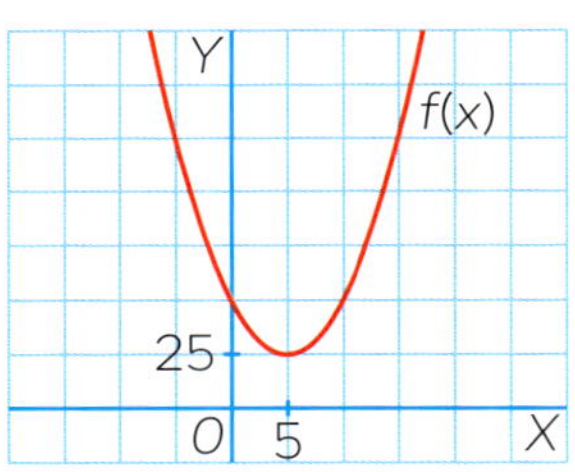


b

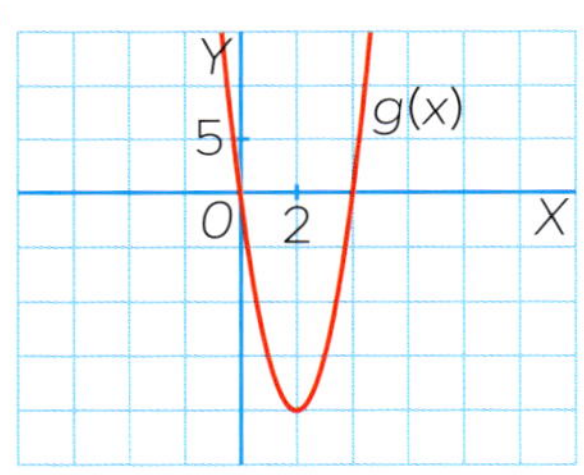


a. ¿Qué puedes decir del coeficiente $a$?

b. ¿Puedes escribir una relación entre los coeficientes $a$ y $b$?

c. ¿Qué puedes decir del valor del discriminante $\Delta = b^2 - 4ac$?

d. ¿Cuánto vale el coeficiente $c$?

**75** Realiza el estudio analítico y representa las parábolas siguientes.

a. $y = x^2 + 2x$

b. $y = x^2 - 6x + 5$

c. $y = x^2 - 2x + 6$

d. $y = x^2 - 4x + 4$

e. $y = x^2 - 4x + 3$

f. $y = x^2 + 6x + 10$

g. $y = x^2 - 5x + 6$

h. $y = x^2 - 6x + 10$

i. $y = 2x^2 - 10x$

j. $y = x^2 - 16$

76 Para evitar accidentes de tráfico es muy importante mantener la distancia de seguridad con el vehículo que nos precede. La distancia mínima de seguridad depende de la velocidad según esta sencilla función cuadrática:

$$d = \frac{v^2}{100} \text{ (} d \text{ en metros, } v \text{ en km/h)}$$

Dibuja con precisión dicha función, eligiendo bien las escalas de los ejes, para que podamos interpretarla bien.

77 ¿Te has fijado alguna vez en cómo es el suelo de grandes plazas o explanadas de césped? Seguramente dirás que es plano, pero no es así, tienen forma de parábola, con una curvatura apenas perceptible, pero suficiente para que el agua de la lluvia fluya hacia los laterales y pueda canalizarse.

El perfil de la plaza nueva de mi localidad está diseñado con esta función:

$$f(x) = \frac{1,25 - 0,000\,125(x-100)^2}{12,5}$$

a. Ayúdate de GeoGebra para dibujar su gráfica.

b. ¿Cuál es diferencia de altura entre el punto más elevado y el más bajo?

## 78 Actividad resuelta

**Una agricultora dispone de 400 m de alambre con los que quiere vallar una parcela rectangular, aprovechando que por uno de sus lados pasa un río.**

**¿Cuáles son las dimensiones de la parcela de mayor superficie?**

Si llamamos $x$ e $y$ a las dimensiones de la parcela, siendo $y$ la del lado paralelo al río, la longitud de alambre necesaria para vallarla es $2x + y$, por lo que tenemos:

$$2x + y = 400 \Rightarrow y = 400 - 2x$$

Por tanto, el área de la parcela es:

$$A = x \cdot y = x(400 - 2x) = -2x^2 + 400x$$

La expresión del área es una función cuadrática con $a < 0$, por tanto, su valor máximo lo toma en el vértice de la parábola:

$$x = -\frac{b}{2a} = -\frac{400}{2 \cdot (-2)} = 100$$

Calculamos $y$ sustituyendo en la expresión de la función:

$$y = 400 - 2x = 400 - 2 \cdot 100 = 200$$

Por tanto, la parcela de mayor área que se puede vallar con 400 m de alambre mide 100 x 200 m, y su área es:

$$A = 100 \cdot 200 = 20\,000 \text{ m}^2$$

79 ¿Cuáles son las dimensiones de una parcela rectangular de perímetro 80 m y área máxima?

80 Halla dos números cuya suma sea 20 tales que el cuadrado de uno más el doble del otro sea mínimo.

81 Se quiere estudiar el movimiento que describe un balón después de ser lanzado. La trayectoria viene dada por la expresión $y = -x^2 + 4x$, donde $x$ es el tiempo en segundos e $y$ es la altura del balón en metros.

**a.** ¿En qué momento alcanza el balón la altura máxima?

**b.** ¿Cuál es dicha altura?

82 Un fabricante estima que el coste en euros de fabricar $x$ unidades de uno de sus productos viene dado por la función $C(x) = x^2 - 2x + 500$.

**a.** ¿Cuántas unidades hay que fabricar para que el coste sea mínimo?

**b.** ¿Cuál es dicho coste?

83 Un invernadero visto de frente presenta la forma de la gráfica de la función $f(x) = 2x - \frac{1}{4}x^2$.

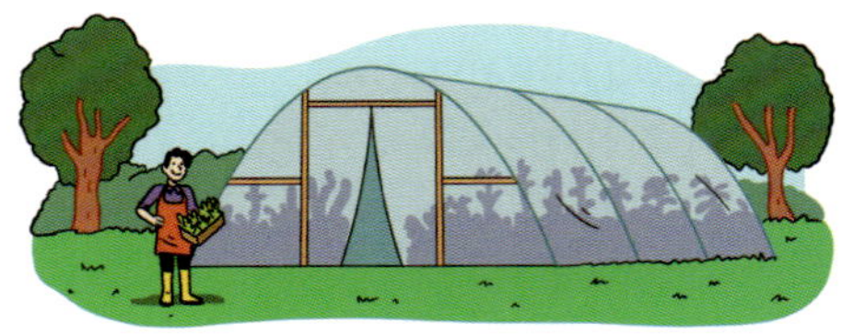

**a.** ¿A qué tipo de gráfica corresponde esa forma?

**b.** Calcula la altura máxima que puede tener el invernadero.

84 Durante el tiempo en que ha estado en marcha una empresa, los beneficios obtenidos (en miles de euros) a lo largo del tiempo $t$ (en años) vienen dados por la función $B(t) = -t^2 + 12t$.

**a.** Si la empresa cerró en cuanto dejó de tener beneficios, ¿cuántos años estuvo en funcionamiento?

**b.** ¿Cuándo obtuvo el máximo beneficio?

**c.** Representa gráficamente la función $B(t)$.

**d.** Describe cómo han cambiado los beneficios a lo largo del tiempo.

85 La ecuación del espacio recorrido por un móvil es $s(t) = 5 + 3t + 2t^2$.

**a.** ¿Qué longitud ha recorrido el móvil al cabo de 5 s de iniciar el movimiento?

**b.** ¿Cuál es la longitud recorrida durante el quinto segundo?

**c.** ¿Cuánto tiempo ha transcurrido cuando ha recorrido 157 m desde el inicio?

86 La energía cinética es la energía que posee un sistema debido a su movimiento. Se calcula mediante la fórmula $E_c = \frac{1}{2}mv^2$, donde la energía se expresa en julios, la masa en kilogramos y la velocidad en metros por segundo.

**a.** Dibuja la gráfica considerando un sistema de 1 kg de masa.

**b.** Indica fuentes de energía que se basen en convertir la energía cinética en electricidad.

87 **NOS REPARTIMOS EL TRABAJO.** Trabajando por parejas, investigad sobre las llamadas parábolas solares. Uno de vosotros se encargará de buscar información sobre la propiedad de los objetos parabólicos en la que se basa su funcionamiento, y otro, sobre sus aplicaciones. Después ponedlo en común y elaborad un breve informe.

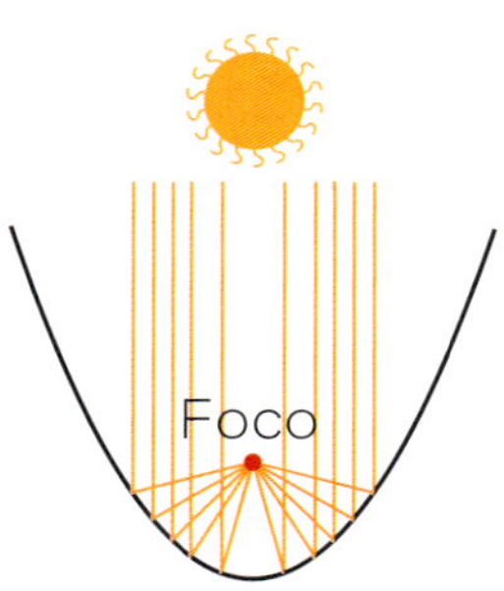

88 **Aprendo a pensar.** ¿Qué sabes ahora sobre funciones, después de tu aprendizaje? ¿Qué más te gustaría saber?

# NUESTRO RETO Tomando el sol

## Valora las conveniencia de una instalación de autoconsumo eléctrico

**Precio medio**

Tarifa: 0,20 €/kWh
en cualquier día
y a cualquier hora

**Electrízate**

Paneles solares de 400 W de potencia y 2 m² de superficie.

Precio de la instalación: 900 € /panel

Tarifa: 0,015 €/kWh

### Paso 1

**Analiza el caso de una vivienda unifamiliar**

Daniela vive en una vivienda unifamiliar. Ha estado leyendo sobre autoconsumo y se pregunta si será una buena alternativa. Junto a su familia está evaluando estas dos opciones.

- Si la media de consumo de los últimos tres años en casa de Daniela ha sido de 300 kWh al mes, ¿cuánto les costaría dicho consumo en la compañía *Precio medio*?
- Escribe una función que modelice el gasto en función del consumo con la compañía *Precio medio*.
- ¿Cuántos paneles solares de la compañía *Electrízate* necesitarían instalar para cubrir la misma potencia de 4 kW que ahora tienen contratada? ¿Qué superficie ocuparían?
- Escribe una función que modelice el gasto con la compañía *Electrízate* incluyendo el coste de la instalación.
- Representa gráficamente las dos funciones. ¿Cuánto tiempo haría falta para amortizar la inversión inicial de paneles solares si suponemos que el consumo se mantendrá estable?

### Paso 2

**Analiza el caso de un bloque de viviendas**

Alberto vive en un bloque de 5 plantas con 4 viviendas en cada una de ellas. En la azotea del edificio, una zona está ocupada por las máquinas de aire acondicionado, otra por la maquinaria del ascensor y otra por las antenas, con lo que solo hay 80 m² disponibles.

Suponiendo que cada vivienda tiene contratada 4 kW igual que la familia de Daniela, y que cada panel tiene una superficie de 2 m², ¿qué porcentaje de la energía que necesitan podrían obtener con los paneles solares?

### Paso 3

**Comparte tus conclusiones**

- ¿Qué piensas del autoconsumo eléctrico? ¿Es una opción real?
- Además del posible ahorro económico, ¿existen otras razones para optar por el autoconsumo?
- ¿Qué otras estrategias existen para ahorrar en la factura de la luz?

Comparte las conclusiones con tus compañeros prestando atención al volumen y a la dicción.

**¿Cómo te ha ido el reto?** Entra y haz tu valoración

# EN RESUMEN

## Funciones

Una **función** es una correspondencia entre dos conjuntos tal que a cada valor de la variable independiente, $x$, le corresponde un **único valor** de la variable dependiente, $y$.

- El **dominio** de una función es el conjunto de valores de la variable independiente $x$.
- El **recorrido** de una función es el conjunto de valores de la variable dependiente $y$.

## Continuidad

- Función **continua**

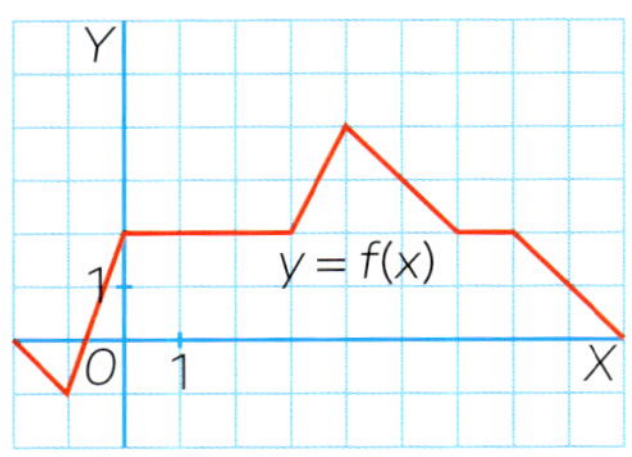


- Función **no continua**

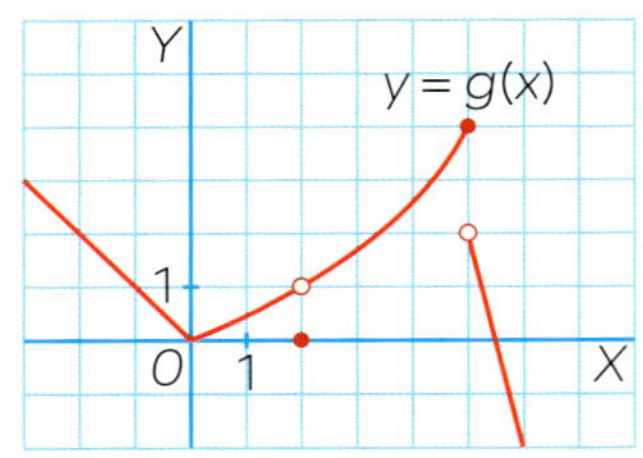


## Periodicidad

- Función **periódica**: $f(x) = f(x + T)$

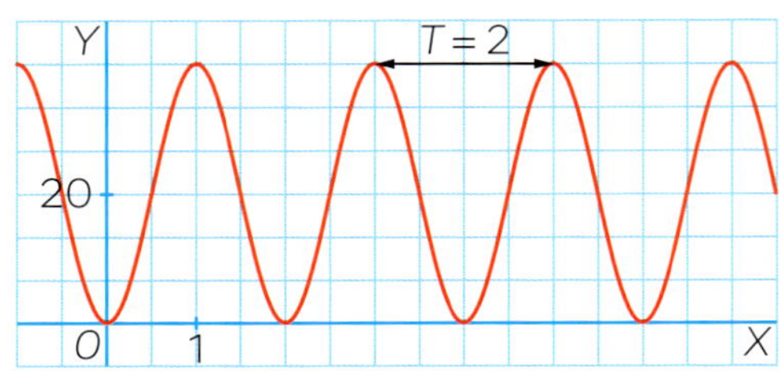


## Simetría

- Función **par**: $f(-x) = f(x)$
  Simétrica respecto del eje Y.

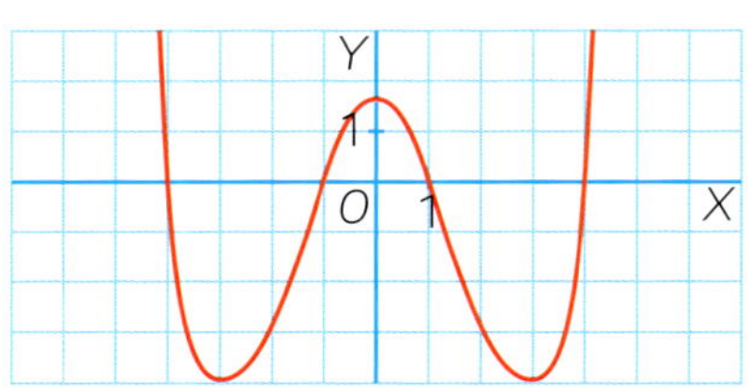


- Función **impar**: $f(-x) = -f(x)$
  Simétrica respecto del origen.

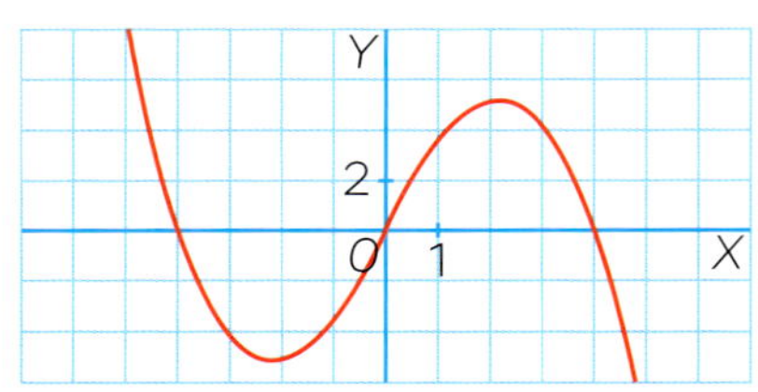


## Crecimiento y decrecimiento

La **tasa de variación** de la función $f$ en el intervalo $[a, b]$ **es**: $TV\,f[a, b] = f(b) - f(a)$

- **Función creciente**
  $TV\,f[a, b] \geq 0$

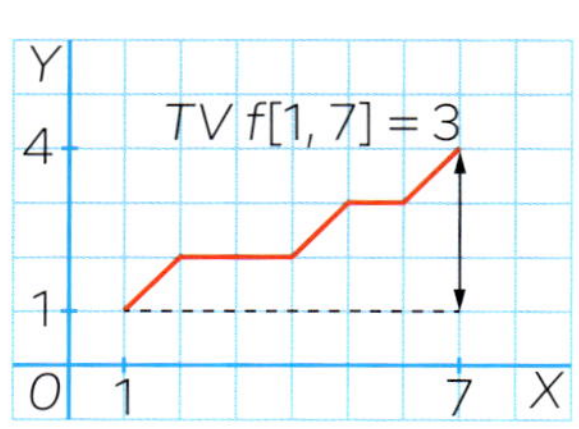


- **Función decreciente**
  $TV\,f[a, b] \leq 0$

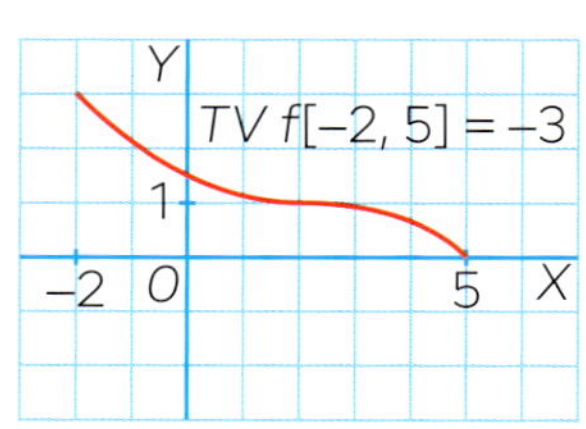


- **Función constante**
  $TV\,f[a, b] = 0$

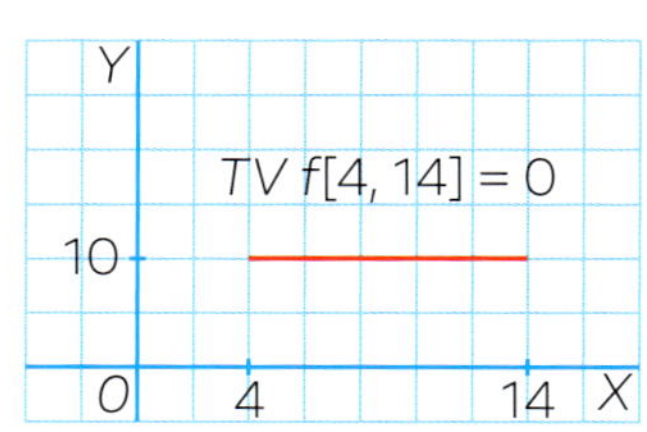

## Máximos y mínimos

En los máximos la función cambia de creciente a decreciente, y en los mínimos, de decreciente a creciente.

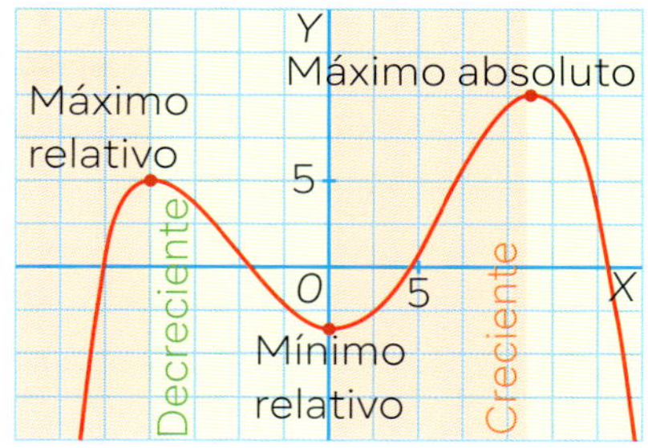


## Funciones lineales

Una **función lineal** es una función de la forma $\mathbf{y = mx + n}$.

- Su gráfica es una recta de **pendiente** $\mathbf{m}$ y **ordenada en el origen** $\mathbf{n}$.
- Si $A(x_1, y_1)$ y $B(x_2, y_2)$ son dos puntos de la recta, su pendiente es $m = \dfrac{y_2 - y_1}{x_2 - x_1}$.

$m > 0$

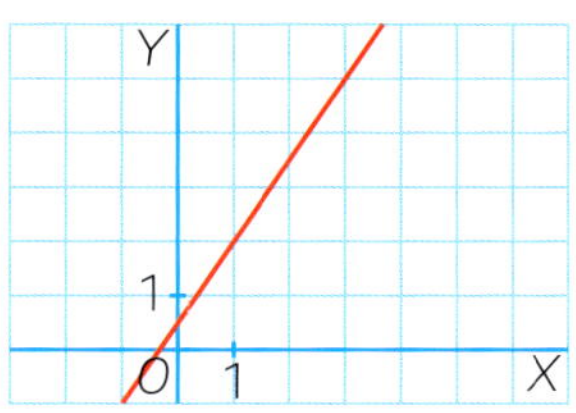


$m < 0$

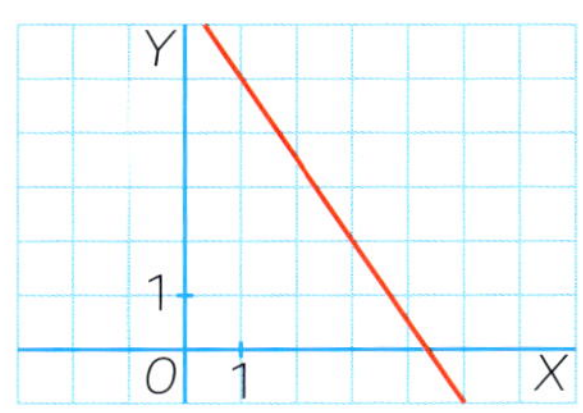


$m = 0$

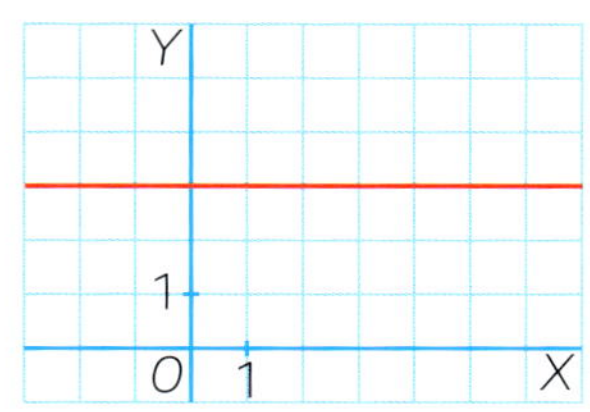


- La ordenada en el origen $n$ indica que la recta corta al eje $Y$ en el punto $\mathbf{(0, n)}$.

## Ecuaciones de la recta

Una **ecuación de la recta** es una ecuación que cumplen las coordenadas $x$ e $y$ de todos los puntos de la recta. Puede escribirse de varias formas.

| Ecuación explícita | Ecuación de la recta que pasa por dos puntos | Ecuación punto-pendiente | Ecuación general |
|---|---|---|---|
| $y = mx + n$ | $\dfrac{y - y_1}{y_2 - y_1} = \dfrac{x - x_1}{x_2 - x_1}$ | $y - y_1 = m(x - x_1)$ | $ax + by + c = 0$ |

## Funciones cuadráticas

Una **función cuadrática** es una función de la forma $\mathbf{y = ax^2 + bx + c}$.

- Su gráfica es una **parábola**.
- Si $\mathbf{a > 0}$ las ramas se abren **hacia arriba** y si $\mathbf{a < 0}$, **hacia abajo**.
- El **vértice** de una parábola tiene abscisa $x = -\dfrac{b}{2a}$.
- El **eje de simetría** de la parábola es la recta de ecuación $x = -\dfrac{b}{2a}$.
- El **punto de corte con el eje** $\mathbf{Y}$ es $\mathbf{(0, c)}$.
- Puede tener ninguno, uno o dos **puntos de corte con el eje** $\mathbf{X}$. Se obtienen resolviendo la ecuación $\mathbf{ax^2 + bx + c = 0}$.

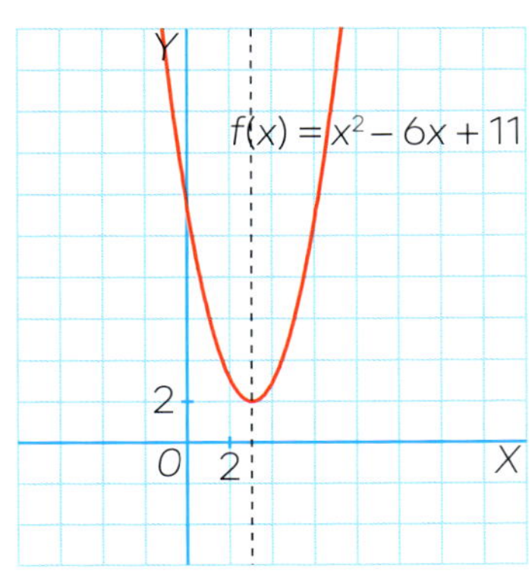

## PRACTICAMOS

### Actividades

**1** **Aprendo a pensar.** Organiza en un mapa mental los conceptos que has aprendido.

**2** ¿Por qué una función puede cortar como mucho una sola vez al eje de ordenadas?

**3** Dada la función $f(x) = x^2 - 3x + 4$:

- **a.** Calcula $f(3)$, $f(-1)$ y $f(0)$.
- **b.** ¿Existe algún valor de $x$ para el que $f(x) = -2$? ¿Y para el que $f(x) = 4$?

**4** **Actividad resuelta**

Observa la gráfica y contesta a las cuestiones.

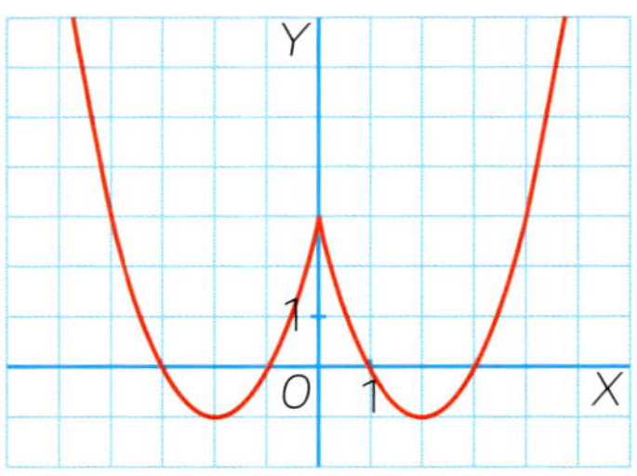


- **a.** Halla su dominio y recorrido.
- **b.** Calcula $f(-4)$, $f(-2)$, $f(2)$, $f(4)$ y $f(0)$.
- **c.** ¿Para qué valores de la variable independiente su imagen es 0? ¿Hay algún valor cuya imagen sea –5?
- **d.** ¿Es simétrica? ¿Es periódica?
- **e.** Da los intervalos de crecimiento y decrecimiento.
- **f.** ¿Cuáles son sus mínimos? ¿Y sus máximos?

- **a.** El dominio son todos los números reales y el recorrido es el intervalo $[-1, +\infty)$.
- **b.** $f(-4) = 3$, $f(-2) = -1$, $f(2) = -1$, $f(4) = 3$, $f(0) = 3$.
- **c.** Los valores cuya imagen es 0 son los de abscisas $x = -3$, $x = -1$, $x = 1$, $x = 3$. No hay ningún valor cuya imagen sea –5, este valor no pertenece al recorrido de la función.
- **d.** La función es par, ya que $f(-x) = f(x)$ para cualquier valor de su dominio. No es periódica.
- **e.** La función es creciente en $(-2, 0) \cup (2, +\infty)$ y decreciente en $(-\infty, -2) \cup (0, 2)$.
- **f.** Los puntos $(-2, -1)$ y $(2, -1)$ son mínimos absolutos. El punto $(0, 3)$ es un máximo relativo.

**5** Observa la gráfica y contesta a las cuestiones.

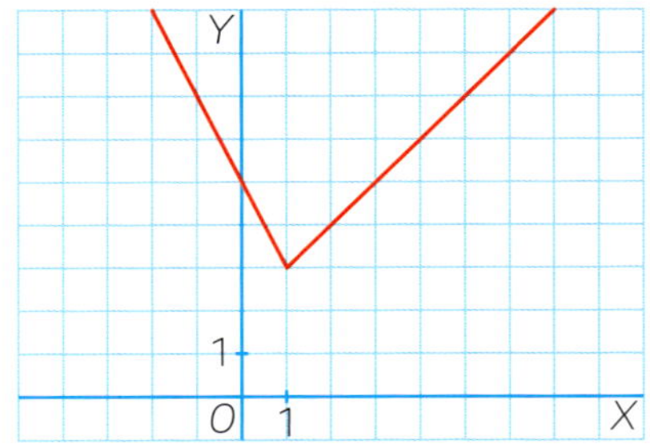


- **a.** Halla su dominio y recorrido.
- **b.** Calcula $f(-2)$, $f(-1)$ y $f(0)$.
- **c.** ¿Para qué valores de la variable independiente su imagen es 5? ¿Hay algún valor cuya imagen sea 3?
- **d.** ¿Es simétrica? ¿Es periódica?
- **e.** Estudia el crecimiento y decrecimiento.
- **f.** ¿Tiene máximos o mínimos?

**6** Observa las siguientes gráficas y contesta:

a

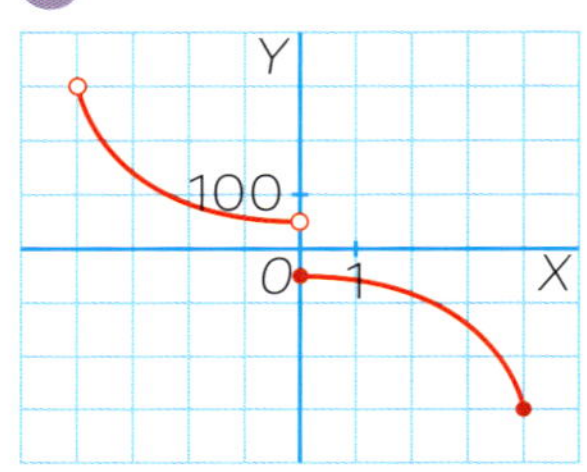


b

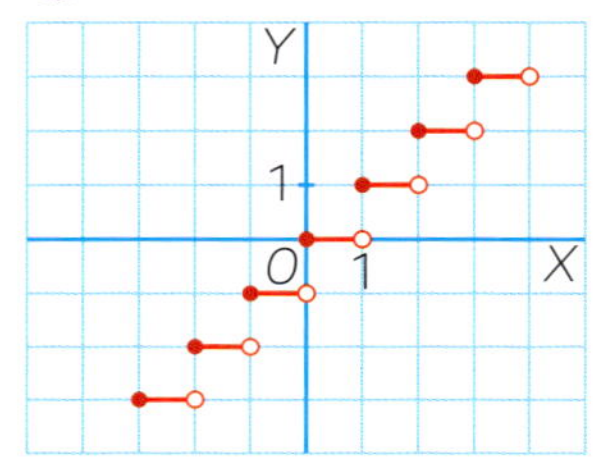


- **a.** ¿Son funciones continuas?
- **b.** ¿Dónde tienen las discontinuidades?
- **c.** Indica, en caso de existir, cuánto vale la función en las discontinuidades.

**7** Estudia la simetría de las siguientes funciones.

a

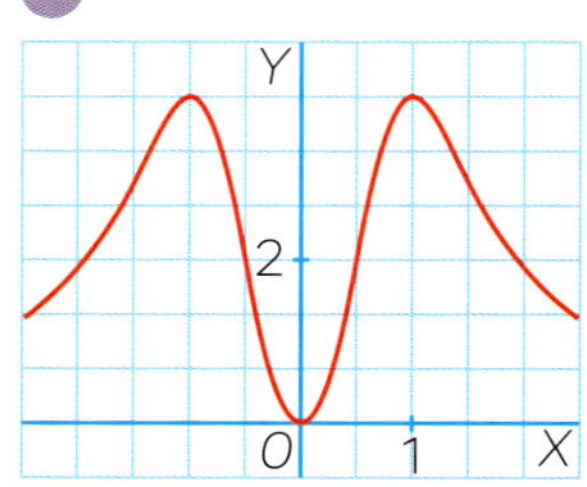


b

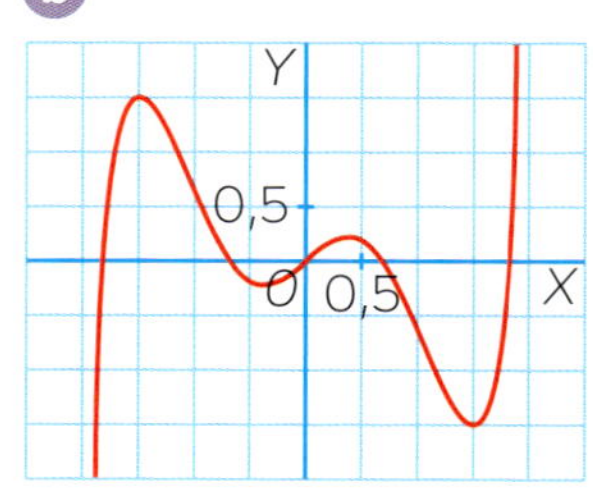


**8** Sin representar la gráfica, decide si las funciones son pares o impares.

- **a.** $f(x) = x^2 + 4$
- **b.** $f(x) = x^3 - 5x$

9 Calcula el valor de la función en $x = 150$.

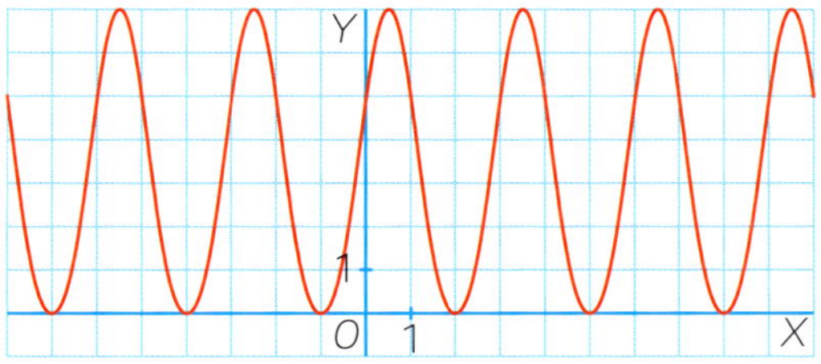


10 Estudia el crecimiento y decrecimiento y los máximos y mínimos de la gráfica.

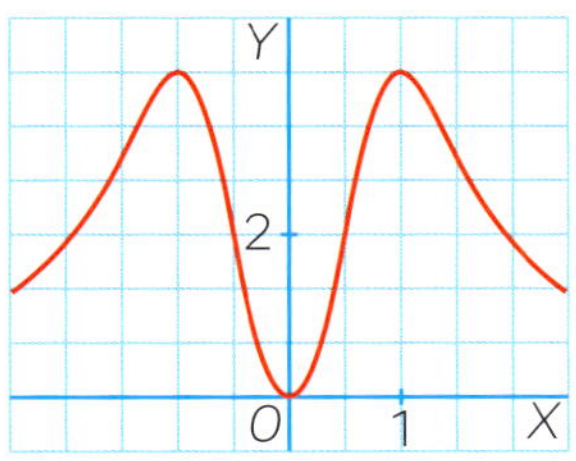


11 Escribe la ecuación general de estas rectas.

a

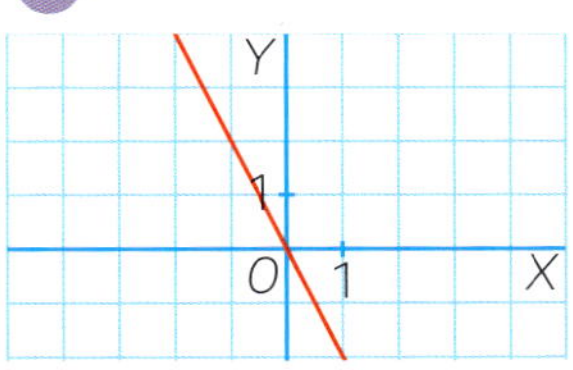


b

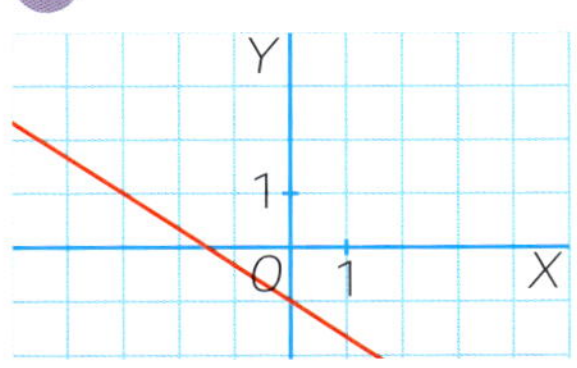


12 Escribe la ecuación general de las rectas:

**a.** Recta de pendiente 2 que pasa por (1, 4).

**b.** Recta de pendiente –1 que pasa por (0, 3).

**c.** Recta que pasa por (–1, 4) y (2, 7).

13 Estudia las posiciones relativas de los siguientes pares de rectas.

**a.** $\begin{cases} r: x+3y-3=0 \\ s: 3x-2y+2=0 \end{cases}$ **b.** $\begin{cases} r: -15x+10y=7 \\ s: 9x-6y+7=0 \end{cases}$

14 Escribe la ecuación de la recta paralela a $y = -7x + 1$ que tiene la misma ordenada en el origen que $y = 4x - \dfrac{1}{3}$.

15 Dada la recta de ecuación $y = 2x - 3$:

**a.** Dibuja su gráfica.

**b.** Dibuja una recta simétrica respecto del eje *X* y determina su ecuación.

**c.** Dibuja una recta simétrica respecto del eje *Y* y determina su ecuación.

16 Realiza el estudio analítico y representa las siguientes parábolas.

**a.** $y = x^2 - 3x + 2$

**b.** $y = -x^2 - 4x + 3$

**c.** $y = 2x^2 + 8x + 8$

**d.** $y = x^2 + 1$

17 **Actividad resuelta**

Halla la ecuación de la siguiente parábola.

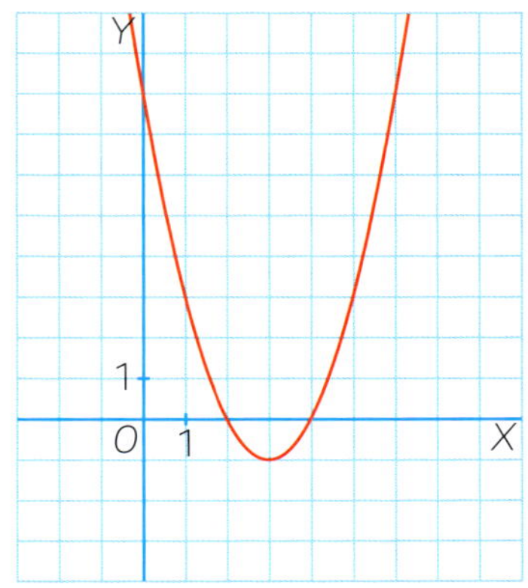


Como el punto de corte con el eje *Y* es (0, 8), sabemos que $c = 8$, por lo que la función es de la forma $y = ax^2 + bx + 8$.

Para calcular *a* y *b* sustituimos en la ecuación las coordenadas de dos puntos conocidos de la gráfica. Por ejemplo, si sustituimos (2, 0) y (4, 0) obtenemos:

$(2, 0) \Rightarrow a \cdot 2^2 + b \cdot 2 + 8 = 0 \Rightarrow 4a + 2b = -8$

$(4, 0) \Rightarrow a \cdot 4^2 + b \cdot 4 + 8 = 0 \Rightarrow 16a + 4b = -8$

Resolvemos el sistema de ecuaciones, por ejemplo por reducción.

$$\begin{cases} 4a+2b=-8 \\ 16a+4b=-8 \end{cases} \xrightarrow{\cdot(-2)} \begin{cases} -8a-4b=16 \\ 16a+4b=-8 \end{cases}$$
$$8a \quad = 8 \Rightarrow$$
$$\Rightarrow a = 1 \Rightarrow b = -6$$

Por tanto, la ecuación es $y = x^2 - 6x + 8$.

18 Halla las ecuaciones de estas parábolas.

a

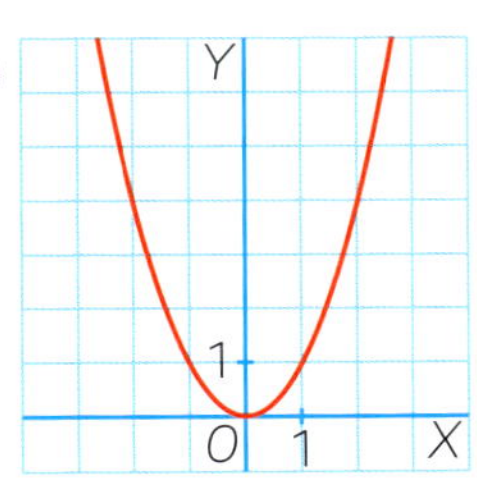


b

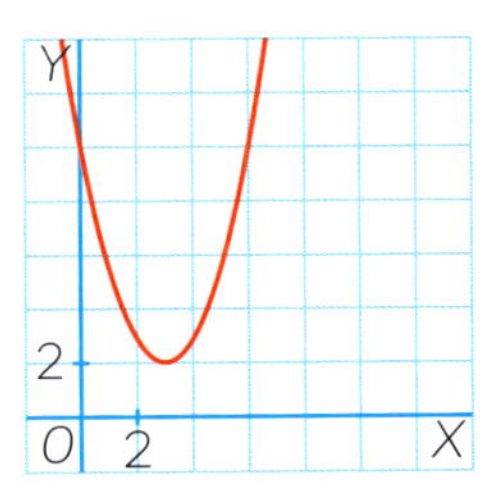

## Problemas

**19** **Julia realiza un cuestionario a sus estudiantes en clase y por cada respuesta correcta les suma 0,1 puntos, hasta un máximo de 2 puntos.**

a. Construye la tabla de valores y calcula la fórmula de la función que relaciona la puntuación con el número de respuestas.

b. ¿Cuál es el número máximo de respuestas si no se pueden sacar más de 2 puntos?

**20** **Los taxis de una ciudad cobran una cantidad fija (bajada de bandera) y una cantidad proporcional a los kilómetros recorridos. María paga 15 € por un viaje de 10 km, y 12,50 €, por un viaje de 8 km.**

a. ¿Cuál es la bajada de bandera?

b. Escribe la función que relaciona el precio de la carrera con los kilómetros recorridos.

**21** **Un ciclista sale de excursión a las 8:30 a.m. a un lugar a 20 km de casa. A los 15 min de la salida, cuando ha recorrido 5 km, hace una parada de 10 min. Reanuda su marcha y llega a su destino una hora después de haber salido. Permanece allí 20 min y, después, vuelve a casa sin parar y llega a las 10:50 a.m. Representa la distancia en función del tiempo.**

**22** **Cuando un espeleólogo se adentra en una cueva, la temperatura baja 1 °C cada 100 m de profundidad.**

a. Halla y representa la función que relaciona la temperatura con la profundidad, suponiendo que en la superficie es de 10 °C.

b. La exploración de la cueva de Krúbera-Voronya alcanzó una profundidad de 2 km. Si en la superficie la temperatura era de 25 °C, ¿qué temperatura había en el fondo de la cueva?

**23** **Calcula las coordenadas del punto de corte de las diagonales del trapecio de la figura *ABCD*.**

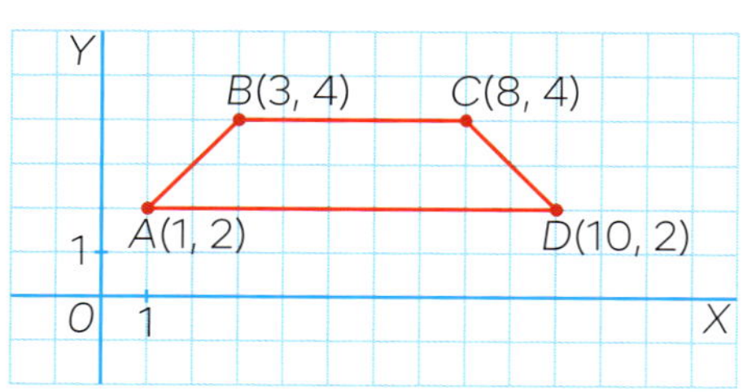


**24** **Alex tiene dos ofertas de empleo como vendedor de teléfonos móviles:**

- Oferta 1: fijo mensual de 500 € y comisión de 25 € por móvil vendido.
- Oferta 2: fijo mensual de 1000 € y comisión de 15 € por móvil vendido.

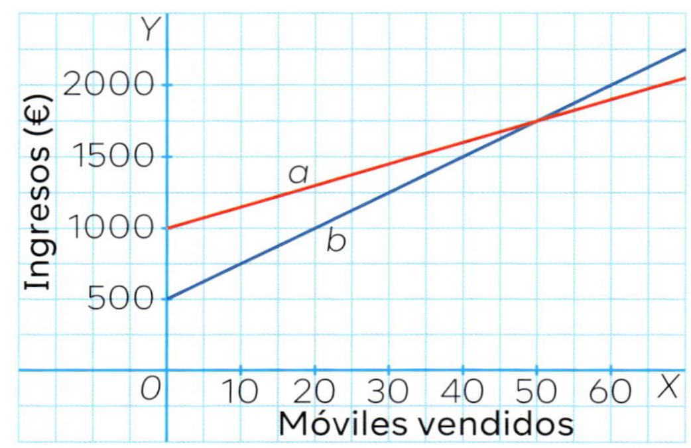


a. Indica qué función representa cada oferta.

b. ¿Para qué número de móviles vendidos es mejor cada oferta?

**25** **Irene quiere tomar clases de guitarra y mira los precios en dos academias de su barrio:**

**Estudia las tarifas y explica qué criterio debe seguir Irene para elegir academia.**

**26** **Una pelota de tenis sigue una trayectoria dada por $y(t) = 8t - t^2$, siendo $t$ el tiempo en segundos, e $y$, la altura en metros.**

a. Dibuja la trayectoria de la pelota.

b. ¿Cuándo alcanza la máxima altura? ¿Cuál es dicha altura?

c. ¿En qué momento cae la pelota a la pista?

**27** **Un comercial cobra por la venta de un producto una comisión dada por la expresión:**

$$C(x) = 100 + \frac{x}{100} - \frac{x^2}{1000}$$

**donde $x$ es la cantidad de la venta en miles de euros y $C(x)$ la comisión en euros. Halla qué cantidad debe recaudar para que la comisión sea máxima.**

**28** Expresa la diagonal de un rectángulo con un perímetro de 20 cm en función de su base, *x*. ¿Cuál es el valor mínimo de dicha diagonal?

**29** El precio medio de 1 kg de café producido en países del sur es de 9 € en la mayoría de las tiendas y de 12 € en tiendas de comercio justo.

Si se compra el café en cualquier tienda, el beneficio para los productores es del 15 % del valor del producto, mientras que en el caso de las tiendas de comercio justo es del 75 %.

**a.** Si el coste en origen es de 0,40 €/kg, calcula, en cada caso, el beneficio por kilo que va al productor y al resto de intermediarios.

**b.** Representa las gráficas que relacionan el número de paquetes vendidos con las ganancias para el productor.

## Comprueba lo que has aprendido

**1** Indica si estas gráficas son funciones.

**a**

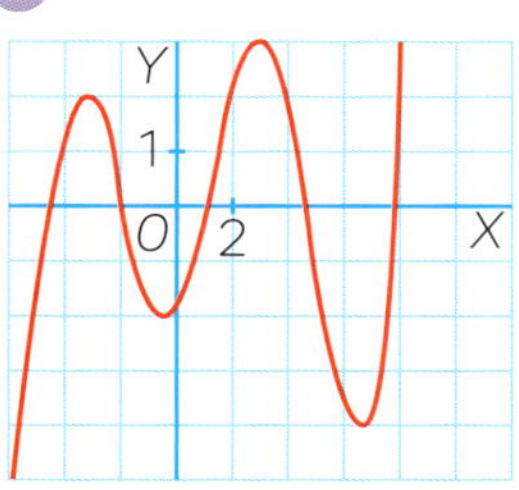


**b**

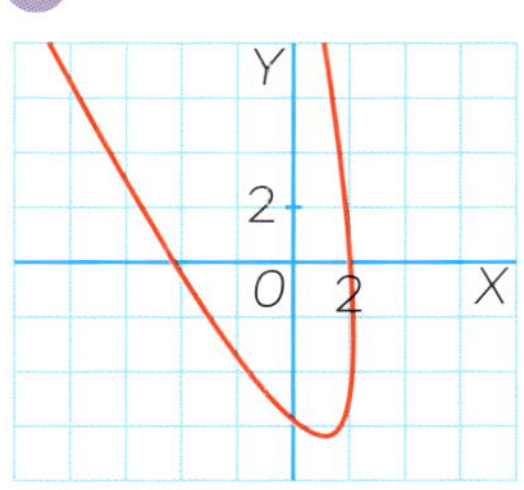


**2** Estudia para cada función su dominio, recorrido, continuidad, simetría y periodicidad.

**a**

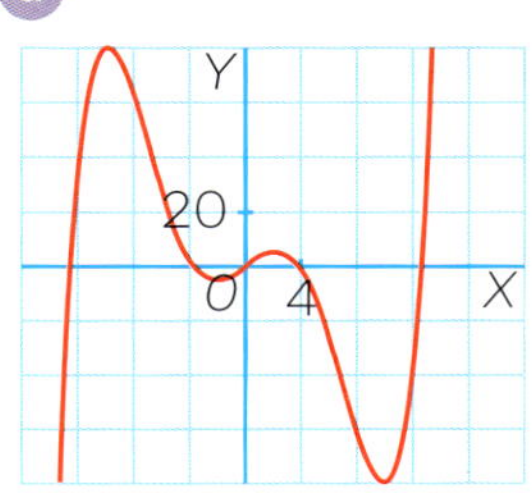


**b**

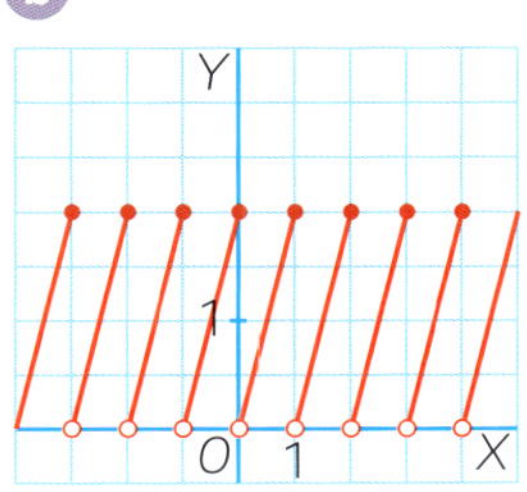


**3** La gráfica muestra los datos de concentración de glucosa en sangre de un niño diabético, a primera hora de la mañana, durante 15 días.

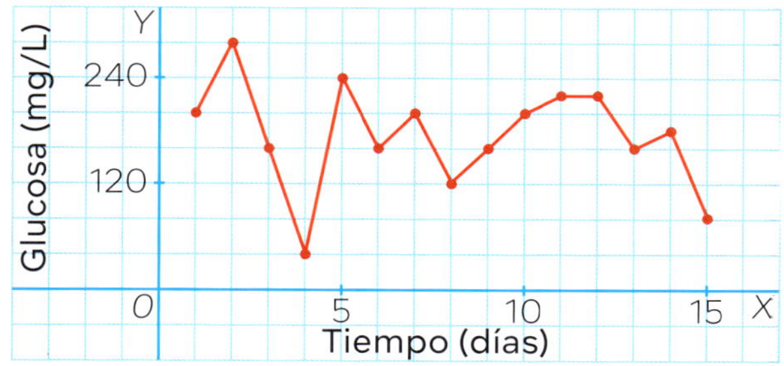


**a.** ¿Cuál fue la concentración de glucosa más alta? ¿Y la más baja? Halla la diferencia entre ellas y expresa el resultado mediante una tasa de variación.

**b.** Indica los intervalos donde la función es creciente y dónde es decreciente.

**c.** Da las dos coordenadas de sus máximos y mínimos absolutos y relativos.

**4** Indica si las funciones son crecientes, decrecientes o constantes. ¿Cuál es el punto de corte con el eje *Y*?

**a.** $y = -2x + 3$ **b.** $y = 4$ **c.** $y = 4x - 5$

**5** Halla la ecuación general de estas rectas.

**a.** Recta que pasa por los puntos (–1, –5) y (2, 3).

**b.** Recta que pasa por (1, –3) y es paralela a la recta $y = 2x - 7$.

**6** Dada la parábola $y = 2x^2 - 4x - 6$:

**a.** Calcula las coordenadas de su vértice. ¿Es un máximo o un mínimo absoluto?

**b.** ¿Cuál es su eje de simetría?

**c.** Halla los puntos de corte con los ejes.

**d.** Esboza su gráfica.

**7** Un profesor a domicilio cobra 5 € por desplazamiento y 10 € por cada hora de clase. Halla la función que da el precio dependiendo de la duración de la clase y represéntala.

**8** El beneficio obtenido por una empresa si vende *x* unidades de uno de sus productos es:

$$f(x) = -70x^2 + 2800x + 45\,000$$

¿Cuántas unidades se deben vender para tener el beneficio máximo?.

Mis competencias Autoevaluación

# Bloque 4 SENTIDO ESTOCÁSTICO

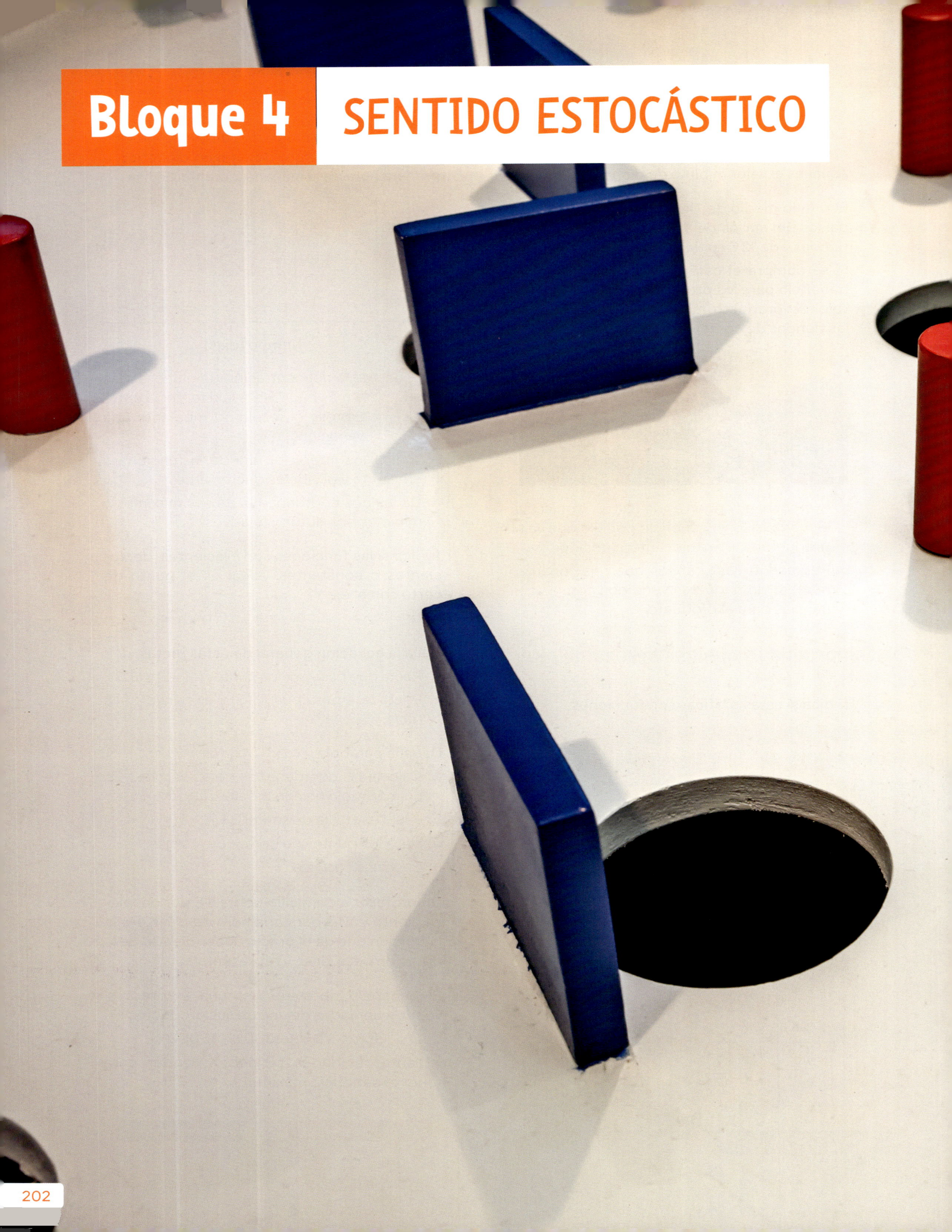

**4.1.** Estadística: organizando información

**4.2.** Un mundo aleatorio

# 4.1 Estadística: organizando información

## ¡EMPEZAMOS!

### El cambio climático, responsable de las olas de calor

A nivel mundial, el 2020 fue el año más caluroso registrado empatando con el 2016, el récord anterior. En general, la temperatura promedio de la Tierra ha aumentado más de 2 grados Fahrenheit (1,2 Celsius) desde la década de 1880 debido a las emisiones de gases de efecto invernadero como el dióxido de carbono y el metano, consecuencia de la actividad humana. [...] Si estas continúan aumentando, para mediados de siglo las temperaturas promedio de verano podrían ser hasta 4,5 grados más altas que ahora.

FUENTE: NASA

- ¿Recuerdas cómo viviste la última ola de calor?
- ¿Asocias este fenómeno meteorológico con el cambio climático?
- ¿Conoces más consecuencias del calentamiento global? ¿Cuáles?

## ¡VAMOS A APRENDER!

1. Llegar a acuerdos.
2. Clasificar variables estadísticas.
3. Organizar datos elaborando tablas de frecuencias.
4. Representar información estadística mediante gráficos.
5. Analizar datos en contextos reales utilizando parámetros de posición y de dispersión.
6. Clasificar las causas de un suceso usando un diagrama de Isikawa.
7. Sacar conclusiones sobre el problema del calentamiento global utilizando la estadística.

## NUESTRO RETO

### Ola de calor

Realizareis un estudio estadístico en grupo de las temperaturas máximas en Europa durante los últimos años. Después, elaboraréis propuestas para luchar contra el calentamiento global basadas en vuestras conclusiones.

## ¡Vamos allá!

# 1 ¿Qué hay que tener en cuenta al realizar un estudio estadístico?

## Población y muestra

**1** Se ha realizado una encuesta entre los habitantes de 3 países europeos para saber qué porcentaje de la población tiene instalado aire acondicionado en su domicilio:

¿Dispones de aire acondicionado en tu casa?

| Finlandia | Noruega | Suecia |
|---|---|---|
| 15 % | 27 % | 25 % |

A la vista de los resultados, ¿se podría decir que en todos los países de Europa, en general, menos del 30 % de los habitantes disponen de aire acondicionado? Razona tu respuesta.

La **población** es el conjunto formado por todos los individuos sobre los que se quiere realizar un estudio estadístico.

Una **muestra estadística** es la parte de la población sobre la que se hace el estudio. Para que el estudio sea válido la muestra ha de representar al conjunto de la población, es decir, debe ser una **muestra representativa**. Hay varias formas de elegir una muestra, las más usuales son:

- **Muestreo aleatorio**: los elementos de la muestra se eligen al azar.
- **Muestreo aleatorio estratificado**: se divide a la población por estratos o partes, según el carácter a estudiar. La proporción de elementos de cada estrato en la muestra debe coincidir con la proporción del estrato en la población.

### ESTUDIO ESTADÍSTICO DE UNA POBLACIÓN

**En una empresa se quiere hacer una encuesta a 50 empleados sobre su comida preferida. Si en total trabajan 360 mujeres y 240 hombres, ¿cuántos hombres y mujeres deben formar la muestra para que sea representativa?**

#### Paso 1

Seleccionamos una muestra representativa y recogemos los datos tomando el mismo porcentaje de hombres y de mujeres, es decir, se realiza un muestreo aleatorio estratificado. En nuestro caso:

360 mujeres y 240 hombres = 600 individuos

Mujeres: $\frac{360}{600} \cdot 100 = 60\ \%$ Hombres: $\frac{240}{600} \cdot 100 = 40\ \%$

#### Paso 2

Analizamos los datos recogidos y extraemos conclusiones.

En una muestra de 50 personas habrá:

60 % de 50 = 30 mujeres

40 % de 50 = 20 hombres

**2** Para hacer un estudio económico de una región se quiere seleccionar una muestra representativa de 1000 personas. La población total es de 2 000 000 de habitantes, de los cuales 700 000 viven en zonas urbanas, y el resto, en zonas rurales. Además 900 000 personas tienen más de 40 años.

a. ¿Cuántas personas de la muestra han de ser habitantes de ciudad y cuántas de una zona rural?

b. ¿Cuántos encuestados han de ser menores de 40 años?

### 3 Actividad resuelta

**Para comprobar si las 10 000 bombillas fabricadas por una empresa funcionan correctamente, se proponen 2 alternativas de control de calidad:**

**A.** Comprobar las 100 primeras fabricadas cada día.

**B.** Comprobar una elegida al azar de cada 100 fabricadas.

**¿Cuál de las dos proporciona una muestra más representativa?**

La B es una muestra más representativa, ya que con ella se puede detectar un error en la fabricación que pueda surgir en cualquier momento del día.

**4** **Para estudiar cuánto tiempo hacen deporte los alumnos de un centro, ¿cuál es la muestra más representativa?**

**A.** Los miembros del equipo de baloncesto **B.** Un alumno de cada clase

## Variables estadísticas

Una **variable estadística** es la característica o propiedad objeto del estudio. Puede ser:

- **Cualitativa**: no se puede expresar mediante un número.
- **Cuantitativa**: se expresa mediante un número. Puede ser:
  - **Discreta**: solo toma valores aislados.
  - **Continua**: puede tomar todos los valores posibles de un intervalo.

En un estudio estadístico, las variables que se pueden analizar son muy diversas: ingresos familiares, número de hermanos, intención de voto, país de origen...

En general, usamos variables discretas para contar y continuas para medir.

### Ejemplo

En la tabla se observan ejemplos de cada tipo de variable estadística que se pueden estudiar en un grupo de alumnos:

| Cualitativa | Cuantitativa | |
|---|---|---|
| | Discreta | Continua |
| Color de ojos | Edad | Altura |
| Deporte favorito | Talla de zapatos | Peso |
| Estilo musical favorito | Días de vacaciones | Tiempo dedicado a la lectura |

**5** **Clasifica las siguientes variables estadísticas.**

**a.** Ingresos familiares

**b.** Número de miembros de una familia

**c.** Nivel de estudios de los padres

**d.** País de origen

**e.** Ocupación de los miembros de una familia

**f.** Edad de los miembros de una familia

**6** **En la ficha de matrícula de un colegio se recogen los apartados de la imagen con objeto de hacer un estudio estadístico de los alumnos. ¿De qué tipo es cada una de las variables?**

**1.** Nacionalidad

**2.** Número de hermanos

**3.** Edad

**4.** Distancia del domicilio al centro

# 2 ¿Cómo organizamos los datos estadísticos?

## Recuento de datos. Frecuencias

7 Al finalizar un partido de baloncesto, los jugadores hacen balance:

¿Te parece relevante la información que aportan los jugadores?

Observando el marcador, ¿podrías decir quién ha tenido mayor porcentaje de acierto? ¿Qué datos echas en falta?

En una **tabla de frecuencias**, se representan los valores que toma la variable estadística, $x_i$, con sus frecuencias asociadas:

- **Frecuencia absoluta**, $f_i$: es el número de veces que ha aparecido el valor $x_i$ en el recuento.
- **Frecuencia relativa**, $h_i$: es el cociente entre la frecuencia absoluta $f_i$ y el número total de datos, $N$.

$$h_i = \frac{f_i}{N}$$

- **Frecuencia acumulada**, $F_i$: es la suma de las frecuencias absolutas de los valores menores o iguales a $x_i$.
- **Frecuencia relativa acumulada**, $H_i$: es el cociente entre la frecuencia acumulada y el número total de datos.

$$H_i = \frac{F_i}{N}$$

Habitualmente las frecuencias relativas y relativas acumuladas también se presentan como porcentajes. Para ello, se multiplican los números decimales por 100.

### Ejemplo

Se quiere estudiar la nota de Matemáticas de una clase de 3.° de ESO con 30 alumnos. La variable estadística es cuantitativa discreta y los resultados obtenidos han sido:

7 4 5 5 6 3 10 2 6 2
2 5 9 8 7 5 6 7 4 3
3 8 4 6 5 7 4 6 5 9

<table>
<tr><th>$x_i$</th><th>Recuento</th><th>$f_i$</th><th>$h_i$</th><th>$F_i$</th><th>$H_i$</th></tr>
<tr><td>2</td><td>|||</td><td>3</td><td>0,1</td><td>3</td><td>0,1</td></tr>
<tr><td>3</td><td>|||</td><td>3</td><td>0,1</td><td>$3+3=6$</td><td>0,2</td></tr>
<tr><td>4</td><td>||||</td><td>4</td><td>0,133</td><td>$6+4=10$</td><td>0,333</td></tr>
<tr><td>5</td><td><s>||||</s> |</td><td>6</td><td>0,2</td><td>$10+6=16$</td><td>0,533</td></tr>
<tr><td>6</td><td><s>||||</s></td><td>5</td><td>0,167</td><td>$16+5=21$</td><td>0,7</td></tr>
<tr><td>7</td><td>||||</td><td>4</td><td>0,133</td><td>$21+4=25$</td><td>0,833</td></tr>
<tr><td>8</td><td>||</td><td>2</td><td>0,067</td><td>$25+2=27$</td><td>0,9</td></tr>
<tr><td>9</td><td>||</td><td>2</td><td>0,067</td><td>$27+2=29$</td><td>0,967</td></tr>
<tr><td>10</td><td>|</td><td>1</td><td>0,033</td><td>$29+1=30$</td><td>1</td></tr>
<tr><td></td><td></td><td>$N=30$</td><td>1</td><td></td><td></td></tr>
</table>

La suma de las frecuencias relativas y relativas acumuladas es igual a 1.
En ocasiones, debido al efecto del redondeo, esta suma puede no ser exactamente 1.

8 Se ha preguntado a 1200 adolescentes sobre su red social favorita. Los resultados se muestran en la imagen. Elabora la tabla de frecuencias absolutas y relativas.

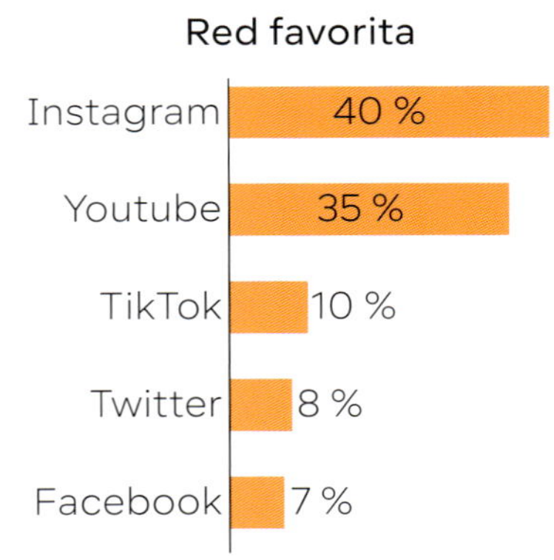


9 Se ha realizado una encuesta a 120 personas sobre el uso que han hecho de internet. Estos son los resultados en porcentaje (los encuestados podían marcar más de una opción).

| | |
|---|---|
| Enviar mensajes públicos o privados | 35 % |
| Revisar actividad de los contactos | 33 % |
| Ver vídeos, oír música | 20 % |
| Chatear | 26 % |
| Colgar contenidos, comentar actualidad | 26 % |
| Jugar en línea | 13 % |
| Crear eventos | 4 % |

Haz una tabla de frecuencias absolutas y relativas de los distintos usos de internet.

## 10 Actividad resuelta

Para comprobar si el teatro está en crisis se ha realizado una encuesta entre 50 personas, preguntándoles cuántas veces han asistido a una representación teatral en el último año. Las respuestas han sido:

1 0 2 1 0 2 6 3 4 2 0 0 1 4 5 2 2 1 4 3 1 1 2 3 5
4 3 2 1 1 1 2 0 1 0 0 1 4 2 0 1 3 1 4 0 1 2 3 1 5

a. Efectúa el recuento y elabora la tabla de frecuencias absolutas y relativas.

b. ¿Cuál es el número de asistencias al teatro más frecuente? ¿Y el más escaso?

c. ¿Cuántas personas han ido menos de 3 veces al teatro en el último año?

a. Construimos la tabla de frecuencias:

| $x_i$ | $f_i$ | $h_i$ | $h_i$ (%) | $F_i$ | $H_i$ | $H_i$ (%) |
|---|---|---|---|---|---|---|
| 0 | 9 | 0,18 | 18 | 9 | 0,18 | 18 |
| 1 | 15 | 0,30 | 30 | 24 | 0,48 | 48 |
| 2 | 10 | 0,20 | 20 | 34 | 0,68 | 68 |
| 3 | 6 | 0,12 | 12 | 40 | 0,80 | 80 |
| 4 | 6 | 0,12 | 12 | 46 | 0,92 | 92 |
| 5 | 3 | 0,06 | 6 | 49 | 0,98 | 98 |
| 6 | 1 | 0,02 | 2 | 50 | 1 | 100 |
| | $N = 50$ | 1 | 100 | | | |

b. Lo más frecuente ha sido ir una vez al teatro en el último año. Lo menos frecuente es ir 6 veces al año.

c. Tomamos el valor de la frecuencia acumulada hasta 2, ya que el número de personas debe ser menor que 3. Por tanto, 34 personas han ido menos de 3 veces al año, lo que representa un 68 %.

11 El número de hermanos de los alumnos de una clase es el siguiente.

2 1 0 1 3 2 1 1 0 0 0 2 1 1 2
2 1 3 1 0 1 1 2 3 1 2 1 2 1 5

a. Haz el recuento de los datos y elabora una tabla de frecuencias en las que se incluyan: frecuencia absoluta, absoluta acumulada, relativa y relativa acumulada.
b. ¿Qué porcentaje de alumnos son hijos únicos?
c. ¿Qué porcentaje tiene más de dos hermanos?

12 En una tienda especializada en videojuegos quieren realizar un análisis sobre sus ventas. Para ello contabilizan el número de videoconsolas de gama baja, media y alta que han vendido en los últimos 30 días. Los resultados han sido:

B, M, A, B, A, B, A, A, M, M, M, B, A, B, A,
A, M, B, M, B, B, A, A, B, B, M, A, M, A, A,

a. Presenta los datos en una tabla de frecuencias acumuladas.
b. ¿Qué tipo de videoconsola es el más vendido?
c. ¿Qué porcentaje representan las videoconsolas de gama baja del total?

## Tablas de frecuencias para datos agrupados

Cuando una variable estadística cuantitativa puede tomar muchos valores distintos, ya sea discreta o continua, se agrupan los valores en intervalos para facilitar el recuento.

- Si un intervalo aparece cerrado con un corchete, el extremo está incluido en dicho intervalo. Si aparece cerrado con un paréntesis el extremo no está incluido.

Para construir **tablas de frecuencias de datos agrupados** en intervalos, se suele tomar el valor medio del mismo como valor representativo de cada intervalo. Llamamos a este valor **marca de clase** del intervalo, $x_i$.

Es conveniente considerar todos los intervalos de la misma amplitud. Sus frecuencias asociadas se calculan de igual manera que si se tratara de variables discretas.

### Ejemplo

En un control de velocidad en una autovía, un radar de tráfico ha detectado las siguientes velocidades en kilómetros por hora en 48 coches:

132 128 115 110 125 142 132 127 109 145 121 130 129 124 136 116 121 120 135 131 127 140 118 112
102 112 133 115 123 133 142 147 136 116 142 111 102 101 106 124 136 135 124 144 148 124 131 108

Para realizar la tabla de frecuencias se agrupan las velocidades en intervalos o clases de 10 km/h de amplitud, empezando por 100 km/h hasta 150 km/h.

| Velocidad km/h | Marca de clase *xi* | $f_i$ | $h_i$ | $h_i$ (%) | Fi | $H_i$ | $H_i$ (%) |
|---|---|---|---|---|---|---|---|
| [100, 110) | 105 | 6 | 0,125 | 12,5 | 6 | 0,125 | 12,5 |
| [110, 120) | 115 | 9 | 0,187 | 18,7 | 15 | 0,312 | 31,2 |
| [120, 130) | 125 | 13 | 0,271 | 27,1 | 28 | 0,583 | 58,3 |
| [130, 140) | 135 | 12 | 0,25 | 25 | 40 | 0,833 | 83,3 |
| [140, 150) | 145 | 8 | 0,167 | 16,7 | 48 | 1 | 100 |
| | | $N = 48$ | 1 | 100 | | | |

**13** **TRABAJAMOS POR TURNOS.** Las ventas diarias en euros de un comercio a lo largo de un mes se muestran en la imagen. Formando grupos, responded por turnos a las cuestiones.

**a.** Agrupad los datos en intervalos de amplitud 75 y realiza la tabla de frecuencias.

**b.** ¿Cuál es la marca de clase más frecuente?

**c.** ¿Qué porcentaje de días se han superado los 500 € de ventas?

**d.** ¿Creéis que existe alguna relación entre el día de la semana y las ventas?

**e.** Argumentad, según los resultados, qué tipo de comercio podría tener esta distribución de ventas.

**14** Las edades de los asistentes a un partido de baloncesto se registran en la siguiente tabla de frecuencias.

| Edad | [0, 10) | [10, 20) | [20, 30) | [30, 40) | [40, 50) | [50, 60) | [60, 70) | [70, 80) |
|---|---|---|---|---|---|---|---|---|
| $x_i$ | 5 | 15 | 25 | 35 | 45 | 55 | 65 | 75 |
| $f_i$ | 128 | 232 | 358 | 292 | 156 | 94 | 76 | 44 |

**a.** Completa la tabla con las frecuencias relativas y acumuladas.

**b.** ¿Qué porcentaje de asistentes tiene menos de 20 años?

**c.** ¿Qué porcentaje está entre 30 y 50 años?

**d.** ¿Cuántas personas asistieron al partido?

**15** El peso en kg de 24 niños al nacer es:

1,9 3,5 2,8 2,1 1,8 3,6 4,1 4,2 2,7 3,0 2,7 2,0

3,2 3,3 4,2 2,2 3,6 2,1 2,8 1,8 3,5 3,7 3,1 3,4

**a.** Agrupa los datos en intervalos de amplitud 0,5 y elabora la tabla de frecuencias.

**b.** ¿Cuántos bebés han pesado más de 3 kg?

**16** En un vivero de plantas se han clasificado por altura y por precio los árboles que se ponen a la venta.

| Altura (cm) | Nº de árboles | Precio (€) |
|---|---|---|
| [40, 60) | 34 | 20 |
| [60, 80) | 90 | 20 |
| [80, 100) | 110 | 30 |
| [100, 120) | 84 | 30 |
| [120, 140) | 32 | 50 |
| [140, 160) | 22 | 50 |

**a.** Añade la frecuencia relativa y acumulada del número de árboles a la tabla.

**b.** ¿Cuánto ganará el vivero si vende todos los árboles de los 2 precios más baratos (20 y 30 €)?

**c.** Si se vende el 90 % de los árboles, quedando solamente de los más caros, ¿cuánto se recaudará?

# 3 ¿Cómo representamos los datos estadísticos?

## Diagrama de sectores

17 Pedro tiene que hacer una presentación para su empresa sobre los resultados del año y duda entre dos formas de hacerlo.

¿Cuál de ellas te parece mejor? ¿Incluirías las dos? Argumenta los pros y contras que encuentras a cada una de ellas.

En un **diagrama de sectores** cada valor se representa mediante un sector circular de amplitud proporcional a su frecuencia.

$$\text{Amplitud del sector } (°) = \frac{f_i}{N} \cdot 360° = h_i \cdot 360°$$

- Los diagramas de sectores se utilizan preferentemente para variables cualitativas.

### Ejemplo

Se ha realizado una encuesta sobre su nivel de satisfacción a 120 personas que han comprado en un establecimiento. Se han obtenido estos resultados:

| Calidad de la experiencia | $f_i$ | Amplitud del sector |
|---|---|---|
| Muy buena | 8 | $\frac{8}{120} \cdot 360° = 24°$ |
| Buena | 28 | 84° |
| Normal | 73 | 219° |
| Mala | 4 | 12° |
| Muy mala | 7 | 21° |
| | $N = 120$ | 360° |

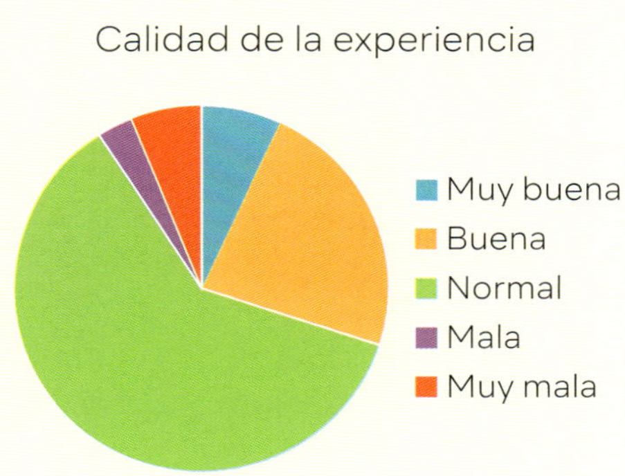


18 En la consulta de pediatría de un hospital han realizado una encuesta para estudiar con cuántos meses comienzan a andar los bebés. Los resultados obtenidos se presentan en la siguiente tabla.

| Meses | 10 | 11 | 12 | 13 | 14 | 15 |
|---|---|---|---|---|---|---|
| Bebés | 5 | 8 | 18 | 11 | 7 | 1 |

Representa los datos en un diagrama de sectores.

**19** El diagrama de sectores de la imagen muestra la distribución del suelo, en porcentaje, de un territorio de 36 km$^2$.

a. Construye la tabla de frecuencias asociada.

b. ¿Cuántos kilómetros no están urbanizados?

c. Si el 18 % del bosque son robles, ¿cuál es la extensión de superficie ocupada por los robles?

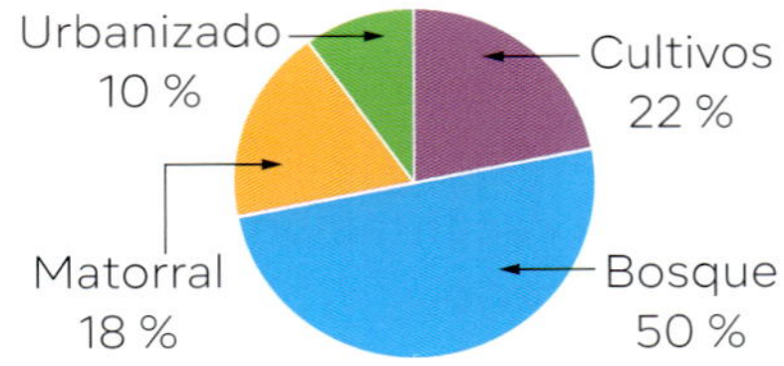


**20** Elabora un diagrama de sectores para los datos presentados en las siguientes tablas.

a. Deporte favorito de 60 personas

| Deporte | $f_i$ |
|---|---|
| Fútbol | 20 |
| Baloncesto | 15 |
| Tenis | 10 |
| Natación | 10 |
| Golf | 5 |

b. Área de los océanos en millones de kilómetros cuadrados

| Océano | $f_i$ |
|---|---|
| Pacífico | 180 |
| Atlántico | 150 |
| Índico | 72 |
| Ártico | 20 |
| Antártico | 12 |

**21** En los países de la Unión Europea, para reducir las emisiones de $CO_2$ y otros gases contaminantes, se premia la compra de vehículos híbridos y eléctricos con incentivos económicos. En 2020, estos fueron los datos de nuevas matriculaciones dependiendo del tipo de combustible:

| Combustible | Gasolina | Diesel | Híbrido | Eléctrico | Otro |
|---|---|---|---|---|---|
| % de matriculados | 55 | 24 | 8 | 10 | 3 |

a. Elabora un diagrama de sectores con los datos de la tabla.

b. ¿Qué porcentaje del total de vehículos matriculados sigue siendo de combustión?

**22** El nivel de formación de la población de más de 16 años en nuestro país se recoge en el siguiente diagrama de sectores, en el que los datos están en miles de habitantes.

a. ¿Qué parte de la población tiene estudios superiores (FP o universitarios)?

b. ¿Qué porcentaje no alcanza la 2.ª etapa de la educación secundaria?

c. ¿Qué porcentaje de la población completa la 2.ª etapa de la educación secundaria?

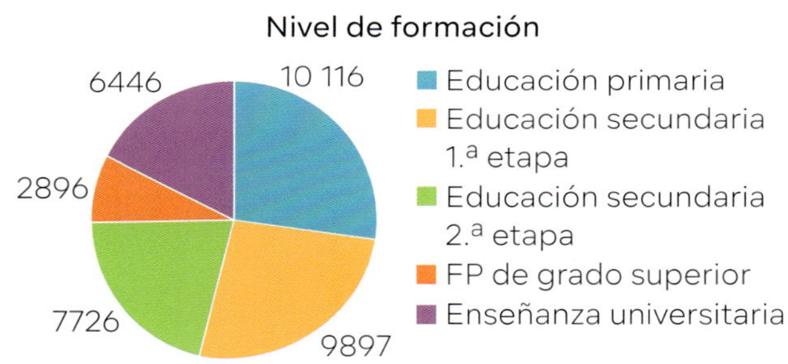


**23** En una encuesta sobre comercio en internet se han obtenido los resultados que se muestran en estos gráficos.

a. Construye la tabla de frecuencias asociada a cada gráfico.

b. Representa los datos de la segunda gráfica en un diagrama de sectores.

c. ¿Cuál es el producto que más compran las personas en las redes sociales?

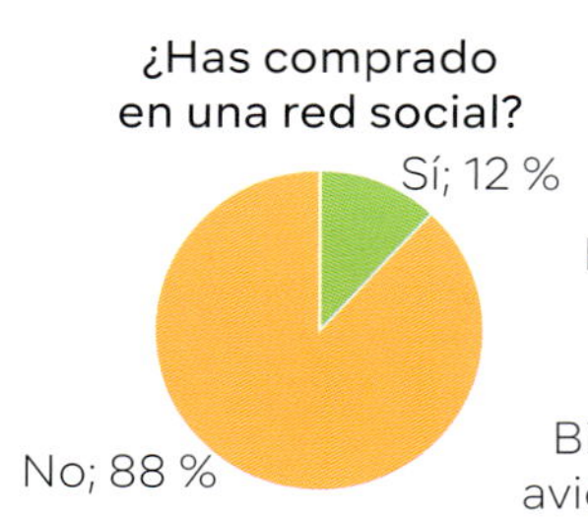


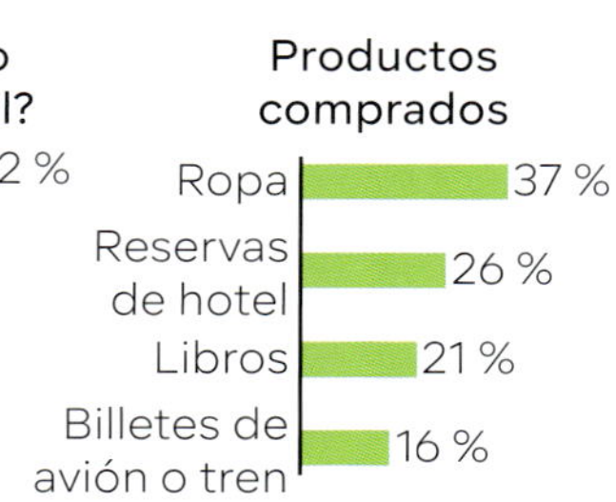

## Diagrama de barras y polígono de frecuencias

En un **diagrama de barras** cada valor se representa con una barra de longitud proporcional a su frecuencia. Se utiliza para variables cualitativas y cuantitativas discretas.

En las variables cuantitativas discretas se utiliza también un gráfico denominado **polígono de frecuencias**, que se obtiene uniendo los puntos medios de los extremos superiores de las barras.

### Ejemplo

En la siguiente tabla se muestra el número de hermanos de los alumnos de una clase de 3.° de ESO.

| N.° de hermanos | 0 | 1 | 2 | 3 | 4 | 5 | |
|---|---|---|---|---|---|---|---|
| $f_i$ | 8 | 6 | 5 | 3 | 1 | 1 | N = 24 |

Elaboramos el diagrama de barras y polígono de frecuencias:

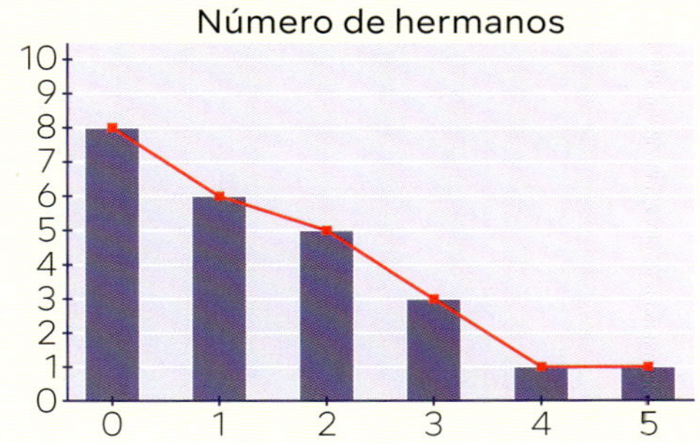


**24** **La tabla indica el tiempo medio diario (en minutos) que dedican los hombres y las mujeres a las tareas del hogar.**

| Tarea | Cuidado hijos | Cocina | Compra | Limpieza | Lavado/plancha |
|---|---|---|---|---|---|
| Hombres | 30 | 25 | 15 | 10 | 10 |
| Mujeres | 70 | 80 | 40 | 90 | 45 |

a. Haz un único diagrama de barras, con diferentes barras para hombres y mujeres.

b. En general, ¿te parece justa esta distribución de tiempos? ¿A qué crees que se debe?

**25** **Estos son los resultados recogidos sobre el número de hijos de cada familia en una ciudad.**

| N.° de hijos | 0 | 1 | 2 | 3 | 4 | 5 o + |
|---|---|---|---|---|---|---|
| N.° de familias | 290 | 170 | 155 | 95 | 53 | 47 |

a. Representa los datos en un diagrama de barras.

b. ¿Qué porcentaje de familias tienen menos de 2 hijos?

c. Las familias numerosas son las que tienen 3 hijos o más. ¿Qué parte del total son familias numerosas?

**26** **Las notas medias de 2 clases en los últimos 5 años (en porcentaje), vienen dadas por los siguientes gráficos.**

A

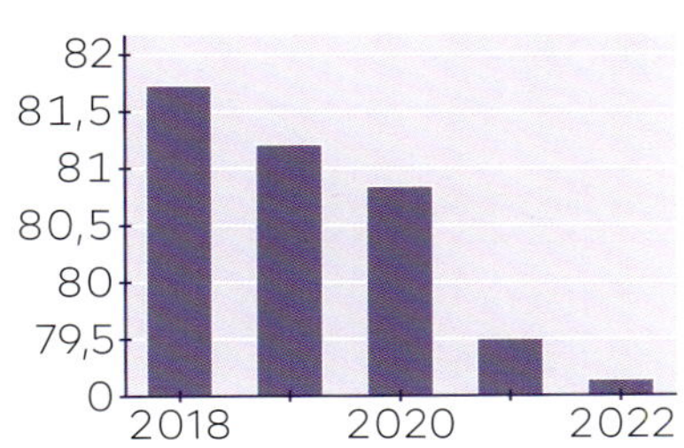


B

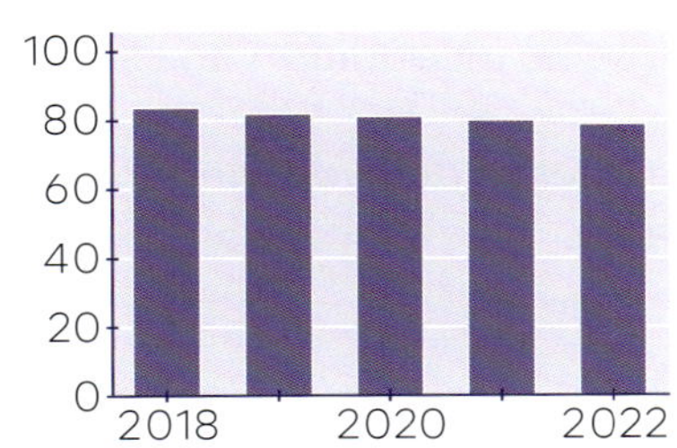


a. Por grupos, comparad los diagramas, ¿qué clase pensáis que obtuvo mejores resultados?

b. Intentad dar un valor numérico aproximado de las notas de cada clase en los distintos años y compáralos.

c. ¿Creéis que los gráficos ayudan a comparar correctamente las notas de las 2 clases? ¿Porqué?

## Histograma

En un **histograma** cada intervalo está representado por un rectángulo cuya base tiene la longitud del intervalo correspondiente y cuya área es proporcional a su frecuencia. Si los intervalos tienen la misma anchura, la altura es también proporcional a la frecuencia y, muchas veces, igual a ella.

### Ejemplo

Si unimos las marcas de clase de cada intervalo se obtiene el **polígono de frecuencias**.

| Peso (g) | Marca de clase $x_i$ | $f_i$ |
|---|---|---|
| [100, 110) | 105 | 7 |
| [110, 120) | 115 | 10 |
| [120, 130) | 125 | 13 |
| [130, 140) | 135 | 12 |
| [140, 150) | 145 | 8 |
| | | $N = 50$ |

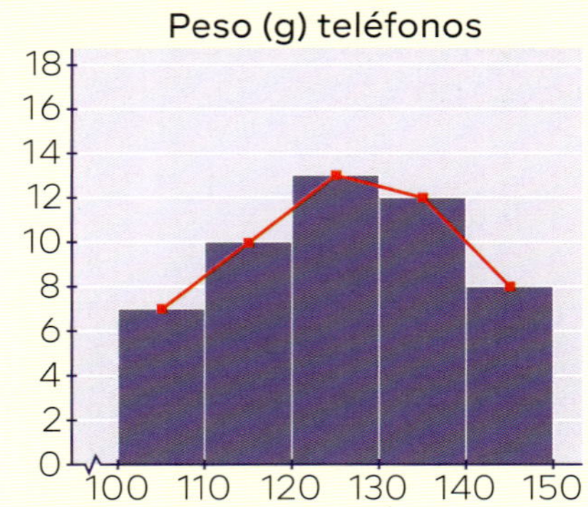


**27** Se quiere estudiar la rentabilidad del vuelo matutino Madrid-Oviedo. Para ello se estudia el número de plazas libres en dicho vuelo a lo largo de un mes:

5 12 11 23 2 18 19 0 12 1 15 26 10 14 17
21 24 13 12 6 16 25 16 10 22 13 8 5 28 9

a. Agrupa los datos en intervalos de 5 unidades y completa una tabla de frecuencias, absolutas y relativas.

b. Dibuja un histograma con las frecuencias absolutas y otro con las frecuencias acumuladas.

c. ¿Qué porcentaje de días el número de plazas libres ha sido mayor que 20?

**28** En el histograma de la imagen se representa la superficie de bosque quemada en los últimos 20 años por incendios provocados.

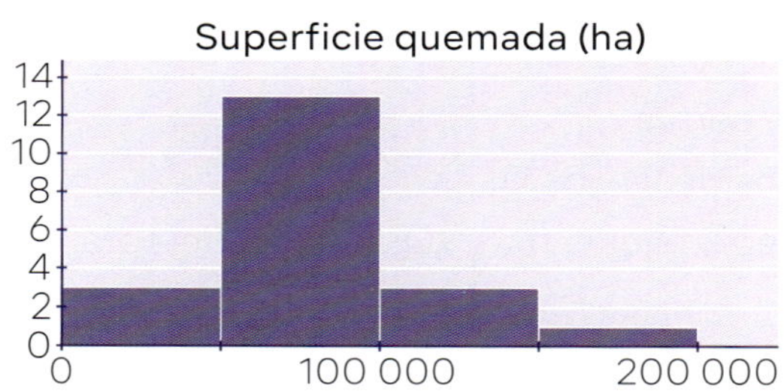


a. Elabora la tabla de frecuencias absolutas y relativas.

b. ¿Qué porcentaje de años se ha incendiado una superficie inferior a 150 000 ha?

¿En qué tipo de gráfico te resulta más sencillo visualizar la información?

**29** Los pesos de una partida de quesos de oveja vienen recogidos en la siguiente tabla.

a. Calcula la producción total de quesos.

b. Representa la distribución con un histograma.

c. ¿Cuál es el intervalo de pesos más frecuente?

| Peso (g) | N.º de quesos |
|---|---|
| [340, 350) | 4 |
| [350, 360) | 8 |
| [360, 370) | 10 |
| [370, 380) | 14 |
| [380, 390) | 8 |
| [390, 400) | 6 |

# 4 ¿Cómo analizamos los datos estadísticos?

## Parámetros de posición

**30** Carmen recibe una oferta de su compañía eléctrica para pagar una cuota fija mensual de 50 €. Para comparar, saca una factura con su consumo por trimestres el pasado año.

¿Crees que le conviene aceptar la cuota fija?

¿Podrías asegurarlo viendo solamente el gráfico?

Consumo por trimestres

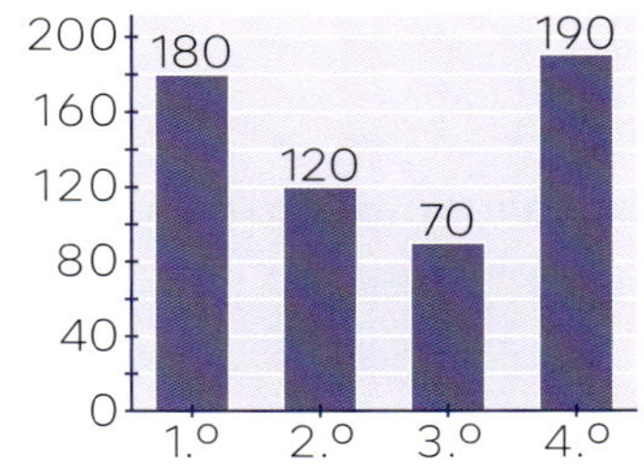


Los **parámetros de posición** nos dan una idea general de cómo se distribuyen los datos.

| | |
|---|---|
| **Moda ($M_0$)**<br>Es el valor de la variable que tiene **mayor frecuencia**. Puede existir más de una moda. | **Ejemplo:**<br>Las notas de Alberto a lo largo de una evaluación han sido:<br>3, 4, 6, 5, 6, 7, 5, 6, 8<br>La nota de mayor frecuencia es 6, ya que ha aparecido 3 veces. Por tanto, $M_0 = 6$. |
| **Media aritmética ($\bar{x}$)**<br>Resulta de dividir la suma de todos los datos entre el número total de datos.<br>Si los datos vienen dados junto con sus frecuencias absolutas, la media se calcula como:<br>$\bar{x} = \frac{x_1 f_1 + x_2 f_2 + \ldots + x_n f_n}{N} = \frac{\sum x_i f_i}{N}$<br>Si hay datos que tienen un peso diferente, se utiliza la **media ponderada**. | **Ejemplo:**<br>$\bar{x} = \frac{3+4+6+5+6+7+5+6+8}{11} = 5,\hat{5}$<br>Si las dos últimas notas de Alberto puntúan el doble, ¿cuál es su nota media?<br>Para responder, se usa la media ponderada:<br>$\bar{x} = \frac{3+4+6+5+6+7+5+6\cdot 2+8\cdot 2}{11} = \frac{64}{11} = 5,82$ |
| **Mediana ($M$)**<br>Es el valor central de la variable, es decir, el número de datos que hay menores que él coincide con el número de datos que hay mayores. Para calcular la mediana se ordenan los datos de menor a mayor:<br>– Si el número de datos es **impar**, es el dato que ocupa el centro de la distribución.<br>– Si el número de datos es **par**, es la media aritmética de los dos valores centrales. | **Ejemplo:**<br>Para hallar la mediana de las notas de Alberto, se ordenan los datos de menor a mayor y se elige el valor central.<br>3 4 5 5 **6** 6 6 7 8<br>↑<br>La mediana es: $M = 6$<br>Si le hacen a Alberto un último examen en el que saca un 5:<br>3 4 5 5 **5** **6** 6 6 7 8<br>↑ ↑<br>La mediana es: $M = \frac{5+6}{2} = 5,5$ |
| **Cuartiles**<br>Dividen a los datos ordenados de la distribución en cuatro partes iguales.<br>– El **primer cuartil, $Q_1$**, es el dato que es mayor al 25 % de los datos.<br>– El **segundo cuartil, $Q_2$**, coincide con la mediana: $M = Q_2$.<br>– El **tercer cuartil, $Q_3$**, es el dato que es mayor que el 75 % de los datos. | **Ejemplo:**<br>Calcula los cuartiles de las notas de Alberto:<br>3 4 5 5 5 6 6 6 7 8<br>$Q_1$ $Q_2 = 5,5$ $Q_3$ |

## 31 Actividad resuelta

En un club deportivo juvenil admiten socios con edades entre 12 y 18 años. La distribución de las edades es:

| **Edad** | 12 | 13 | 14 | 15 | 16 | 17 | 18 |
|---|---|---|---|---|---|---|---|
| $f_i$ | 4 | 6 | 12 | 16 | 14 | 8 | 4 |

Calcula la moda, la media aritmética, la mediana y los cuartiles.

- Moda: $M_O = 15$
- Media: $\bar{x} = \frac{12 \cdot 4 + 13 \cdot 6 + 14 \cdot 12 + 15 \cdot 16 + 16 \cdot 14 + 17 \cdot 8 + 18 \cdot 4}{64} = \frac{966}{64} = 15{,}09$ años
- Mediana: hay 64 datos, un número par. Los datos centrales ocupan los lugares 32 y 33, y ambos corresponden al dato 15 años. $M = 15$ años.
- Cuartiles:

  La cuarta parte de 64 es $\frac{64}{4} = 16$.

  Primer cuartil: el primer dato que tienen 16 datos por debajo de él es $Q_1 = 14$.

  Las tres cuartas partes $\frac{3}{4} \cdot 64 = 48$.

  Tercer cuartil: El primer dato que tiene 48 por debajo de él es $Q_3 = 16$.

**32** Halla la moda, la media y la mediana de las siguientes distribuciones.

**a.** 2, 5, 6, 5, 7, 3, 4, 6, 8, 3

**b.** 4, 3, 3, 5, 6, 2, 5, 6, 7, 2, 1

**c.** 23, 31, 19, 20, 26, 27, 26, 24, 26, 32, 33

**d.** 14, 12, 11, 10, 9, 8, 12, 11, 15, 14, 10, 8

**33** El número de caras obtenidas al lanzar cuatro monedas al aire 180 veces se observa en la siguiente tabla.

| **N.° de caras** | 0 | 1 | 2 | 3 | 4 |
|---|---|---|---|---|---|
| $f_i$ | 5 | 28 | 52 | 65 | 30 |

**a.** Halla la moda, la media, la mediana y los cuartiles.

**b.** ¿Crees que las monedas están trucadas?

**34** Se ha realizado un estudio estadístico sobre la duración de la batería, en horas, de 15 modelos distintos de móvil en las mismas condiciones obteniendo los datos:

20 22 25 21 23 21 22 24 22 24 21 21

**a.** Construye una tabla de frecuencias y calcula la media, moda y mediana.

**b.** ¿Qué porcentaje de baterías duran menos de 1 día completo?

**35** MAT-TIC El valor de la media y la mediana puede estimarse cuando el número de datos no es muy grande. Puede resultar de ayuda representar los datos sobre una recta como en la figura.

| **Orden** | 0 | 1 | 2 | 3 | 4 |
|---|---|---|---|---|---|
| **Dato** | 0 | 3 | 6 | 9 | 10 |

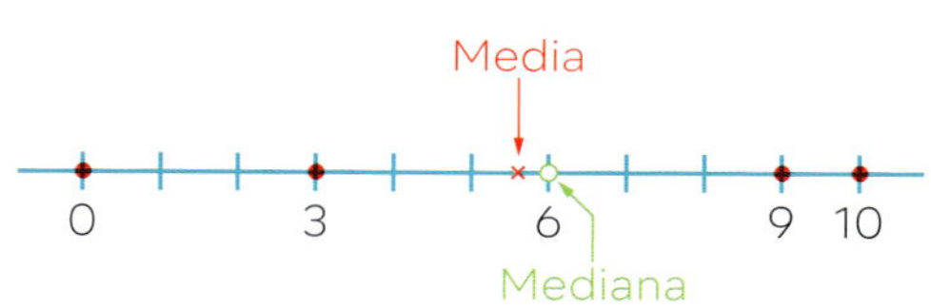


Trabaja con el interactivo GeoGebra *Estima el valor de la media, la moda y la mediana.*

En el caso de **datos agrupados** en intervalos se tiene que:

- El intervalo con mayor frecuencia se llama **intervalo modal**.
- La media se calcula a partir de las **marcas de clase** de cada intervalo.
- El intervalo que contiene la mediana se denomina **intervalo mediano**.

36 **Actividad resuelta**

**Los trabajadores de las empresas de un polígono industrial se distribuyen según la tabla de la derecha.**

**a. Calcula el intervalo modal.**

**b. Calcula la media.**

**c. Calcula el intervalo mediano.**

| N° de trabajadores | N° de empresas |
|---|---|
| [10, 20) | 3 |
| [20, 30) | 8 |
| [30, 40) | 12 |
| [40, 50) | 7 |

a. El intervalo modal es el de mayor frecuencia. En este caso es el intervalo [30, 40).

b. Calculamos la media a partir de las marcas de clase de cada intervalo:

$$\overline{x} = \frac{15 \cdot 3 + 25 \cdot 8 + 35 \cdot 12 + 45 \cdot 7}{30} = 32,67$$

c. Como hay 30 valores, la mediana es la media de los datos que se sitúan en las posiciones 15 y 16, que se encuentra en el intervalo [30, 40), también intervalo mediano en esta ocasión.

| N° de trabajadores | Marca de clase | $f_i$ | $F_i$ |
|---|---|---|---|
| [10, 20) | 15 | 3 | 3 |
| [20, 30) | 25 | 8 | 11 |
| [30, 40) | 35 | 12 | 23 |
| [40, 50) | 45 | 7 | 30 |
| | | 30 | |

37 **Las notas, sobre 100 puntos, obtenidas por los aspirantes presentados a una oposición se observan en la siguiente tabla.**

| Nota | [0, 20) | [20, 40) | [40, 60) | [60, 80) | [80, 100] |
|---|---|---|---|---|---|
| $f_i$ | 5 | 28 | 52 | 65 | 30 |

a. Halla el intervalo modal, la media y el intervalo mediano.

b. ¿Cuántos aspirantes han obtenido una nota por encima de la media? ¿Y por encima del intervalo mediano?

38 **Halla la media, la mediana y la moda de la longitud de las truchas de una muestra de 136 ejemplares seleccionados este año en una piscifactoría.**

| Longitud (cm) | [20, 22) | [22, 24) | [24, 26) | [26, 28) | [28, 30) | [30, 32] |
|---|---|---|---|---|---|---|
| N.° de truchas | 8 | 18 | 44 | 39 | 18 | 9 |

**La temperatura del agua afecta al tamaño que alcanzan las truchas, ya que, cuanto mayor es la temperatura, menos crecen. Si el promedio del tamaño el año pasado fue de 28 cm, ¿ha aumentado o ha disminuido la temperatura este año?**

39 **Por grupos, haced una tabla con la altura, en cm, de los compañeros (de cada grupo) distribuida por intervalos. Después representad los datos y calculad la media de cada grupo.**

a. ¿Qué tipo de representación habéis usado? ¿Por qué?

b. La media de todos los valores obtenidos para cada grupo, ¿coincidirá con la de la clase al completo? Comprobadlo.

# 5 ¿Cuál es la distribución de los datos?

## Parámetros de dispersión

**40** Las notas de 3.° ESO A y 3.° ESO B han sido:

| Notas | 3 | 4 | 5 | 6 | 7 | 8 |
|---|---|---|---|---|---|---|
| 3.° ESO A | 6 | 4 | 4 | 2 | 4 | 5 |
| 3.° ESO B | 1 | 5 | 7 | 6 | 3 | 3 |

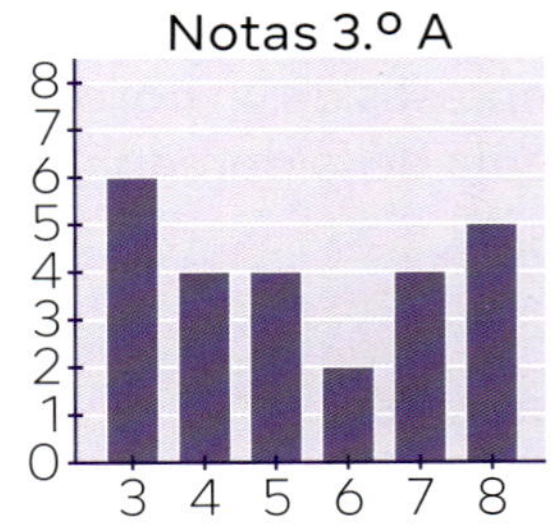


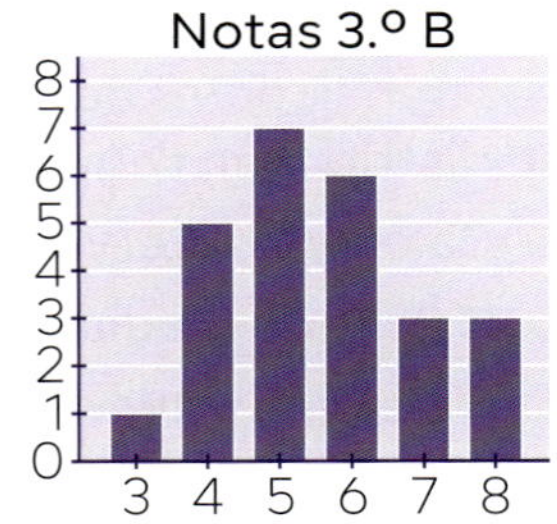


a. Calcula la media para cada clase, ¿qué obtienes?

b. A la vista de los gráficos, reflexiona sobre las limitaciones de la información que se obtiene observando solamente parámetros como la media.

El **recorrido** o **rango** es la diferencia entre el mayor y el menor de los valores que toma la variable.

### Ejemplo

| Notas | 3 | 4 | 5 | 6 | 7 | 8 |
|---|---|---|---|---|---|---|
| 3.° ESO A | 6 | 4 | 4 | 2 | 4 | 5 |
| 3.° ESO B | 1 | 5 | 7 | 6 | 3 | 0 |

- El rango de los datos en 3.° ESO A es: $8 - 3 = 5$
- El rango de los datos en 3.° ESO B es: $7 - 3 = 4$

**41** Halla el rango de las siguientes distribuciones.

a. 2, 5, 3, 9, 7, 7, 6, 8, 9

b. 2, 5, 3, 7, 9, 11, 4, 3

c. 10, 11, 15, 19, 12, 16, 17, 18

La **varianza, $s^2$**, es la media de los cuadrados de las desviaciones de los datos respecto de su media.

$$s^2 = \frac{(x_1 - \bar{x})^2 f_1 + (x_2 - \bar{x})^2 f_2 + \ldots + (x_n - \bar{x})^2 f_n}{N} = \frac{\sum (x_i - \bar{x})^2 f_i}{N} = \frac{\sum x_i^2 f_i}{N} - \bar{x}^2$$

### Ejemplo

Así calculamos la varianza de las notas de 3.° ESO A.

| $x_i$ | $f_i$ | $x_i f_i$ | $x_i^2$ | $x_i^2 f_i$ |
|---|---|---|---|---|
| 3 | 6 | 18 | 9 | 54 |
| 4 | 4 | 16 | 16 | 64 |
| 5 | 4 | 20 | 25 | 100 |
| 6 | 2 | 12 | 36 | 72 |
| 7 | 4 | 28 | 49 | 196 |
| 8 | 5 | 40 | 64 | 320 |
| | N = 25 | 134 | | 806 |

- Calculamos primero la media:

$$\bar{x} = \frac{\sum x_i f_i}{N} = \frac{134}{25} = 5{,}36$$

- Con la media y la suma de los términos de la quinta columna de la tabla, calculamos la varianza:

$$s^2 = \frac{\sum x_i^2 f_i}{N} - \bar{x}^2 = \frac{806}{25} - 5{,}36^2 = 3{,}51$$

Al utilizar los cuadrados de las desviaciones, la varianza no tiene las mismas unidades que la variable. Para evitarlo se toma la raíz cuadrada de la varianza como medida de dispersión.

La **desviación típica**, **s**, es la raíz cuadrada positiva de la varianza: $s = \sqrt{s^2}$

## Ejemplo

La varianza de las notas de la clase de 3.° ESO A es $s^2 = 3,51$.

Por tanto, la desviación típica es: $s = \sqrt{s^2} = \sqrt{3,51} = 1,87$

**42** **La cantidad de emisiones de $CO_2$ (en millones de toneladas) de algunos de los países más contaminantes de Europa en 2020 son:**

| Reino Unido | Países bajos | Alemania | Polonia | Francia | España | Italia | Ucrania |
|---|---|---|---|---|---|---|---|
| 313 | 145 | 637 | 293 | 280 | 215 | 297 | 189 |

**a.** Calcula la media y la mediana.

**b.** Halla la desviación típica.

En distribuciones continuas, el **recorrido** es la diferencia entre el extremo superior del mayor intervalo y el extremo inferior del menor.

## 43 Actividad resuelta

**Calcula el rango, la varianza y la desviación típica de la siguiente distribución de frecuencias.**

| Intervalos | $f_i$ | Marca de clase $x_i$ | $x_i f_i$ | $x_i^2$ | $x_i^2 f_i$ |
|---|---|---|---|---|---|
| [0,2) | 2 | 1 | 2 | 1 | 2 |
| [2, 4) | 10 | 3 | 30 | 9 | 90 |
| [4, 6) | 18 | 5 | 90 | 25 | 450 |
| [6, 8) | 23 | 7 | 161 | 49 | 1127 |
| [8, 10) | 7 | 9 | 63 | 81 | 567 |
| | $N = 60$ | | 346 | | 2236 |

En distribuciones continuas, la media, la varianza y desviación típica se calculan a partir de las marcas de clase de cada intervalo.

El rango es: $10 - 0 = 10$

La media es: $\bar{x} = \dfrac{346}{60} = 5,77$

La varianza es: $s^2 = \dfrac{2236}{60} - 5,77^2 = 3,98$

La desviación típica es: $s = \sqrt{3,98} \simeq 2$

**44** **En un examen tipo test se han obtenido estos resultados:**

| Aciertos | [0, 2) | [2, 4) | [4, 6) | [6, 8) | [8, 10) |
|---|---|---|---|---|---|
| $f_i$ | 3 | 26 | 54 | 67 | 30 |

**a.** ¿Cuál es el recorrido de la variable?

**b.** Calcula la varianza y la desviación típica.

**45** **Se ha realizado una encuesta a 50 personas sobre el número de veces que han ido al teatro en el pasado año. Calcula el recorrido, la varianza y la desviación típica.**

| N.° veces | [0, 3) | [3, 6) | [6, 9) | [9, 12) |
|---|---|---|---|---|
| $f_i$ | 14 | 25 | 9 | 2 |

# 6 ¿Cómo comparamos distintas distribuciones estadísticas?

## Coeficiente de variación

46 Observa las puntuaciones medias en una prueba de los dos grupos de alumnos que tiene Pedro. Si la desviación típica del primer grupo es 5, y la del segundo, 20, ¿qué puedes decir sobre la dispersión de los datos de cada grupo? ¿Podrías compararlos?

El **coeficiente de variación** de una distribución estadística es el cociente entre la desviación típica y la media aritmética.

$$CV = \frac{s}{\bar{x}}$$

El resultado suele expresarse en forma de porcentaje, que puede superar el valor 100% en algunos casos.

### 47 Actividad resuelta

**En una oposición se han realizado dos pruebas de 200 preguntas tipo test.**

- **En la prueba A la media ha sido de 120 puntos, y la desviación típica, de 32 puntos.**
- **En la prueba B la media ha sido de 90 puntos, y la desviación típica, de 27 puntos.**

**¿En qué prueba ha habido mayor dispersión relativa?**

Calculamos los coeficientes de variación de ambas pruebas:

$CV_A = \frac{32}{120} = 0,267$, es decir 26,7 % $CV_B = \frac{27}{90} = 0,3$, es decir 30 %

Por tanto, la dispersión relativa de la prueba B es mayor que la de la prueba A.

Cuanto mayor es el coeficiente de variación, menos fiable es la media en una distribución.

48 Queremos valorar la eficacia de los fertilizantes Abono Jardín y Plantas Sanas. Se aplica el primero a 10 plantas, y el segundo, a 12 plantas, y se mide la altura alcanzada. Los resultados, expresados en centímetros, son los siguientes.

| Abono jardín | Plantas sanas |
|---|---|
| 12, 18, 17, 23, 21, 30, 26, 24, 15, 22 | 21, 23, 18, 17, 25, 16, 23, 26, 18, 21, 25, 23 |

a. Calcula la media y la desviación típica para los datos de los dos fertilizantes.

b. Halla sus coeficientes de variación.

c. A la vista de los resultados anteriores, ¿cuál de los dos fertilizantes te parece mejor?

49 La altura de las jugadoras de un equipo de fútbol viene dada por la tabla de la derecha.

a. Calcula la media y la desviación típica.

b. Calcula el coeficiente de variación.

c. ¿Cómo crees que variarían la media y la desviación típica si los datos fueran de un equipo femenino de baloncesto?

d. Si el coeficiente de variación fuera mayor, ¿qué podrías decir con seguridad sobre la nueva distribución?

| Altura (cm) | N.° de jugadoras |
|---|---|
| [150, 160) | 4 |
| [160, 170) | 11 |
| [170, 180) | 7 |
| [180, 190) | 3 |

## TALLER HOJA DE CÁLCULO

### Parámetros estadísticos con hoja de cálculo

Para resolver problemas de cálculo de parámetros estadísticos, especialmente cuando el número de datos es grande, podemos ayudarnos de una hoja de cálculo:

Los datos corresponden al número de hermanos de los alumnos de una clase de 3.º de ESO.

### Paso 1

Para calcular los parámetros correspondientes, debemos introducir los datos en las celdas de la hoja de cálculo y usar las siguientes funciones.

| Parámetro | Función |
|---|---|
| Media | = PROMEDIO(C1:E7) |
| Moda | = MODA(C1:E7) |
| Mediana | = MEDIANA(C1:E7) |
| Rango | = MAX(C1:E7)-MIN(C1:E7) |
| Varianza | = VARP(C1:E7) |
| Desviación típica | = DESVESTP(C1:E7) |
| Coeficiente de variación | = E14/E9 |

Las coordenadas de los datos de las funciones deben coincidir con las de la hoja de cáculo.

Las casillas coinciden con la de la **media** y la **desviación típica**.

| | A | B | C | D | E |
|---|---|---|---|---|---|
| 1 | | | 1 | 1 | 3 |
| 2 | | | 3 | 2 | 1 |
| 3 | | | 2 | 2 | 2 |
| 4 | | | 1 | 1 | 1 |
| 5 | | | 1 | 3 | 2 |
| 6 | | | 0 | 1 | 1 |
| 7 | | | 0 | 0 | 5 |
| 8 | | | | | |
| 9 | | | | Media = | 1,571 |
| 10 | | | | Moda = | 1 |
| 11 | | | | Mediana = | 1 |
| 12 | | | | Rango = | 5 |
| 13 | | | | Varianza = | 1,388 |
| 14 | | | | Desviación típica = | 1,178 |
| 15 | | | | Coeficiente de variación = | 0,75 |

### Paso 2

Para representar los datos en un diagrama de barras, se deben agrupar y ordenar junto con sus frecuencias. Una vez confeccionada la tabla, seleccionamos todos los datos y desde el menú "Insertar" elegimos "Diagrama de barras".

| Valor | Frecuencia |
|---|---|
| 0 | 3 |
| 1 | 9 |
| 2 | 5 |
| 3 | 3 |
| 4 | 0 |
| 5 | 1 |

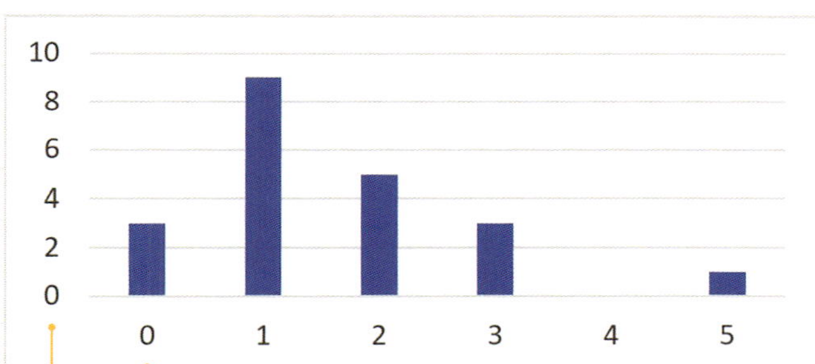


Los ejes de coordenadas de la tabla se representan, por defecto, tomando la columna de la izquierda como ordenadas y la de la derecha como abscisas.

¿Te resulta sencillo manejar hojas de cálculo?

**50** **Se miden las temperaturas máximas de 2 ciudades el primer día de cada mes durante 2 años, obteniendo los siguientes resultados en °C.**

Ciudad A: 7, 12, 15, 14, 19, 25, 30, 29, 31, 25, 20, 8, 7, 5, 12, 19, 25, 21, 27, 29, 22, 20, 15, 8

Ciudad B: 0, 3, 7, 16, 19, 24, 30, 32, 30, 25, 18, 8, 1, 1, 3, 8, 15, 19, 27, 31, 30, 19, 10, 2

a. Calcula media, moda, mediana, rango, varianza, desviación típica y coeficiente de variación de cada una de las ciudades.

b. Representa los datos de cada ciudad en un diagrama de barras y compáralos. Observando solamente el gráfico, ¿qué conjunto de datos tiene mayor dispersión?

c. Las temperaturas varían menos a lo largo del año en las ciudades cercanas al mar. ¿Podrías decir, razonadamente, qué ciudad es más probable que esté situada en la costa?

# NUESTRO RETO Ola de calor

## Elabora un estudio estadístico de las temperaturas máximas en Europa y propón medidas que ayuden a combatir el calentamiento global

### Paso 1

**Búsqueda de información**

Nos agrupamos en equipos de 3-4 miembros y elegimos un país europeo sobre el que trabajar (Francia, Holanda, Italia, Alemania, España...).

A continuación, buscamos información para cada país sobre las temperaturas máximas en el mes de julio desde el año 2000 hasta la actualidad para cumplimentar la siguiente tabla:

| AÑO | 2000 | 2001 | 2002 | 2003 | ... | 2021 | 2022 | ... |
|---|---|---|---|---|---|---|---|---|
| TEMPERATURA | ●●● | ●●● | ●●● | ●●● | ●●● | ●●● | ●●● | ●●● |

### Paso 2

**Análisis de datos**

- Representa en una gráfica la evolución de las temperaturas máximas en el mes de julio en el período de tiempo seleccionado.
- Halla la media y la mediana.
- Calcula el rango, la desviación típica y el coeficiente de variación.
- Elabora una breve presentación de todos los resultados obtenidos y su interpretación para compartirla con el resto del grupo.

### Paso 3

**Elaboración de conclusiones**

Finalmente, cada equipo nombra un portavoz y traslada los resultados obtenidos para cada país de forma gráfica, argumentando las conclusiones y proponiendo medidas específicas para mitigar las causas del calentamiento global mientras el resto de la clase escucha activamente. Podéis debatir sobre los siguientes temas:

- ¿Se pueden combatir eficazmente las causas del calentamiento global de forma individual o la acción debería ser conjunta y coordinada?
- Las consecuencias de este calentamiento, ¿afectan a todos los países por igual?

**¿Cómo te ha ido el reto?** Entra y haz tu valoración

# EN RESUMEN

## Términos estadísticos

La estadística emplea métodos para recolectar y organizar información, con el fin de analizarla e interpretarla.

- Población: Conjunto de elementos sobre el que se realiza un estudio.
- Muestra: Parte de la población.
- Variables estadísticas:

  Características que se estudian en una población.
  - Cualitativa: No se puede expresar con un número.
  - Cuantitativa: Se puede expresar con un número.
    - Discreta: Tiene un número finito de valores.
    - Continua: Tiene un número infinito de valores.

## Ordenación de datos estadísticos

| Tabla de frecuencias | | | |
|---|---|---|---|
| Frecuencia absoluta ($f_i$) | Frecuencia relativa ($h_i$) $h_i = \frac{f_i}{N}$ | Frecuencia absoluta acumulada ($F_i$) | Frecuencia absoluta acumulada ($H_i$) $H_i = \frac{F_i}{N}$ |

## Gráficos estadísticos

**Diagrama de sectores**

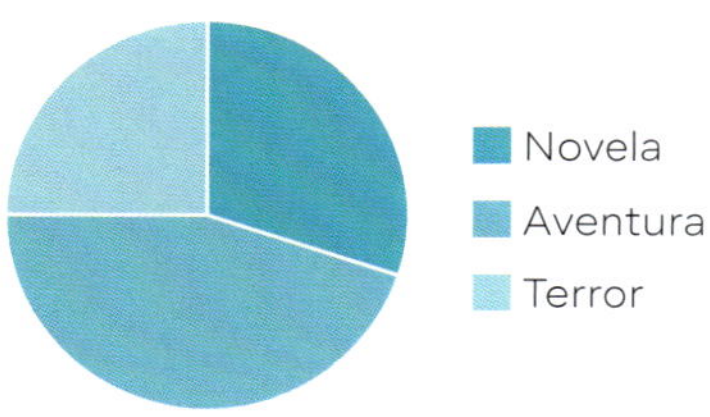


**Diagrama de barras y polígono de frecuencias**

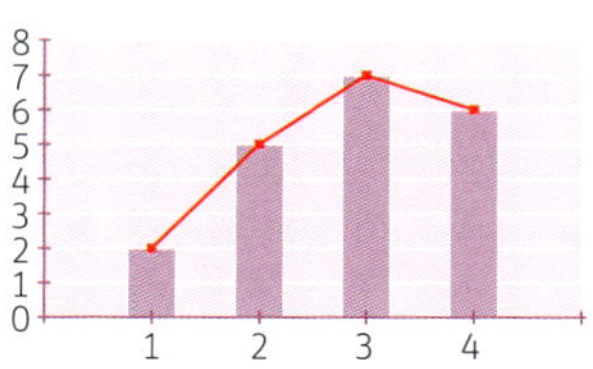


**Histograma**

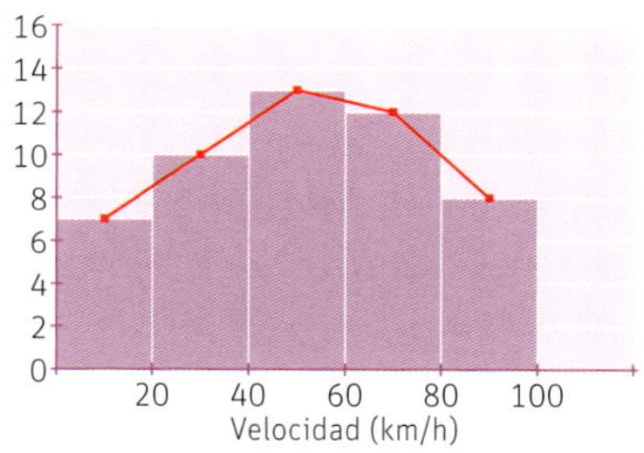


## Parámetros estadísticos

| Parámetros de posición | Parámetros de dispersión |
|---|---|
| • MEDIA ARITMÉTICA: Es el cociente de la suma de todos los datos entre el número total de datos. $\overline{x} = \frac{\sum x_i f_i}{N}$ | • RANGO O RECORRIDO: Es la diferencia entre el mayor y el menor valor de un conjunto de datos estadísticos. |
| • MEDIANA: Es el valor del dato que ocupa la posición central cuando están ordenados de menor o mayor. | • VARIANZA: $s^2 = \frac{\sum x_i^2 f_i}{N} - \overline{x}^2$ |
| • MODA: Es el valor de mayor frecuencia. | • DESVIACIÓN TÍPICA: $s = \sqrt{s^2}$ |
| **Comparación entre distribuciones** | |
| • COEFICIENTE DE VARIACIÓN: Es el cociente entre la desviación típica y la media aritmética. $CV = \frac{s}{\overline{x}}$ | |

## PRACTICAMOS

### Actividades

**1** **Aprendo a pensar.** Organiza en un mapa mental los conceptos que has aprendido.

**2** El ministerio de turismo ha realizado una encuesta sobre las formas de viajar de la población. Las preguntas son:

1. Número de personas que viajan.
2. Región de destino del viaje.
3. Tipo de viaje (turismo, trabajo, familiar...).
4. Medio de transporte.

¿De qué tipo son las variables estadísticas estudiadas?

**3** Indica si estas variables son cualitativas o cuantitativas y, en este último caso, si son continuas o discretas.

a. Número de clientes al día de un restaurante.
b. Euros que paga cada cliente.
c. Marcas de coches de los clientes.

**4** Calcula la media, la mediana y el rango de la siguiente serie de datos.

| | | | | | |
|---|---|---|---|---|---|
| 5,5 | 9,5 | 16 | 3,5 | 9 | 12 |
| 2,5 | 4,4 | 5 | 7,5 | 7,5 | 10 |

**5** Determina la media, la mediana y la moda de la distribución representada en el siguiente diagrama de barras.

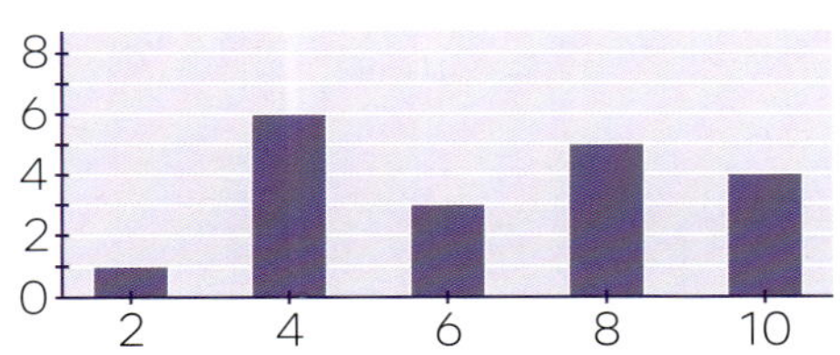


**6** Analiza el siguiente histograma.

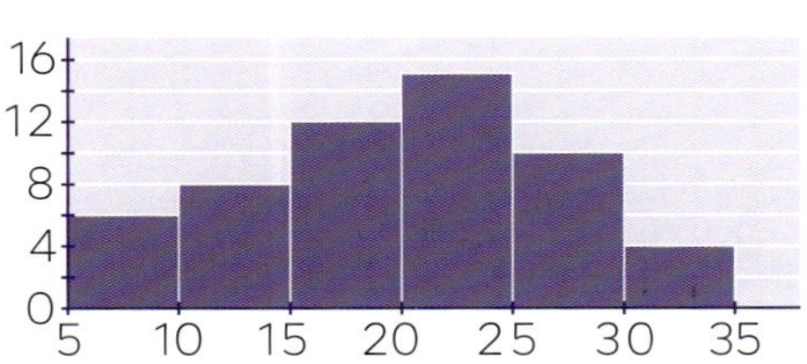


a. Calcula la media, el intervalo modal, la moda y el intervalo mediano de los datos.
b. Halla la varianza y la desviación típica.
c. Calcula el coeficiente de variación.

### Problemas

**7** En España hay cerca de 20 millones de mascotas. Una empresa de productos para animales domésticos ha realizado una encuesta en 900 hogares, de los 17 millones de hogares que hay en nuestro país. En 385 de los hogares no había ninguna mascota, en 212 había perros, en 143, gatos, en 286, pájaros, en 165, peces, y en 71 había animales exóticos.

a. Identifica cuál es la población y cuál es la muestra de la distribución.
b. Di cuál es la variable e indica de qué tipo es.
c. ¿En cuántos hogares españoles hay perros? ¿Y gatos?
d. Según los resultados de la encuesta, ¿crees que en los hogares tienen una o más mascotas?

**8** Los 8 países ganadores del mundial de fútbol han sido: Alemania 4 veces, Argentina, 2, Brasil, 5, España, 1, Francia, 2, Inglaterra, 1, Italia, 4 y Uruguay, 2.

Haz un diagrama de barras y un diagrama de sectores de la distribución.

**9** En una empresa los sueldos de hombres y mujeres en euros son los siguientes.

Hombres: 1090, 1044, 3970, 1224, 1250, 1438, 1072

Mujeres: 1405, 1070, 1948, 1525, 1090, 1002, 1525, 1968, 1224, 2096, 1703, 1126

a. Calcula el recorrido, el salario medio y la mediana para cada serie.
b. Calcula los coeficientes de variación de ambas series. ¿Cuál de las dos tiene mayor dispersión?
c. Juntando los salarios de todos los empleados (hombres y mujeres), calcula el recorrido, la media y la mediana.

**10** **Según la encuesta de población activa de 2018 (INE), el número de personas activas (trabajando o buscando trabajo) en España era 22806800, con la siguiente distribución por edades.**

| Edad | Porcentaje |
|---|---|
| De 16 a 19 | 1,2 |
| De 20 a 24 | 5,4 |
| De 25 a 29 | 9,2 |
| De 30 a 34 | 10,9 |
| De 35 a 39 | 13,7 |
| De 40 a 44 | 15,6 |
| De 45 a 49 | 14,3 |
| De 50 a 54 | 12,9 |
| De 55 a 59 | 10,4 |
| De 60 a 64 | 5,5 |
| Más de 65 | 0,9 |

**a.** Selecciona el gráfico estadístico adecuado a esta distribución y represéntalo.

**b.** Calcula cuántas personas de 65 años o más están activas.

**c.** ¿Qué porcentaje de la población corresponde a la franja de los 40 a los 54? ¿A qué crees que se debe?

**11** **El equipo femenino de fútbol de la ciudad desea contratar una jugadora para la próxima temporada. La siguiente tabla resume el número de asistencias a gol de dos posibles jugadoras en los últimos diez partidos.**

| | | | | | |
|---|---|---|---|---|---|
| **Jugadora A** | 14 | 2 | 3 | 15 | 15 |
| | 6 | 5 | 5 | 18 | 17 |

| | | | | | |
|---|---|---|---|---|---|
| **Jugadora B** | 8 | 7 | 14 | 9 | 10 |
| | 13 | 12 | 11 | 6 | 10 |

**a.** Calcula la media y la desviación típica de los datos.

**b.** Según los datos, ¿cuál es la jugadora más regular que debe contratar el equipo?

**12** **La duración de las llamadas desde un teléfono móvil se muestra en la siguiente tabla.**

| Duración (s) | $f_i$ | $F_i$ |
|---|---|---|
| [30, 50) | 5 | 5 |
| [50, 70) | 8 | ••• |
| [70, 90) | 22 | ••• |
| [90, 110) | 50 | ••• |
| [110, 130) | 30 | ••• |
| [130, 150) | 15 | ••• |
| [150, 170) | 5 | 135 |

**a.** Completa la tabla.

**b.** Calcula la media.

**c.** Dibuja el polígono de frecuencias acumuladas.

**d.** Utiliza el gráfico para identificar en qué intervalos están la mediana y los cuartiles.

**e.** ¿Cuántas llamadas tienen una duración menor de 2 minutos?

**13** **En el siguiente diagrama se muestran los resultados obtenidos en un test de aptitud por dos grupos de alumnos, los que han nacido en día par, que se denominan grupo A y los que han nacido en día impar, denominados grupo B. Para superar el test es necesario obtener 45 puntos o más.**

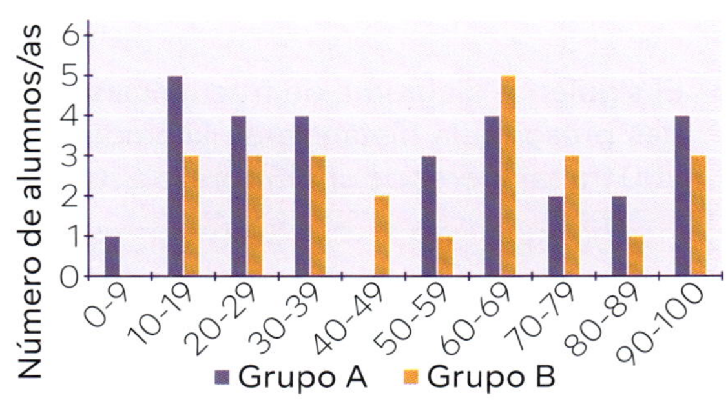


**a.** Calcula la media de los resultados del test de cada grupo.

**b.** Al observar el diagrama, el examinador afirma que el grupo B ha obtenido mejores resultados en general que el grupo A.

¿Qué argumento matemático podrían utilizar los miembros del grupo A para afirmar que no es así necesariamente?

14 Según datos del INE el número de jóvenes en nuestro país menores de 25 años en el año 2020 se recoge en la tabla.

| | N.° de personas (miles) |
|---|---|
| De 0 a 4 años | 1981,7 |
| De 5 a 9 años | 2325,4 |
| De 10 a 14 años | 2523,5 |
| De 15 a 19 años | 2389,1 |
| De 20 a 24 años | 2360,7 |

a. Haz la tabla de frecuencias relativas y la de frecuencias relativas acumuladas.

b. ¿Qué porcentaje tiene menos de 20 años?

c. ¿Qué porcentaje tiene entre 10 y 20 años?

15 Dos tiradores han obtenido estos resultados en el desempate a 20 tiradas para incorporarse a la selección de tiro con carabina.

| Puntos | 50 | 30 | 20 | 10 | 0 |
|---|---|---|---|---|---|
| Tirador A | 4 | 6 | 5 | 4 | 1 |
| Tirador B | 6 | 3 | 5 | 3 | 3 |

a. Calcula la media de cada jugador. ¿Te permite seleccionar al candidato?

b. Halla la desviación típica de ambos.

c. Queremos seleccionar al más regular. ¿A quién elegirías?

16 El siguiente diagrama de frecuencias acumuladas presenta la distancia en kilómetros de los 200 trabajadores de una empresa a su domicilio.

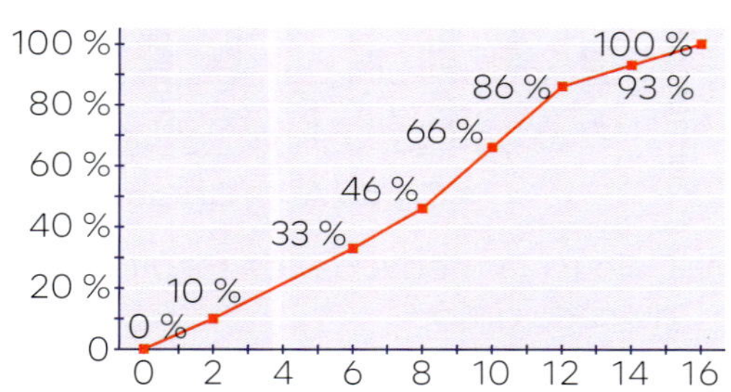


a. Construye la tabla de frecuencias.

b. ¿Cuántos empleados viven a menos de 10 km? ¿Y entre 8 y 12 km?

c. Halla a partir del gráfico los intervalos en los que se encuentran los cuartiles.

17 Se consideran las siguientes distribuciones estadísticas.

A. Medidas aproximadas de la longitud de las judías verdes de una muestra de 100 recogidas al azar en una huerta. Las medidas vienen dadas en centímetros.

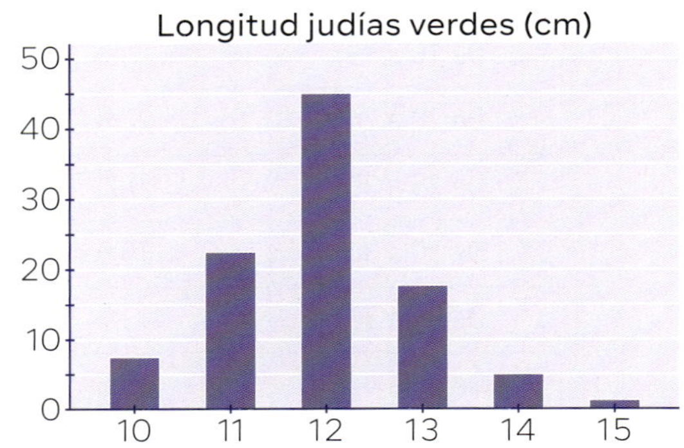


B. Número de horas diarias que 100 jóvenes de una localidad dedican al estudio de una asignatura.

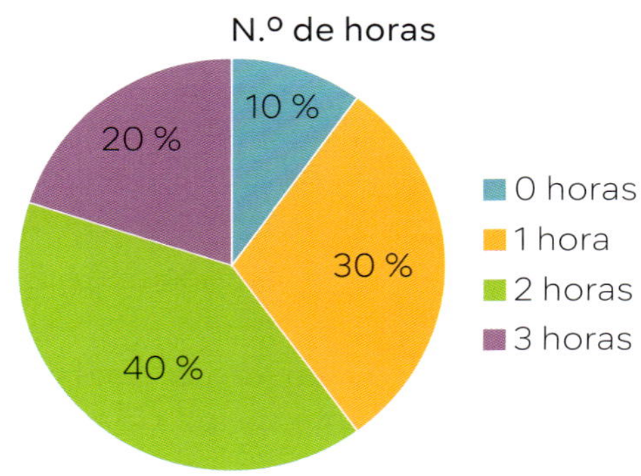


C. Número de veces que 100 estudiantes de una universidad han practicado cierto deporte de riesgo.

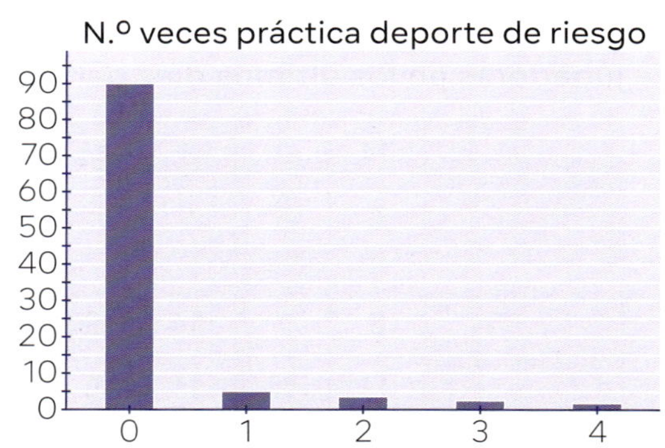


A la vista de los gráficos de cada distribución, elige razonadamente un valor que represente de forma adecuada a los datos e indica el nombre estadístico que recibe.

18 Los siguientes diagramas muestran información sobre las exportaciones de Zedlandia, un país cuya moneda es el zed.

Total exportaciones anuales Zedlandia en millones de zeds 2017 - 2021

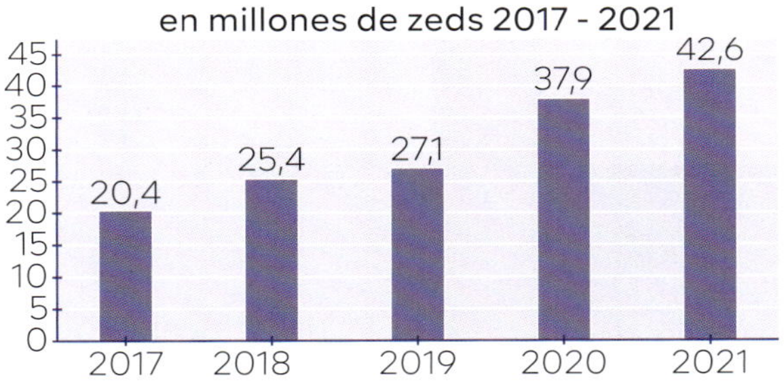


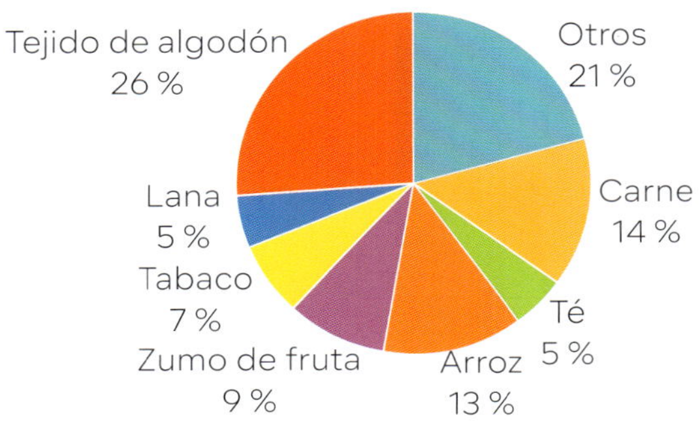


a. ¿Cuál fue el valor total (en millones de zeds) de las exportaciones de Zedlandia en 2021?

b. ¿Cuál fue, aproximadamente, el valor de las exportaciones de zumo de fruta de Zedlandia en el año 2021?

A. 1,8 millones de zeds
B. 2,3 millones de zeds
C. 3,4 millones de zeds
D. 3,8 millones de zeds

19 **Aprendo a pensar.** Observa el gráfico.

Incremento de la temperatura global

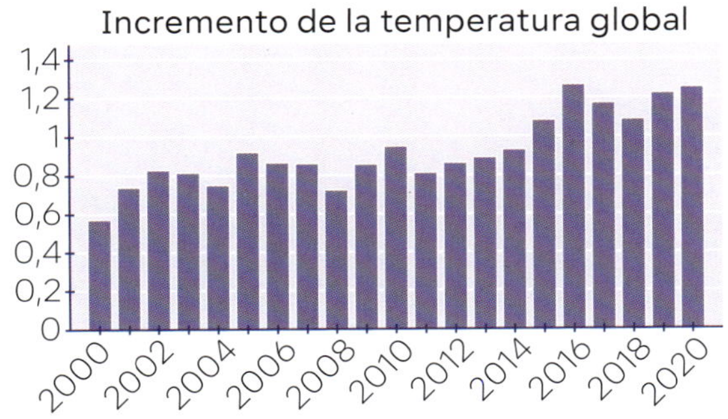


a. ¿Qué tendencia observas? Construye un diagrama de Ishikawa con todas las posibles causas de esta tendencia.

b. Si solamente observaras los datos desde 2006 a 2011, ¿a qué conclusión llegarías?

## Comprueba lo que has aprendido

1 Clara y sus compañeros han recogido estas medidas del pH de muestras de agua:

6,99 6,9 7,05 6,89 6,94 7,19 7,08 7,2 7,02

a. Determina la población y la variable estadística que han estudiado.

b. Indica de qué tipo de variable se trata: cualitativa, cuantitativa discreta o continua.

2 En el gráfico se presenta el número de veces que los alumnos de un grupo han ido al cine este año.

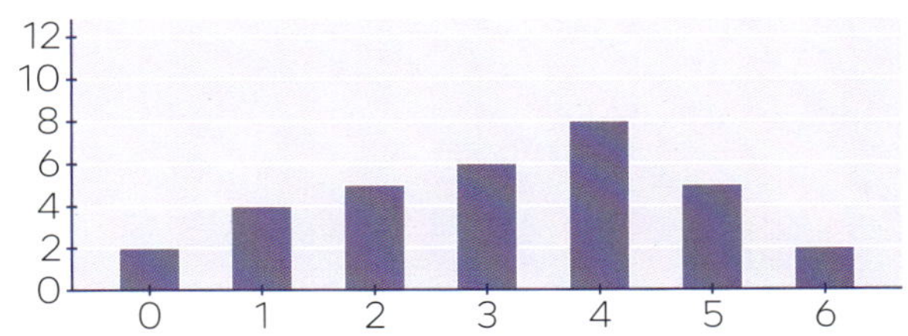


Haz una tabla de frecuencias con estos datos.

3 El número de llamadas telefónicas recibidas en una centralita durante cuarenta días se indica en la siguiente lista.

| | | | | | | | |
|---|---|---|---|---|---|---|---|
| 23 | 29 | 46 | 43 | 26 | 15 | 21 | 34 |
| 28 | 22 | 35 | 34 | 18 | 3 | 40 | 21 |
| 28 | 34 | 3 | 13 | 9 | 11 | 23 | 12 |
| 24 | 5 | 32 | 46 | 35 | 7 | 30 | 27 |
| 12 | 29 | 8 | 11 | 31 | 19 | 5 | 43 |

a. Agrupa los datos en 5 intervalos de amplitud 10.

b. Elabora la tabla de frecuencias de datos agrupados.

c. Representa el histograma.

4 Para ir al trabajo Juan puede ir por el centro de la ciudad o tomar la circunvalación. En una semana ha controlado los tiempos, en minutos, por los dos caminos:

| | | | | | |
|---|---|---|---|---|---|
| **Centro** | 25 | 20 | 16 | 26 | 17 |
| **Circunvalación** | 24 | 21 | 17 | 24 | 19 |

a. Calcula la media, desviación típica y coeficiente de variación de cada ruta.

b. ¿Cuál es la mejor ruta? Justifica tu respuesta.

Mis competencias    Autoevaluación

# 4.2 Un mundo aleatorio

## ¡EMPEZAMOS!

### VACUNAS COVID-19, LAS PRIMERAS VACUNAS DE ARN MENSAJERO

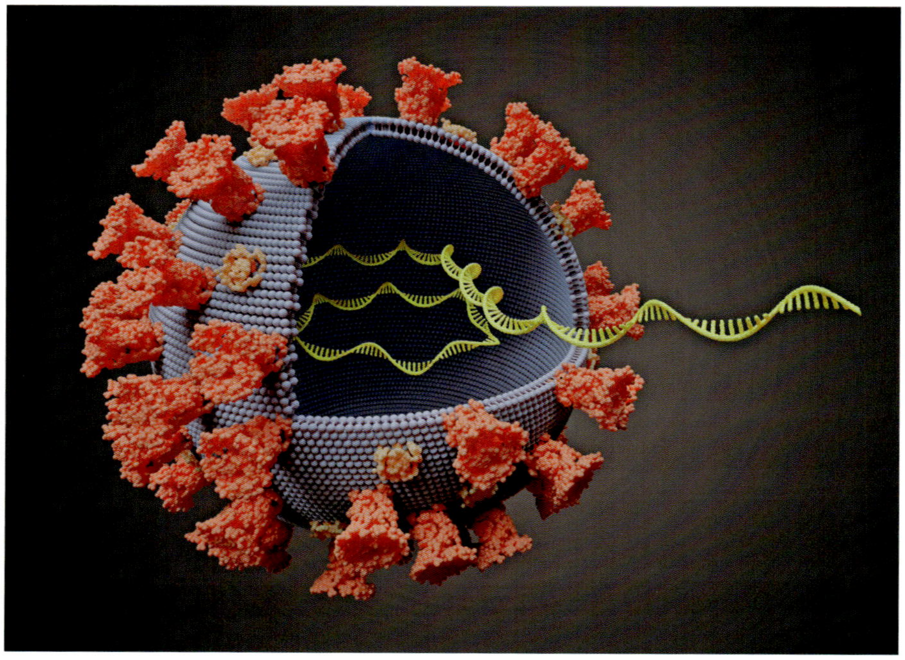

- ¿Has visto el vídeo? ¿Sabías cómo funcionan las vacunas contra la COVID-19?
- ¿Piensas que hay datos para asegurar que estas vacunas han sido efectivas?
- ¿Crees que es equitativo el acceso a las vacunas a nivel mundial?

## ¡VAMOS A APRENDER!

1. Cumplir las tareas asignadas.
2. Identificar experimentos aleatorios, describir sucesos y operar con ellos.
3. Calcular probabilidades en experimentos simples y compuestos.
4. Calcular el número de permutaciones de los elementos de un conjunto.
5. Hacer previsiones basadas en evidencias.
6. Analizar situaciones relacionadas con la salud.

## NUESTRO RETO

### Matemáticas frente a la COVID

Vais a comparar las probabilidades de contagiarse y enfermar gravemente por COVID-19 entre personas vacunadas y no vacunadas. ¿Las vacunas salvan vidas?

¡Vamos allá!

# 1 ¿Hay distintos tipos de experimentos?

## Experimentos aleatorios

**1** Considera estos dos experimentos.

- Experimento 1. Dejar caer una manzana desde una altura determinada y medir el tiempo que tarda en llegar al suelo.
- Experimento 2. Lanzar un dado cúbico y anotar el número que sale.

Partiendo de los datos obtenidos al realizar los experimentos ¿podrías predecir el resultado que se va a obtener si se repiten?

Un **experimento** es un procedimiento para estudiar un fenómeno, que puede repetirse en las mismas condiciones tantas veces como se quiera.

- Un experimento es **determinista** cuando se puede predecir su resultado.
- Un experimento es **aleatorio** cuando no se puede predecir el resultado.

El **espacio muestral**, *E*, es el conjunto formado por todos los resultados posibles de un experimento aleatorio.

### Ejemplos

- Calcular el tiempo que tardará en recorrer una distancia determinada un coche que circula a velocidad constante es un experimento determinista.
- Lanzar un dado cúbico y anotar el número de la cara superior es un experimento aleatorio. Su espacio muestral es $E = \{1, 2, 3, 4, 5, 6\}$

**2** Indica si los siguientes experimentos son aleatorios. En caso afirmativo, escribe el espacio muestral.

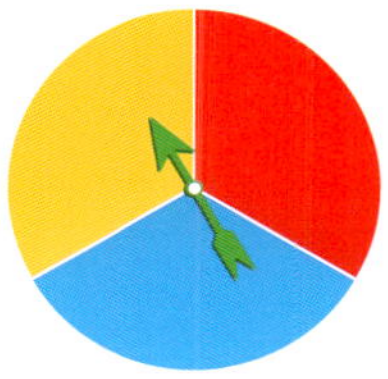

**a.** Girar la aguja de una ruleta con tres colores y anotar el color al que señala.
**b.** Dejar caer una bola de acero y una de goma desde la misma a altura y observar cuál llega primero al suelo.
**c.** Extraer, sin mirar, una bola de una caja que contiene 10 bolas numeradas del 1 al 10 y tomar nota del número de la bola extraída.
**d.** Pesar un envase de leche.
**e.** Extraer una carta de una baraja y medir su altura.
**f.** Extraer una carta de una baraja y mirar su palo.
**g.** Dejar caer un palillo sobre un suelo de baldosas cuadradas y ver si cae dentro de una baldosa o en el borde entre dos baldosas.
**h.** Lanzar un dado de 8 caras.

### 3 Actividad resuelta

**Escribe el espacio muestral asociado al lanzamiento de dos monedas a la vez.**

Cada moneda puede caer por el lado de la cara (*C*) o de la cruz (*X*). Así que el espacio muestral es $E = \{(C,C), (C, X), (X, C), (X, X)\}$.

**4** Escribe el espacio muestral asociado a lanzar una moneda y extraer una bola al azar de una urna que contiene bolas numeradas del 1 al 5.

## Experimentos compuestos. Técnicas de recuento

Un **experimento compuesto** es el que está formado por varios experimentos simples.

Para obtener el espacio muestral de un experimento compuesto se pueden utilizar algunas **técnicas de recuento** como **las tablas de doble entrada**, también llamadas tablas de contingencia, y los **diagramas de árbol**.

### Ejemplo

- Para analizar el experimento "Lanzar dos dados y sumar los puntos obtenidos", podemos utilizar una tabla de doble entrada.

| + | ⚀ | ⚁ | ⚂ | ⚃ | ⚄ | ⚅ |
|---|---|---|---|---|---|---|
| ⚀ | 2 | 3 | 4 | 5 | 6 | 7 |
| ⚁ | 3 | 4 | 5 | 6 | 7 | 8 |
| ⚂ | 4 | 5 | 6 | 7 | 8 | 9 |
| ⚃ | 5 | 6 | 7 | 8 | 9 | 10 |
| ⚄ | 6 | 7 | 8 | 9 | 10 | 11 |
| ⚅ | 7 | 8 | 9 | 10 | 11 | 12 |

El espacio muestral es: $E = \{2, 3, 4, 5, 6, 7, 8, 9, 10, 11, 12\}$

- En el experimento "Lanzar una moneda tres veces" no se puede utilizar una tabla de doble entrada porque hay más de dos experimentos simples. En estos casos se puede utilizar un diagrama de árbol.

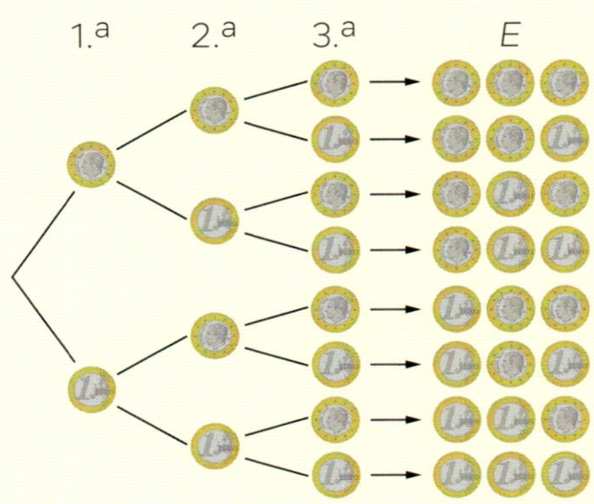


El espacio muestral es :

$E = \{(C, C, C), (C, C, X), (C, X, C), (C, X, X), (X, C, C), (X, C, X), (X, X, C), (X, X, X)\}$

**5** Realiza una tabla de doble entrada y escribe el espacio muestral para el experimento aleatorio "Lanzar dos monedas y anotar el número de cruces".

**6** Realiza un diagrama de árbol y escribe el espacio muestral para el experimento "Lanzar tres veces una moneda y anotar el número de caras".

**7** Realiza un diagrama en árbol y escribe el espacio muestral para el experimento "Lanzar un dado de 4 caras dos veces y escribir el número que obtienes".

**8** Escribe el espacio muestral de los siguientes experimentos utilizando una tabla de doble entrada o un diagrama de árbol.

**a.** "Elegir al azar una vocal y sacar una bola de una bolsa que contiene una bola roja y una blanca".

**b.** "Lanzar una moneda y un dado cúbico".

# 2 ¿Cuáles son los elementos básicos en el estudio del azar?

## Sucesos

**9** En un juego de mesa a Inés le ha tocado la tarjeta que está leyendo.

¿Qué resultados permiten a Inés subir de nivel?

Un **suceso** es cualquier subconjunto del espacio muestral.

- Cada uno de los resultados posibles se llama **suceso elemental**.
- Un **suceso compuesto** es el que está formado por más de un resultado.
- El espacio muestral, ***E***, también se llama **suceso seguro**.
- El **suceso imposible** es el que nunca se realiza. Se representa con el símbolo ∅.

El **espacio de sucesos** de un experimento aleatorio está formado por todos los sucesos de ese experimento. Si el espacio muestral está formado por $n$ elementos, el espacio de sucesos estará formado por $2^n$ elementos.

### Ejemplo

Si se hace girar la ruleta, los sucesos del experimento son:

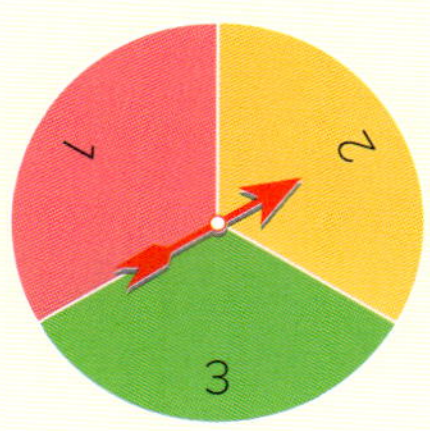


- Suceso imposible: ∅
- Sucesos elementales: {1}, {2} y {3}
- Sucesos compuestos: {1, 2}, {1, 3} y {2, 3}
- Suceso seguro: $E$ = {1, 2, 3}
- Hay $2^3 = 8$ elementos en el espacio de sucesos: {∅, {1}, {2}, {3}, {1, 2}, {1, 3}, {2, 3}, {1, 2, 3}}

**10** **Indica y clasifica todos los sucesos de los siguientes experimentos aleatorios y escribe el espacio de sucesos.**

**a.** El experimento "Lanzar una moneda".

**b.** El experimento "Lanzar un dado tetraédrico".

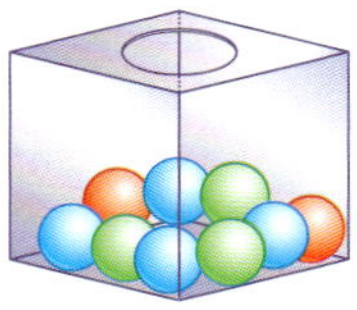

**11** **Se extrae sin mirar una bola de la urna de la figura y se anota su color.**

**a.** Escribe el espacio muestral.

**b.** ¿Cuántos sucesos tiene su espacio de sucesos? Escríbelos.

**12** **Dado el experimento "Lanzar sucesivamente un dado cúbico y un dado octaédrico y anotar el número formado", escribe un suceso imposible y un suceso seguro.**

**13** **Se escriben en seis papeletas las letras de la palabra BASKET, se doblan y se meten en una bolsa. Se extrae una papeleta al azar.**

**a.** Escribe los sucesos elementales.

**b.** Describe el suceso "sacar vocal".

**c.** Describe un suceso imposible.

## Operaciones con sucesos

La **unión de sucesos**, $A \cup B$, es el suceso que se realiza cuando se verifican $A$, $B$ o ambos. Está compuesto por todos los elementos de $A$ y de $B$.

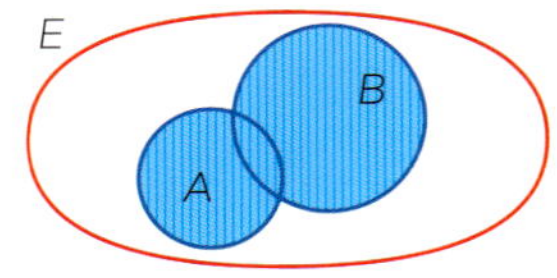

$A \cup B$

**La intersección de sucesos**, $A \cap B$, es el suceso que se realiza cuando se verifican al mismo tiempo los dos sucesos, $A$ y $B$. Está compuesto por los elementos comunes de $A$ y de $B$.

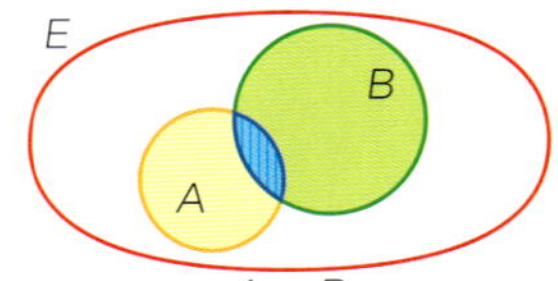

$A \cap B$

- Dos sucesos $A$ y $B$ son **compatibles** si $A \cap B \neq \varnothing$.
- Dos sucesos $A$ y $B$ son **incompatibles** si $A \cap B = \varnothing$.

El **suceso contrario** o complementario de un suceso $A$, $\overline{A}$ o $A^c$, es el que se verifica cuando no se cumple $A$. Está compuesto por los elementos del espacio muestral que no están en $A$. Cumple:

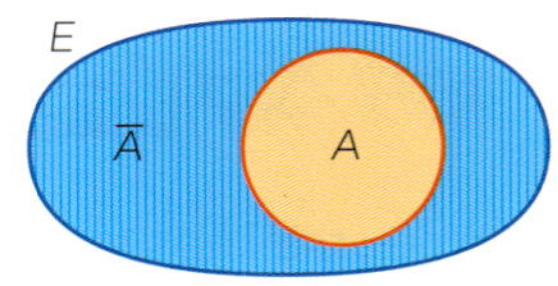


- $A \cap \overline{A} = \varnothing$
- $A \cup \overline{A} = E$

### Ejemplo

En el experimento que consiste en lanzar un dado cúbico se consideran los sucesos:

$A$ = "salir múltiplo de 3" = {3, 6}

$B$ = "salir número par" = {2, 4, 6}

$C$ = "salir múltiplo de 3 o número par" = {2, 3, 4, 6}

$D$ = "salir múltiplo de 3 y número par" = {6}

$F$ = "salir número impar" = {1, 3, 5}

- El suceso $C$ se produce cuando se verifica $A$, $B$ o ambos. Por tanto, $C = A \cup B$.
- El suceso $D$ se produce cuando se verifican los sucesos $A$ y $B$ al mismo tiempo. Por tanto, $D = A \cap B$. Los sucesos $A$ y $B$ son compatibles, $A \cap B = \{6\}$.
- Los sucesos $B$ y $F$ no pueden verificarse a la vez, $B \cap F = \varnothing$. Son sucesos incompatibles.
- El suceso $F$ es el contrario de $B$. Si se produce uno no se produce el otro. Comprobamos que se cumple $B \cap F = \varnothing$ y $B \cup F = E$.

**14** **Se extrae una bola al azar de una urna con 8 bolas iguales numeradas del 1 al 8. Se consideran los sucesos $A = \{2, 4, 6, 8\}$ y $B = \{2, 3, 4\}$.**

**a.** Halla la unión y la intersección de $A$ y $B$.

**b.** Halla el suceso contrario de $A$ y el suceso contrario de $B$.

### 15 Actividad resuelta

**Al lanzar un dado cúbico se consideran los sucesos $A$ = "salir un número par", $B$ = "salir un número menor que 3", $C$ ="salir 1, 2 o 5" y $D$ = "salir 2". Halla:**

**a.** $A \cup C$

**b.** $A \cap C$

**c.** $\overline{B} \cap C$

**d.** $\overline{A \cup D}$

Primero determinamos los sucesos: $A = \{2, 4, 6\}$, $B = \{1, 2\}$, $C = \{1, 2, 5\}$, $D = \{2\}$

**a.** $A \cup C = \{1, 2, 4, 5, 6\}$

**b.** $A \cap C = \{2\}$

**c.** $\overline{B} \cap C = \overline{\{1,2\}} \cap \{1,2,5\} = \{3,4,5,6\} \cap \{1,2,5\} = \{5\}$

**d.** $\overline{A \cup D} = \overline{\{2,4,6\} \cup \{2\}} = \overline{\{2,4,6\}} = \{1,3,5\}$

**16** **Una bolsa contiene 10 bolas numeradas del 1 al 10. Se consideran los sucesos $A = \{1, 3, 5, 7, 9\}$ y $B = \{4, 5, 6, 7\}$. Halla los sucesos:**

**a.** $A \cup B$

**b.** $\overline{B}$

**c.** $A \cap B$

**d.** $\overline{A \cap B}$

**e.** $\overline{A} \cap \overline{B}$

**f.** $\overline{A} \cup B$

**g.** $\overline{A \cup B}$

**h.** $\overline{A} \cup \overline{B}$

# 3 ¿Cómo calculamos la probabilidad de un suceso?

## Probabilidad de un suceso. Regla de Laplace

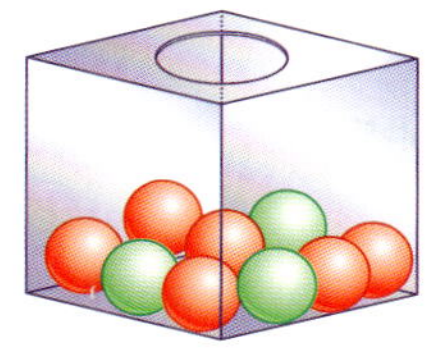

17 **Se extrae al azar una bola de la urna, se anota su color y se retira.**

**a.** ¿Es más probable que la primera bola salga roja o verde? ¿Por qué?

**b.** Si has sacado tres bolas verdes ¿la siguiente será roja o verde?

La **probabilidad de un suceso** ***A***, que se designa con ***P*(*A*)**, es el número al que se aproxima la frecuencia relativa de *A* al repetir el experimento indefinidamente.

- Es un número comprendido entre 0 y 1.
- La probabilidad del suceso imposible es 0.
- La probabilidad del suceso seguro es 1.

### Ejemplo

Al lanzar una moneda, lo previsible es que aproximadamente la mitad de las veces salga cara, y la otra m tad, cruz. Si se repite el lanzamiento miles de veces, la frecuencia relativa correspondiente a salir cara se irá aproximando a 0,5: la probabilidad del suceso "salir cara" es del 50 %, es decir $\frac{1}{2}$.

Un resultado distinto a "salir cara" o "salir cruz", es el suceso imposible. Su frecuencia relativa, y por tanto su probabilidad, será 0.

El suceso "salir cara o cruz" se va a producir todas las veces, es el suceso seguro, su frecuencia relativa y por tanto su probabilidad, será 1.

Si en un experimento aleatorio todos los sucesos tienen la misma probabilidad se dice que son **equiprobables**.

Si en un experimento aleatorio los sucesos elementales son equiprobables, la probabilidad del suceso *A* se puede calcular con la **regla de Laplace**:

$$P(A) = \frac{\text{n.° de casos favorables}}{\text{n.° de casos posibles}}$$

### 18 Actividad resuelta

**En una rifa para ayudar a una ONG se sortea una tableta. Se han vendido 1000 papeletas, de las cuales Ana ha comprado 1, y Bruno, 10. Calcula la probabilidad de ganar que tiene cada uno.**

La probabilidad de que salga cada uno de los números es la misma, son sucesos equiprobables, por lo que podemos aplicar la regla de Laplace. El número de casos posibles es 1000, el número de casos favorables de Ana es 1 y el de Bruno es 10. Por tanto:

- La probabilidad de que gane Ana es: $P(A) = \frac{1}{1000} = 0{,}001$
- La probabilidad de que gane Bruno es: $P(B) = \frac{10}{1000} = \frac{1}{100} = 0{,}01$

19 **En una clase de 3.º de ESO hay 16 chicas y 14 chicos. Si se escoge una persona al azar, halla las probabilidades de que sea una chica y de que sea un chico.**

## Probabilidad del suceso contrario

La probabilidad del **suceso contrario** de $A$ es $P(\bar{A})=1-P(A)$.

### 20 Actividad resuelta

**En una caja hay 24 bombones, de los cuales 6 son de almendra. Se escoge un bombón al azar, calcula la probabilidad de que sea de almendra y de que no lo sea.**

Si $A$ = "sacar un bombón de almendra" su probabilidad es: $P(A)=\frac{6}{24}=\frac{1}{4}=0{,}25$

El suceso "sacar un bombón que no sea de almendra" es el contrario de $A$. Su probabilidad es: $P(\bar{A})=1-0{,}25=0{,}75$

**21** En una caja de caramelos hay 10 de menta, 6 de fresa y 5 de anís. Si se escoge un caramelo al azar, halla la probabilidad de que no sea de anís.

**22** Según la *International Diabetes Federation*, en 2021 en España había 5 141 300 personas con diabetes. Si la población española era de 46 745 210 habitantes, calcula la probabilidad de que un habitante elegido al azar fuera diabético y la de que no lo fuera.

## Probabilidad de la unión de sucesos

La **probabilidad de la unión de sucesos** depende de si son incompatibles o compatibles.

- Si $A$ y $B$ son sucesos incompatibles, es decir $A \cap B = \varnothing$, se verifica que:

$$P(A \cup B) = P(A) + P(B)$$

- Si $A$ y $B$ son sucesos compatibles, es decir $A \cap B \neq \varnothing$, se verifica que:

$$P(A \cup B) = P(A) + P(B) - P(A \cap B)$$

¿Cómo sabrás que has comprendido estas fórmulas?

### Ejemplo

En el experimento "extraer una carta de una baraja española de 40 cartas", se definen los sucesos: $O$ = "sacar un oro", $C$ = "sacar una copa" y $R$ = "sacar un rey".

- Los sucesos $O$ y $C$ son incompatibles. La probabilidad del suceso "sacar un oro o una copa" es: $P(O\cup C)=P(O)+P(C)=\frac{10}{40}+\frac{10}{40}=\frac{20}{40}=\frac{1}{2}$
- Los sucesos $O$ y $R$ son compatibles. La probabilidad del suceso "sacar un oro o un rey" es: $P(O\cup R)=P(O)+P(R)-P(O\cap R)=\frac{10}{40}+\frac{4}{40}-\frac{1}{40}=\frac{13}{40}$

**23** En una encuesta realizada a 500 estudiantes de secundaria, 100 seguían una dieta saludable, 200 practicaban ejercicio físico con regularidad, 50 cumplían ambas condiciones, y el resto, ninguna de ellas. Si se elige al azar un estudiante, halla la probabilidad de que siga una dieta saludable o practique ejercicio físico con regularidad.

**24** En una ciudad, el 10 % de la población tiene 65 años o más, el 5 % de la población total padece insuficiencia cardíaca moderada y el 12 % de la población pertenece al menos a uno de esos dos grupos. Si elegimos un individuo al azar, calcula la probabilidad de que tenga 65 años o más y padezca insuficiencia cardíaca moderada.

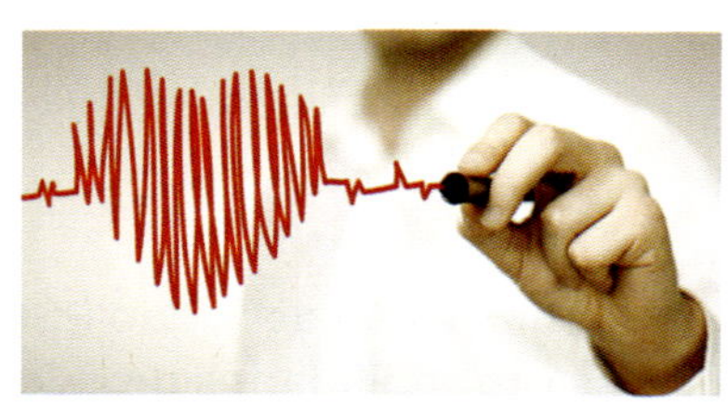

# 4 ¿Y si el experimento es compuesto?

## Regla del producto

**25** Se lanza un dado tetraédrico y una moneda. ¿Cuál es la probabilidad de sacar 4 en el dado? ¿Y la de sacar cara en la moneda? ¿Cómo se calcularía la probabilidad de sacar 4 en el dado y cara en la moneda?

La **regla del producto** indica que la probabilidad de un suceso en un experimento compuesto es el **producto de las probabilidades de las ramas** del diagrama de árbol que forman el suceso.

### Ejemplo

Se lanza una moneda y un dado cúbico y se quiere calcular la probabilidad de sacar cruz en la moneda y 6 en el dado.

Representamos el diagrama de árbol y escribimos las probabilidades en las ramas que forman el suceso. Hay 12 resultados posibles.

$E = \{(C, 1), (C, 2), (C, 3), (C, 4), (C, 5), (C, 6), (X, 1), (X, 2), (X, 3), (X, 4), (X, 5), (X, 6)\}$

Para el suceso "sacar cruz en la moneda y 6 en el dado" hay un caso favorable: $(X, 6)$. Usando la regla de Laplace:

$$P(X, 6) = \frac{\text{n.° de casos favorables}}{\text{n.° de casos posibles}} = \frac{1}{12}$$

Observa que: $P(X, 6) = P(X) \cdot P(6) = \frac{1}{2} \cdot \frac{1}{6} = \frac{1}{12}$

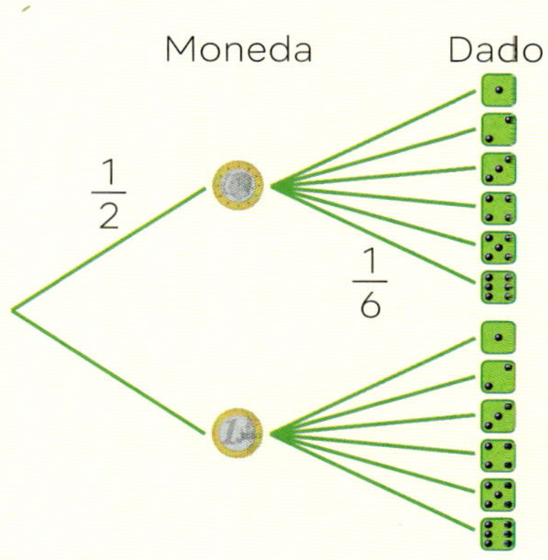


**26** Se lanza una moneda y un dado de 8 caras. Calcula la probabilidad del suceso "sacar cara en la moneda y 7 en el dado".

## Sucesos dependientes e independientes

Dos sucesos son **dependientes** cuando la realización del segundo está condicionada por la realización del primero. En caso contrario, son **independientes**.

### Ejemplo

En una urna hay 5 bolas rojas y 3 azules. Para calcular la probabilidad de extraer 2 bolas azules definimcs los sucesos $A_1$ = "sacar bola azul en la primera extracción" y $A_2$ = "sacar bola azul en la segunda extracción". Hay dos formas de realizar el experimento, sin reemplazamiento de la primera bola extraída y con remplazamiento.

- **Sin reemplazamiento**. $A_1$ y $A_2$ son dependientes.

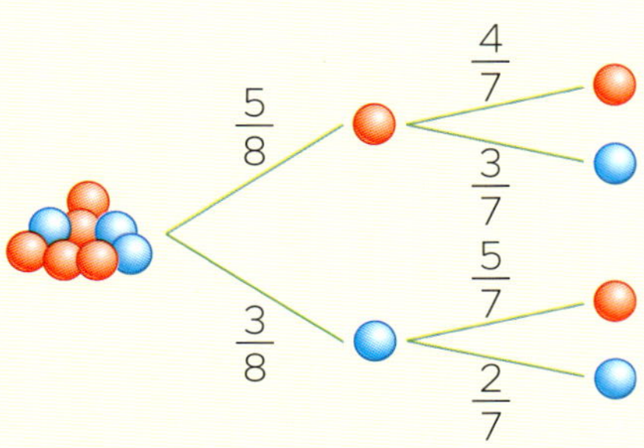


La probabilidad de sacar dos bolas azules es:

$P(A_1 \cap A_2) = \frac{3}{8} \cdot \frac{2}{7} = \frac{6}{56} = \frac{3}{28}$

- **Con reemplazamiento**. $A_1$ y $A_2$ son independientes.

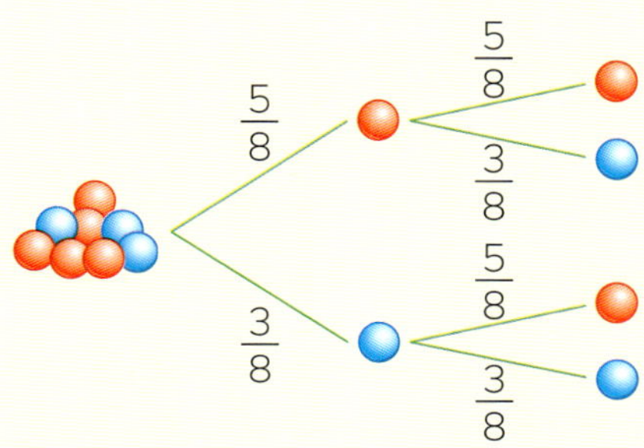


La probabilidad de sacar dos bolas azules es:

$P(A_1 \cap A_2) = \frac{3}{8} \cdot \frac{3}{8} = \frac{9}{64}$

**27** **NOS REPARTIMOS EL TRABAJO.** Se extraen sucesivamente dos cartas de una baraja española de 40 cartas. Calculad la probabilidad de los sucesos siguientes trabajando por parejas. En el apartado a, uno de vosotros debe explicar cómo hacer el diagrama de árbol y calcular la probabilidad y el otro debe escribirlo, y en el apartado b debéis intercambiar los papeles.

**a.** Sacar dos copas devolviendo a la baraja la carta de la primera extracción.

**b.** Sacar dos copas sin devolver a la baraja la carta de la primera extracción.

**28** Se lanzan dos dados cúbicos con las caras numeradas del 1 al 6. Halla la probabilidad de obtener par en el primer dado y múltiplo de 3 en el segundo.

**29** Una urna contiene bolas iguales numeradas del 1 al 5. Se extraen dos bolas al azar. Calcula, tanto con reemplazamiento como sin reemplazamiento de la primera bola, la probabilidad de que se dé cada una de las situaciones siguientes:

**a.** Los dos números son pares.

**b.** La suma es mayor que 8.

**30** **MAT-TIC** Practica el cálculo de probabilidades al extraer cartas sin reposición con el interactivo de GeoGebra *Extracción de cartas de una baraja*.

**31** El tétanos es infrecuente en España pero es mortal en el 70 % de los casos. Si tres personas contraen el tétanos en el período de un año, calcula la probabilidad de que las tres sobrevivan.

**32** **Actividad resuelta**

En la sala de pediatría de un hospital, el 60 % de los pacientes son niñas. El 20 % de las niñas y el 35 % de los niños tienen menos de 24 meses. Un pediatra selecciona un paciente al azar, ¿cuál es la probabilidad de que tenga menos de 24 meses?

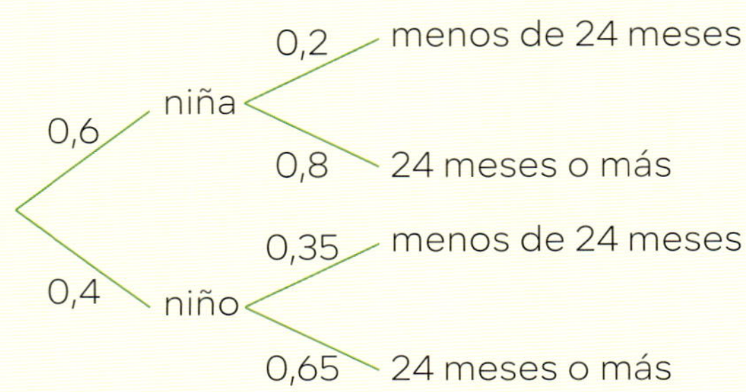


Hacemos un diagrama de árbol, expresando los porcentajes con números decimales.

La probabilidad de que sea una niña con menos de 24 meses es:

$P(\text{niña} \cap \text{menos de 24 meses}) = 0{,}6 \cdot 0{,}2 = 0{,}12$

La probabilidad de que sea un niño con menos de 24 meses es:

$P(\text{niño} \cap \text{menos de 24 meses}) = 0{,}4 \cdot 0{,}35 = 0{,}14$

La probabilidad de que tenga menos de 24 meses, siendo niño o niña es la suma de las dos probabilidades.

$P(\text{menos de 24 meses}) = 0{,}12 + 0{,}14 = 0{,}26 = 26\ \%$

**33** Se está evaluando la eficacia de dos tratamientos para una enfermedad. El 60 % de los pacientes que participan en el estudio han recibido el tratamiento 1. El 70 % de los que han recibido el tratamiento 1 y el 60 % de los que han recibido el tratamiento 2 se han curado.

Si se elige un paciente al azar, calcula la probabilidad de que se haya curado con alguno de los tratamientos.

**34** En una prueba de un concurso de televisión presentan una bolsa que tiene 3 bolas blancas y 2 negras. De esta bolsa hay que extraer sucesivamente dos bolas, sin volver a introducir la primera. A continuación, aparecen dos opciones y hay que elegir una de ellas. Si lo elegido coincide con lo sucedido, se gana la prueba. ¿Qué opción es la mejor?

**A** Las bolas son del mismo color.

**B** Las bolas son de distinto color.

# 5 ¿Cuántas formas hay de ordenar *n* elementos?

## Factorial de un número

**35** Blanca, Ángela y Natalia son las tres finalistas de un concurso de cocina. Completa el siguiente diagrama de árbol que muestra las posibles clasificaciones.

¿Cuántas clasificaciones distintas hay? ¿Cómo podría calcularse dicho número sin hacer el diagrama de árbol?

El **factorial** de un número natural $n$ se representa por $n!$ y es el número:

$$n! = n \cdot (n-1) \cdot (n-2) \cdot \ldots \cdot 3 \cdot 2 \cdot 1$$

Los factoriales de 0 y 1 se definen $0! = 1! = 1$.

### Ejemplo

- $5! = 5 \cdot 4 \cdot 3 \cdot 2 \cdot 1 = 120$
- $7! = 7 \cdot 6 \cdot 5 \cdot 4 \cdot 3 \cdot 2 \cdot 1 = 5\,040$

**36** Calcula los siguientes factoriales.

**a.** 6! **b.** 8! **c.** 12!

**37** Calcula los siguientes factoriales utilizando la función factorial de la calculadora. Expresa los resultados en notación científica redondeando la parte decimal a las centésimas.

**a.** 20! **b.** 45! **c.** 51!

¿Sabes localizar la función factorial en tu calculadora?

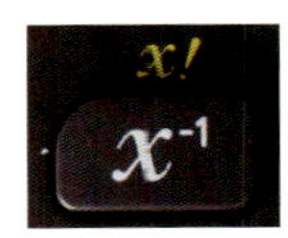


## Permutaciones

Las **permutaciones de *n* elementos** son las distintas maneras de ordenar los $n$ elementos de un conjunto. El número de permutaciones se representa por $P_n$ y es igual al factorial de $n$.

$$P_n = n!$$

### Ejemplo

Veamos cuántas palabras distintas, con o sin sentido, pueden formarse con las letras de la palabra LUNCH sin que se repita ninguna.

Las palabras son las permutaciones de 5 elementos: $P_5 = 5! = 5 \cdot 4 \cdot 3 \cdot 2 \cdot 1 = 120$

Se pueden formar 120 palabras distintas.

**38** ¿Cuántos grupos de 6 letras distintas se pueden formar con las letras de la palabra SILVER?

**39** ¿Cuántos números distintos de 8 cifras se pueden formar con los dígitos 1, 2, 3, 4, 5, 6, 7 y 8 sin que se repita ninguno?

**40** ¿De cuántas maneras se pueden sentar 9 amigos que van al cine en una fila de 9 butacas?

# 6 ¿Y si no podemos calcular la probabilidad de forma teórica?

## Probabilidad experimental

41 En la retrasmisión de un partido de fútbol dicen que la probabilidad de que un jugador marque gol al lanzar un penalty es del 75 %. ¿Cómo crees que se ha obtenido ese dato?

La **probabilidad experimental** de un suceso es el número al que se aproxima su frecuencia relativa cuando se repite el experimento muchas veces.

### Ejemplo

La tabla muestra los resultados al tirar chinchetas y anotar cuántas caen con la punta hacia arriba.

| N.º de chinchetas lanzadas | 50 | 100 | 500 | 1000 |
|---|---|---|---|---|
| N.º de chinchetas que caen con la punta hacia arriba | 32 | 71 | 353 | 695 |

Calculamos las frecuencias relativas:

$$\frac{32}{50}=0,64 \quad \frac{71}{100}=0,71 \quad \frac{353}{500}=0,706 \quad \frac{695}{1000}=0,695$$

Vemos que, al aumentar el número de lanzamientos, las frecuencias se van aproximando a 0,7. Por tanto, $P(\text{punta arriba}) = 0,7$.

42 Estos son los resultados de un caballo de carreras. ¿Cuál es la probabilidad de que el caballo gane una carrera?

| N.º de carreras | 50 | 120 | 750 | 1230 |
|---|---|---|---|---|
| N.º de carreras ganadas | 31 | 74 | 453 | 738 |

### 43 Actividad resuelta

**Calcula la probabilidad de que un jugador de baloncesto enceste un triple si en lo que lleva de temporada ha hecho 40 canastas en 64 lanzamientos.**

Hacemos una estimación de la probabilidad basándonos en las estadísticas del jugador:

$$P(A)=\frac{40}{64}=0,625=62,5\%$$

### TALLER

**Simulación de experimentos aleatorios con calculadora**

Para simular un sorteo entre 7 personas seguimos estos pasos.

#### Paso 1

Pulsando SHIFT · = obtenemos un número aleatorio entre 0 y 1.

#### Paso 2

Para obtener un número entre 1 y 7 multiplicamos el número obtenido por 7, tomamos la parte entera y sumamos 1. Por ejemplo, si obtenemos 0,54, como 0,54 · 7 = 3,78, cuya parte entera es 3, al sumar 1 obtenemos 4. La persona con el número 4 se llevaría el premio.

44 Simula con la calculadora el lanzamiento de un dado.

¿Puedes enunciar algo que no hubieras oído antes? ¿Qué te ha parecido?

NUESTRO RETO

# Matemáticas frente a la COVID

## Calculad probabilidades acerca de las vacunas COVID-19.

### Paso 1

**Organizad la información**

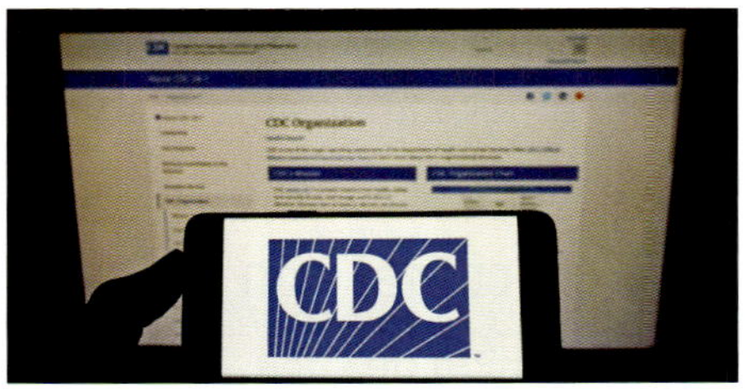


Un estudio estadístico del Centro para el Control y Prevención de Enfermedades analizó una muestra de casi medio millón de personas en Oregón y Washington entre julio y septiembre de 2021, es decir justo antes de la sexta ola, diferenciándolas entre vacunadas y no vacunadas (*Morbidity and Mortality Weekly Report. Centers for Disease Control and Prevention*). Estos son algunos de los datos:

- La infección por coronavirus se produjo en 4146 de 137616 personas no vacunadas y en 3009 de 344848 personas con dos dosis de la vacuna.
- De las 4146 personas no vacunadas infectadas, 375 tuvieron que ser hospitalizadas y 767 fueron ingresados en urgencias.
- De las 3009 personas vacunadas que se infectaron, 117 fueron hospitalizadas y 244 atendidos en urgencias.

Organizad la información mediante tablas o diagramas que permitan acceder fácilmente a los datos.

### Paso 2

**Calculad probabilidades**

Calculad las siguientes probabilidades para personas vacunadas y no vacunadas y expresadlas en forma de porcentaje.

- Probabilidad de contraer la infección.
- Probabilidad de requerir hospitalización en caso de contagio.
- Probabilidad de requerir ingresar en urgencias en caso de contagio.

### Paso 3

**Aprended más y extraed conclusiones**

- Buscad datos estadísticos posteriores que os permitan calcular más probabilidades.
- ¿Qué argumentos dan las personas que ofrecen resistencia a vacunarse?
- Investigad sobre la liberación de las patentes de las vacunas que se propone desde algunos organismos y otras medidas que faciliten el acceso a las vacunas en los países en vías de desarrollo.

Grabad un vídeo donde expongáis oralmente vuestras conclusiones. Prestad atención al ritmo y la velocidad.

**¿Cómo te ha ido el reto?** Entra y haz tu valoración

# EN RESUMEN

## Espacio muestral y sucesos

- El **espacio muestral** *E* es el conjunto formado por todos los resultados posibles de un experimento aleatorio.
- Un **suceso** es un subconjunto del espacio muestral.
- Un **suceso elemental** está formado por un solo resultado.
- Un **suceso compuesto** está formado por más de un resultado.
- El **suceso seguro** es el que siempre se realiza, coincide con el espacio muestral.
- El **suceso imposible** es el que nunca se realiza. Se representa con el símbolo $\varnothing$.

## Operaciones con sucesos

Unión de sucesos

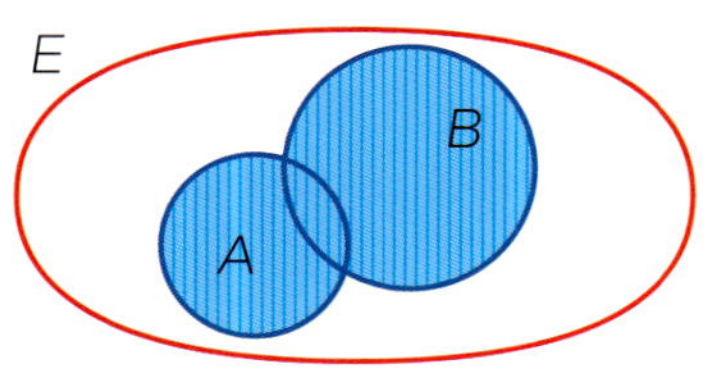


$A \cup B$

Intersección de sucesos

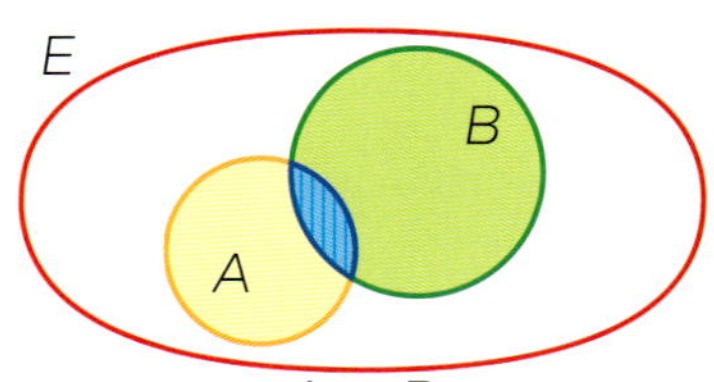


$A \cap B$

Suceso contrario

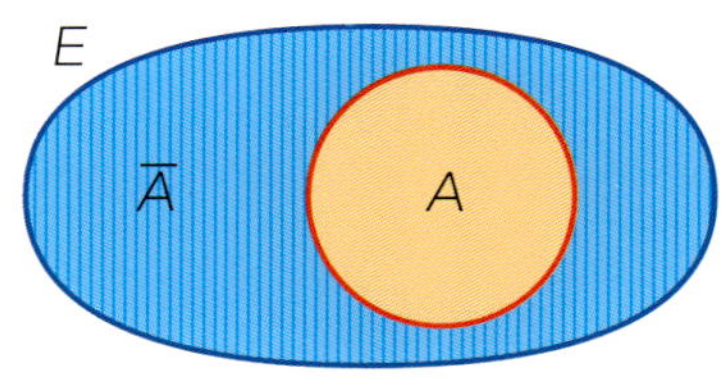


## Probabilidad

- La probabilidad de un suceso *A*, que se designa con **P(*A*)**, es el número al que se aproxima la frecuencia relativa de *A* al repetir el experimento indefinidamente.
- Cumple las siguientes propiedades:

$0 \leq P(A) \leq 1$ $\qquad P(E) = 1$ $\qquad P(\varnothing) = 0$ $\qquad P(\overline{A}) = 1 - P(A)$

- Si los sucesos elementales son equiprobables la probabilidad de un suceso *A* se calcula con la **regla de Laplace**:

$$P(A) = \frac{\text{n.° de casos favorables}}{\text{n.° de casos posibles}}$$

- La **probabilidad de la unión de sucesos**:
  - Si los sucesos son incompatibles, $A \cap B = \varnothing$, cumple:

$$P(A \cup B) = P(A) + P(B)$$

  - Si los sucesos son compatibles, $A \cap B \neq \varnothing$, cumple:

$$P(A \cup B) = P(A) + P(B) - P(A \cap B)$$

## Experimentos compuestos

- Dos sucesos son **dependientes** cuando la realización del segundo está condicionada por la realización del primero. En caso contrario, son **independientes**.
- **Regla del producto**: la probabilidad de un suceso en un experimento compuesto es el producto de las probabilidades de las ramas del diagrama de árbol que forman el suceso.

# PRACTICAMOS

## Actividades

1 **Aprendo a pensar.** Organiza en un mapa mental los conceptos que has aprendido.

2 Indica qué tipo de experimentos son los siguientes.

**a.** Apuntar la hora de la salida del sol un día determinado en tu ciudad.

**b.** Pronosticar qué equipo va a ganar una competición deportiva.

**c.** Elegir portería lanzando una moneda al inicio del partido.

3 Halla el espacio muestral del experimento lanzar un dado de los siguientes tipos:

**a.** Dado tetraédrico

**b.** Dado dodecaédrico

**c.** Dado octaédrico

**d.** Dado icosaédrico

4 Describe, para un dado icosaédrico, los siguientes sucesos.

**a.** "Salir un múltiplo de 3".

**b.** "Salir un número primo".

**c.** "Salir múltiplo de 3 y par".

**d.** "Salir múltiplo de 3 o par".

**e.** "Salir un número mayor que 7"

5 ¿Cuántos resultados distintos se pueden obtener al lanzar tres dados tetraédricos?

6 Se han lanzado al azar $n$ monedas. Sabiendo que el espacio muestral tiene 32 elementos distintos. ¿Cuántas monedas se han lanzado?

7 Se extraen dos cartas de una baraja y se mira de qué palo son. ¿Cuál es el suceso contrario del suceso $A$ = "salir dos cartas de oros"?

**A.** Una es de oros.

**B.** Ninguna es de oros.

**C.** Al menos una no es de oros.

**D.** Las dos son copas.

8 Se lanza un dado cúbico y se consideran los sucesos $A = \{1, 3, 5\}$, $B = \{3, 4, 5\}$ y $C = \{5, 6\}$.

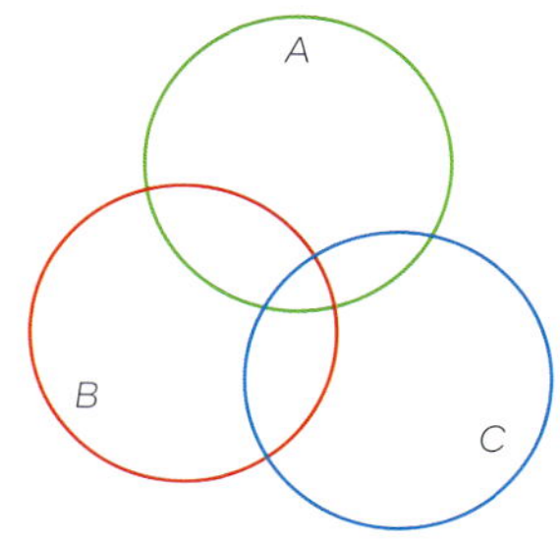


**a.** Coloca los números en las regiones correspondientes de los diagramas de Venn.

**b.** Halla $A \cup B$, $A \cup C$, $B \cup C$ y $A \cup B \cup C$.

**c.** Halla $A \cap B$, $A \cap C$, $B \cap C$ y $A \cap B \cap C$.

9 Al elegir al azar un número del 1 al 12 se consideran los sucesos $A$ = "salir número primo", $B$ = "salir número par" y $C$ = "salir mayor que 7". Realiza las siguientes operaciones.

**a.** $A \cap B$

**b.** $B \cup C$

**c.** $A \cap C$

**d.** $\overline{A \cap B}$

**e.** $\bar{A} \cap \bar{B}$

**f.** $\bar{A} \cup \bar{C}$

10 Se saca una bola de la bolsa de la figura.

Calcula la probabilidad de que la bola:

**a.** Sea verde.

**b.** Sea verde o azul.

**c.** No sea roja.

**d.** Sea negra o no sea azul.

**e.** Sea verde, roja o azul.

11 Se consideran 10 boletos numerados del 1 al 10. Se extrae un boleto al azar. Calcula la probabilidad de que su número:

**a.** Sea par.

**b.** Sea mayor que 7.

**c.** Sea múltiplo de 3 o menor que 7.

**d.** Sea múltiplo de 3 y menor que 7.

12 Calcula la probabilidad de que al girar la ruleta la flecha se pare en el color indicado.

a. En el color rojo.
b. En el color azul.
c. En el rojo o en el azul.
d. En un color que no sea rojo.

13 Una urna contiene 5 bolas moradas, 3 verdes y 2 amarillas. Se extrae una bola al azar. Halla la probabilidad de que:

a. Sea morada.
b. Sea morada o verde.
c. No sea morada.
d. No sea ni verde ni amarilla.

14 En una bolsa hay 3 bolas verdes y 5 rojas. ¿Cuántas bolas azules hay que meter en la bolsa para que la probabilidad de obtener una bola azul sea $\frac{1}{5}$?

15 En un determinado experimento se conocen las probabilidades de los siguientes sucesos:

$P(A) = 0{,}55 \quad P(B) = 0{,}45 \quad P(A \cup B) = 0{,}90$

a. ¿Son incompatibles los sucesos $A$ y $B$?
b. Calcula la probabilidad de $A \cap B$.

16 Se lanzan dos dados y se anota su suma.

a. Haz una tabla de doble entrada que recoja los resultados.
b. Halla la probabilidad de que la suma sea menor que 6.
c. Halla la probabilidad de que la suma sea 9.

17 Se lanza una moneda y un dado tetraédrico con las caras numeradas del 1 al 4.

a. Haz un diagrama de árbol del experimento y escribe el espacio muestral.
b. Calcula la probabilidad de que salga cara en la moneda y número par en el dado.
c. Calcula la probabilidad de que salga cruz en la moneda y cuadrado perfecto en el dado.

18 En una bolsa hay 5 bolas rojas y 4 azules. Se sacan dos bolas. Calcula la probabilidad de los sucesos $R$ = "extraer dos bolas rojas" y $C$ = "extraer dos bolas del mismo color", si:

a. Se remplaza la primera bola extraída.
b. No se remplaza la primera bola extraída.

19 Se extraen dos cartas de una baraja española. Calcula la probabilidad de sacar dos reyes si:

a. Se devuelve al mazo la primera carta.
b. No se devuelve al mazo la primera carta.

20 Se hacen dos montones con las 52 cartas de una baraja de póker. Por un lado, se ponen las rojas (diamantes y corazones) y, por otro, las negras (picas y tréboles). Se saca una carta de cada montón. Halla la probabilidad de:

a. Sacar dos cincos.
b. Sacar el cinco de corazones y un cinco negro.
c. Sacar el cinco de corazones y el cinco de trébol.
d. No sacar ningún cinco.

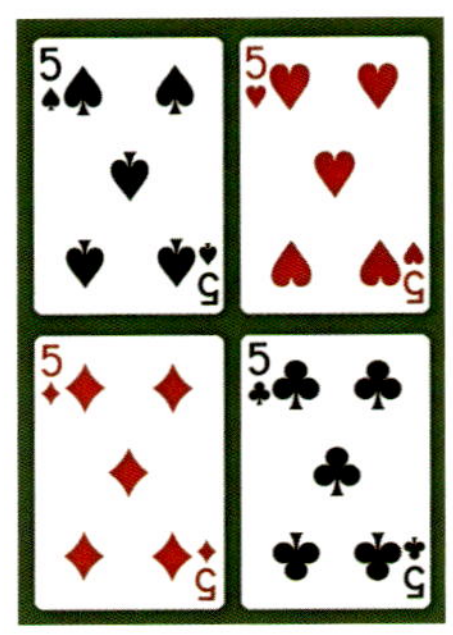

21 ¿De cuántas maneras se pueden colocar 10 libros en una estantería?

22 **Actividad resuelta**

Simplifica y resuelve la operación $\frac{7!}{4!}$.

Desarrollamos el factorial del numerador hasta llegar al del denominador y simplificamos.

$$\frac{7!}{4!} = \frac{7 \cdot 6 \cdot 5 \cdot \cancel{4!}}{\cancel{4!}} = 7 \cdot 6 \cdot 5 = 210$$

23 Simplifica y calcula.

a. $\frac{15!}{9!}$ b. $\frac{101!}{99!}$ c. $\frac{2002!}{1999!}$

## Problemas

24 Se ponen en un montón las tres figuras de bastos de una baraja española, se barajan y se sacan una tras otra sin reemplazamiento. Calcula la probabilidad de que:

a. El orden de aparición sea rey, caballo y sota.

b. La sota salga antes que el rey.

25 La tasa de paro de un país es del 26 %. Entre los parados, un 38 % son parados de larga duración, es decir, llevan en paro más de dos años. Se elige al azar una persona en edad de trabajar. Calcula la probabilidad de que sea un parado de larga duración.

26 Los billetes de la lotería nacional son números de cinco cifras. En cada sorteo hay un premio gordo y varios de menor cuantía.

a. ¿Cuántos elementos forman el suceso "terminar en 5"?

b. Los billetes que tienen las tres últimas cifras iguales que el Gordo tienen premio. ¿Cuántos son?

c. Te dan a elegir entre el billete 11 111 y el billete 14 804. ¿Cuál elegirías?

27 Un equipo de fútbol vende camisetas de sus jugadoras numeradas del 1 al 25. Se pueden comprar blancas o azules. La camiseta 1 es siempre blanca, la 2 es azul, la 3, blanca, y así sucesivamente.

Se escoge una camiseta al azar de un montón que contiene camisetas de los veinticinco tipos. Calcula la probabilidad de que sea:

a. Blanca o múltiplo de 6.

b. Azul o múltiplo de 5.

28 El dominó es un juego en el que la cara superior de cada ficha está dividida en dos cuadrados, cada uno de los cuales lleva marcados de 0 a 6 puntos.

a. ¿Cuál es la probabilidad de que, elegida una ficha al azar, la suma de sus puntos sea 12?

b. ¿Y de que sea 5?

c. ¿Y de que no aparezca el 6 en uno de los dos cuadrados?

29 Dos familias reservan dos habitaciones en un mismo hotel para pasar unos días de vacaciones. El hotel tiene 60 habitaciones repartidas en 4 pisos. Las habitaciones se asignan al azar. Calcula la probabilidad de que las dos habitaciones estén en el mismo piso.

30 **Aprendo a pensar.** Haz una previsión basada en evidencias del jugador que va a ganar. Se trata de un juego para dos jugadores, en el que cada uno dispone de 3 fichas. Una de ellas tiene una cara verde y la otra roja, otra tiene una cara verde y la otra azul, y la tercera, una cara roja y la otra azul. Se tiran las 3 fichas a la vez. Gana el jugador 1 si coinciden los colores de dos de las fichas y el jugador 2 si los tres colores son diferentes.

a. ¿Qué jugador crees que va a ganar?

b. Juega con un compañero y comprueba tu previsión.

31 En un supermercado quedan 4 ensaladas de la marca *A*, de las cuales 2 están a punto de caducar, y 6 de la marca *B*, de las cuales 4 están a punto de caducar. Se elige al azar una ensalada, calcula la probabilidad de que:

a. Sea de la marca *A*.

b. Esté a punto de caducar.

c. Esté a punto de caducar y sea de la marca *A*.

d. Sea de la marca *B* y no esté a punto de caducar.

e. Esté a punto de caducar y sea de la marca *B*.

32 Una caja contiene 120 bombillas LED iguales de las cuales 5 son defectuosas. En un control de calidad se recogen tres bombillas al azar. ¿Cuál es la probabilidad de que al menos una sea defectuosa?

33 La empresa *Electrix* fabrica dos tipos de aparatos electrónicos: lectores de vídeo y lectores de audio. Al final del día los prueban y envían a reparar los defectuosos.

La tabla siguiente indica la producción y los porcentajes medios de lectores defectuosos por día.

| Tipo de lector | Lectores fabricados | Lectores defectuosos |
|---|---|---|
| Vídeo | 2000 | 5 % |
| Audio | 6000 | 3 % |

Indica si las siguientes afirmaciones son ciertas o no y explica porqué.

**a.** Si elegimos al azar un lector de audio la probabilidad de que haya que repararlo es de 0,03.

**b.** Si elegimos al azar uno de los lectores defectuosos es más probable que sea un lector de vídeo.

**c.** La probabilidad de que un lector elegido al azar sea defectuoso es 0,04.

34 El punto azul representa a un ladrón que quiere escapar de un laberinto. En cada bifurcación de caminos elige uno al azar. El recinto *A* es una mazmorra sin salida, mientras el *B* tiene una puerta a la libertad.

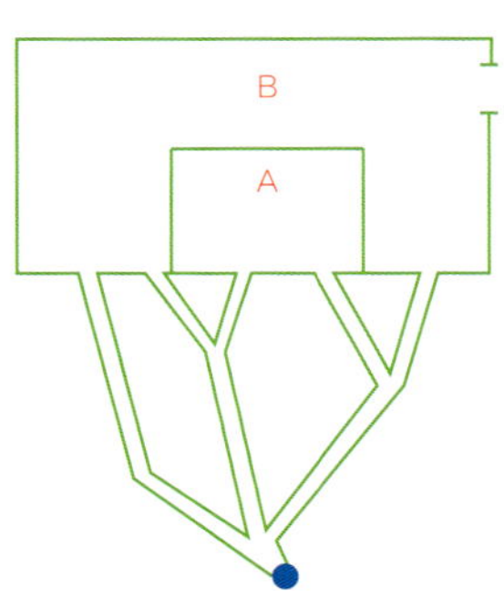


Utiliza un diagrama de árbol para calcular:

**a.** La probabilidad de que el ladrón acabe en la mazmorra.

**b.** La probabilidad de que consiga escapar.

35 En una clase, el 76 % de los alumnos han aprobado Matemáticas y el 54 % han suspendido Lengua. Han aprobado las dos asignaturas el 40 %. Se elige un alumno al azar. Calcula la probabilidad de que:

**a.** Haya aprobado solo Lengua.

**b.** Haya aprobado solo Matemáticas.

**c.** Haya suspendido las dos asignaturas.

**d.** Haya aprobado al menos una de las dos asignaturas.

36 Un bombo tiene 3 bolas numeradas del 1 al 3, y un segundo bombo tiene 5 bolas numeradas del 1 al 5. Se saca una bola del primer bombo y, a continuación, una bola del segundo. Calcula la probabilidad de que salga:

**a.** El número 34.

**b.** Un número mayor que 15.

**c.** Un número menor que 30.

**d.** Un número mayor o igual que 25.

37 Óscar observa a un ratón que va en busca de un queso por el circuito de la figura. Cuando el ratón llega a un cruce de caminos, elige uno de ellos al azar. Por ejemplo, cuando llega al primer cruce elige al azar entre los caminos *A*, *B* y *C*.

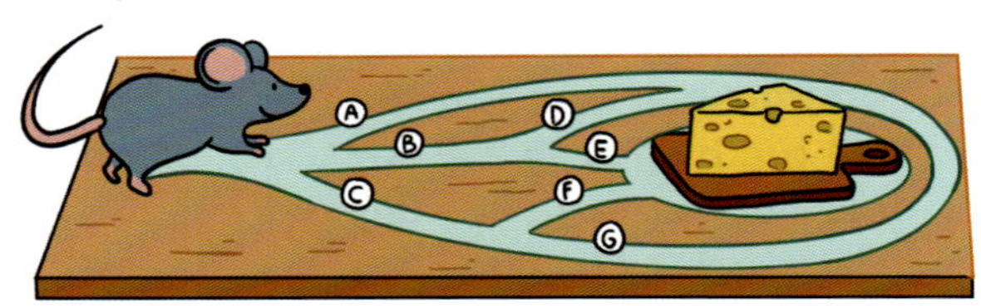


Óscar piensa que, al haber cinco llegadas y dos de ellas favorecer al ratón, la probabilidad de que éste obtenga el queso es de $\frac{2}{5}$. ¿Crees que tiene razón?

38 En dos supermercados, de un total de 100 bolsas de frutos secos, 3 llevan premio.

**a.** Andrea compra cinco bolsas en uno de los supermercados. ¿Cuál es la probabilidad de que obtenga algún premio?

**b.** Su amiga Isabel compra tres bolsas en el otro supermercado. ¿Cuál es la probabilidad de que obtenga los 3 premios?

39 Cuál es la probabilidad de que un año bisiesto, seleccionado al azar, contenga 53 domingos?

**40** Se ha emitido un documental sobre terremotos y la frecuencia con la que ocurren.

Una geóloga afirma: "En los próximos 20 años hay dos posibilidades de tres, de que ocurra un terremoto en la ciudad de Zed". Indica qué opción refleja mejor el significado de la afirmación de la geóloga.

**A.** $\frac{2}{3} \cdot 20 = 13,3$, así que entre 13 y 14 años a partir de ahora habrá un terremoto en la ciudad de Zed.

**B.** $\frac{2}{3}$ es más que $\frac{1}{2}$, por lo que se puede estar seguro de que en la ciudad de Zed habrá un terremoto en los próximos 20 años.

**C.** La probabilidad de que haya un terremoto en la ciudad de Zed en los próximos 20 años es mayor que la de que no haya ninguno.

**41** En el libro leemos un razonamiento atribuido a Francis Galton (1822-1911), uno de los padres de la estadística. Este razonamiento tiene un fallo. ¿Cuál es? Halla la probabilidad mediante un diagrama de árbol.

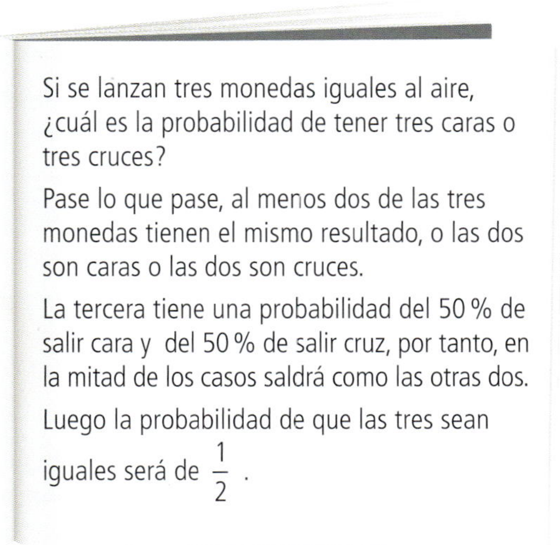

Si se lanzan tres monedas iguales al aire, ¿cuál es la probabilidad de tener tres caras o tres cruces?

Pase lo que pase, al menos dos de las tres monedas tienen el mismo resultado, o las dos son caras o las dos son cruces.

La tercera tiene una probabilidad del 50 % de salir cara y del 50 % de salir cruz, por tanto, en la mitad de los casos saldrá como las otras dos.

Luego la probabilidad de que las tres sean iguales será de $\frac{1}{2}$.

## Comprueba lo que has aprendido

**1** En el experimento de lanzar un dado cúbico se consideran los sucesos $A$ = "sacar menor o igual que 5" y $B$ = "sacar número primo".

**a.** Describe el espacio muestral y los sucesos $A$ y $B$.

**b.** Halla la unión y la intersección de $A$ y $B$.

**c.** Halla el suceso contrario de $A$.

**2** Los dados para rellenar quinielas son dados cúbicos en los que tres caras están marcadas con un 1 (victoria del equipo local), dos, con una $X$ (empate), y una, con un 2 (victoria del equipo visitante). Calcula la probabilidad de:

**a.** Que salga un empate.

**b.** Que no gane el equipo local.

**c.** Que no gane el equipo visitante.

**3** Se lanza un dado cúbico. Calcula la probabilidad de obtener:

**a.** 6.

**b.** Más que 4.

**c.** Menos que 7.

**d.** 2 o 3.

**4** Laura tiene que elegir con los ojos vendados 2 de sus regalos de cumpleaños. Hay 3 regalos envueltos con papel azul, 2 con papel rosa y 1 con papel verde. Calcula la probabilidad de que elija dos regalos que:

**a.** Estén ambos envueltos con papel verde.

**b.** No estén envueltos con papel verde.

**c.** Estén envueltos en dos colores distintos.

**5** Una jugadora de baloncesto ha anotado 78 de los 90 tiros triples que ha lanzado en los últimos partidos.

**a.** Calcula la probabilidad de que enceste 4 tiros seguidos en un partido.

**b.** Halla la probabilidad de que falle 2 tiros seguidos.

**6** En la fila de un cine van a sentarse 6 personas. Si la sesión es sin numerar, ¿de cuántas formas distintas pueden colocarse?

**7** Calcula la probabilidad de extraer dos oros de una baraja española, con devolución y sin devolución de la primera carta extraída.

Mis competencias | Autoevaluación

El libro de **Matemáticas 3.º de ESO** forma parte del Proyecto Editorial de Educación Secundaria de SM.

**Autoría**
Fernando Alcaide, Joaquín Hernández, María Moreno, Esteban Serrano, Antonio Pérez
– Proyecto MAT-TIC con GeoGebra: Antonio Pérez, José Luis Álvarez, José Manuel Arranz, Rafael Losada, José Antonio Mora, Manuel Sada

**Edición**
Inés Aira, Julio Linaje, I més Servicios Editoriales, Alexandra Míguez

**Corrección**
Javier López, Juan Alberto Torresano

**Ilustración**
Juan Antonio Rocafort Huerta; Miguel Echeverría Valero; Shutterstock; 123RF; Sergio Cuesta; Edwin Andrés Diaz Pinzón; OTHER LANDS (cubierta)

**Fotografía**
María Tejero Farias, Sergio Cuesta, Fidel Puerta; Instituto Geográfico Nacional, Microsoft Excel®, NASA, Quantum Fracture / Archivo SM; Thinkstock; Dreamstime; 123RF; Shutterstock; iStock; Age Fotostock; ARCHIVO SM;
"Calculator" (https://skfb.ly/6GDGt) by Powerbyte7, "5G Antenna" (https://skfb.ly/o7qr7) by DINOX86 tienen una licencia Creative Commons Attribution (http://creativecommons.org/licenses/by/4.0/).

**Iconografía**
María Tejero / Fidel Puerta

**Diseño de cubierta e interiores**
Estudio SM

**Maquetación**
Noemí Expósito, I més Servicios Editoriales

**Responsable de desarrollo**
Arturo García

**Responsable de producto**
Eva Béjar

**Gerencia de desarrollo**
Yolanda Hernández

**Gerencia de Arte**
Mario Dequel

**Gerencia de Producto**
Charo Zazo

**Gerencia de Producción**
Antonio de Pedro

**Dirección editorial**
Jorge Lite

Todas las actividades contenidas en este libro han de ser realizadas en un cuaderno aparte, nunca en el propio libro. Los espacios incluidos son meramente indicativos y su finalidad es puramente didáctica.

**Gestión de las direcciones electrónicas**

Debido a la naturaleza dinámica de internet, SM no puede responsabilizarse de los cambios o las modificaciones en las direcciones y los contenidos de los sitios web a los que remite en este libro. Con el objeto de garantizar la adecuación de las direcciones electrónicas de esta publicación, SM emplea un sistema de gestión que redirecciona las URL que con fines educativos aparecen en la misma hacia diversas páginas web; entre otras de uso frecuente: http://es.wikipedia.org, www.youtube.es. SM declina cualquier responsabilidad por los contenidos o la información que pudieran albergar, sin perjuicio de adoptar de forma inmediata las medidas necesarias para evitar el acceso desde las URL de esta publicación a dichas páginas web en cuanto tenga constancia de que pudieran alojar contenidos ilícitos o inapropiados. Para garantizar este sistema de control es recomendable que el profesorado compruebe con antelación las direcciones relacionadas y que comunique a la editorial cualquier incidencia a través del correo electrónico ediciones@grupo-sm.com.


ISBN General: 978-84-1392-850-0
ISBN Comunidad de Madrid: 978-84-1392-865-4
Impreso en China / *Printed in China*